职业教育工业机器人技术应用专业规划教材

工业机器人技术及其应用

主　编　杨杰忠　向金林

副主编　刘治伟　邹火军　徐　建

参　编　潘协龙　甘梓坚　杨宏声　唐羽林

吴　斌　农南英　张焕平　秦　惠

马新荣　魏　娟　余金昌　莫小军

周　艺

本书以任务驱动教学法为主线，以应用为目的，以机器人在码垛生产线、涂胶生产线以及手机装配生产线中的应用与维护等项目为载体，具体任务包括：认识码垛工业机器人，带式输送机构的组装、接线与调试，立体码垛单元的组装、程序设计与调试，步进升降机构的组装、接线与调试，检测排列单元的程序设计与调试，机器人单元的程序设计与调试，机器人自动换夹具的程序设计与调试，机器人轮胎码垛入仓的程序设计与调试，机器人车窗分拣及码垛的程序设计与调试，码垛生产线工作站的程序设计与调试，认识涂胶工业机器人，上料涂胶单元的组装、程序设计与调试，多工位旋转工作台的组装、程序设计与调试，机器人单元的程序设计与调试，机器人自动换夹具的程序设计与调试，汽车车窗框架预涂胶的程序设计与调试，机器人拾取车窗并涂胶的程序设计与调试，机器人装配车窗的程序设计与调试，涂胶生产线工作站整机的程序设计与调试，认识装配工业机器人，上料整列单元的组装、接线与调试，手机加盖单元的组装、程序设计与调试，机器人装配手机按键的程序设计与调试，机器人装配手机盖的程序设计与调试，以及手机装配生产线工作站整机的程序设计与调试。

本书可作为技工院校、技师学院工业机器人应用与维护专业教材，职业院校机电类专业教材，也可作为电气设备安装与维修和机电设备安装与维修岗位培训教材。

为便于教学，本书配套有电子教案、助教课件、教学视频等教学资源，选择本书作为教材的教师可来电（010-88379195）索取，或登录www.cmpedu.com网站，注册、免费下载。

图书在版编目（CIP）数据

工业机器人技术及其应用/杨杰忠，向金林主编. —北京：机械工业出版社，2017.4

职业教育工业机器人技术应用专业规划教材

ISBN 978-7-111-56703-5

Ⅰ.①工… Ⅱ.①杨… ②向… Ⅲ.①工业机器人-职业教育-教材 Ⅳ.①TP242.2

中国版本图书馆CIP数据核字（2017）第089786号

机械工业出版社（北京市百万庄大街22号 邮政编码100037）
策划编辑：高 倩 责任编辑：高 倩 张利萍 责任校对：刘志文
封面设计：马精明 责任印制：李 昂
三河市宏达印刷有限公司印刷
2017年7月第1版第1次印刷
184mm×260mm · 18.5印张 · 456千字
0001—1500册
标准书号：ISBN 978-7-111-56703-5
定价：44.80元

凡购本书，如有缺页、倒页、脱页，由本社发行部调换

电话服务	网络服务
服务咨询热线：010-88379833	机 工 官 网：www.cmpbook.com
读者购书热线：010-88379649	机 工 官 博：weibo.com/cmp1952
	教育服务网：www.cmpedu.com
封面无防伪标均为盗版	金 书 网：www.golden-book.com

前　言

为贯彻全国职业院校坚持以就业为导向的办学方针，实现以课程对接岗位、教材对接技能的目的，更好地适应“工学结合、任务驱动模式”教学的要求，满足项目教学法的需要，特编写此书。本书依据国家职业标准编写，知识体系由基础知识、相关知识、专业知识和操作技能训练四部分构成，知识体系中各个知识点和操作技能都以任务的形式出现。本书精心选择教学内容，对专业技术理论及相关知识并没有追求面面俱到，过分强调学科的理论性、系统性和完整性，但力求涵盖国家相关职业标准中必须掌握的知识和具备的技能。

本书共分为三大模块，即机器人在码垛生产线中的应用与维护、机器人在涂胶生产线中的应用与维护、机器人在手机装配生产线中的应用与维护。每个模块又划分为不同的任务。在任务的选择上，以典型的工作任务为载体，坚持以能力为本位，重视实践能力的培养；在内容的组织上，整合相应的知识和技能，实现理论和操作的统一，有利于实现“做中学”和“学中做”，充分体现了认知规律。

本书是在充分吸收国内外职业教育先进理念的基础上，总结了众多学校一体化教学改革的经验，集众多一线教师多年的教学经验和企业实践专家的智慧完成的。在编写过程中，力求实现内容通俗易懂，既方便教师教学，又方便学生自学。特别是在操作技能部分，图文并茂，侧重于对程序设计、电路安装、通电试车过程和故障检修内容的细化，以提高学生在实际工作中分析和解决问题的能力，实现职业教育与社会生产实际的紧密结合。

在本书编写过程中得到了广西机电技师学院、青海省工业职业技术学校、广东三向教学仪器制造有限公司、广西柳州钢铁集团、上汽通用五菱汽车股份有限公司、柳州九鼎机电科技有限公司的同行们的大力支持，在此一并表示感谢。

由于编者水平有限，书中若有不妥之处，恳请读者批评指正。

编　者

目录

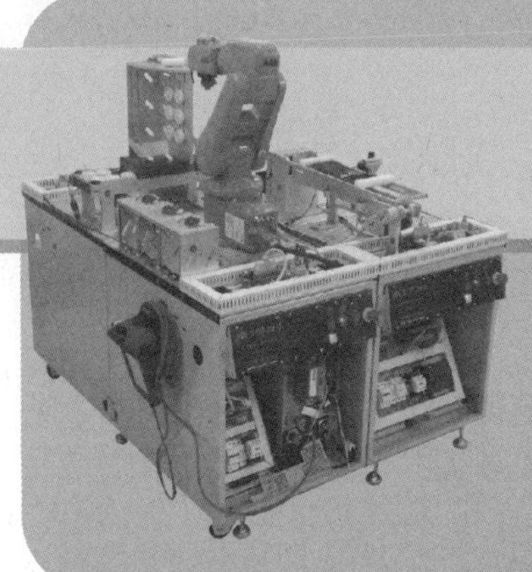

模块一

机器人在码垛生产线中的应用与维护

任务一　认识码垛工业机器人

学习目标

知识目标：1. 了解码垛机器人的分类及特点。

2. 掌握码垛机器人的系统组成及功能。

3. 熟悉工业机器人的常见分类及其行业应用。

能力目标：能够识别码垛机器人工作站的基本构成。

工作任务

码垛机器人是继人工码垛、码垛机码垛两个阶段之后出现的智能化码垛作业设备。码垛机器人可使运输工业加快码垛效率，提升物流速度，获得整齐统一的物垛，减少物料破损与浪费。因此，码垛机器人将逐步取代传统码垛机，以实现生产制造的“新自动化、新无人化”，码垛行业也将因码垛机器人的出现而步入“新起点”。图 1-1-1 所示是机器人轮胎码垛入仓和机器人车窗分拣及码垛工作站。

本任务的内容是，通过学习，掌握码垛机器人的特点、基本系统组成、周边设备，并能通过现场参观，了解机器人轮胎码垛入仓和机器人车窗分拣及码垛工作站的工作过程。

图 1-1-1　机器人轮胎码垛入仓和机器人车窗分拣及码垛工作站

相关知识

一、码垛机器人的分类及特点

码垛机器人作为新的智能化码垛设备，具有作业高效、码垛稳定等优点，可解放工人的繁重体力劳动，已在各个行业的包装物流线中发挥重大作用，归纳起来，码垛机器人主要有以下几个方面的优点：

1）占地面积小，动作范围大，减少资源浪费。

2）能耗低，降低运行成本。

3）提高生产效率，解放繁重体力劳动，实现“无人”或“少人”码垛。

4）改善工人劳作条件，摆脱有毒、有害环境。

5）柔性高，适应性强，可实现不同物料码垛。

6）定位准确，稳定性高。

码垛机器人多为四轴且带有辅助连杆的结构，连杆主要起增加力矩和平衡的作用。常见类型有关节式码垛机器人、摆臂式码垛机器人和龙门式码垛机器人，如图 1-1-2 所示。

图 1-1-2　码垛机器人分类

a）关节式码垛机器人　b）摆臂式码垛机器人　c）龙门式码垛机器人

二、码垛机器人的系统组成

码垛机器人需要与相应的辅助设备组成一个柔性系统，才能进行码垛作业。常见的码垛机器人主要由操作机、控制系统（控制柜、示教器）、驱动系统（气体发生装置、液压发生装置）、末端执行器（手爪、吸盘等）和安全保护装置组成。关节式码垛机器人系统组成如图 1-1-3 所示。

关节式码垛机器人常见本体多为四轴，也有五、六轴码垛机器人，但在实际包装码垛物流线中五、六轴码垛机器人相对较少。码垛主要在物流线末端进行，码垛机器人安装在底座（或固定座）上，其位置的高低由生产线高度、托盘高度及码垛层数共同决定，多数情况下，码垛精度的要求没有机床上下料搬运精度高，为节约成本、降低投入资金、提高效益，四轴码垛机器人足以满足日常码垛要求。图 1-1-4 所示为 KUKA、FANUC、ABB、YASKAWA 市场上四大主流品牌相应的码垛机器人本体外形图。

码垛机器人的末端执行器是夹持物品移动的一种装置，常见形式有吸附式、夹板式、抓

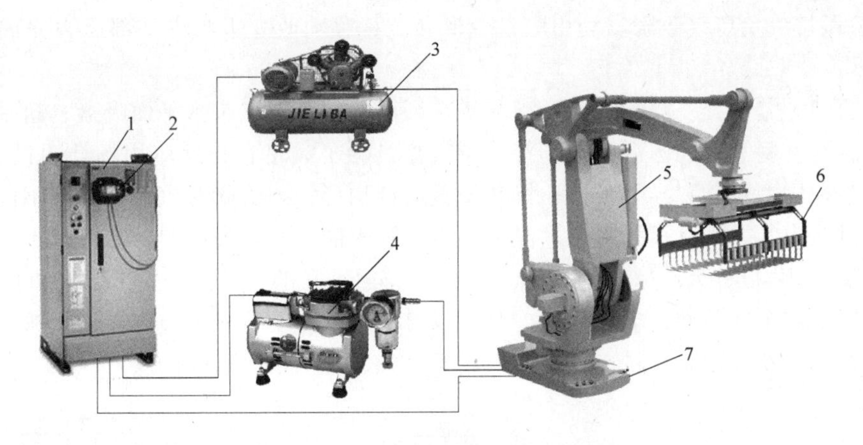

图 1-1-3 码垛机器人的系统组成
1—机器人控制柜 2—示教器 3—气体发生装置 4—真空发生装置
5—操作机 6—夹板式手爪 7—底座

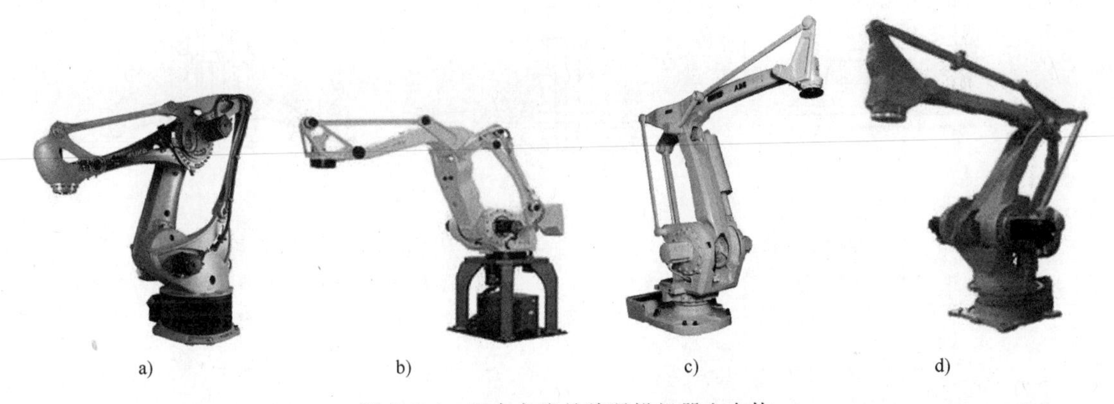

图 1-1-4 四大主流品牌码垛机器人本体
a）KUKA KR 700PA b）FANUC M-410iB c）ABB IRB 660 d）YASKAWA MPL80

取式、组合式。

1. 吸附式末端执行器

在码垛中，吸附式末端执行器广泛应用于医药、食品、烟酒等行业。吸附式末端执行器依据吸力不同可分为气吸附和磁吸附，主要为气吸附。

(1) 气吸附

气吸附主要是利用吸盘内压力和大气压之间的压力差进行工作，依据压力差分为真空吸盘吸附、气流负压气吸附、挤压排气负压气吸附等，其结构如图 1-1-5 所示。

1）真空吸盘吸附。通过连接真空发生装置和气体发生装置实现抓取和释放工件，工作时，真空发生装置将吸盘与工件之间的空气吸走使其达到真空状态，此时，吸盘内的大气压小于吸盘外大气压，工件在外部压力的作用下被抓取。

2）气流负压气吸附。利用流体力学原理，通过压缩空气（高压）高速流动带走吸盘内气体（低压），使吸盘内形成负压，同样利用吸盘内外压力差完成取件动作，切断压缩空气随即消除吸盘内负压，完成释放工件动作。

3）挤压排气负压气吸附。利用吸盘变形和拉杆移动改变吸盘内外部压力完成工作吸取和释放动作。

吸盘的种类繁多，一般分为普通型和特殊型两种，普通型包括平面吸盘、超平吸盘、椭圆吸盘、波纹管型吸盘和圆形吸盘；特殊型吸盘是为了满足在特殊应用场合而设计使用的，通常可分为专用型吸盘和异型吸盘；特殊型吸盘结构形状因吸附对象的不同而不同。吸盘的结构对吸附能力的大小有很大影响，但材料也对吸附能力有较大影响，目前吸盘常用材料多为丁腈橡胶（NBR）、天然橡胶（NR）和半透明硅胶（SIT5）等。不同结构和材料的吸盘被广泛应用于汽车覆盖件、玻璃板件、金属板材的切割及上下料等场合，适合抓取表面相对光滑、平整、坚硬及微小材料，具有高效、无污染、定位精度高等优点。

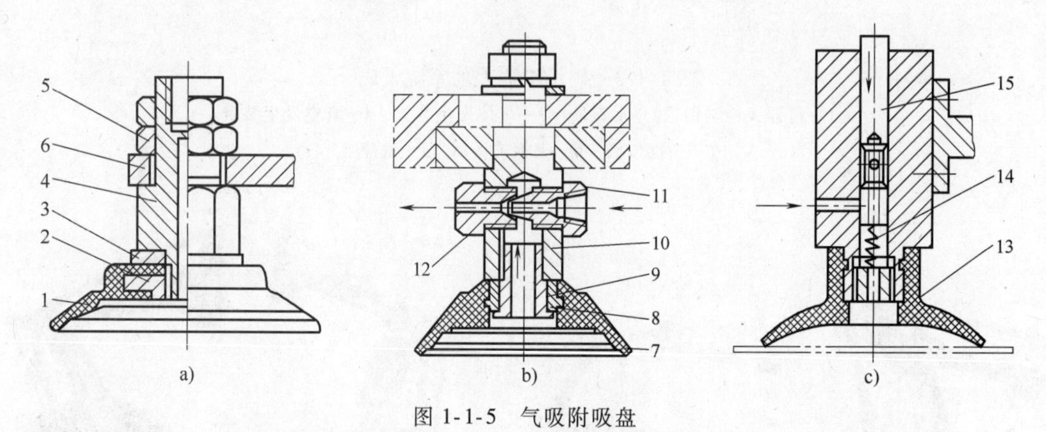

图 1-1-5　气吸附吸盘

a）直空吸盘吸附　b）气流负压气吸附　c）挤压排气负压气吸附

1、7、13—橡胶吸盘　2—固定环　3—垫片　4—支撑杆　5—螺母　6—基板　8—心套

9—透气螺钉　10—支撑架　11—喷嘴　12—喷嘴套　14—弹簧　15—拉杆

（2）磁吸附

磁吸附是利用磁力吸取工件。常见的磁力吸盘分为电磁吸盘、永磁吸盘、电永磁吸盘等，工作原理如图 1-1-6 所示。

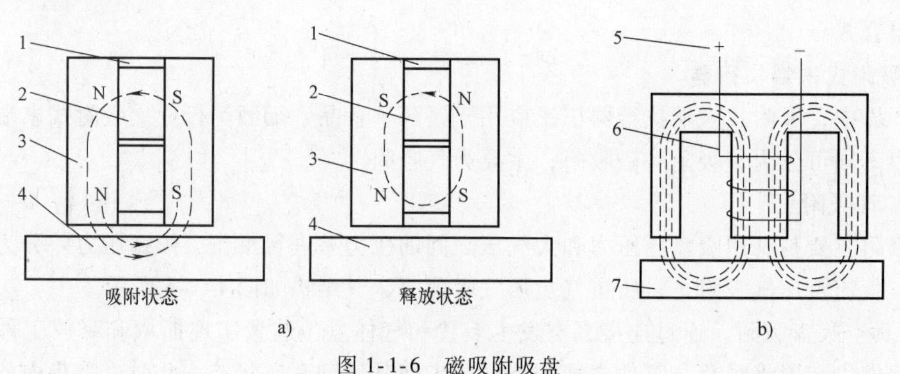

图 1-1-6　磁吸附吸盘

a）永磁吸附　b）电磁吸附

1—非导磁体　2—永磁铁　3—磁轭　4、7—工件　5—直流电源　6—励磁线圈

1）电磁吸盘是在内部励磁线圈通直流电后产生磁力，而吸附导磁性工件。

2）永磁吸盘是利用磁力线通路的连续性及磁场叠加性工作，一般永磁吸盘（多用钕铁

硼为内核）的磁路为多个磁系，通过磁系之间的相互运动来控制工作磁极面上的磁场强度，进而实现工件的吸附和释放动作。

3）电永磁吸盘是利用永磁磁铁产生磁力，利用励磁线圈对吸力大小进行控制，起到“开、关”作用，它结合了永磁吸盘和电磁吸盘的优点，应用十分广泛。

电磁吸盘的分类方式多种多样，依据形状可分为矩形磁吸盘、圆形磁吸盘；按吸力大小分为普通磁吸盘和强力磁吸盘等。由上可知，磁吸附只能吸附对磁产生感应的物体，故对于要求不能有剩磁的工件无法使用，且磁力受温度影响较大，所以在高温下工作也不能选择磁吸附，故其在使用过程中有一定局限性，常适合要求抓取精度不高且在常温下工作的工件。

2. 夹板式末端执行器

夹板式手爪是码垛过程中最常用的一类手爪，常见夹板式手爪有单板式和双板式，如图1-1-7所示。手爪主要用于整箱或规则盒码垛，可用于各行各业，夹板式手爪夹持力度比吸附式手爪大，可一次码一箱（盒）或多箱（盒），并且两侧板光滑不会破坏码垛产品外观。单板式与双板式的侧板一般都会有可旋转爪钩，需单独机构控制，工作状态下爪钩与侧板成90°，起到撑托物件防止在高速运动中物料脱落的作用。

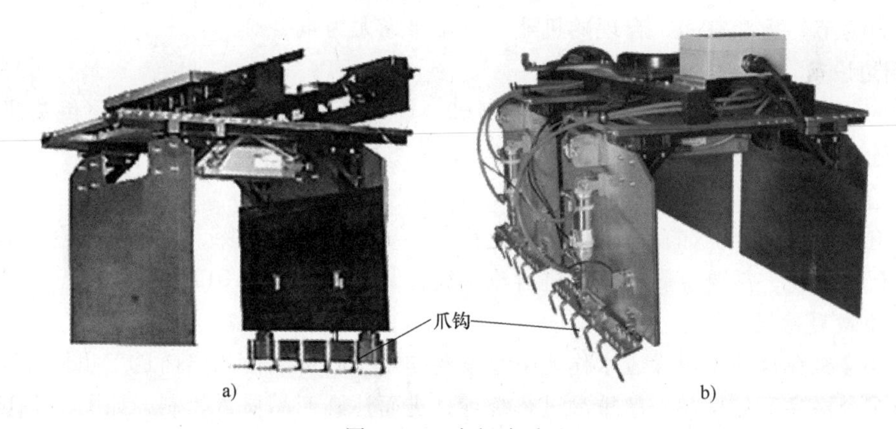

图1-1-7　夹板式手爪

a）单板式　b）双板式

3. 抓取式末端执行器

抓取式手爪可灵活适应不同形状和装有不同内含物（如大米、砂砾、塑料、水泥、化肥等）的物料袋的码垛。图1-1-8所示为ABB公司配套IRB 460和IRB 660码垛机器人专用的即插即用FlexGripper抓取式手爪，采用不锈钢制作，可胜任极端条件下作业的要求。

4. 组合式末端执行器

组合式手爪是通过组合以获得各单组手爪优势的一种手爪，灵活性较大，各单组手爪之间既可单独使用又可配合使用，可同时满足多个工位的码垛，图1-1-9所示为ABB公司配套IRB 460和IRB 660码垛机器人专用的即插即用FlexGripper组合式手爪。

码垛机器人手爪的动作需单独外力进行驱动，需要连接相应外部信号控制装置及传感系统，以控制码垛机器人手爪实时的动作状态及力的大小，其手爪驱动方式多为气动和液压驱动。通常在保证相同夹紧力情况下，气动比液压负载轻、卫生、成本低、易获取，所以实际码垛中以压缩空气为驱动力的居多。

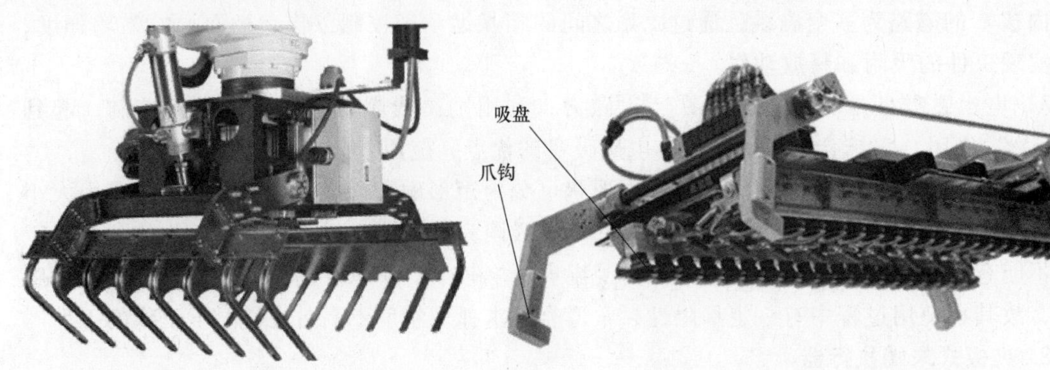

图 1-1-8　抓取式手爪　　　　图 1-1-9　组合式手爪

三、码垛机器人的周边设备与工位布局

码垛机器人工作站是一种集成化系统，可与生产系统相连接形成一个完整的集成化包装码垛生产线。码垛机器人完成一项码垛工作，除需要码垛机器人外，还需要一些辅助周边设备。同时，为节约生产空间，合理的机器人工位布局尤为重要。

1. 周边设备

常见的码垛机器人辅助装置有金属检测机、重量复检机、自动剔除机、倒袋机、整形机、待码输送机、输送带、码垛系统等装置。

（1）金属检测机

对于有些码垛场合，如食品、医药、化妆品、纺织品等的码垛，为防止在生产制造过程中混入金属等异物，需要金属检测机进行流水线检测，如图 1-1-10 所示。

（2）重量复检机

重量复检机在自动化码垛流水作业中起重要作用，其可以检测出前道工序是否漏装、多装，以及对合格品、欠重品、超重品进行统计，进而达到产品质量控制，如图 1-1-11 所示。

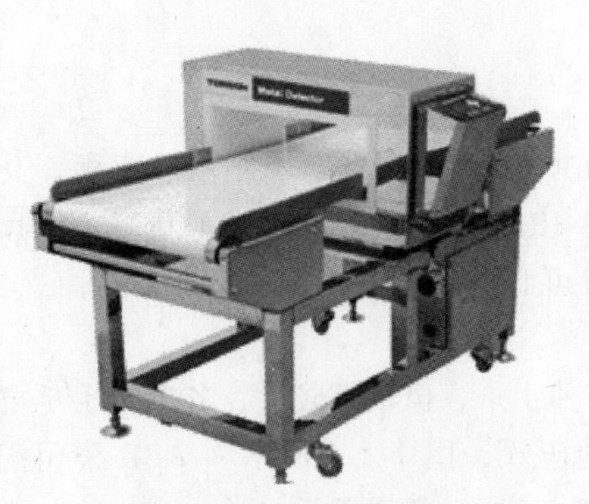

图 1-1-10　金属检测机

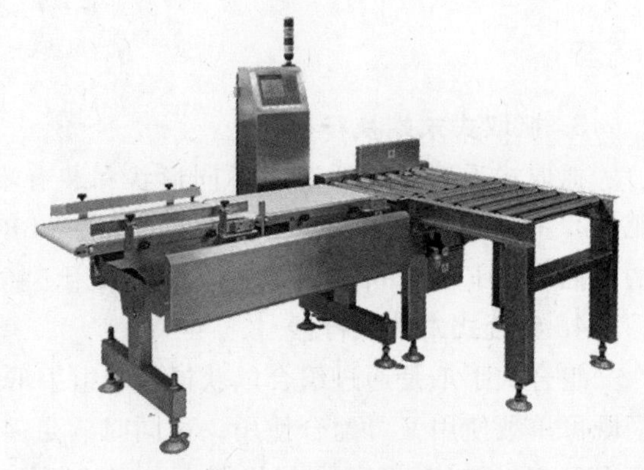

图 1-1-11　重量复检机

（3）自动剔除机

自动剔除机安装在金属检测机和重量复检机之后，主要用于剔除含金属异物及重量不合格的产品，如图 1-1-12 所示。

（4）倒袋机

倒袋机是将输送过来的袋装码垛物按照预定程序进行输送、倒袋、转位等操作，以使码垛物按流程进入后续工序，如图 1-1-13 所示。

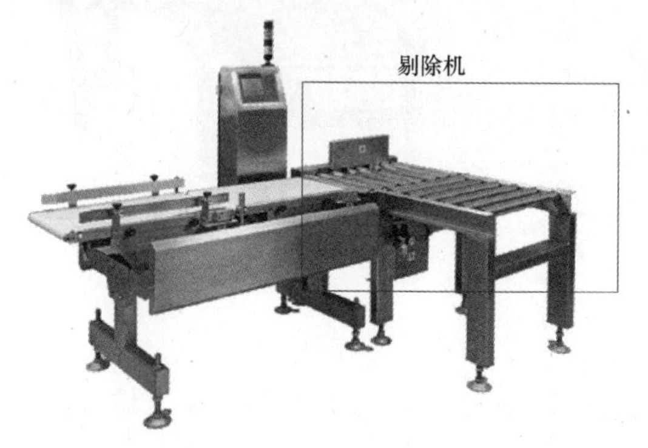

图 1-1-12　自动剔除机

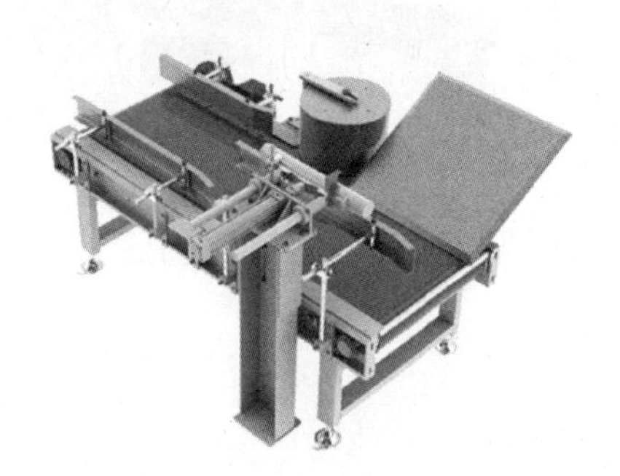

图 1-1-13　倒袋机

（5）整形机

整形机主要针对袋装码垛物的外形整形，经整形机整形后袋装码垛物内可能存在的积聚物会均匀分散，使码垛物外形整齐，便于之后进入后续工序，如图 1-1-14 所示。

（6）待码输送机

待码输送机是码垛机器人生产线的专用输送设备，码垛货物聚集于此，便于码垛机器人末端执行器抓取，可提高码垛机器人的灵活性，如图 1-1-15 所示。

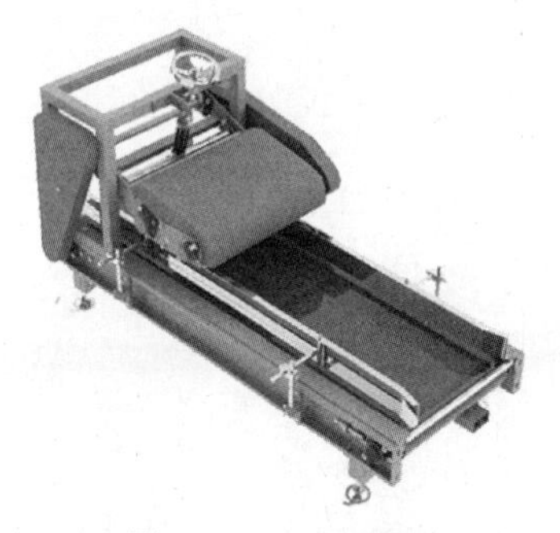

图 1-1-14　整形机

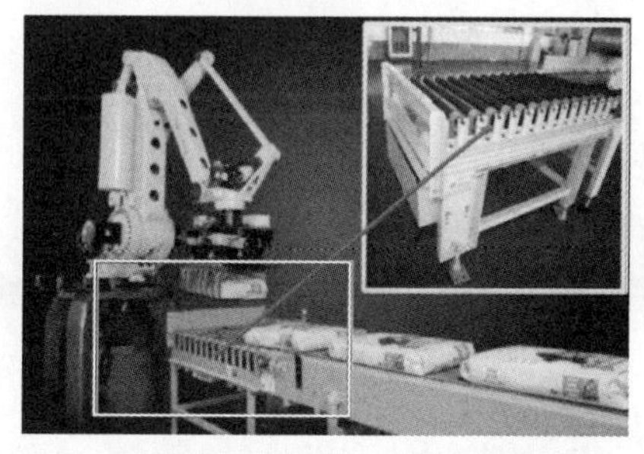

图 1-1-15　待码输送机

（7）输送带

输送带是自动化码垛生产线上必不可少的一个环节，针对不同的厂源条件可选择不同的形式，如图 1-1-16 所示。

2. 工位布局

码垛机器人工作站的布局是以提高生产效率、节约场地、实现最佳物流码垛为目的，在实际生产中，常见的码垛工作站布局主要有全面式码垛和集中式码垛两种。

（1）全面式码垛

码垛机器人安装在生产线末端，可针对一条或两条生产线，具有输送线成本小、占地面积少、灵活性强等优点，如图 1-1-17 所示。

（2）集中式码垛

码垛机器人被集中安装在某一区域，可将所有生产线集中在一起，具有较高的输送线成

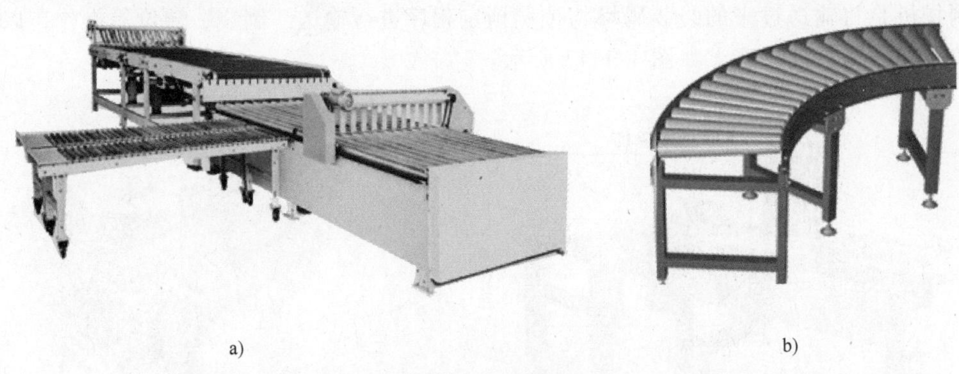

a) b)

图 1-1-16 输送带

a）组合式 b）转弯式

图 1-1-17 全面式码垛

本，节省生产区域资源，节约人员维护成本，一人便可全部操纵，如图 1-1-18 所示。

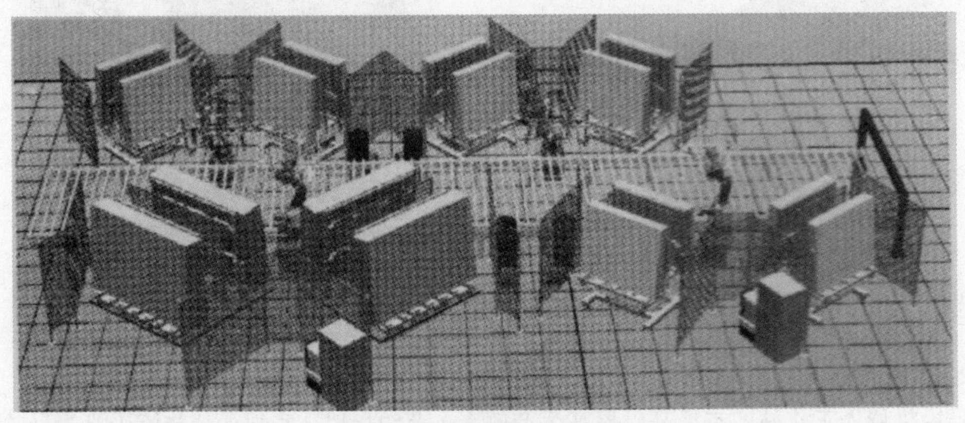

图 1-1-18 集中式码垛

在实际生产码垛中，按码垛进出情况常规划有一进一出、一进两出、两进两出和四进四出等形式。具体情况如下：

1）一进一出。一进一出常出现在厂源相对较小、码垛线生产比较繁忙的场合，此类型码垛速度较快，托盘分布在机器人左侧或右侧，缺点是需要人工换托盘，浪费时间，如图 1-1-19 所示。

2）一进两出。在一进一出的基础上添加输出托盘，一侧满盘信号输入，机器人不会停止等待，直接码垛另一侧，码垛效率明显提高，如图 1-1-20 所示。

图 1-1-19　一进一出

图 1-1-20　一进两出

3）两进两出。两进两出是两条输送链输入，两条码垛输出，多数两进两出系统无需人工干预，码垛机器人自动定位摆放托盘，是目前应用最多的一种码垛形式，也是性价比最高的一种规划形式，如图 1-1-21 所示。

4）四进四出。四进四出系统多配有自动更换托盘功能，主要应用于多条生产线的中等产量或低产量的码垛，如图 1-1-22 所示。

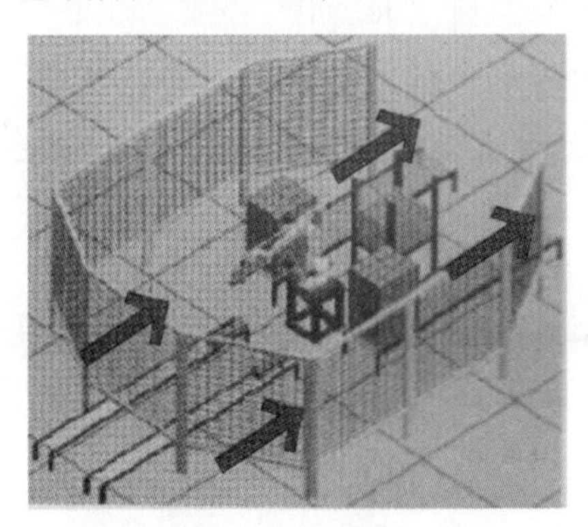

图 1-1-21　两进两出

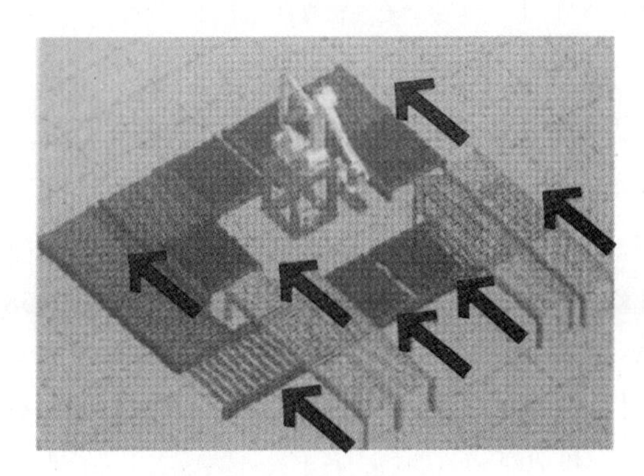

图 1-1-22　四进四出

四、机器人轮胎码垛入仓和机器人车窗分拣及码垛工作站

机器人轮胎码垛入仓和机器人车窗分拣及码垛工作站由立体码垛单元、六轴机器人单元和检测排列单元组成，如图 1-1-23 所示，其中机器人轮胎码垛入仓的任务由正反双向运行的带式机输送轮胎物料到机器人抓取工位，机器人通过三爪夹具逐个拾取轮胎并挂装到两边四面（1×3+2×3）×2 共 18 个工位的立体轮胎挂装仓库内，输送带的正反双向运行，可有效防止物料的卡、堵现象。机器人车窗分拣及码垛的检测排列任务是由机器人通过吸盘夹具依次将存储仓的玻璃板拾取到检测位进行大小边检测，机器人根据检测结果分类摆放到不同工位；工件摆放完毕，摆放工位能够自动下降并正反方向运行，把工件有序重新装入存储仓。其组成的各部件见表 1-1-1。

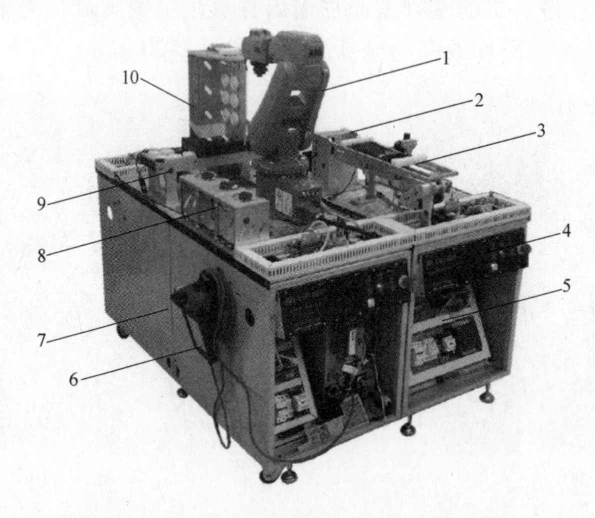

图 1-1-23　机器人轮胎码垛入仓和机器人车窗分拣及码垛工作站示意图

表 1-1-1　机器人轮胎码垛入仓和车窗分拣及码垛工作站组成部件

序号	名称	序号	名称	序号	名称
1	六轴机器人	5	电气控制挂板	9	轮胎输送带机构
2	存储仓与检测台	6	机器人示教器	10	轮胎立体仓库
3	排列输送机构	7	模型桌体		
4	操作面板	8	机器人夹具座		

1. 六轴机器人单元

六轴机器人单元采用 ABB 公司六轴控制机器人，配置规格为本体 IRB-120，有效负载 3kg，臂展 0.58m，配套工业控制器和多个机器人夹具摆放工位，带有自动快换功能，灵活多用，桌体配重，保证机器人高速运动时不出现摇晃，如图 1-1-24所示。

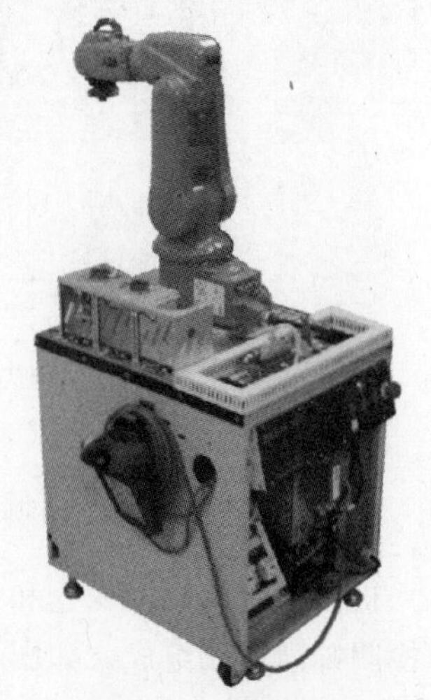

图 1-1-24　六轴机器人单元

2. 轮胎码垛单元

轮胎码垛单元的功能是提供双面四侧 18 个轮胎挂装工位，并有正反双向运行输送工件系统，保证系统的连续性，如图 1-1-25所示。

3. 检测排列单元

检测排列单元的功能是步进升降机构提供物料的连续供应，在检测台检测物料方向，并将结果上传保证摆放的正确，如图 1-1-26所示。

4. 机器人末端执行器

六轴机器人的末端执行器主要配有三爪夹具和双吸盘夹具。其中三爪夹具是辅助机器人完成汽车轮胎的拾取、入库流程，如图 1-1-27a 所示；双吸盘夹具是辅助机器人完成单个物料（车窗玻璃）的拾取与搬运，如图 1-1-27b 所示。

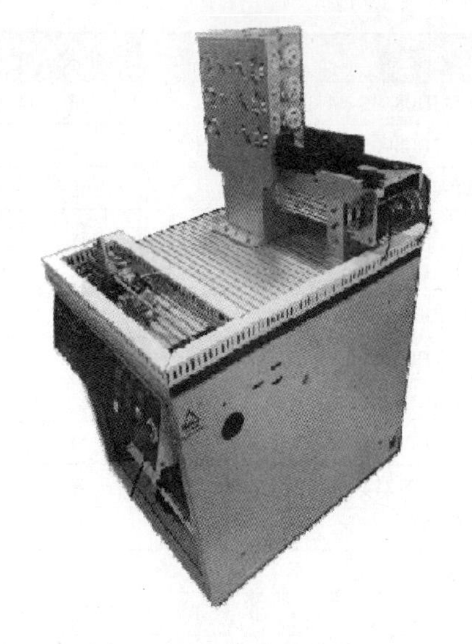

图 1-1-25　轮胎码垛单元

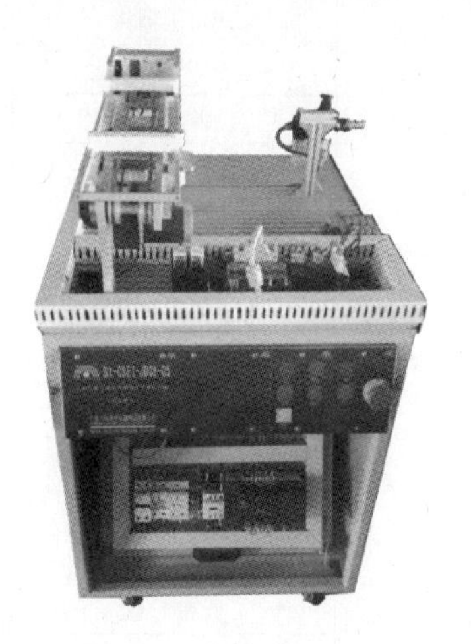

图 1-1-26　检测排列单元

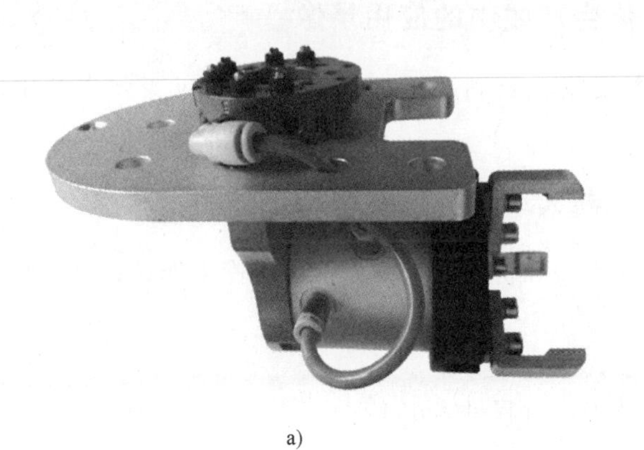

a)

b)

图 1-1-27　机器人末端执行器

a）三爪夹具　b）双吸盘夹具

任务实施

一、任务准备

实施本任务教学所使用的实训设备及工具材料可参考表 1-1-2。

表 1-1-2　实训设备及工具材料

序号	分类	名　称	型号规格	数量	单位	备注
1	工具	电工常用工具		1	套	
2		内六角扳手	3.0mm	1	个	
3		内六角扳手	4.0mm	1	个	

（续）

序号	分类	名　　称	型号规格	数量	单位	备注
4	设备器材	ABB 机器人	SX-CSET-JD08-05-34	1	套	
5		立体码垛模型	SX-CSET-JD08-05-29	1	套	
6		检测排列模型	SX-CSET-JD08-05-30	1	套	
7		三爪夹具组件	SX-CSET-JD08-05-10	1	套	
8		按键吸盘组件	SX-CSET-JD08-05-11	1	套	
9		夹具座组件	SX-CSET-JD08-05-15A	2	套	
10		气源两联件组件	SX-CSET-JD08-05-16	1	套	
11		模型桌体 A	SX-CSET-JD08-05-41	1	套	
12		模型桌体 B	SX-CSET-JD08-05-42	1	套	
13		计算机桌	SX-815Q-21	2	套	
14		计算机	自定	2	套	
15		无油空压机	静音	1	台	
16		资料光盘		1	张	
17		说明书		1	本	

二、观看码垛机器人在工厂自动化生产线中的应用录像

记录工业机器人的品牌及型号，并查阅相关资料，了解码垛机器人在实际生产中的应用。

三、认识机器人轮胎码垛入仓和机器人车窗分拣及码垛工作站

在教师的指导下，操纵机器人轮胎码垛入仓和机器人车窗分拣及码垛工作站，并了解其工作过程。

1. 机器人轮胎码垛入仓的操作

机器人轮胎码垛入仓的具体操作步骤及工作过程见表 1-1-3。

表 1-1-3　机器人轮胎码垛入仓的具体操作步骤及工作过程

步骤	图　　示	操作方法及工作过程
1		合上总电源开关，按下“联机”按钮，然后按下起动按钮
2		机器人逆时针旋至夹具座组件的三爪夹具组件的上方，机器人手臂向下拾取三爪夹具
3		机器人手臂向下拾取三爪夹具到位，轮胎码垛单元的正反双向运行输送工件系统工作，输送带正向运动将需要码垛的轮胎输送到指定位置

（续）

步骤	图　示	操作方法及工作过程
4		轮胎输送到指定位置后，机器人手臂上升到一定的高度，然后顺时针旋到轮胎码垛单元的第一个需要码垛的轮胎上方
5		机器人手臂下降，通过三爪夹具抓取轮胎
6		抓取轮胎后的机器人手臂开始上升
7		当手臂上升到一定高度时，手臂关节便上升，并顺时针旋转
8		当手臂上升并旋转到指定高度后，机器人通过基座再次顺时针旋转到指定位置，并将轮胎码放在轮胎立体车库的指定位置，然后自动松开三爪夹具，完成第一个轮胎的码垛任务
9	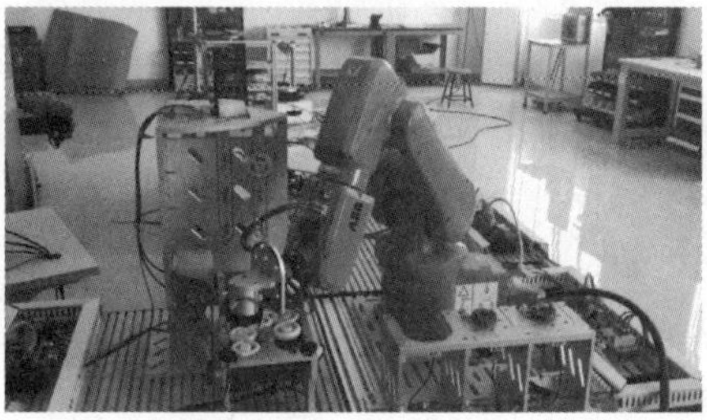	完成第一个轮胎的码垛，机器人会自动离开，并逆时针旋转移动去抓取第二个轮胎
10		在取走第二个轮胎后，输送带又正向运动，将余下的轮胎分别输送到第二个抓取位子，同时机器人进行第二个轮胎的码垛
11		余下轮胎的码垛过程与第二个轮胎的码垛过程相似，值得注意的是当码垛完第一面六个工位的轮胎后，机器人会自动转向轮胎立体车库的第二面码垛位置进行六个工位的码垛，然后再转向轮胎立体车库的第三面码垛位置进行六个工位的码垛

（续）

步骤	图　　示	操作方法及工作过程
12		当机器人码垛完18个轮胎后，会自动退出码垛程序，然后逆时针旋转，将三爪夹具放回夹具座组件里
13		卸下三爪夹具的机器人顺时针旋转回到初始位置（原位），至此，完成轮胎码垛任务

2. 机器人车窗分拣及码垛的操作

机器人车窗分拣及码垛的具体操作步骤及工作过程见表1-1-4。

表1-1-4　机器人车窗分拣及码垛的具体操作步骤及工作过程

步骤	图　　示	操作方法及工作过程
1		合上总电源开关，按下“联机”按钮，然后按下起动按钮
2		机器人逆时针旋至夹具座组件的双吸盘夹具组件的上方，机器人手臂向下拾取双吸盘夹具
3	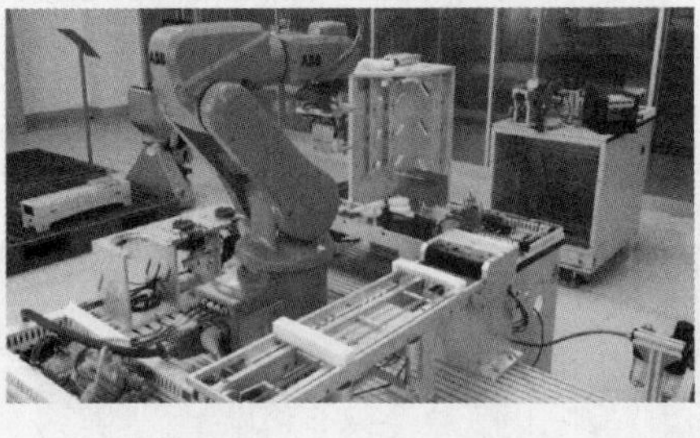	机器人手臂拾取双吸盘夹具到位后手臂上升，并顺时针旋转到初始位置（原位）停下，排列检测单元的步进升降机机构工作，升降机将需要检测码垛的车窗玻璃输送到存储仓上面的指定位置

（续）

步骤	图　　示	操作方法及工作过程
4		车窗玻璃输送到存储仓上面的指定位置后，机器人顺时针旋到存储仓上第一个需要检测排列的车窗玻璃上方，并通过双吸盘夹具吸住第一片车窗玻璃，同时玻璃输送带上的左右导杆卡槽会自动升起
5		机器人将需要检测排列的车窗玻璃转移到检测平台进行检测
6		若检测到是右车窗玻璃，机器人会自动顺时针旋转将车窗玻璃安放在右车窗玻璃的码垛位置
7		当安放完第一块车窗玻璃后，机器人的双吸盘夹具会自动松开玻璃，然后逆时针旋转去拾取第二块车窗玻璃，并进行检测
8		若检测到玻璃是左车窗的，机器人就会顺时针旋转将玻璃放在左车窗玻璃的码垛位置
9		右车窗玻璃的检测码垛与第一块的检测码垛方法一样

（续）

步骤	图示	操作方法及工作过程
10		左车窗玻璃的检测码垛与第二块的检测码垛方法一样
11	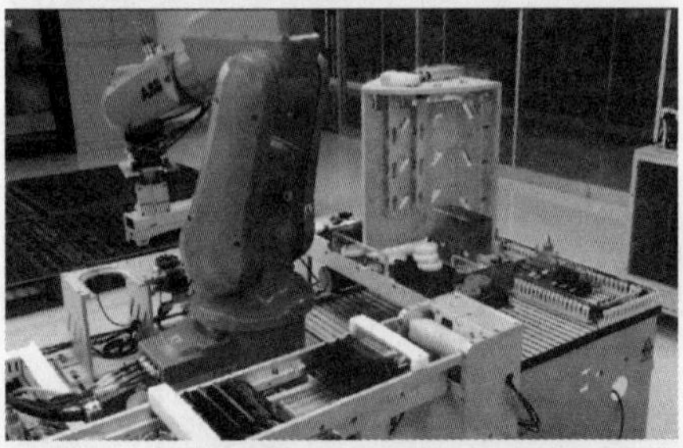	当所有的八块检测排列码垛完毕，机器人会自动逆时针旋转将双吸盘夹具放回夹具座组件的指定位置
12		卸下双吸盘夹具的机器人顺时针旋转回到初始位置（原位），同时玻璃输送带运行，玻璃刮板将排列好的玻璃送回存储仓内，至此完成车窗玻璃的检测与排列任务

检查测评

对任务实施的完成情况进行检查，并将结果填入表1-1-5内。

表1-1-5　任务测评表

序号	主要内容	考核要求	评分标准	配分	扣分	得分
1	观看录像	正确记录机器人的品牌及型号，正确描述主要技术指标及特点	1. 记录机器人的品牌、型号有错误或遗漏，每处扣2分 2. 描述主要技术指标及特点有错误或遗漏，每处扣2分	20		
2	机器人轮胎码垛入仓和机器人车窗分拣及码垛模拟生产线的操作	1. 能正确操作机器人轮胎码垛入仓 2. 能正确操作机器人车窗分拣及码垛	1. 不能正确操作机器人轮胎码垛入仓扣30分 2. 不能正确操作机器人车窗分拣及码垛扣30分	70		
3	安全文明生产	劳动保护用品穿戴整齐；遵守操作规程；讲文明礼貌；操作结束要清理现场	1. 操作中，违反安全文明生产考核要求的任何一项扣5分，扣完为止 2. 当发现学生有重大事故隐患时，要立即予以制止，并每次扣安全文明生产总分5分	10		
合　计						
开始时间：			结束时间：			

任务二　带式输送机构的组装、接线与调试

学习目标

知识目标：1. 了解识读装配图的要求、方法和步骤。
2. 了解电气图的种类、图纸的结构及反映的内容。
3. 掌握电气设备的安装工艺及要求。
4. 掌握电气元件的接线及要求。
5. 掌握检测排列单元的组成。

能力目标：1. 会参照装配图进行带式输送系统的组装。
2. 会参照接线图完成单元桌面电气元件的安装与接线。
3. 能够完成气缸与电动机部分的接线。
4. 能够利用给定测试程序进行通电测试。

工作任务

现需要对该工作站检测排列单元带式输送机构（见图 1-1-26）进行组装、接线及调试工作，并交有关人员验收，要求安装完成后可按功能要求正常运转。

相关知识

一、识读装配图

装配图是表达机器或部件的图样，是制定装配工艺规程，进行装配、检验、安装及维修的技术文件，也是表达设计思想、指导生产和交流技术的重要技术文件。

1. 读装配图的要求

1）了解装配体的名称、用途、性能、结构和工作原理。

2）读懂各主要零件的结构及其在装配体中的功用。

3）了解各零件之间的装配关系、连接方式，了解装、拆顺序。

2. 识读装配图的方法和步骤

（1）概括了解

1）先看标题栏。标题栏一般在图纸的右下方，从标题栏了解装配体的名称、比例和大致的用途。

2）后看明细栏。明细栏在标题栏的上方，从明细栏了解标准件和专用件的名称、数量以及专用件的材料、热处理要求等。

3）再看视图。分析整个装配图上有哪些视图，各采用什么表达方法，表达的重点是什么，反映了哪些装配关系，零件之间的连接方式如何，视图间的投影关系等，可以以图 1-2-1进行分析。

（2）分析装配关系和工作原理

在概括了解的基础上，结合有关说明书仔细分析机器或部件的工作原理和装配关系，这

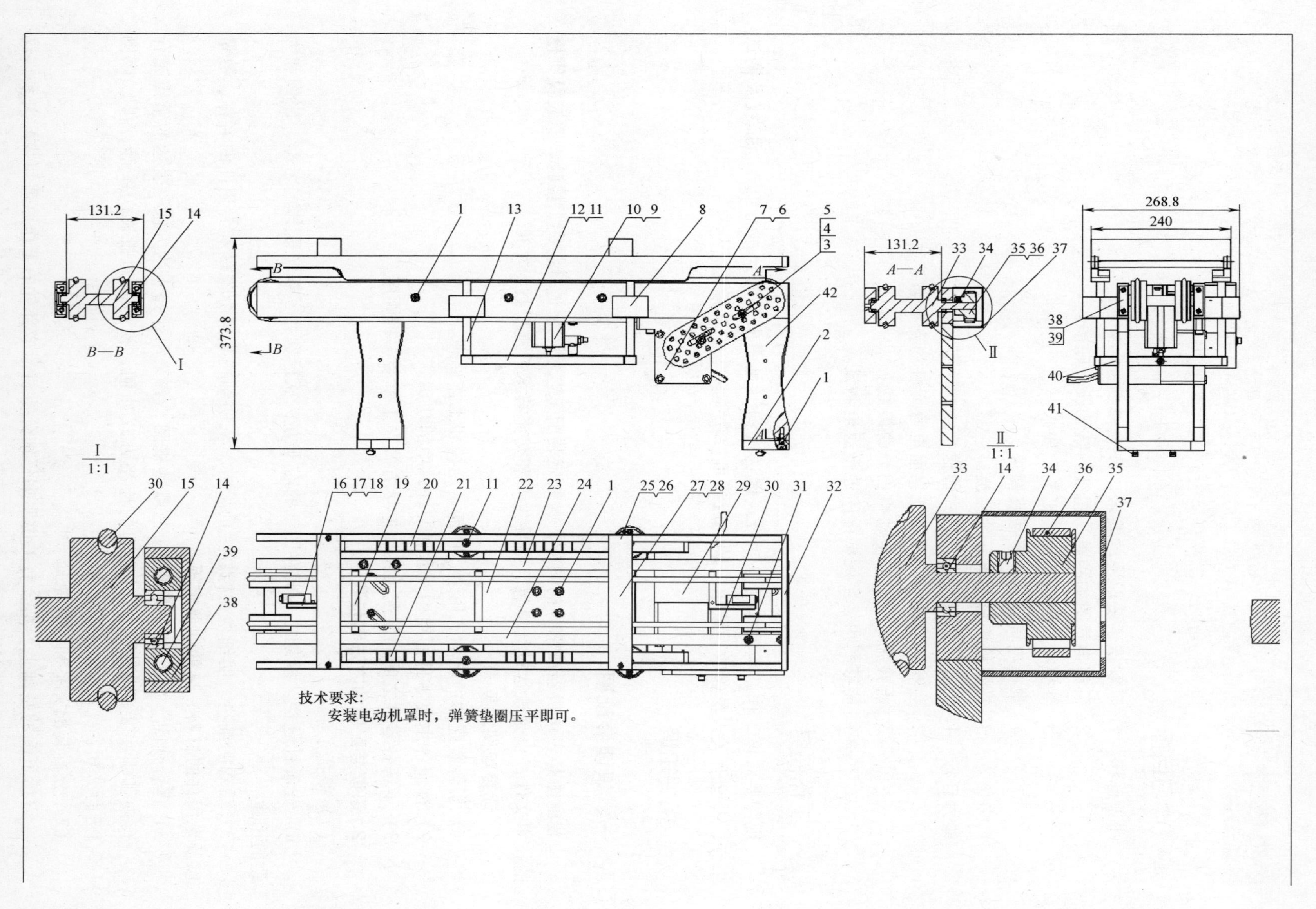
131.2
B—B
I
373.8
A—A
II
268.8
240
I
1:1
II
1:1
技术要求:
安装电动机罩时，弹簧垫圈压平即可。

序号	图号	名称	材料规格型号	数量	备注	序号	图号	名称	材料规格型号	数量	备注
1	—	内六角圆柱头螺钉	M5 * 12 不锈钢	22		22	SX-CSET-JD08-05-06-01-012	输送带横梁	AL6063	1	
2	SX-CSET-JD08-05-06-01-001	支架底板	AL6063	2		23	SX-CSET-JD08-05-06-01-013	带轮右固定板	AL6063	1	
3	—	内六角圆柱头螺钉	M4 * 40 不锈钢	2		24	SX-CSET-JD08-05-06-01-014	带轮左固定板	AL6063	1	
4	—	弹垫	ϕ4 不锈钢	6		25	—	直线轴承	LMF8UU	4	
5	—	平垫	ϕ4 不锈钢	6		26	—	内六角圆柱头螺钉	M3 * 10 不锈钢	22	
6	—	内六角圆柱头螺钉	M5 * 20 不锈钢	2		27	SX-CSET-JD08-05-06-01-015	玻璃刮块	白色 POM	2	
7	SX-CSET-JD08-05-06-01-003	电动机固定座	AL6063	1		28	—	内六角圆柱头螺钉	M3 * 30 不锈钢	4	
8	SX-CSET-JD08-05-06-01-004	直线轴承座	AL6063	4		29	—	直流减速机	Z2D1024GN-18S-2GN	1	
9	—	节流阀	ASL4-M5	2		30	—	圆带	Plϕ5 * 1170	2	
10	—	气缸	JD20 * 20-S	1		31	—	内六角圆柱头螺钉	M5 * 40 不锈钢	4	
11	—	内六角圆柱头螺钉	M4 * 12 不锈钢	15		32	SX-CSET-JD08-05-06-01-016	玻璃挡块	AL6063	1	
12	SX-CSET-JD08-05-06-01-005	连接条	AL6063	1		33	SX-CSET-JD08-05-06-01-017	圆带主动轮	AL6063	1	
13	SX-CSET-JD08-05-06-01-006	导杆	304 不锈钢	4		34	—	内六角紧定螺钉	M5 * 6 不锈钢	2	
14	—	深沟球轴承	628-8	4		35	SX-CSET-JD08-05-06-01-018	同步轮	铝合金	2	
15	SX-CSET-JD08-05-06-01-007	圆带从动轮	AL6063	1		36	—	同步带	HTD 3M-282 * 10	1	
16	SX-CSET-JD08-05-06-01-008	传感器安装座	AL6063	2		37	SX-CSET-JD08-05-06-01-019	同步轮罩	Q235/1. 2mm	1	
17	—	光电	E3Z-D61	2		38	SX-CSET-JD08-05-06-01-020	轴承座	AL6063	2	
18	—	十字槽沉头螺钉	M3 * 8 不锈钢	8		39	—	内六角紧定螺钉	M5 * 30 不锈钢	4	
19	SX-CSET-JD08-05-06-01-009	圆带垫筒	AL6063	3		40	SX-CSET-JD08-05-06-01-021	导杆连接板	AL6063	2	
20	SX-CSET-JD08-05-06-01-010	玻璃右卡槽	AL6063	1		41	—	T 形螺母	M4-4 不锈钢	4	
21	SX-CSET-JD08-05-06-01-011	玻璃左卡槽	AL6063	1		42	SX-CSET-JD08-05-06-01-002	输送带支架	AL6063	2	

图 1-2-1　带式输送系统装配图

是识读装配图的一个重要环节，主要了解以下内容：首先分析零部件，主要了解零件的主要作用和基本形状，弄清装配体的工作原理和运动情况；然后分析配合关系，根据装配图上标注的尺寸，弄清哪些零件有配合要求，其配合制、配合类别及配合精度如何等；再后定位与调整，分析零件各方面之间的关系，哪些是彼此接触的，如何定位，是否有间隙需要调整，怎样调整；最后是连接与固定，分清零件之间的连接、固定方式，是否可拆。

（3）分析零件，读懂零件形状

利用装配图的表达方法和投影关系，将零件的投影从重叠的视图中分离出来，读懂零件的基本结构、形状和作用。

（4）分析尺寸，了解技术要求

读懂装配图中的必要尺寸，分析装配过程中或装配后达到的技术要求，以及对装配体的工作性能、调试与检验等要求。

二、识读电气图

1. 电气图形符号和文字符号

电气符号包括图形符号和文字符号等。它是构成电气图的基本单元。图形符号是用于表示一个设备或概念的图形，是电工技术文件中的“象形文字”；文字符号是表示电气元件、设备、装置的名称的字符代码，如图 1-2-2 所示。

2. 电气图种类

电气图可分为原理图和接线图，其中原理图是用来表示系统、装置的电气原理的图，如图 1-2-3 所示；接线图是真实反映设备、元器件之间的连接，用于安装和接线的图，如图 1-2-4所示。

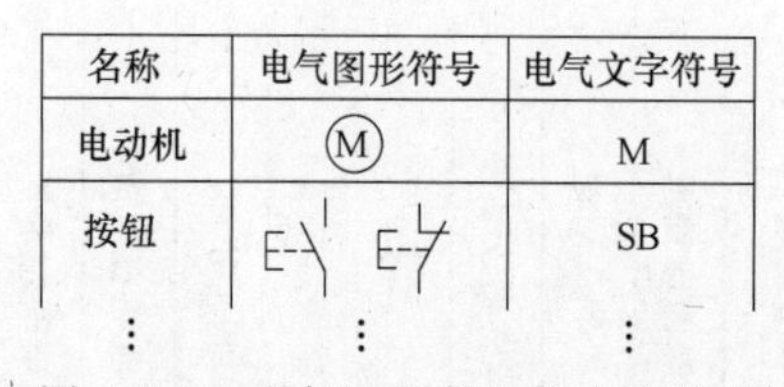

名称	电气图形符号	电气文字符号
电动机	Ⓜ	M
按钮		SB
⋮	⋮	⋮

图 1-2-2　电气图形符号和文字符号

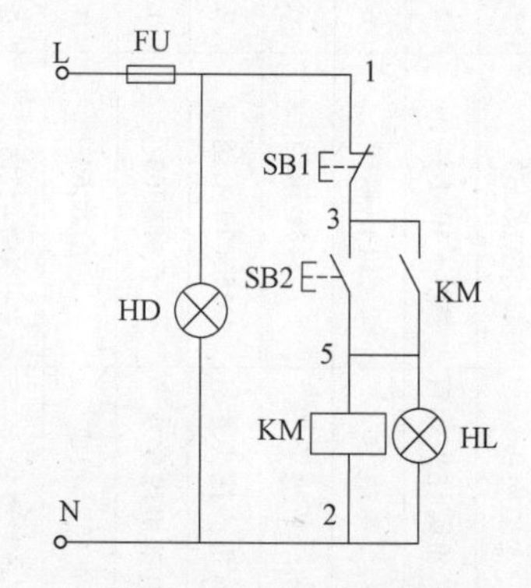

图 1-2-3　电气原理图

3. 电气控制电路的电路原理图

电气控制电路的电路原理图分主电路（一次回路）和控制电路（二次电路）。主电路就是连接电源、控制设备、用电设备的电路，它受控于控制电路；控制电路就是用来控制主电路，按照人们的意图完成各项功能，如图 1-2-5 所示。

在主电路中，电源进线中 3 个相线用 L1、L2、L3，中性线用 N 标注；三相四线制中每相的颜色为 U 黄色、V 绿色、W 红色、N 黑色；每经过一个设备，标注一个线号，如 U11、U12 代表 U 相的两层标注，电动机的出线分别用 U、V、W 和 u、v、w 标注。

在控制电路中，从电源的入口（交流电以相线为入口，直流电以正极为入口），每过一

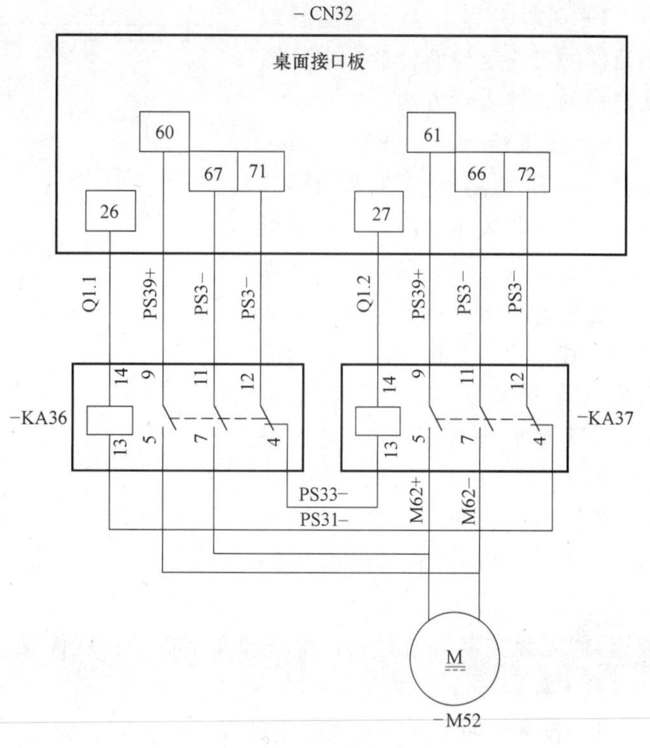

图 1-2-4　电路接线图

个不耗能元件时（如按钮、继电器接点等），标注一个“奇”数，如 1、3、5、… 或 01、03、05、…；从电源的出口（交流电以中性线为出口，直流电以负极为出口）向耗能元件（如线圈、电阻等），每过一个不耗能元件，标注一个“偶”数，如 2、4、6、…或 02、04、06、…。

控制电路中的关键接点可以用明显好记的数字标注，如分支较多的、控制出口点的节点处，用 5、15、25 等数码标注，便于记忆和查找。

4. 图纸的结构及反映的内容

（1）图幅

工程图纸的图幅有 0 号（A0）、1 号（A1）、2 号（A2）、3 号（A3）、4 号（A4）之分，如图 1-2-6 所示。从图中可看出：两个 A4 图幅为一个 A3 图幅；两个 A3 图幅为一个 A2 图幅；两个 A2 图幅为一个 A1 图幅；两个 A1 图幅为一个 A0 图幅，电气图纸中最常见的图幅为 A4 图幅和 A3 图幅。

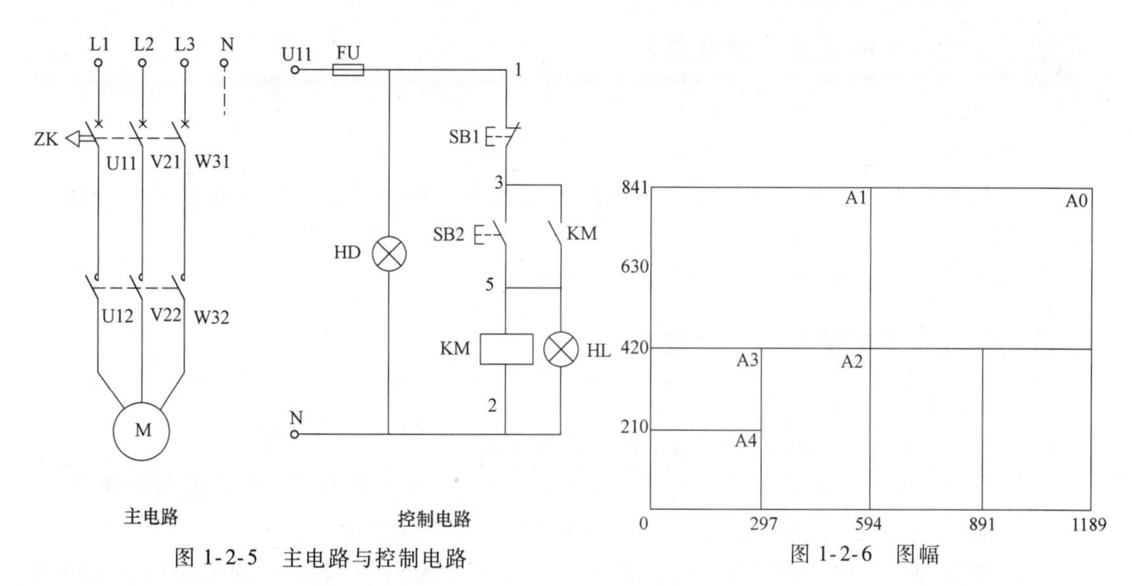

图 1-2-5　主电路与控制电路

图 1-2-6　图幅

（2）图纸功能区划分

整个图幅有外框分区、图纸绘制区、技术说明区、材料表区、标题栏共 5 个部分，如图 1-2-7所示。

1）外框分区。为了方便图纸上元件的查找定位而设置，也是图纸坐标的一种表示方法。

2）图纸绘制区。该区域用于完整、全面地运用“工程文字”表现工程所要表达的内容，是图纸中心核心区域。绝大多数电气图都是示意性的简图，不涉及设备和元件的尺寸，即不存在按比例绘图的问题（印制电路板图的绘制除外），只要求图形符号、文字符号、线条等“布局合理，排列均匀，图面清晰，便于看图，协调美观”就行。因此，不可由电气图中设备元件的形状来判断大小、位置等。“工程文字”就是图形符号和文字符号，就像汉字一样，要多看、多记，才能看懂甚至表达工程语言。

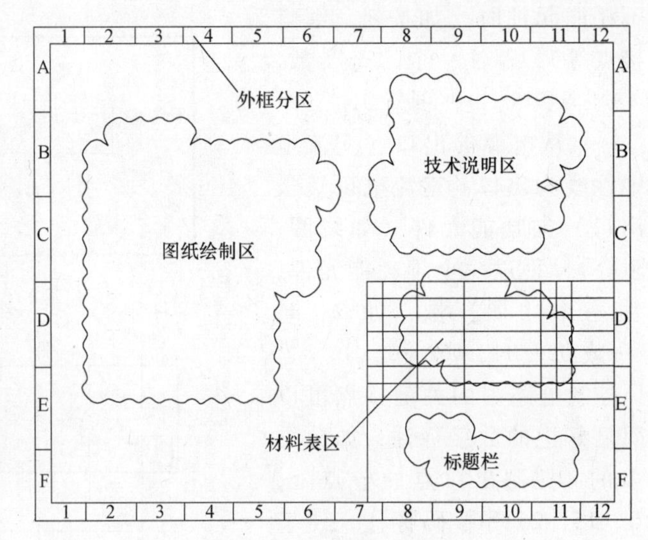

图 1-2-7　图纸功能区划分

3）技术说明区。补充图纸不能表达的内容，如工程说明、技术要求、注意事项等。

5. 看图技巧

看图的一般步骤为：看主电路时从下往上看，即先从用电设备开始，经电气元件，顺序地往电源端看；看控制电路时从上往下看，从左向右看。要注意看控制电路右侧的功能标注。结合主电路和控制电路，动态地将控制电路和主电路的动作顺序关系搞清楚。

三、电气设备的安装工艺及要求

1）电气元件的安装应横平竖直，不得歪斜。

2）所有需做防振处理的元器件须有良好的减振措施，不得松动。

3）电气网孔板上各电气元件须安装齐备，各元件无损伤及划痕等外观缺陷，油漆均匀、无脱落现象。

4）各电气元件标志须粘贴完好，标志应清晰、正确、牢固。

四、电气元件的接线工艺及要求

1. 下线要求

1）按照电气图规定的型号、规格下线，不得乱用。

2）下线过程中，检查电缆外包绝缘是否平整、均匀，有无破损、拉伤、鼓包等缺陷。

3）用斜口钳或断线钳按线路走向及其连接位置所需长度下线。

4）一般情况下，同一根导线中间不允许有接头。不得不对接时，必须采用相应规格的对接端头才能对接。

2. 接线的工艺及要求

1）布线应符合布线图所规定的走向和位置。

2）布线时应注意使电线尽量远离发热器件并采取隔热、防火措施。

3）布线采用集中布线法，控制电路如需接地，则应集中到一点接地。屏蔽线一端应可靠接地，一台车上所有屏蔽线应集中到一点接地。

4）布线采用线槽、线管或裸露布线，线槽分为金属线槽和塑料线槽，金属线槽应全程铺设阻燃橡胶板。线槽内部及出口边缘应光滑，无尖角、毛刺，槽内异物应清理干净。线槽安装应牢固。

5）电线、电缆出入线槽应加防护，出入线管或金属隔板孔口应用阻燃套、环或环保胶条、环扣式密封防护，管套还须抹以密封胶。导线在线管、线槽中敷设时，应理顺、理直，不得有缠绕、明显松散及多余弯曲。

6）导线需弯曲时，弯曲半径不应小于导线外径的6倍。

五、检测排列单元的组成

检测排列单元是工业机器人轮胎码垛入仓和机器人车窗分拣及码垛学习工作站的重要组成部分，它的主要作用是通过步进升降机构提供物料的连续供应，并将结果上传，以保证摆放位置的正确。它主要由车窗升降机构、车窗检测平台、车窗玻璃板、车窗码垛输送机构、单元桌面电气元件、检测排列单元控制面板、检测排列单元电气挂板和单元桌体组成，其外形及结构如图1-2-8所示。本任务介绍车窗码垛带式输送机构。

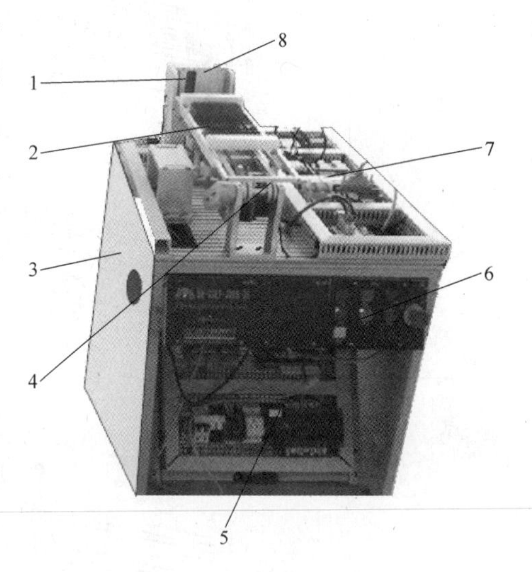

图1-2-8　检测排列单元

1—车窗升降机构　2—车窗玻璃板　3—单元桌体　4—车窗码垛输送机构　5—检测排列单元电气挂板　6—检测排列单元控制面板　7—单元桌面电气元件　8—车窗检测平台

车窗码垛带式输送机构的外形示意图如图1-2-9所示，具体的组成部件见表1-2-1。

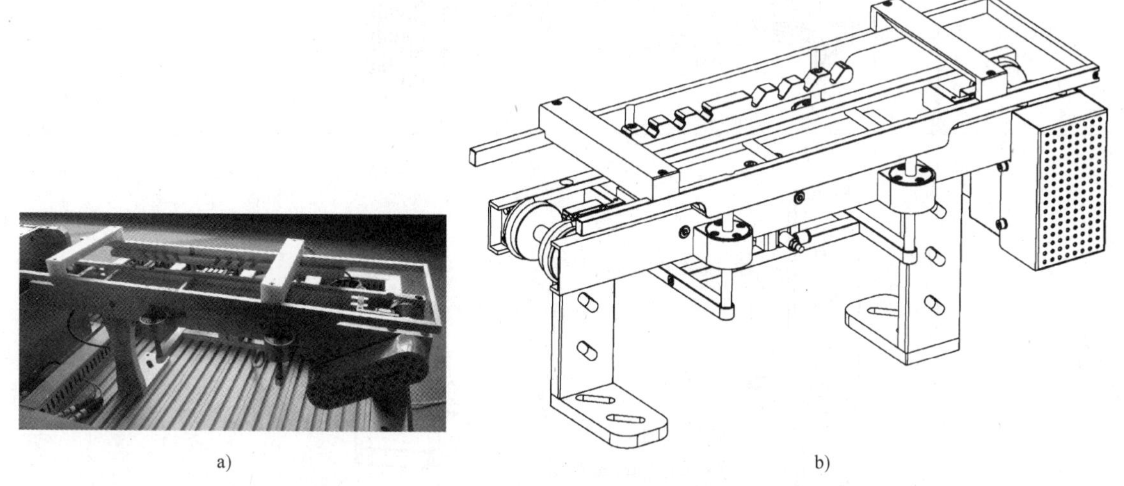

图1-2-9　车窗码垛带式输送机构的外形示意图

a）外形图　b）示意图

表 1-2-1　车窗码垛输送机构的组成部件

步骤	图　　示	说　　明
玻璃输送带	12×M5×16内六角圆柱头螺钉 12×φ5弹簧垫圈 直线轴承组 玻璃输送主体 治具气缸	主要由玻璃输送主体件、直线轴承组件、治具气缸组成
带输送电动机组的玻璃输送带	2×M5×40 内六角圆柱头螺钉 2×φ5弹簧垫圈 5×D4平垫 5×M4×8 内六角圆柱头螺钉 同步轮罩 5×φ4弹簧垫圈 64XL同步带 电动机组	输送电动机组主要由电动机组、同步带、同步轮罩组成
输送带支撑组件	输送带支架 支架底板 2×φ5弹簧垫圈 2×M5×16内六角圆柱头螺钉	输送带支撑组件由输送带支架和支架底板组成

（续）

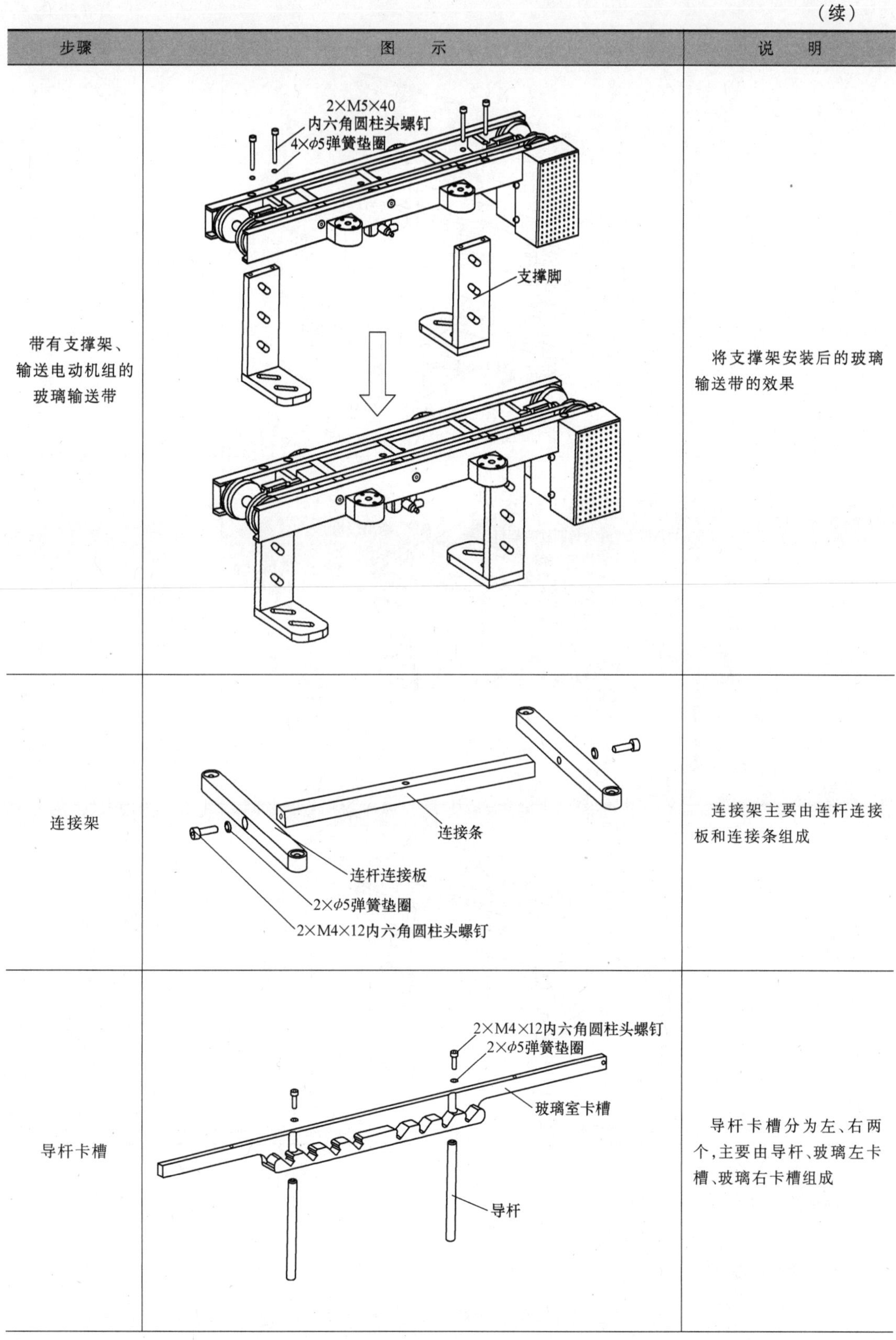

步骤	图　示	说　明
带有支撑架、输送电动机组的玻璃输送带		将支撑架安装后的玻璃输送带的效果
连接架		连接架主要由连杆连接板和连接条组成
导杆卡槽		导杆卡槽分为左、右两个，主要由导杆、玻璃左卡槽、玻璃右卡槽组成

（续）

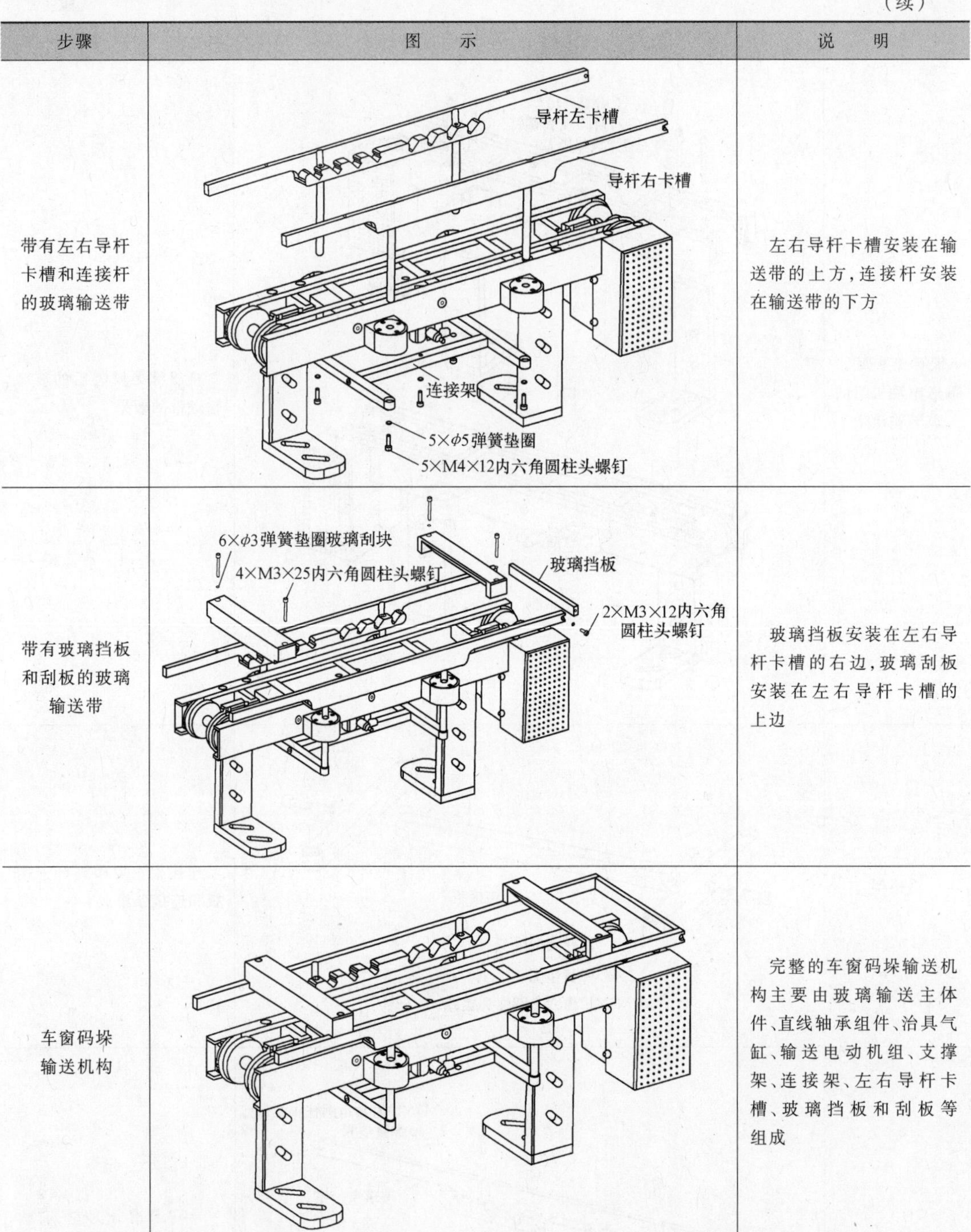

步骤	图　　示	说　　明
带有左右导杆卡槽和连接杆的玻璃输送带		左右导杆卡槽安装在输送带的上方，连接杆安装在输送带的下方
带有玻璃挡板和刮板的玻璃输送带		玻璃挡板安装在左右导杆卡槽的右边，玻璃刮板安装在左右导杆卡槽的上边
车窗码垛输送机构		完整的车窗码垛输送机构主要由玻璃输送主体件、直线轴承组件、治具气缸、输送电动机组、支撑架、连接架、左右导杆卡槽、玻璃挡板和刮板等组成

任务实施

一、任务准备

实施本任务教学所使用的实训设备及工具材料可参考表 1-1-2。

二、在单元桌体上完成带式输送系统的组装

1. 识别带式输送系统的零部件

根据图 1-2-10 所示的带式输送系统零部件，清理材料，并罗列出每一种材料的名字及用途，完成表 1-2-2 的内容。

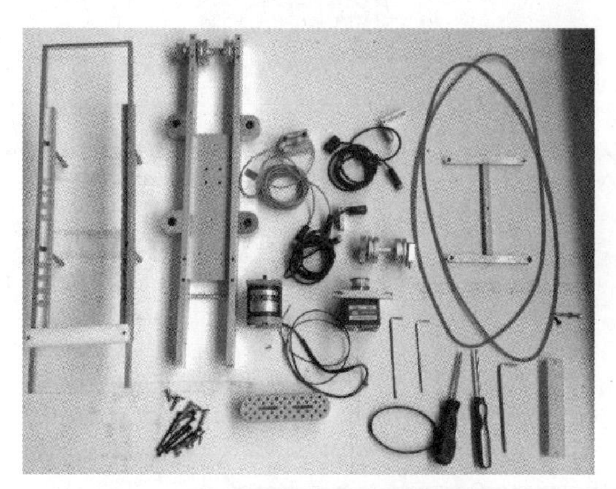

图 1-2-10　带式输送系统零部件汇总

表 1-2-2　带式输送系统的零部件

名　　称	用　　途	名　　称	用　　途

2. 带式输送系统的组装

参照图 1-2-1 的装配图和表 1-2-1，并按表 1-2-3 的方法及步骤进行带式输送系统的组装。

表 1-2-3　带式输送系统的组装方法及步骤

步骤	图　　示	说　　明
1		玻璃刮板的安装：将玻璃刮板安装在左右导杆卡槽的上方
2		输送带支架的安装

（续）

步骤	图　示	说　明
3		输送带的安装
4		直流电动机的组装
5		治具气缸的安装
6		连接条的安装
7		直流电动机的安装

（续）

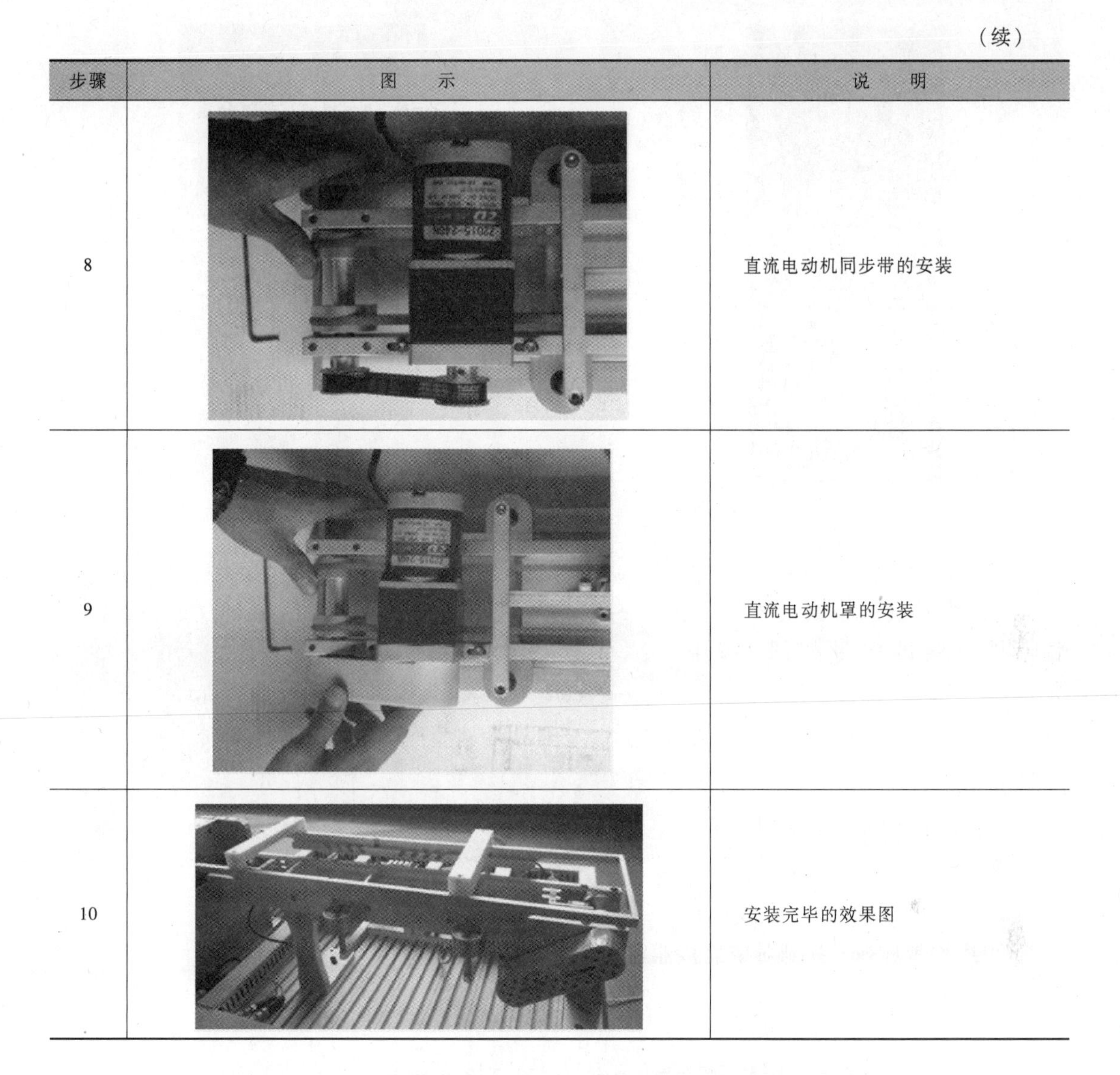

步骤	图　示	说　明
8		直流电动机同步带的安装
9		直流电动机罩的安装
10		安装完毕的效果图

三、在单元桌体上完成单元桌面电气元件的安装与接线

1. 安装线槽

在桌面上合适位置安装线槽（参考设备布局）。

2. 元件布置与安装

在合适位置分别安装电磁阀、中间继电器、接线端子。

3. 接线

（1）电磁阀的接线

电磁阀的接线效果图如图 1-2-11 所示。

（2）中间继电器接线

中间继电器的接线效果图如图 1-2-12 所示。

（3）接线端子的接线

图 1-2-11　电磁阀的接线

图 1-2-12　中间继电器的接线

将所有桌面上元器件的接线根据标注的线号接到桌面端子排上，端子排接线的效果如图 1-2-13 所示。

图 1-2-13　整体接线效果图

四、完成气缸及电动机部分的接线

1. 伸缩气缸的电气连接

将伸缩气缸的引出线通过连接器与桌面接口控制线路引出线连接（每条引线均带标牌，找到对应连接器对插即可），如图 1-2-14 所示。

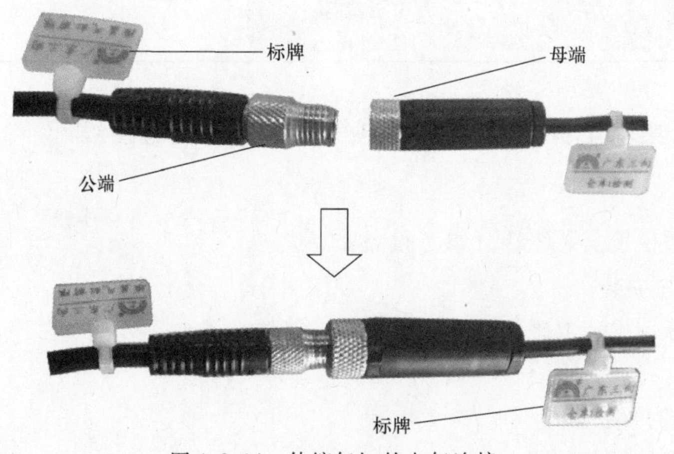

图 1-2-14　伸缩气缸的电气连接

2. 直流电动机正反转的连接

将直流电动机引线与桌面正反转的继电器连接。

五、系统调试

利用给定测试程序进行通电测试，检验气缸的伸缩控制及输送带的正反双向运行控制。

检查测评

对任务实施的完成情况进行检查，并将结果填入表 1-2-4 内。

表 1-2-4　任务测评表

序号	主要内容	考核要求	评 分 标 准	配分	扣分	得分
1	带式输送系统的组装	正确描述带式输送系统的组成及各部件的名称，并完成安装	1. 带式输送系统的组成有错误或遗漏，每处扣 5 分 2. 带式输送系统安装有错误或遗漏，每处扣 5 分	50		
2	排列检测单元的接线与调试	正确完成单元桌面电气元件的安装与接线	1. 元器件的安装有错误或遗漏，每处扣 5 分 2. 接线有错误或遗漏，每处扣 5 分 3. 不能按照接线图接线，本项不得分	40		
3	安全文明生产	劳动保护用品穿戴整齐；遵守操作规程；讲文明礼貌；操作结束要清理现场	1. 操作中，违反安全文明生产考核要求的任何一项扣 5 分，扣完为止 2. 当发现学生有重大事故隐患时，要立即予以制止，并每次扣安全文明生产总分 5 分	10		
合　计						
开始时间：			结束时间：			

任务三　立体码垛单元的组装、程序设计与调试

学习目标

知识目标：1. 掌握立体码垛单元的组成。

2. 了解轮胎输送带的结构。

3. 掌握立体码垛单元的控制流程。

能力目标：1. 会参照装配图进行轮胎立体仓库和轮胎输送带的组装。

2. 会参照接线图完成单元桌面电气元件的安装与接线。

3. 能够完成气缸与电动机部分的接线。

4. 能够完成立体码垛单元 PLC 程序设计与调试。

工作任务

现需要完成如图 1-1-25 所示的轮胎码垛单元的立体车库系统的组装、程序设计及调试工作，并交有关人员验收，要求安装完成后可按功能要求正常运转。

任务要求：

1. 完成轮胎立体车库和轮胎输送带的装配。

2. 完成轮胎码垛单元的安装。

3. 完成立体码垛单元 PLC 程序设计与调试。

相关知识

一、立体码垛单元的组成

立体码垛单元是工业机器人轮胎码垛入仓工作站的重要组成部分，主要由轮胎立体仓库、轮胎输送带机构、单元桌面电气元件、控制面板、电气控制挂板和单元桌体组成，提供双面四侧 18 轮胎挂装工位，并有正反双向运行输送工件系统，保证系统的连续性，其外形如图 1-3-1 所示。这里主要介绍轮胎立体仓库和轮胎输送带机构。

1. 轮胎立体仓库

轮胎立体仓库是为立体码垛单元提供双面四侧 18 轮胎挂装工位，其外形示意图如图 1-3-2所示。

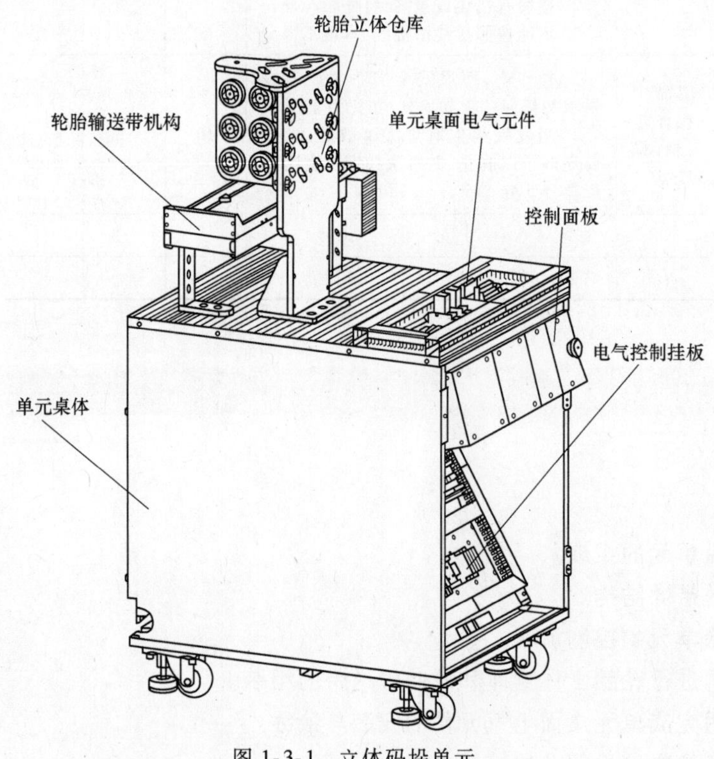

图 1-3-1 立体码垛单元

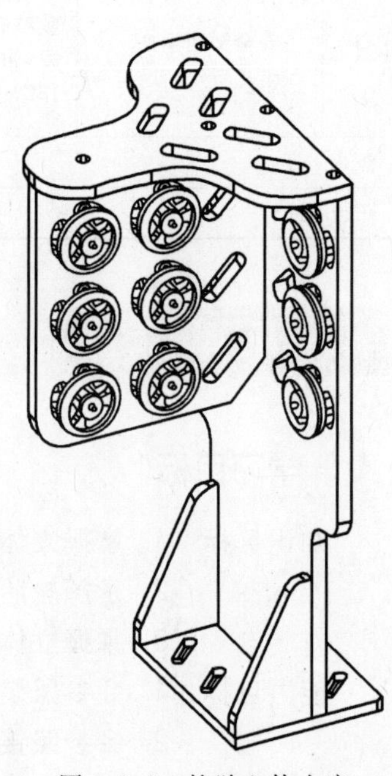

图 1-3-2 轮胎立体仓库外形示意图

2. 轮胎输送带机构

轮胎输送带机构的外形示意图如图 1-3-3 所示。

二、立体码垛单元功能框图

立体码垛单元功能框图如图 1-3-4 所示。

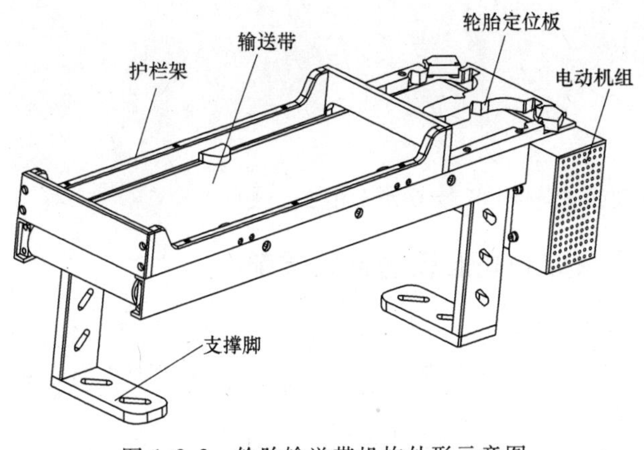

图 1-3-3　轮胎输送带机构外形示意图

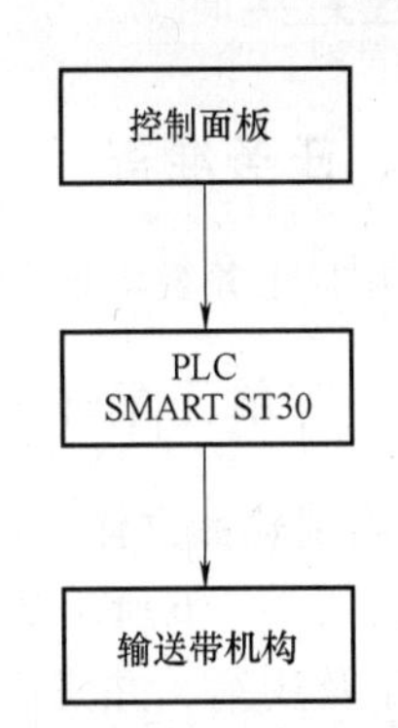

图 1-3-4　立体码垛单元功能框图

三、立体码垛单元控制流程

立体码垛单元控制流程图如图 1-3-5 所示。

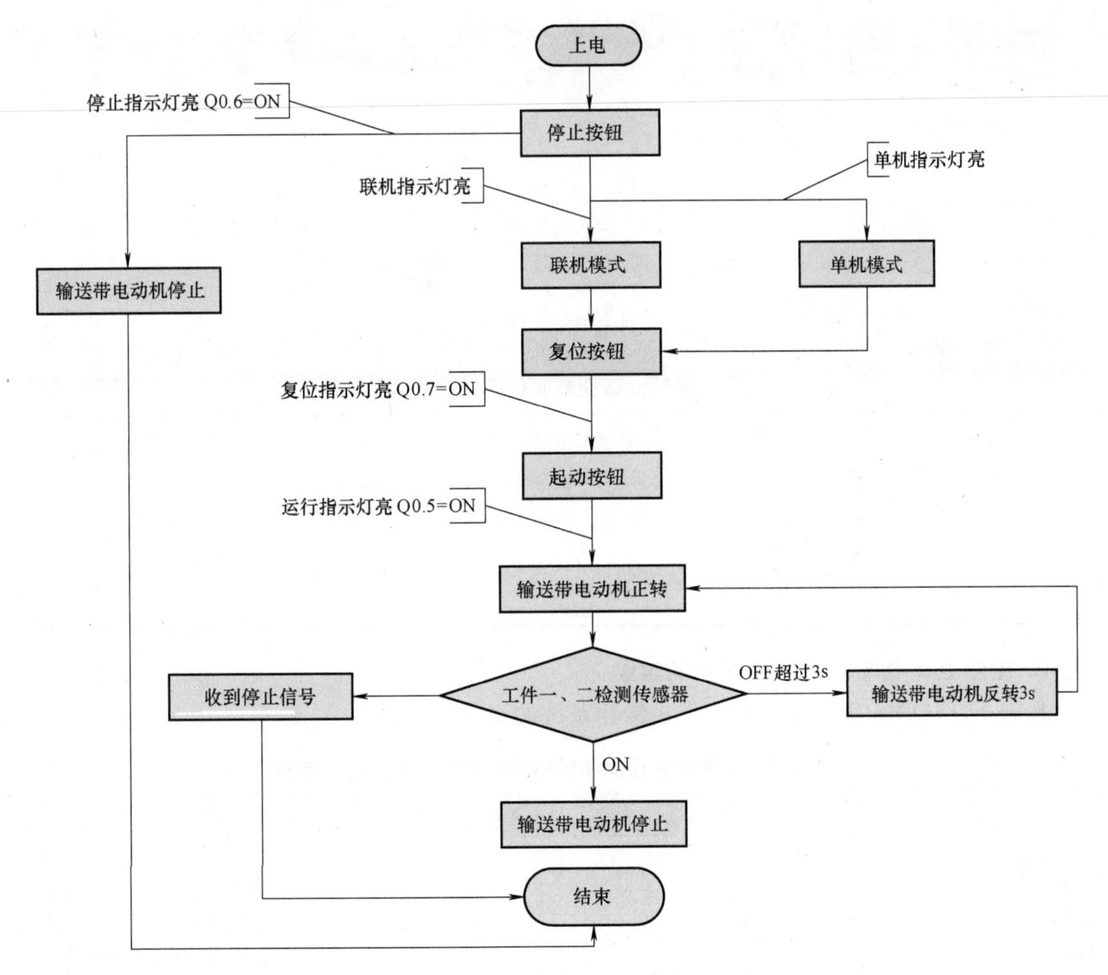

图 1-3-5　立体码垛单元控制流程图

任务实施

一、任务准备

实施本任务教学所使用的实训设备及工具材料可参考表 1-1-2。

二、在单元桌体上完成轮胎立体仓库和轮胎输送带的装配

1. 识别轮胎立体仓库和轮胎输送带的零部件

根据图 1-3-6 所示的轮胎立体仓库和轮胎输送带零部件，清理材料，并罗列出每一种材料的名字及用途，并完成表 1-3-1 的内容。

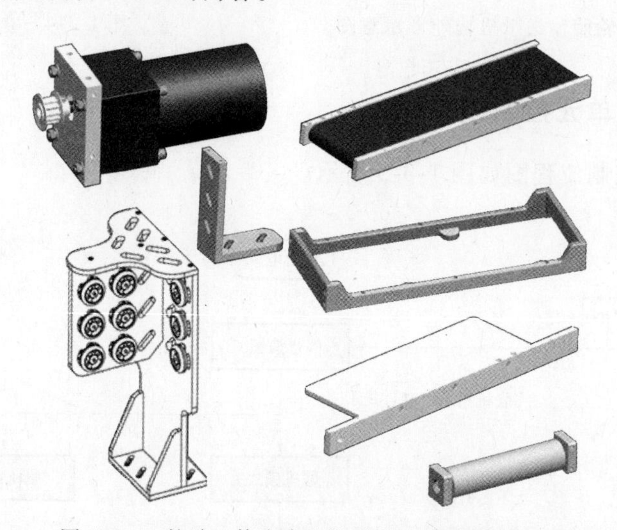

图 1-3-6 轮胎立体仓库和轮胎输送带零部件汇总

表 1-3-1 轮胎立体仓库和轮胎输送带的零部件

名称	用途	名称	用途

2. 轮胎立体仓库和轮胎输送带的组装

按表 1-3-2 的方法及步骤进行带式传输系统的组装。

表 1-3-2 轮胎立体仓库和轮胎输送带的组装方法及步骤

步骤	图示	说明
轮胎立体仓库的安装		先安装好立体仓库，然后在立体仓库的双面四侧 18 轮胎挂装工位上挂上轮胎模型，组装好的轮胎立体仓库如图 1-3-2 所示

（续）

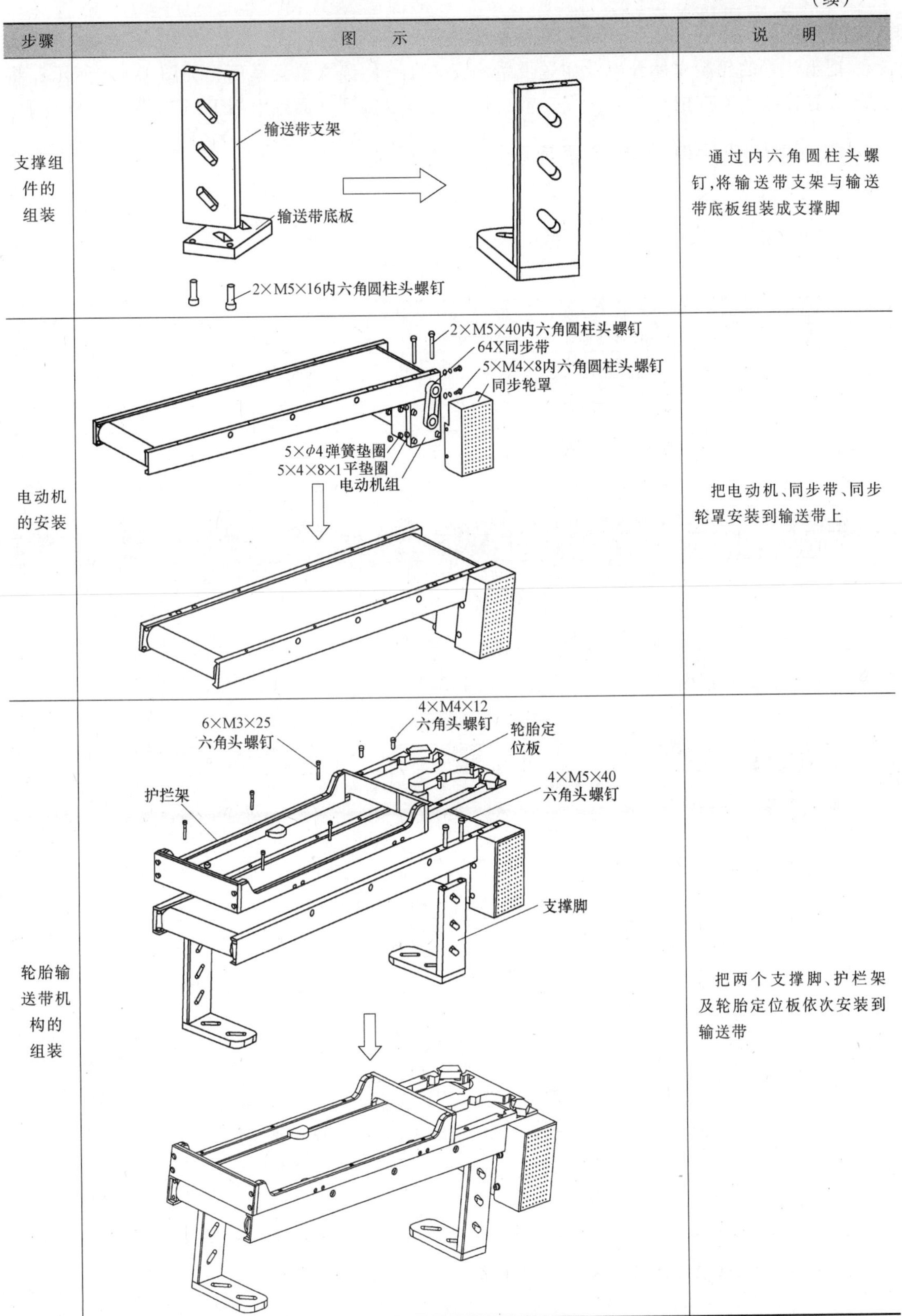

步骤	图示	说明
支撑组件的组装		通过内六角圆柱头螺钉，将输送带支架与输送带底板组装成支撑脚
电动机的安装		把电动机、同步带、同步轮罩安装到输送带上
轮胎输送带机构的组装		把两个支撑脚、护栏架及轮胎定位板依次安装到输送带

三、立体码垛单元的安装

把组装好的轮胎立体仓库及输送带系统安装在立体码垛单元桌面，如图 1-3-1 所示；将光纤头直接插入对应的光纤放大器；输送带电动机引接到桌面继电器 KA17 的 5、7 号端子。

四、立体码垛单元 PLC 程序设计与调试

1. I/O 功能分配表

立体码垛单元 PLC 的 I/O 功能分配见表 1-3-3。

表 1-3-3　立体码垛单元 PLC 的 I/O 功能分配

I/O 地址	功能描述	备　注
I0.3	工位一传感器感应到工位，I0.3 闭合	
I0.4	工位二传感器感应到工件，I0.4 闭合	
I1.0	起动按钮按下，I1.0 闭合	
I1.1	停止按钮按下，I1.1 闭合	
I1.2	复位按钮按下，I1.2 闭合	
I1.3	联机信号，I1.3 闭合	
Q0.5	Q0.5 闭合，面板运行指示灯（绿）点亮	
Q0.6	Q0.6 闭合，面板停止指示灯（红）点亮	
Q0.7	Q0.7 闭合，面板复位指示灯（黄）点亮	
Q1.1	Q1.1 闭合，KA16 继电器带动输送带电动机正转	
Q1.2	Q1.2 闭合，KA17 继电器带动输送带电动机反转	

2. 立体码垛单元桌面接口板端子分配表

立体码垛单元桌面接口板端子分配见表 1-3-4。

表 1-3-4　立体码垛单元桌面接口板端子分配

桌面接口板地址	线　号	功能描述	备注
4	工位一检测（I0.3）	工位一检测传感器信号线	
5	工位二检测（I0.4）	工位二检测传感器信号线	
26	输送带电动机正转（Q1.1）	KA16 继电器线圈“14”号接线端	
27	输送带电动机反转（Q1.2）	KA17 继电器线圈“14”号接线端	
41	工位一检测+	工位一检测传感器电源线+端	
42	工位二检测+	工位二检测传感器电源线+端	
49	工位一检测-	工位一检测传感器电源线-端	
50	工位二检测-	工位二检测传感器电源线-端	
61	PS39+	KA16 继电器“9”号接线端	
62	PS39+	KA17 继电器“9”号接线端	
68	PS3-	KA16 继电器“11”号接线端	
69	PS3-	KA17 继电器“11”号接线端	
71	PS3-	KA16 继电器“12”号接线端	
72	PS3-	KA17 继电器“12”号接线端	
63	PS39+	提供 24V 电源+	
64	PS3-	提供 24V 电源-	

3. 立体码垛单元挂板接口板端子分配表

立体码垛单元挂板接口板端子分配见表 1-3-5。

表 1-3-5　立体码垛单元挂板接口板端子分配

挂板接口板地址	线　　号	功 能 描 述	备注
4	I0. 3	工位一检测传感器	
5	I0. 4	工位二检测传感器	
26	Q1. 1	输送带电动机正转继电器	
27	Q1. 2	输送带电动机反转继电器	
A	PS3+	继电器常开触点(KA31:6)	
B	PS3-	直流电源 24V-进线	
C	PS32+	继电器常开触点(KA31:5)	
D	PS33+	继电器触点(KA31:9)	
E	I1. 0	起动按钮	
F	I1. 1	停止按钮	
G	I1. 2	复位按钮	
H	I1. 3	联机信号	
I	Q0. 5	运行指示灯	
J	Q0. 6	停止指示灯	
K	Q0. 7	复位指示灯	
L	PS39+	直流电源+24V 进线	

4. 画出 PLC 控制接线图

PLC 控制接线图如图 1-3-7 所示。

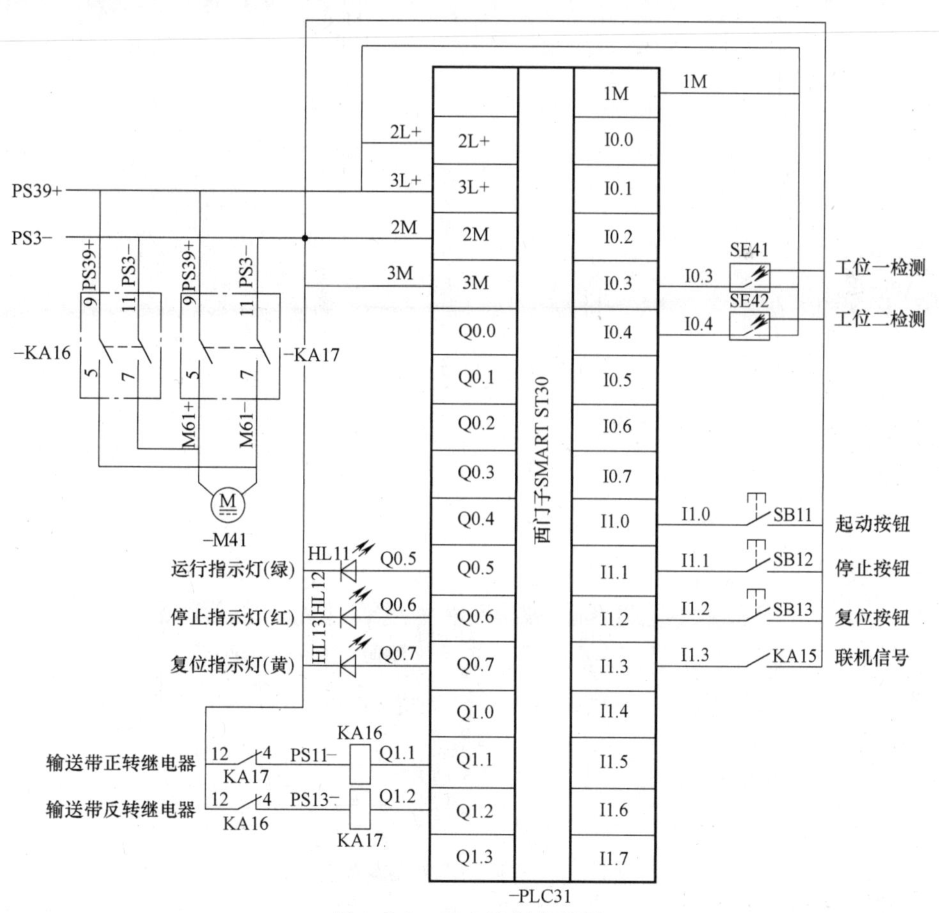

图 1-3-7　PLC 控制接线图

5. 程序设计

设计的立体码垛单元参考程序如图 1-3-8 所示。

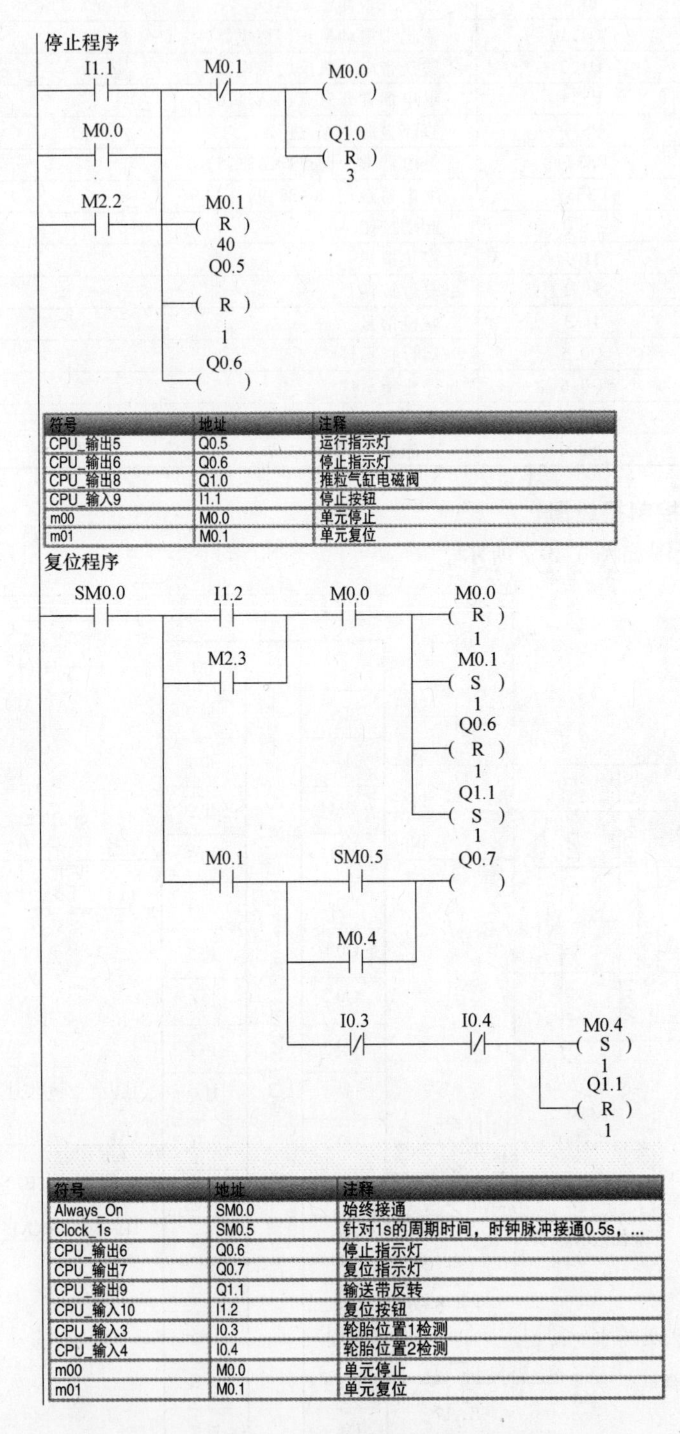

符号	地址	注释
CPU_输出5	Q0.5	运行指示灯
CPU_输出6	Q0.6	停止指示灯
CPU_输出8	Q1.0	推粒气缸电磁阀
CPU_输入9	I1.1	停止按钮
m00	M0.0	单元停止
m01	M0.1	单元复位

符号	地址	注释
Always_On	SM0.0	始终接通
Clock_1s	SM0.5	针对1s的周期时间，时钟脉冲接通0.5s，...
CPU_输出6	Q0.6	停止指示灯
CPU_输出7	Q0.7	复位指示灯
CPU_输出9	Q1.1	输送带反转
CPU_输入10	I1.2	复位按钮
CPU_输入3	I0.3	轮胎位置1检测
CPU_输入4	I0.4	轮胎位置2检测
m00	M0.0	单元停止
m01	M0.1	单元复位

图 1-3-8　立体码垛单元参考程序

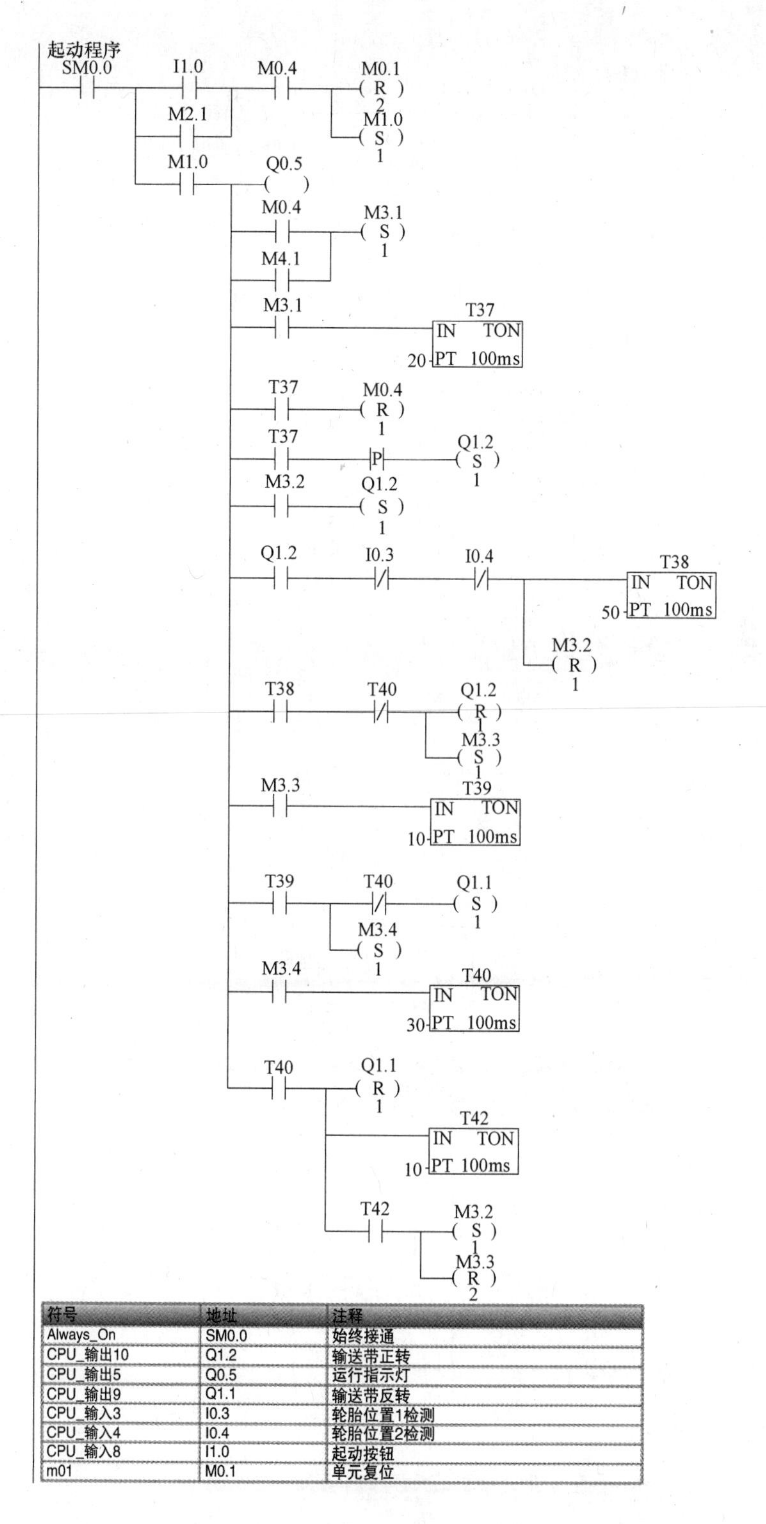

符号	地址	注释
Always_On	SM0.0	始终接通
CPU_输出10	Q1.2	输送带正转
CPU_输出5	Q0.5	运行指示灯
CPU_输出9	Q1.1	输送带反转
CPU_输入3	I0.3	轮胎位置1检测
CPU_输入4	I0.4	轮胎位置2检测
CPU_输入8	I1.0	起动按钮
m01	M0.1	单元复位

图 1-3-8　立体码垛单元参考程序（续）

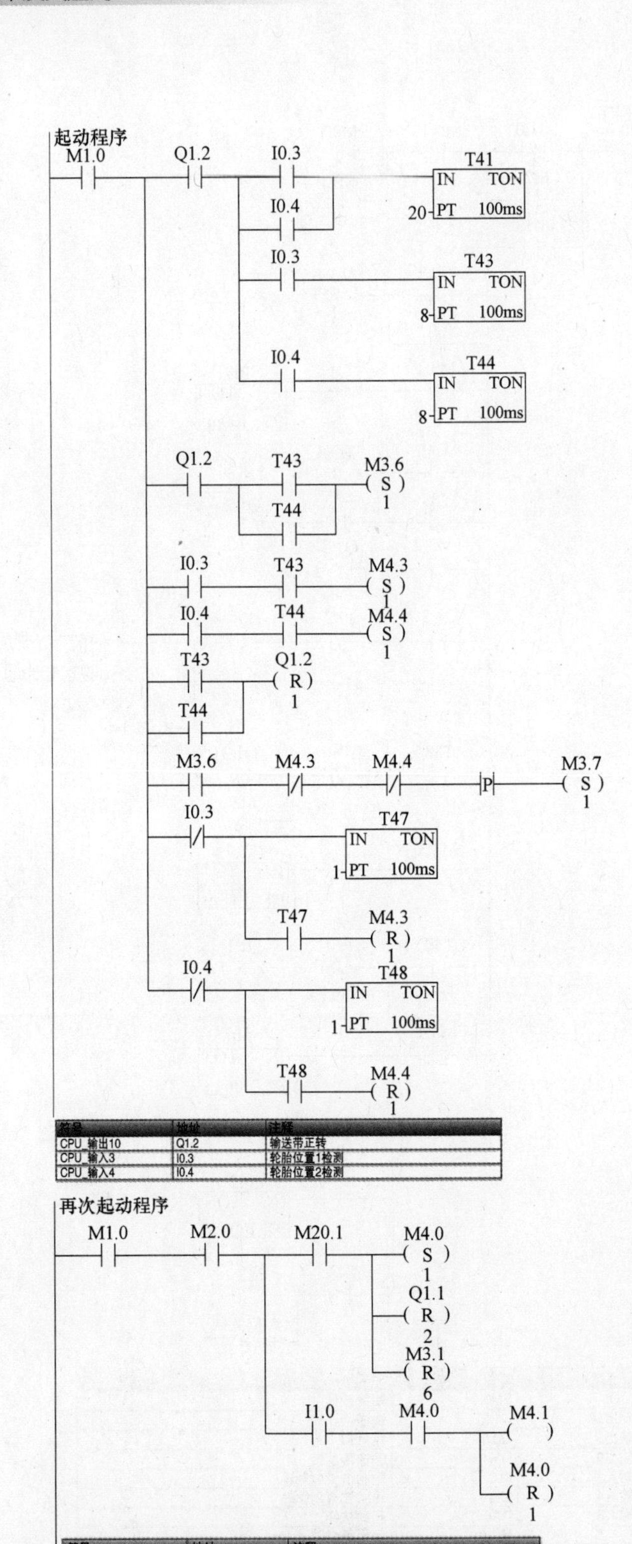

符号	地址	注释
CPU_输出10	Q1.2	输送带正转
CPU_输入3	I0.3	轮胎位置1检测
CPU_输入4	I0.4	轮胎位置2检测

符号	地址	注释
CPU_输出9	Q1.1	输送带反转
CPU_输入8	I1.0	起动按钮

图 1-3-8 立体码垛单元参考程序（续）

6. 系统调试

（1）上电前检查

1）观察机构上各元件外表是否有明显移位、松动或损坏等现象。如果存在以上现象，则应及时调整、紧固或更换元件。

2）对照接口板端子分配表或接线图，检查桌面和挂板接线是否正确，尤其要检查 DC 24V 电源、电气元件电源线等线路是否有短路、断路现象。

3）设备上不能放置任何不属于本工作站的物品，如有发现，要及时清除。

（2）启动设备前注意事项

启动前应注意观察输送带机构上工位一检测与工位二检测位置不能有物料存在，如果有，要移走。

（3）传感器调试

1）当工位一与工位二有汽车轮胎时，对应的工位检测传感器应当能检测到并且能准确输出信号，若检测不到，请使用“一”字螺钉旋具慢慢调整传感器顶部旋钮，使之能够准确检测到为止

2）推料气缸处于缩回状态时，推料气缸缩回限位磁性开关能准确感应到并输出信号；若检测不到，请使用“一”字螺钉旋具松开磁性开关顶部旋钮，然后前后移动磁性开关位置至感应指示灯亮后旋紧磁性开关旋钮。

3）推料气缸处于伸出状态时，推料气缸伸出限位磁性开关能准确感应到并输出信号；若检测不到，请使用“一”字螺钉旋具松开磁性开关顶部旋钮，然后前后移动磁性开关位置至感应指示灯亮后旋紧磁性开关旋钮。

检查测评

对任务实施的完成情况进行检查，并将结果填入表 1-3-6 内。

表 1-3-6　任务测评表

序号	主要内容	考核要求	评分标准	配分	扣分	得分
1	轮胎立体仓库和轮胎输送带的组装	正确描述轮胎立体仓库和轮胎输送带组成及各部件的名称，并完成安装	1. 轮胎立体仓库和轮胎输送带的结构组成描述有错误或遗漏，每处扣 5 分 2. 轮胎立体仓库和轮胎输送带安装有错误或遗漏，每处扣 5 分	20		
2	立体码垛单元 PLC 程序设计与调试	列出 PLC 控制 I/O（输入/输出）口元件地址分配表，根据加工工艺，设计梯形图及 PLC 控制 I/O 口接线图	1. I/O 地址遗漏或搞错，每处扣 5 分 2. 梯形图表达不正确或画法不规范，每处扣 1 分 3. 接线图表达不正确或画法不规范，每处扣 2 分	30		
		按 PLC 控制 I/O 口接线图在配线板上正确安装，安装要准确紧固，配线导线要紧固、美观，导线要按线槽布放，导线要有端子标号	1. 损坏元件扣 5 分 2. 导线不按线槽布放、不美观，主电路、控制电路每根扣 1 分 3. 接点松动、露铜过长、反圈、压绝缘层，标记线号不清楚、遗漏或误标，引出端无别径压端子，每处扣 1 分 4. 损伤导线绝缘或线芯，每根扣 1 分 5. 不按 PLC 控制 I/O 接线图接线，每处扣 5 分	10		

（续）

序号	主要内容	考核要求	评 分 标 准	配分	扣分	得分
2	立体码垛单元PLC程序设计与调试	熟练正确地将所编程序输入PLC；按照被控设备的动作要求进行模拟调试，达到设计要求	1. 操作PLC键盘输入指令不熟练，扣2分 2. 不会用删除、插入、修改、存盘等命令，每项扣2分 3. 仿真试车不成功，扣30分	30		
3	安全文明生产	劳动保护用品穿戴整齐；遵守操作规程；讲文明礼貌；操作结束要清理现场	1. 操作中，违反安全文明生产考核要求的任何一项，扣5分，扣完为止 2. 当发现学生有重大事故隐患时，要立即予以制止，并每次扣安全文明生产总分5分	10		
合　计						
开始时间：			结束时间：			

任务四　步进升降机构的组装、接线与调试

学习目标

知识目标：1. 掌握步进电动机的工作原理。

2. 熟悉2M420步进驱动器的规格参数。

3. 掌握步进驱动器各端子接口的定义。

能力目标：1. 能够根据步进升降机构的接线图对步进升降机构进行组装。

2. 能够进行步进电动机、步进驱动器与PLC端子的接线。

3. 能够进行步进升降机构的调试。

工作任务

步进升降机构是分拣装配单元的重要组成部分，其主要作用是为分拣装配单元连续提供物料。现需要对步进升降机构的步进电动机、步进驱动器和PLC端子进行组装、接线及调试，使之能够正常运转。

相关知识

一、步进电动机

图1-4-1　两相混合式步进电动机

步进电动机是将电脉冲信号转变为角位移或线位移的开环控制元件，如图1-4-1所示。在非超载的情况下，电动机的转速及停止的位置只取决于脉冲信号的频率和脉冲数，而不受负载变化的影响。当步进驱动器接收到一个脉冲信号时，它就驱动步进电动机按设定的方向转动一个固定的角度（称为“步距角”），它的旋转是以固定的角度一步一步地进行

的。可以通过控制脉冲个数来控制角位移量，从而达到准确定位的目的；同时可以通过控制脉冲频率来控制电动机转动的速度和加速度，从而达到调速的目的。

1. 步进电动机的分类

步进电动机的种类很多，详见表 1-4-1。

表 1-4-1　步进电动机分类

分类方式	具体类型
按转矩产生的原理	(1)反应式:转子无绕组,定转子开小齿、步距角小,应用最广 (2)永磁式:转子的极数=每相定子极数,不开小齿,步距角较大,转矩较大 (3)感应子式(混合式):开小齿,混合式的优点是转矩大、动态性能好、步距角小
按输出转矩大小	(1)伺服式:输出转矩在 1N · m的百分之几至十分之几,只能驱动较小的负载,要与液压扭矩放大器配用,才能驱动机床工作台等较大的负载 (2)功率式:输出转矩在 5~50N · m 以上,可以直接驱动机床工作台等较大的负载
按定子数	(1)单定子式 (2)双定子式 (3)三定子式 (4)多定子式
按各相绕组分布	(1)径向分布式:电动机各相按圆周依次排列 (2)轴向分布式:电动机各相按轴向依次排列

2. 两相混合式步进电动机的结构

电动机轴向结构如图 1-4-2 所示。转子被分为完全对称的两段，一段转子的磁力线沿转子表面呈放射状进入定子铁心，称为 N 极转子；另一段转子的磁力线经过定子铁心沿定子表面穿过气隙回归到转子中去，称为 S 极转子。图中虚线闭合回路为磁力线的行走路线。相应的定子也被分为两段，其上装有 A、B 两相对称绕组。同时，沿转子轴在两段转子中间安装一块永磁铁，形成转子的 N、S 极性。从轴向看过去，两段转子齿中心线彼此错开半个转子齿距。

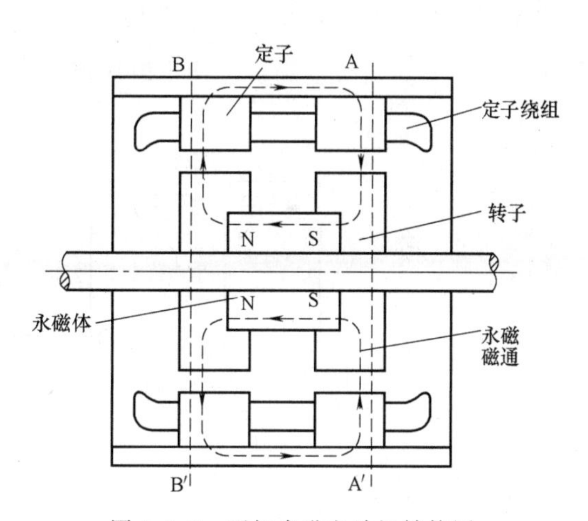

图 1-4-2　两相步进电动机结构图

3. 两相步进电动机的原理

通常电动机的转子为永磁体，当电流流过定子绕组时，定子绕组产生一矢量磁场。该磁场会带动转子旋转一个角度，使得转子的一对磁场方向与定子的磁场方向一致。每输入一个电脉冲，电动机转动一个角度，即前进一步。它输出的角位移与输入的脉冲数成正比，转速与脉冲频率成正比。改变绕组通电的顺序，电动机就会反转。所以可通过控制脉冲数量、电动机各相绕组的通电顺序来控制步进电动机的转动。

4. 两相步进电动机的工作方式

两相步进电动机的工作方式主要有以下几种：

单四拍：A-B-$\overline{A}$-$\overline{B}$-循环（见图 1-4-3）；

双四拍：AB-B$\overline{A}$-$\overline{A}\,\overline{B}$-$\overline{B}$A-循环；

单双八拍：A-AB-B-B$\overline{A}$-$\overline{A}$-$\overline{A}\,\overline{B}$-$\overline{B}$-$\overline{B}$A-循环。

二、步进驱动器

从步进电动机的转动原理可以看出，要使步进电动机正常运行，必须按规律控制步进电动机的每一相绕组得电。驱动器的作用是对控制脉冲进行环形分配、功率放大，使步进电动机绕组按一定顺序通电，控制电动机转动。

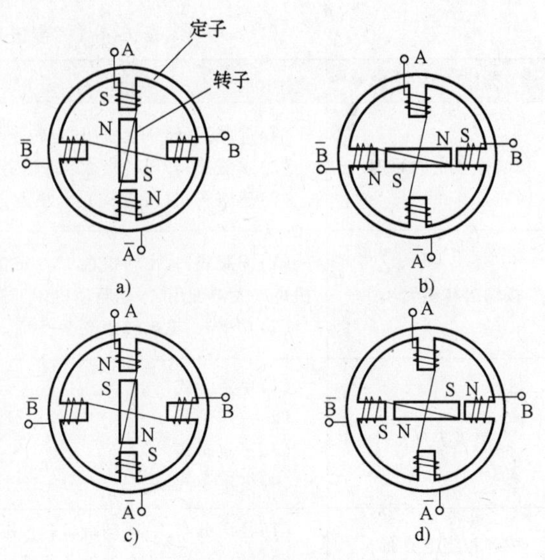

图 1-4-3　单四拍动作示意图

1. 步进驱动器工作原理

步进驱动控制系统示意图如图 1-4-4 所示。以两相步进电动机为例，当给驱动器一个脉冲信号和一个正方向信号时，驱动器经过环形分配器和功率放大后，给电动机绕组通电的顺序为 A-B-$\overline{A}$-$\overline{B}$，其四个状态周而复始地进行变化，电动机顺时针转动；若方向信号变为负，通电时序就变为$\overline{B}$-$\overline{A}$-B-A，电动机就逆时针转动。

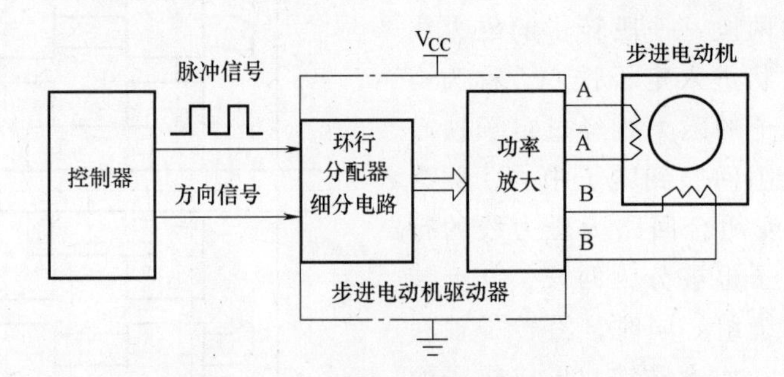

图 1-4-4　步进驱动控制系统示意图

2. 步进驱动器端子介绍与接法

由于本任务所采用的步进驱动器是 2M420 步进驱动器，所以在此仅介绍 2M420 步进驱动器的典型接线图和接线端子图。

（1）典型接线图

2M420 步进驱动器的典型接线图如图 1-4-5 所示。

（2）接线端子图

2M420 步进驱动器的接线端子图如图 1-4-6 所示。

3. 2M420 驱动器规格参数

2M420 驱动器的规格参数见表 1-4-2。

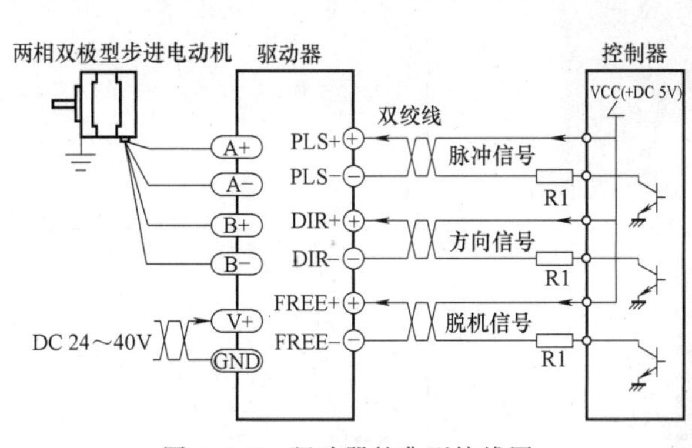

图 1-4-5 驱动器的典型接线图

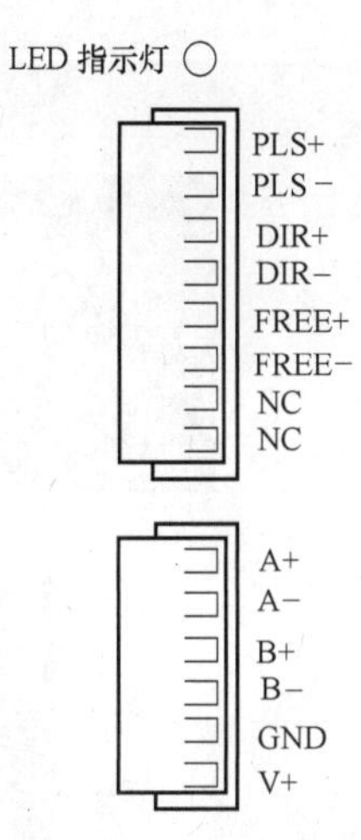

图 1-4-6 驱动器的接线端子图

表 1-4-2 2M420 驱动器的规格参数

名　　称	规 格 参 数
供电电压	直流 24～40V
输出相电流	0.3～2.5A
控制信号输入电流	6～20mA
冷却方式	自然风冷
环境要求	避免有大量金属粉尘、油雾或腐蚀性气体
环境温度要求	−10～45℃
环境湿度要求	85%非冷凝
质量	0.4kg

任务实施

一、任务准备

实施本任务教学所使用的实训设备及工具材料可参考表 1-1-2。

二、步进升降机构单元模块的组装

按表 1-4-3 的方法及步骤进行步进升降机构单元模块的组装。

表 1-4-3 步进升降机构单元模块的组装方法及步骤

步骤	图　　示	说　　明
1		支撑板安装

（续）

步骤	图示	说明
2	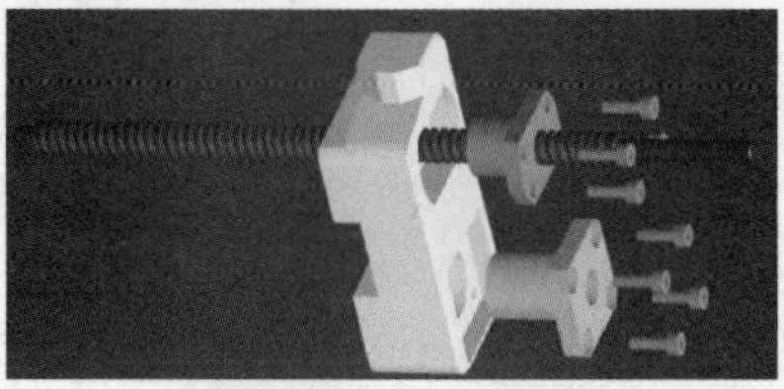	丝杠安装
3	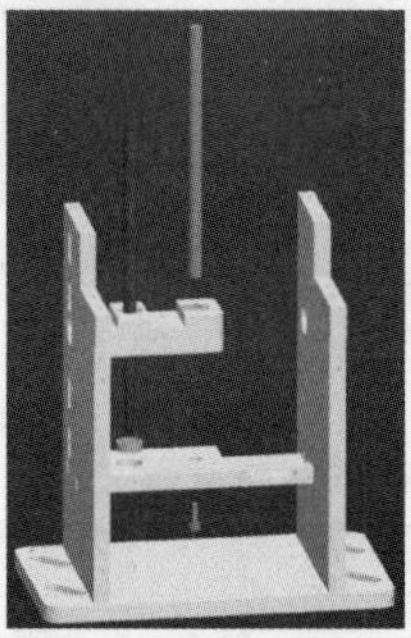	导杆安装
4		固定顶板安装
5	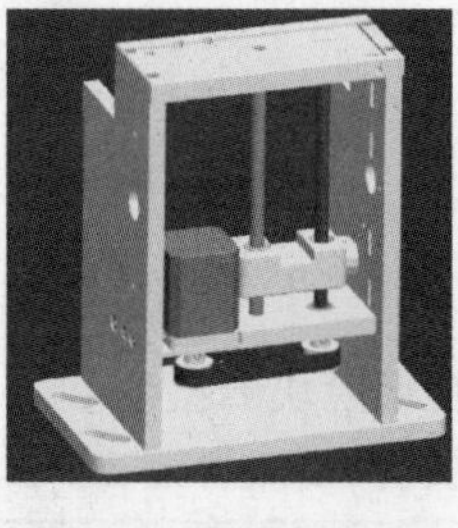	步进电动机与同步带安装
6	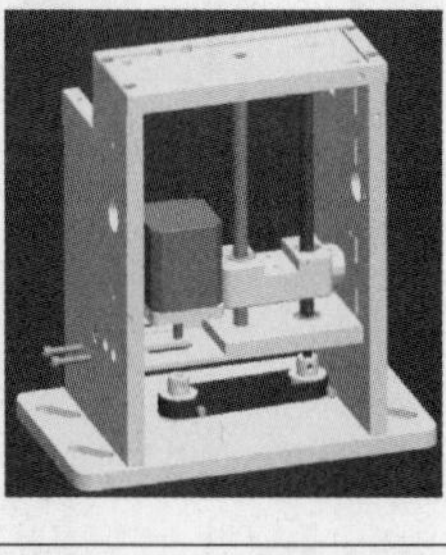	步进电动机固定安装

（续）

步骤	图　　示	说　　明
7	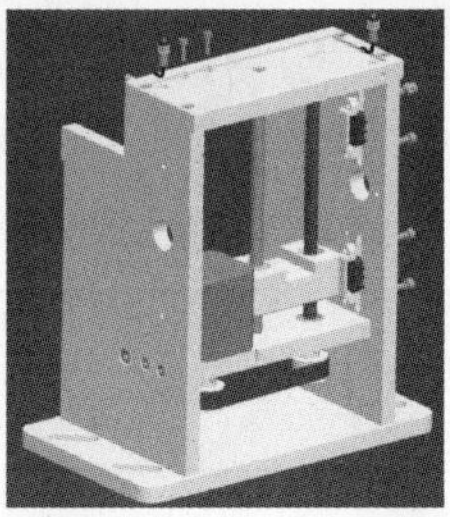	上下限位与光纤头安装
8	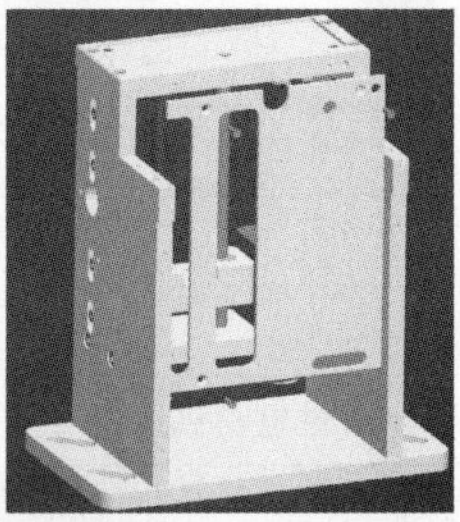	内封板安装
9	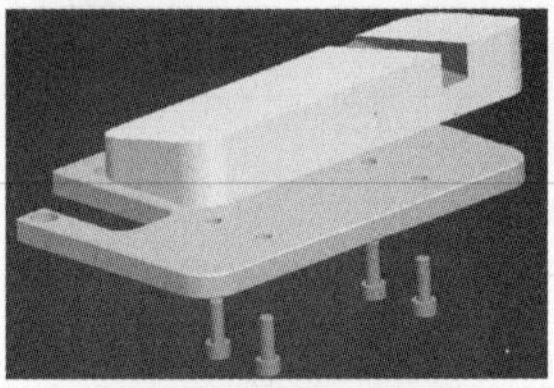	托料台组装
10	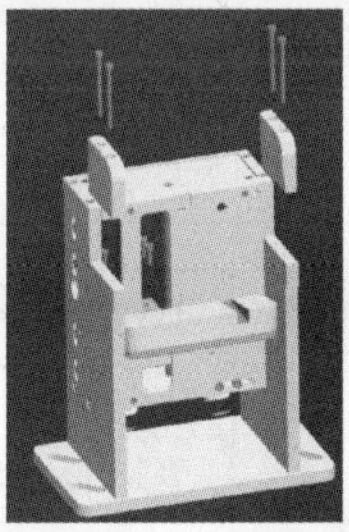	托料台安装
11	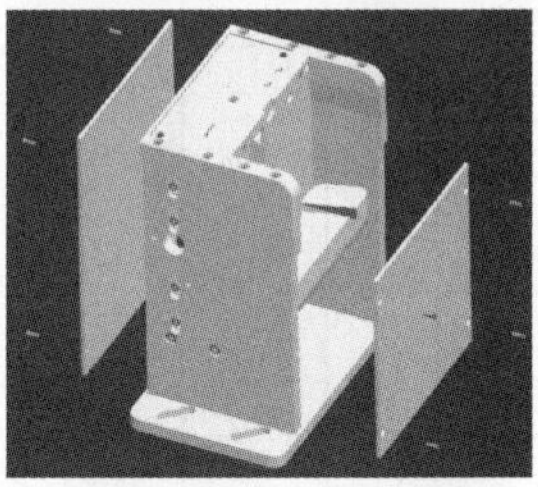	前后封板安装
12	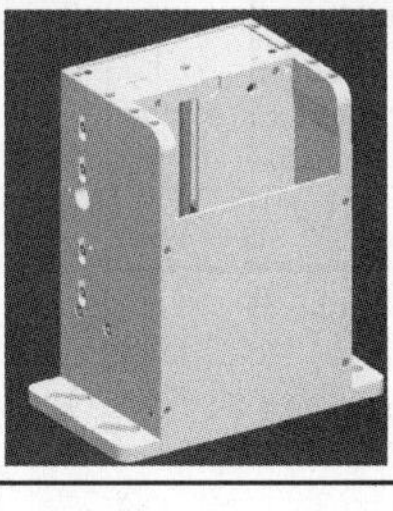	安装好效果图

三、步进升降机构单元 PLC 程序设计与调试

1. PLC I/O 功能分配表

检测排列单元 PLC 的 I/O 功能分配见表 1-4-4。

表 1-4-4 检测排列单元 PLC 的 I/O 功能分配

I/O 地址	功能描述	备注
I0.0	步进下限位感应,I0.0 断开	
I0.1	步进上限位感应,I0.1 断开	
I0.3	物料到位检测传感器感应,I0.3 闭合	
I1.0	按下面板起动按钮,I1.0 闭合	
I1.1	按下面板停止按钮,I1.1 闭合	
I1.2	按下面板复位按钮,I1.2 闭合	
Q0.0	Q0.0 闭合,步进驱动器得到脉冲信号,步进电动机运行	
Q0.2	Q0.2 闭合,改变步进电动机运行方向	
Q0.5	Q0.5 闭合,面板运行指示灯(绿)点亮	
Q0.6	Q0.6 闭合,面板停止指示灯(红)点亮	
Q0.7	Q0.7 闭合,面板复位指示灯(黄)点亮	

2. 步进电动机、步进驱动器与 PLC 接线图

步进电动机、步进驱动器与 PLC 接线图如图 1-4-7 所示。

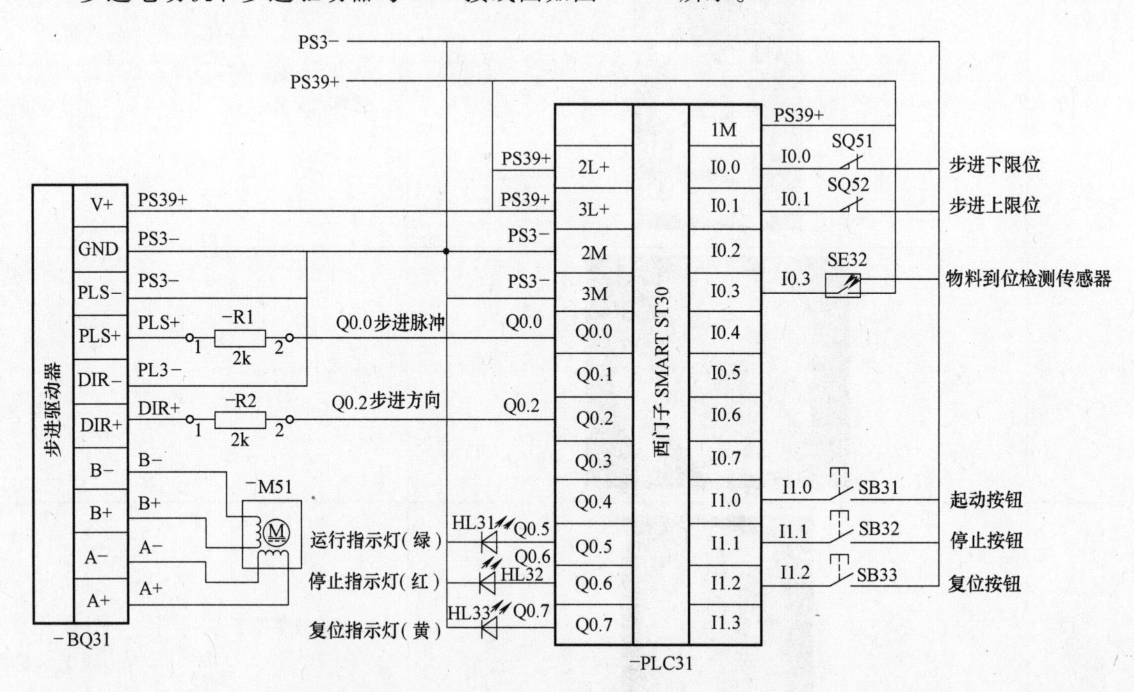

图 1-4-7 步进电动机、步进驱动器与 PLC 接线图

3. 线路安装

根据图 1-4-7 所示的步进电动机、步进驱动器与 PLC 接线图在指定的位置进行步进电动机、步进驱动器与 PLC 的线路安装。

4. 程序设计

设计的步进升降机构控制的参考程序，在 STEP 7-Micro/WIN SMART 软件下使用向导制作运动包络，自动生成子例程，然后在主程序中直接调用即可，如图 1-4-8 所示（向导制作运动包络参考任务五部分）。

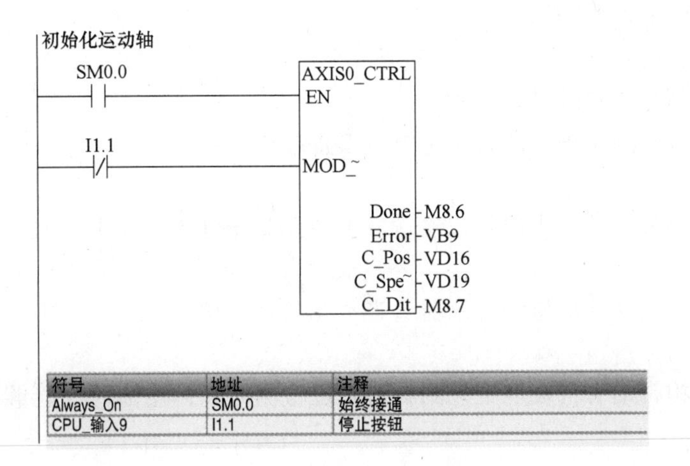

符号	地址	注释
Always_On	SM0.0	始终接通
CPU_输入9	I1.1	停止按钮

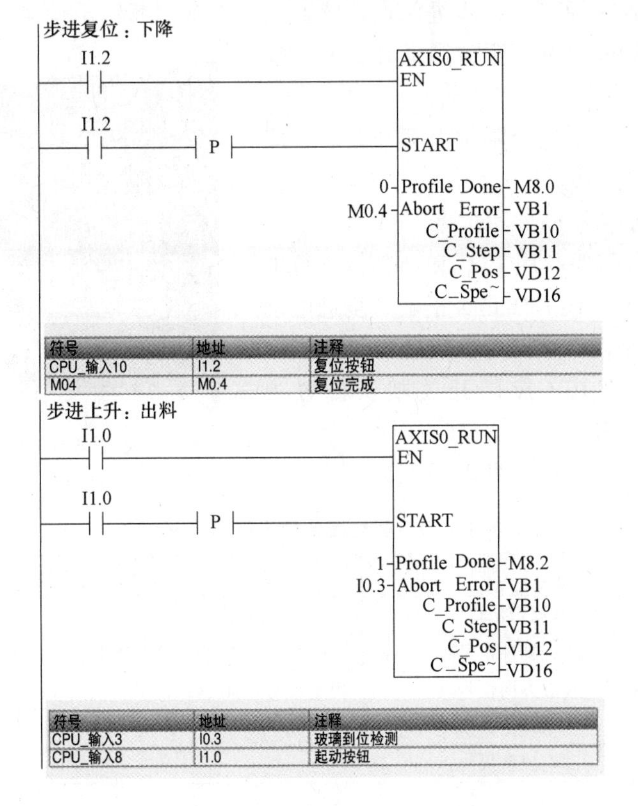

符号	地址	注释
CPU_输入10	I1.2	复位按钮
M04	M0.4	复位完成

符号	地址	注释
CPU_输入3	I0.3	玻璃到位检测
CPU_输入8	I1.0	起动按钮

图 1-4-8　步进升降机构控制的梯形图程序

5. **系统调试**

（1）上电前检查

1）观察机构上各元件外表是否有明显移位、松动或损坏等现象。如果存在以上现象，则应及时调整、紧固或更换元件。

2）对照接口板端子分配表或接线图检查桌面和挂板接线是否正确，尤其要检查 DC 24V 电源及电气元件电源线等线路是否有短路、断路现象。

3）设备上不能放置任何不属于本工作站的物品，如有发现，应及时清除。

（2）起动设备前注意事项

1）注意观察有机玻璃物料的数量是否是 8 个，如多余出来请移走，如少，应添加至 8 个。

2）步进驱动器电源接线是否正确。

3）当机器人停止在步进升降台正上方时禁止起动设备。

（3）传感器的调试

1）当有机玻璃处在输送带前端或输送带末端检测光电传感器上方时，能够准确感应并输出信号。

2）当有机玻璃处在外形检测传感器 A 与外形检测传感器 B 正上方时，能够准确判断外形并输出信号。

3）当步进机构带动有机玻璃上升到物料到位检测光纤传感器时，能够准确检测并输出信号。

4）当步进机构处于原点时，步进原点传感器能够准确切断输出信号。

5）当步进机构触发步进下限位微动开关时，能够准确切断与 PLC 的信号。

6）当步进机构触发步进上限位微动开关时，能够准确切断与 PLC 的信号。

（4）步进系统调试

1）步进驱动部分需要利用 PLC 和计算机进行电路测试，主要测试线路连接 I/O 是否正确、步进电动执行机构的手动工作情况及设置的参数是否合适。

2）步进驱动器的 DIP 拨码开关默认设置为 11010111，如图 1-4-9 所示。

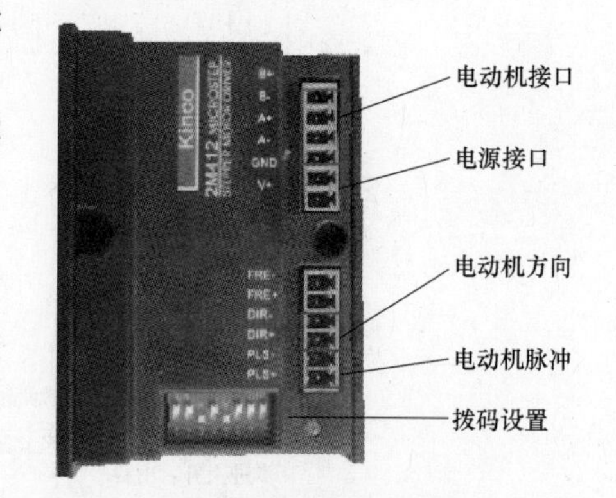

图 1-4-9 步进驱动器

3）驱动器各端子接口定义见表 1-4-5。

表 1-4-5 驱动器各端子接口定义

标记符号	功 能	注 释
POWER	电源指示灯	绿色：电源指示灯
PLS	步进脉冲信号	下降沿有效，每当脉冲有高低变化时，电动机走一步
DIR	步进方向信号	用于改变电动机转向
V+	电源正极	DC 12~40V
GND	电源负极	
A+	电动机接线	A 相接线
A-		

（续）

标记符号	功 能	注 释
B+	电动机接线	B相接线
B-		
DIP1～DIP8	电动机电流细分数设置	ON:1
		OFF:0

4）DIP开关功能说明：DIP拨码开关用来设定驱动器的工作方式和工作参数，使用前请务必仔细阅读参考。注意更改拨码开关的设定之前请先切断电源。DIP开关的功能描述见表1-4-6。

表1-4-6 DIP开关的功能描述

开关序号	ON功能	OFF功能	特别说明
DIP1～DIP4	细分设置用	细分设置用	
DIP5	静态电流半流	静态电流全流	
DIP6～DIP8	输出电流设置用	输出电流设置用	

5）细分设定见表1-4-7。

表1-4-7 细分设定

开关序号			DIP1为ON	DIP1为OFF
DIP2	DIP3	DIP4	细分	细分
ON	ON	ON	无效	2
OFF	ON	ON	4	4
ON	OFF	ON	8	5
OFF	OFF	ON	16	10
ON	ON	OFF	32	25
OFF	ON	OFF	64	50
ON	OFF	OFF	128	100
OFF	OFF	OFF	256	200

检查测评

对任务实施的完成情况进行检查，并将结果填入表1-4-8内。

表1-4-8 任务测评表

序号	主要内容	考核要求	评分标准	配分	扣分	得分
1	步进电动机升降机构的组装	正确描述步进电动机升降机构组成及各部件的名称，并完成安装	1. 说出步进电动机升降机构的组成有错误或遗漏，每处扣5分 2. 步进电动机升降机构安装有错误或遗漏，每处扣5分	20		

（续）

序号	主要内容	考核要求	评分标准	配分	扣分	得分
2	步进电动机升降机构单元 PLC 程序设计与调试	列出 PLC 控制 I/O（输入/输出）口元件地址分配表，根据加工工艺，设计梯形图及 PLC 控制 I/O（输入/输出）口接线图	1. 输入/输出地址遗漏或搞错，每处扣 5 分 2. 梯形图表达不正确或画法不规范，每处扣 1 分 3. 接线图表达不正确或画法不规范，每处扣 2 分	30		
		按 PLC 控制 I/O（输入/输出）口接线图在配线板上正确安装，安装要准确紧固，配线导线要紧固、美观，导线要按线槽布放，导线要有端子标号	1. 损坏元件扣 5 分 2. 导线不按线槽布放、不美观，主电路、控制电路每根扣 1 分 3. 接点松动、露铜过长、反圈、压绝缘层，标记线号不清楚、遗漏或误标，引出端无别径压端子，每处扣 1 分 4. 损伤导线绝缘或线芯，每根扣 1 分 5. 不按 PLC 控制 I/O（输入/输出）接线图接线，每处扣 5 分	10		
		熟练正确地将所编程序输入 PLC；按照被控设备的动作要求进行模拟调试，达到设计要求	1. 不会熟练操作 PLC 键盘输入指令扣 2 分 2. 不会用删除、插入、修改、存盘等命令，每项扣 2 分 3. 仿真试车不成功扣 30 分	30		
3	安全文明生产	劳动保护用品穿戴整齐；遵守操作规程；讲文明礼貌；操作结束要清理现场	1. 操作中，违反安全文明生产考核要求的任何一项扣 5 分，扣完为止 2. 当发现学生有重大事故隐患时，要立即予以制止，并每次扣安全文明生产总分 5 分	10		
合　计						
开始时间：			结束时间：			

任务五　检测排列单元的程序设计与调试

学习目标

知识目标：1. 掌握状态继电器的功能及步进顺控指令的功能及应用。
2. 掌握使用 STEP 7-Micro/WIN SMART 软件向导制作脉冲控制包络表。
3. 掌握通过状态转移图进行步进顺序控制的程序设计。

能力目标：1. 能运用 PLC 控制步进电动机的运行。
2. 会根据控制要求，完成检测排列单元控制程序的设计和调试，并能解决运行过程中出现的常见问题。

工作任务

有一检测排列单元如图 1-5-1 所示，现需要设计其 PLC 控制程序并调试。本任务只考虑检测排列单元作为独立设备运行，按钮面板（见图 1-5-2）上选择“单机”。

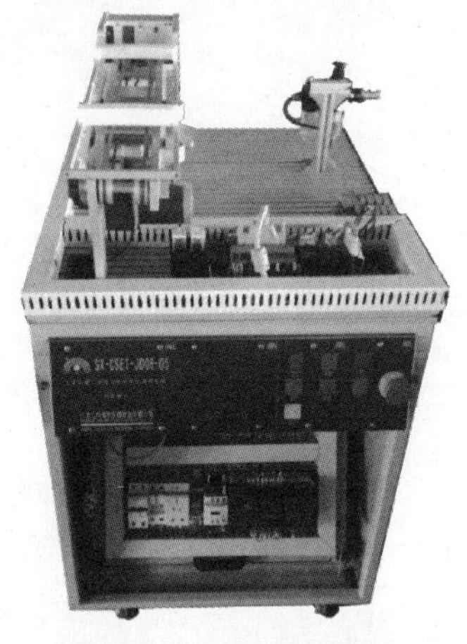

图 1-5-1 检测排列单元

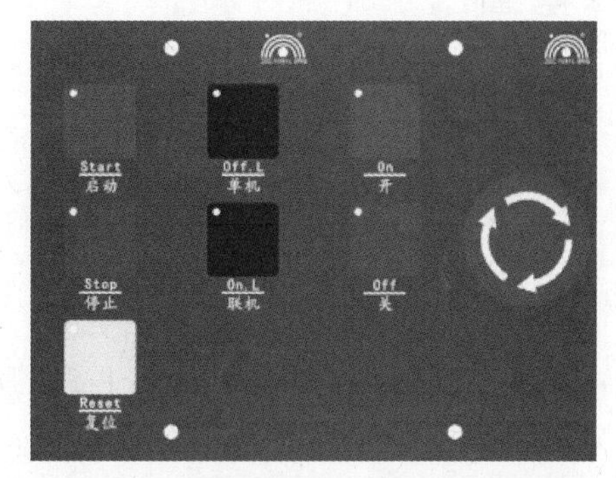

图 1-5-2 检测排列单元按钮操作面板

具体的控制要求如下：

1）初始状态：人工取走输送带的车窗玻璃板，设备上电且气源接通后，输送机上的升降气缸处于缩回位置，排列支架处于升起状态，上料机构处于步进下限位位置，急停按钮没有按下。若设备不在上述初始状态，复位灯亮，按下“复位”按钮，设备回到初始位置，复位灯灭。

2）若设备准备好，将车窗玻璃板放到输送机上。运行指示灯亮，按下“启动”按钮，设备起动。输送带升降气缸伸出，伸出到位后，输送带正转，输送机把车窗玻璃板输送到上料机构内。当输送机上的末端传感器 5s 内没有检测有车窗玻璃板通过时，输送带停止运行。输送带升降气缸缩回，缩回到位后，上料机构的步进电动机正转，将车窗玻璃板上升到物料到位检测传感器位置，到位后上料机构的步进电动机停止运行，人工取走上料机构中的车窗玻璃板（每次只能取走一个车窗玻璃板，取走车窗玻璃板间隔时间为 2s）。人工取走车窗玻璃板后上料机构的步进电动机正转，将车窗玻璃板升到物料到位检测传感器位置后停止（下画线部分要求循环，直到人工取走上料机构的所有车窗玻璃板后循环结束）。

相关知识

脉冲控制包络表制作

西门子 STEP 7-Micro/WIN SMART 软件自带运动向导，可制作脉冲控制包络图。

使用向导制作脉冲包络的方法及步骤如下：

1）打开 STEP 7-Micro/WIN SMART 软件；选择“项目一”→“向导”→“运动”，如图 1-5-3所示；双击“运动”弹出“运动控制向导”画面，如图 1-5-4 所示，选择“轴 0”单击下一个。

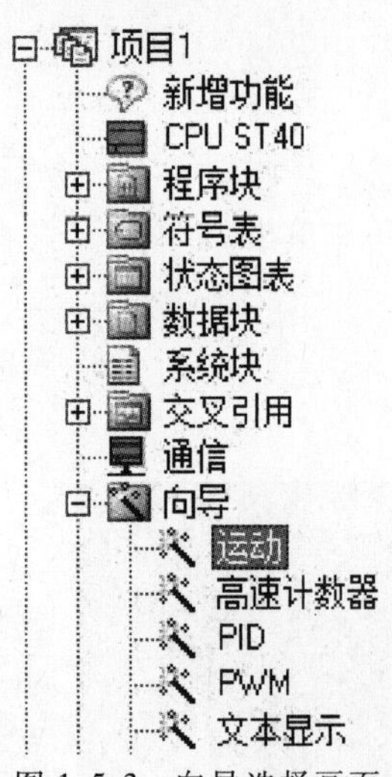

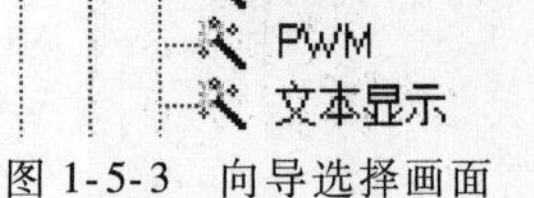

图 1-5-3 向导选择画面

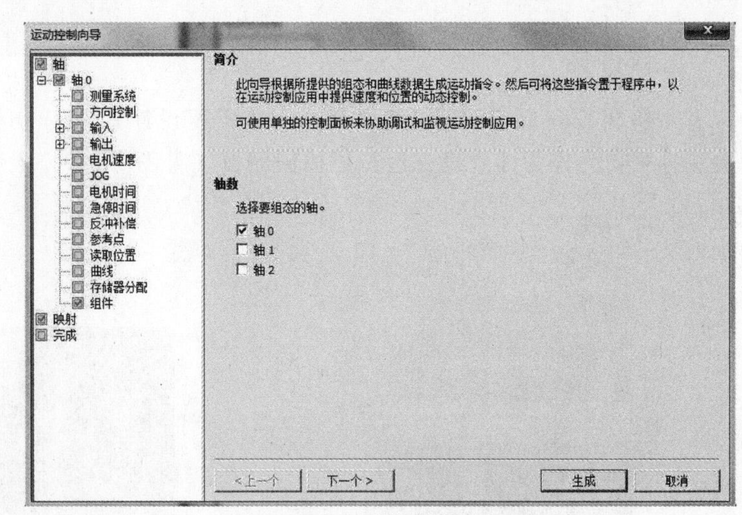

图 1-5-4 运动控制向导画面

2）弹出“轴命名”画面，如图 1-5-5 所示；单击“下一个”，弹出“测量系统”画面，选择“相对脉冲”项，如图 1-5-6 所示。

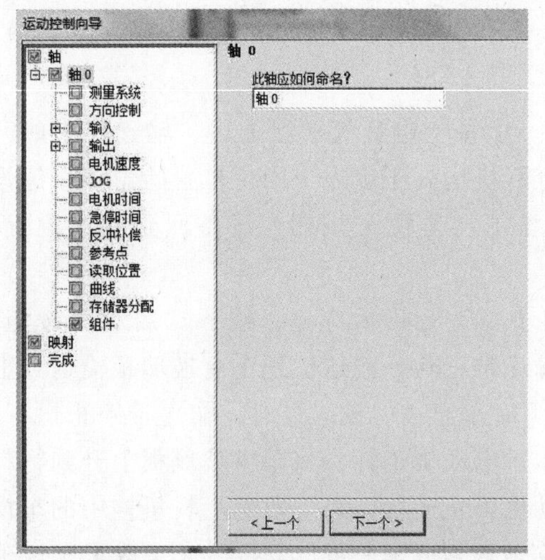

图 1-5-5 运动向导轴命名画面

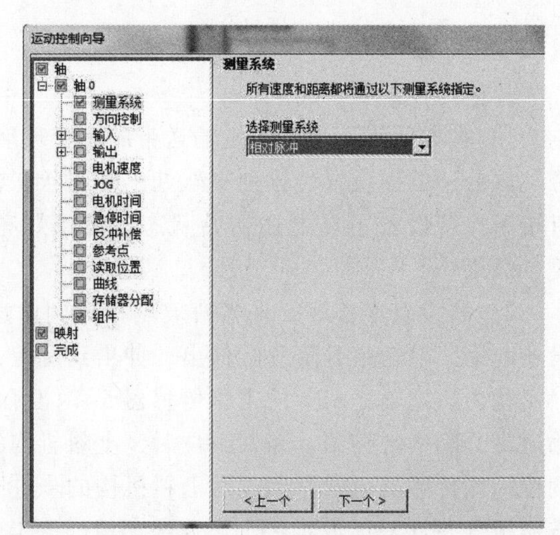

图 1-5-6 运动向导测量选择画面

3）单击“下一个”，弹出“方向控制”画面，选择相位与极性，如图 1-5-7 所示。

4）单击“下一个”，弹出“正方向极限”画面，勾选“启用”，选择输入点、响应与有效电平，如图 1-5-8 所示。

5）单击“下一个”，弹出“负方向极限”画面，勾选“启用”，选择输入点、响应与有效电平，如图 1-5-9 所示。

6）连续单击“下一个”，直至弹出“运动停止”画面，勾选“启用”，选择输入点、响应与有效电平，如图 1-5-10 所示。

7）连续单击“下一个”，直至弹出“组态速度”画面，选择最大值、最小值与启/停速度，如图 1-5-11 所示。

8）单击“下一个”，弹出“点动控制”画面，选择点动速度与增量脉冲，如图 1-5-12 所示。

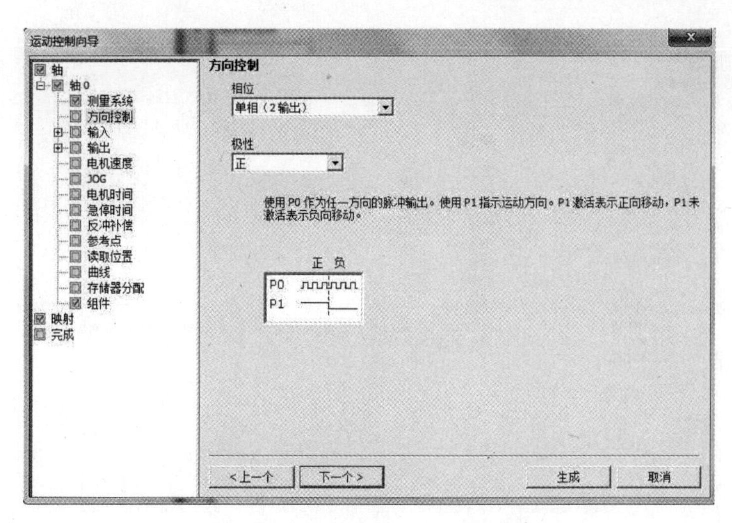

图 1-5-7　运动向导方向控制画面

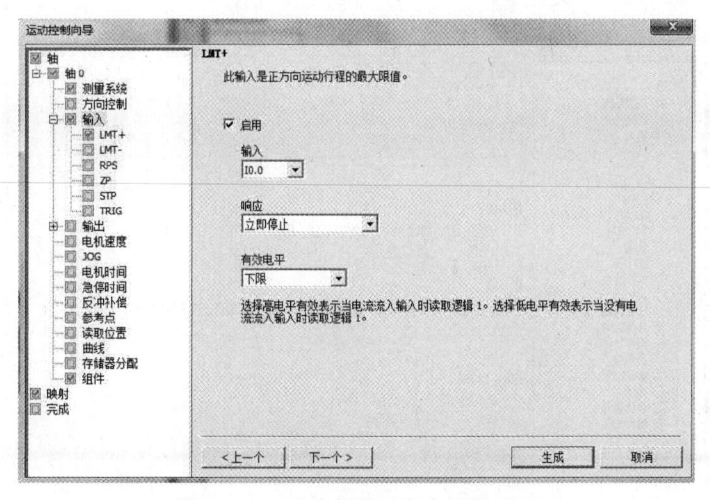

图 1-5-8　运动向导正方向极限画面

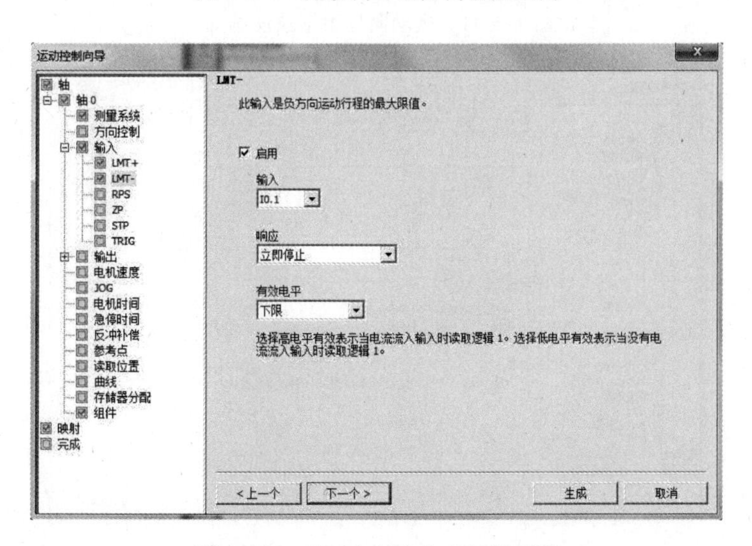

图 1-5-9　运动向导负方向极限画面

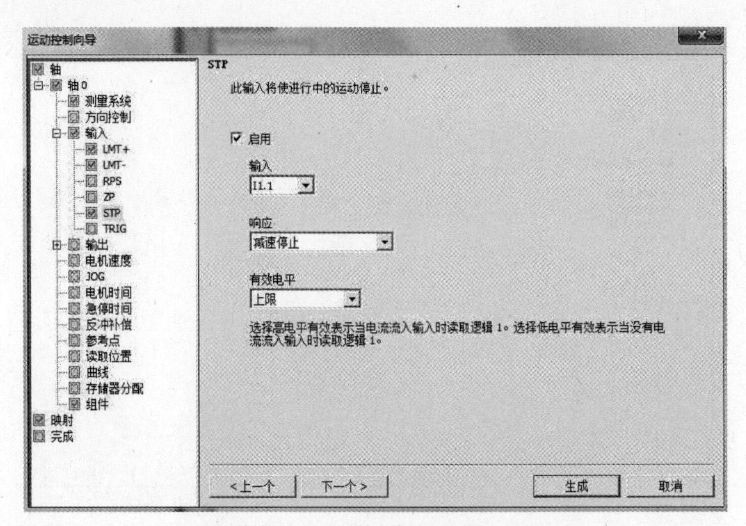

图 1-5-10　运动向导运动停止画面

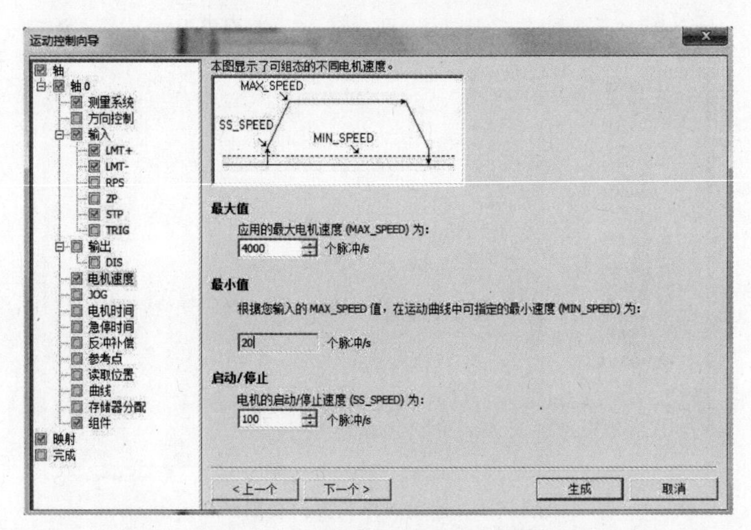

图 1-5-11　运动向导组态速度画面

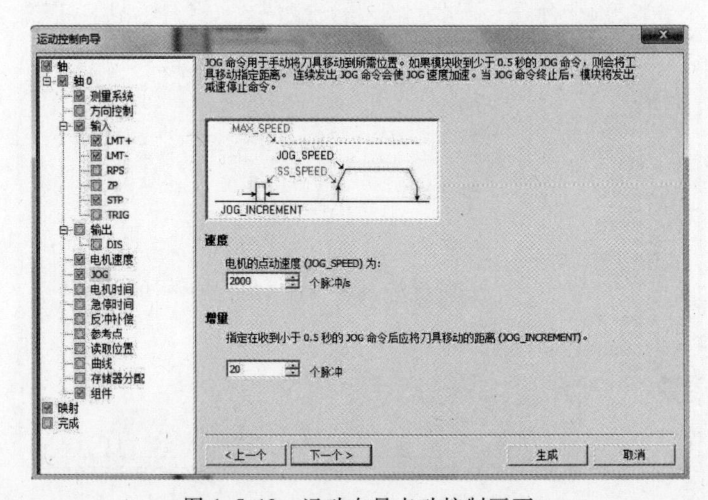

图 1-5-12　运动向导点动控制画面

9）单击“下一个”，弹出“加减速时间”画面，选择加速时间与减速时间，如图 1-5-13 所示。

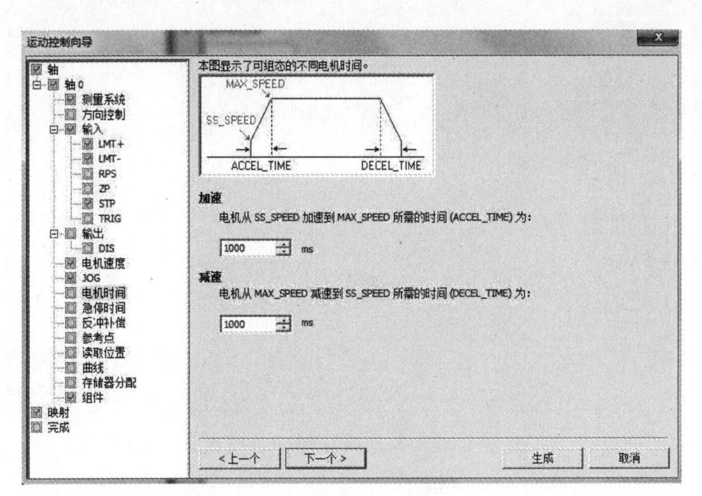

图 1-5-13　运动向导加减速时间画面

10）单击“下一个”，弹出“急停时间”画面，选择补偿时间量，如图 1-5-14 所示。

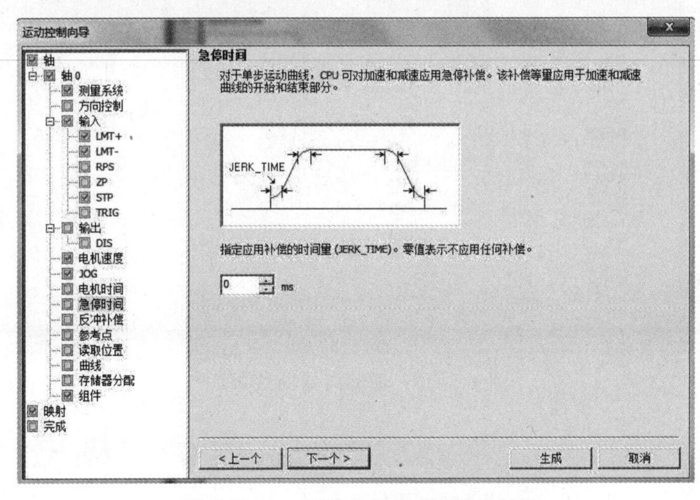

图 1-5-14　运动向导急停时间画面

11）单击“下一个”，弹出“反冲补偿”画面，选择补偿脉冲，如图 1-5-15 所示。

12）连续单击“下一个”，直至弹出“曲线”画面，选择“单速连续旋转”，指定目标速度与旋转方向，如图 1-5-16 所示。

13）单击“下一个”，弹出“曲线 0”画面，选择“单速连续旋转”，指定目标速度与旋转方向，如图 1-5-17 所示。

14）连续单击“下一个”，直至弹出“存储器分配”画面，存储区域建议使用系统自动分配区域，如图 1-5-18 所示。

15）单击“下一个”，弹出“组件”生成画面，在此可以看到将要生成的子程序，如图 1-5-19所示。

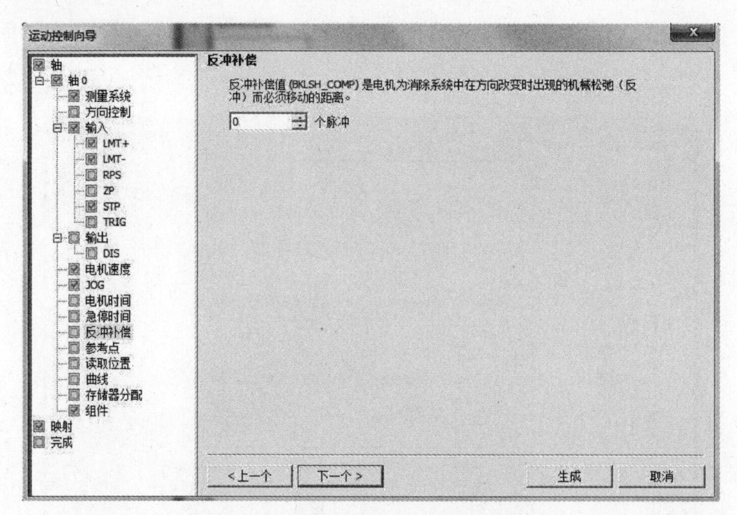

图 1-5-15 运动向导反冲补偿画面

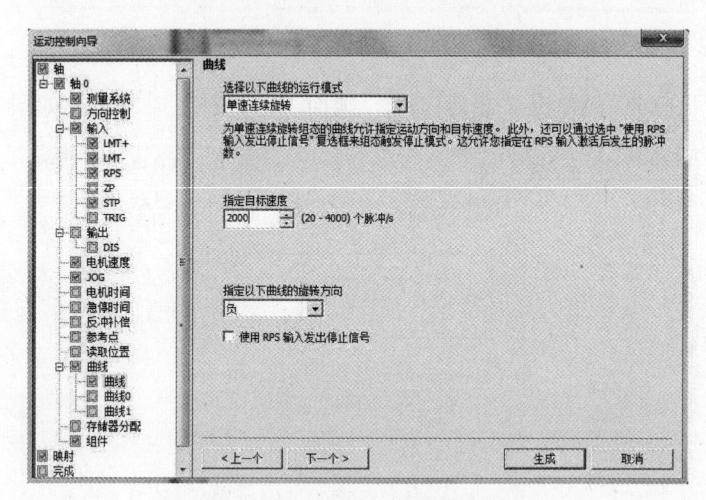

图 1-5-16 运动向导曲线画面

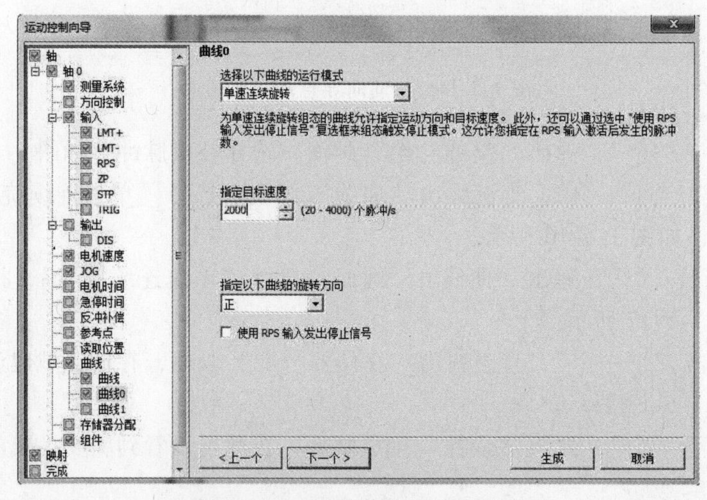

图 1-5-17 运动向导曲线 0 画面

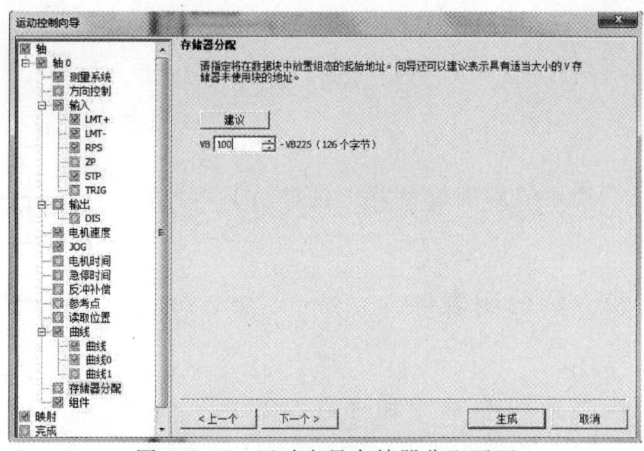

图 1-5-18　运动向导存储器分配画面

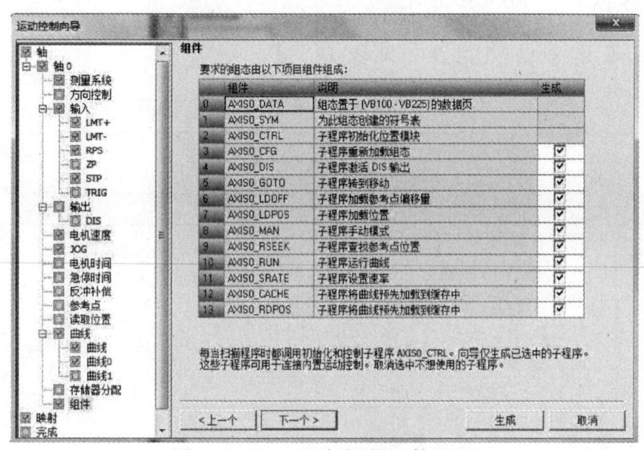

图 1-5-19　运动向导组件画面

16）单击“下一个”，弹出“映射”画面，在这里可以看到运动轴与 I/O 关联地址，如图1-5-20所示。最后单击“生成”即可。

17）在项目指令树下的“调用子例程”可以看到生成的子程序，在主程序中根据要求直接调用即可，如图 1-5-21 所示。

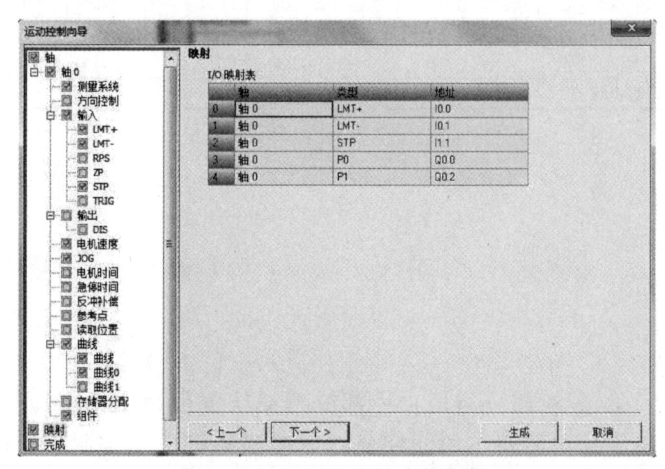

图 1-5-20　运动向导映射画面

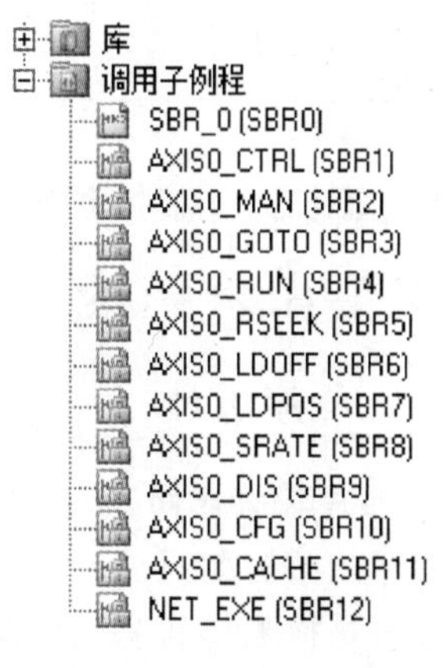

图 1-5-21　运动向导生成的子程序

任务实施

一、任务准备

实施本任务教学所使用的实训设备及工具材料可参考表 1-5-1。

二、功能框图和 I/O 分配表

1. 功能框图

检测排列单元控制的功能框图如图 1-5-22 所示。

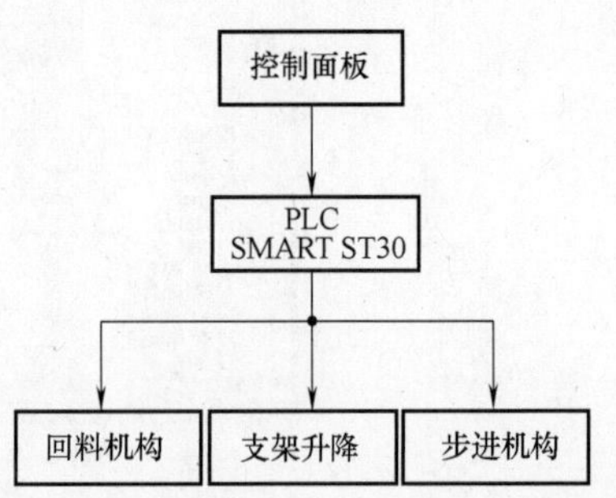

图 1-5-22 检测排列单元控制的功能框图

2. I/O 功能分配表

检测排列单元 PLC 的 I/O 功能分配见表 1-5-1。

表 1-5-1 检测排列单元 PLC 的 I/O 功能分配

I/O 地址	功能描述	备注
I0.0	步进下限位感应，I0.0 断开	
I0.1	步进上限位感应，I0.1 断开	
I0.3	物料到位检测传感器感应，I0.3 闭合	
I0.4	外形 A 检测传感器感应，I0.4 闭合	
I0.5	外形 B 检测传感器感应，I0.5 闭合	
I0.6	升降气缸下限位磁性开关感应，I0.6 闭合	
I1.0	按下面板起动按钮，I1.0 闭合	
I1.1	按下面板停止按钮，I1.1 闭合	
I1.2	按下面板复位按钮，I1.2 闭合	
I1.3	联机信号触发，I1.3 闭合	
I1.4	输送带前端传感器感应到工件，I1.4 闭合	
I1.5	输送带尾端传感器感应到工件，I1.5 闭合	
Q0.0	Q0.0 闭合，步进驱动器得到脉冲信号，步进电动机运行	
Q0.2	Q0.2 闭合，改变步进电动机运行方向	
Q0.4	Q0.4 闭合，升降气缸电磁阀得电	
Q0.5	Q0.5 闭合，面板运行指示灯（绿）点亮	
Q0.6	Q0.6 闭合，面板停止指示灯（红）点亮	
Q0.7	Q0.7 闭合，面板复位指示灯（黄）点亮	
Q1.1	Q1.1 闭合，输送带电动机正转	
Q1.2	Q1.2 闭合，输送带电动机反转	

三、PLC 控制接线图

PLC 控制接线图如图 1-5-23 所示。

四、程序设计

1. 程序设计思路

程序的结构如图 1-5-24 所示，主要由两部分组成：一部分是系统复位初始状态检测；另一部分是检测排列单元控制。但是只有初始状态检测完成以后检测排列单元控制才能运行，如初始状态检测不对，对检测排列单元进行复位，让检测排列单元回到初始状态。

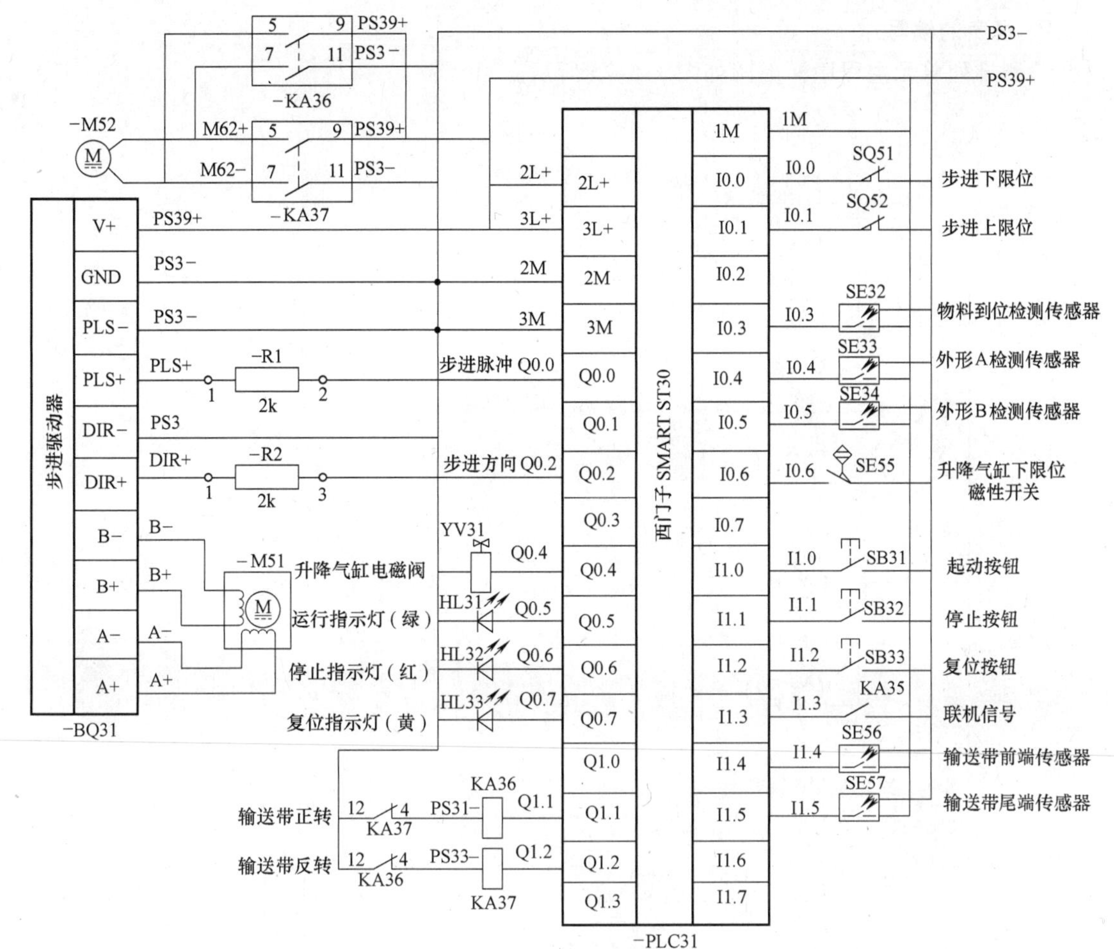

图 1-5-23　PLC 控制接线图

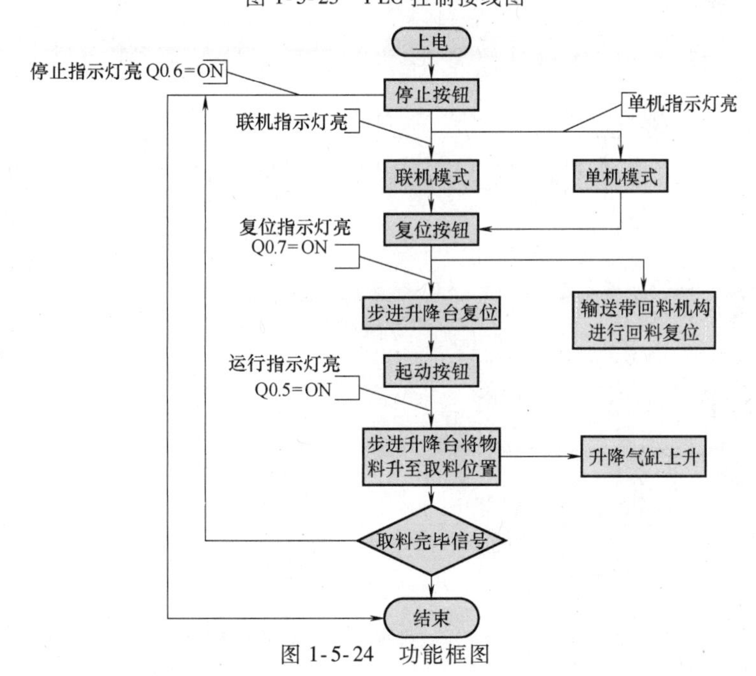

图 1-5-24　功能框图

2. 程序的编写

检测排列单元主程序梯形图如图 1-5-25 所示。

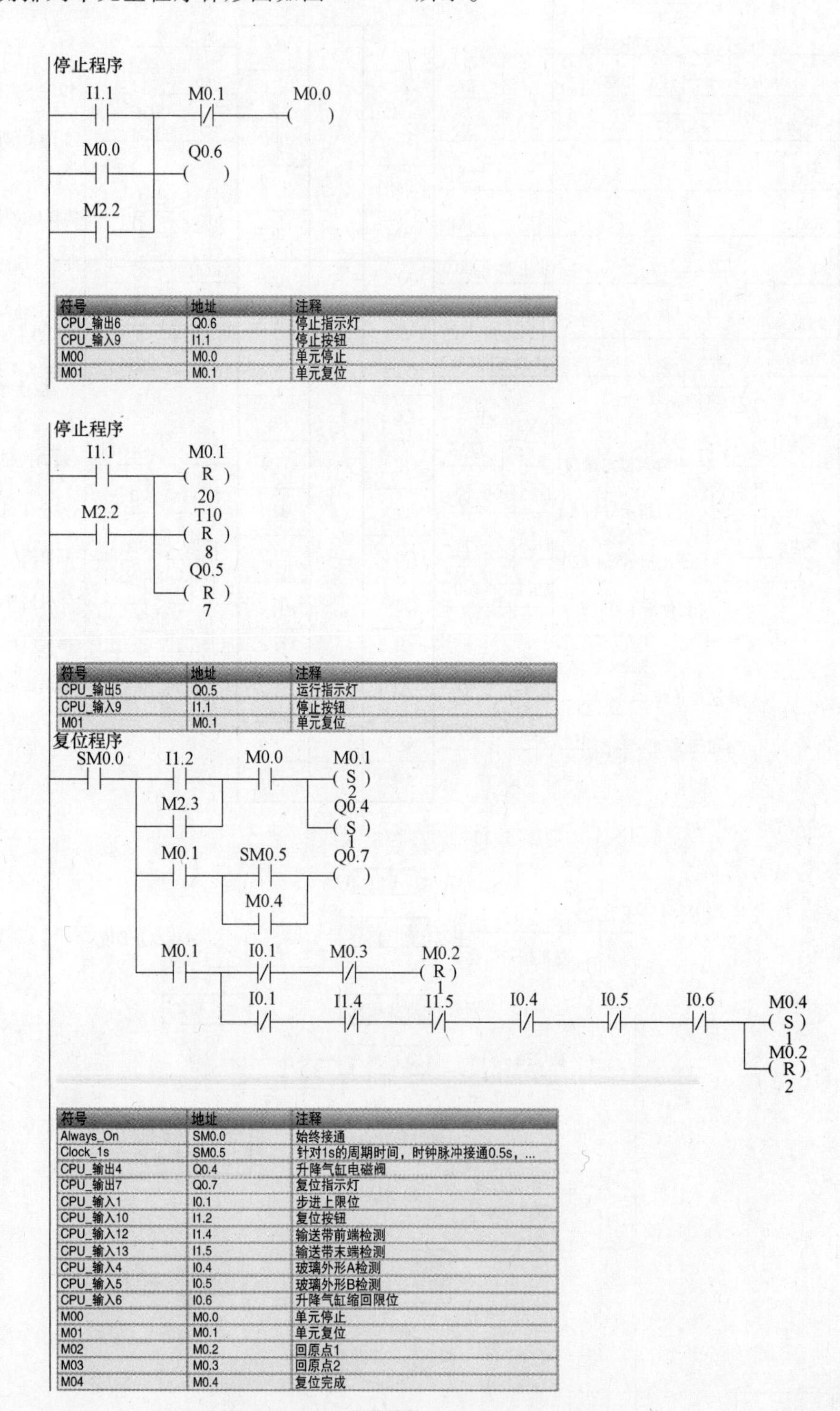

符号	地址	注释
CPU_输出6	Q0.6	停止指示灯
CPU_输入9	I1.1	停止按钮
M00	M0.0	单元停止
M01	M0.1	单元复位

符号	地址	注释
CPU_输出5	Q0.5	运行指示灯
CPU_输入9	I1.1	停止按钮
M01	M0.1	单元复位

符号	地址	注释
Always_On	SM0.0	始终接通
Clock_1s	SM0.5	针对1s的周期时间，时钟脉冲接通0.5s，...
CPU_输出4	Q0.4	升降气缸电磁阀
CPU_输出7	Q0.7	复位指示灯
CPU_输入1	I0.1	步进上限位
CPU_输入10	I1.2	复位按钮
CPU_输入12	I1.4	输送带前端检测
CPU_输入13	I1.5	输送带末端检测
CPU_输入4	I0.4	玻璃外形A检测
CPU_输入5	I0.5	玻璃外形B检测
CPU_输入6	I0.6	升降气缸缩回限位
M00	M0.0	单元停止
M01	M0.1	单元复位
M02	M0.2	回原点1
M03	M0.3	回原点2
M04	M0.4	复位完成

图 1-5-25　检测排列单元主程序梯形图

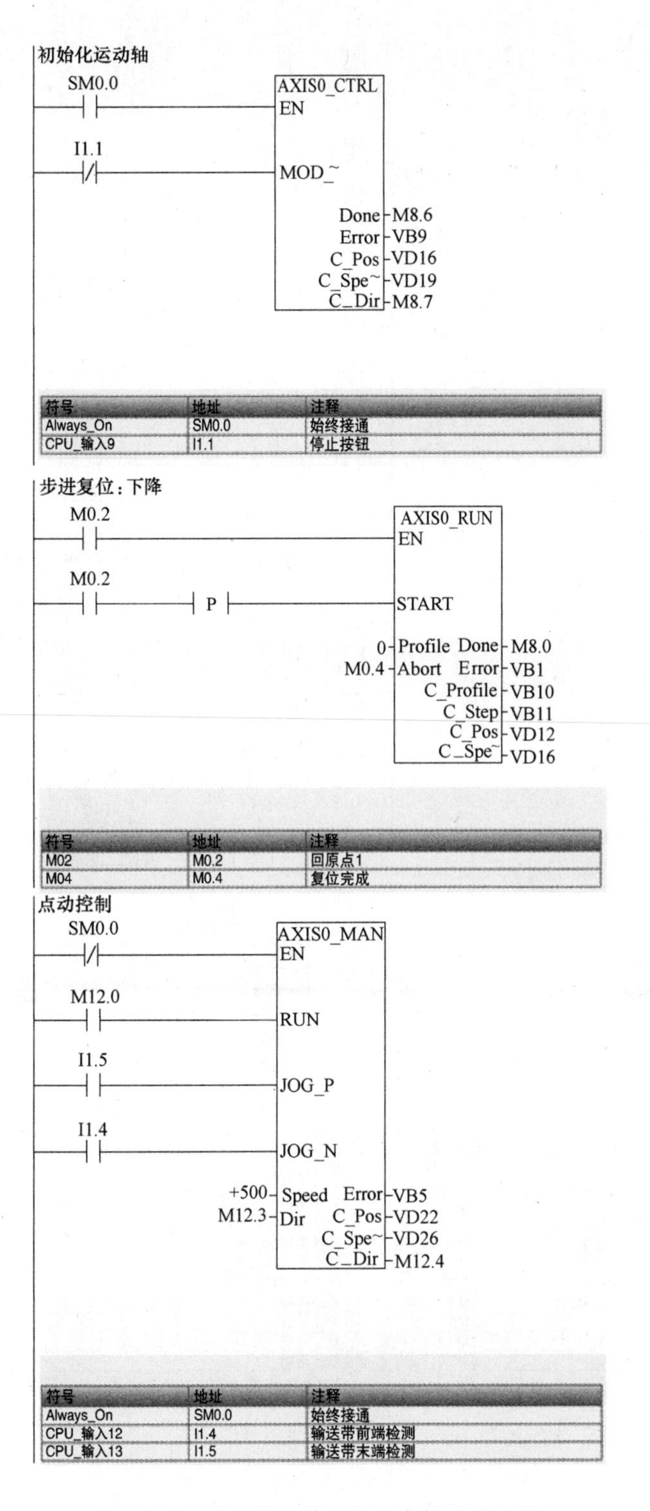

符号	地址	注释
Always_On	SM0.0	始终接通
CPU_输入9	I1.1	停止按钮

符号	地址	注释
M02	M0.2	回原点1
M04	M0.4	复位完成

符号	地址	注释
Always_On	SM0.0	始终接通
CPU_输入12	I1.4	输送带前端检测
CPU_输入13	I1.5	输送带末端检测

图 1-5-25　检测排列单元主程序梯形图（续）

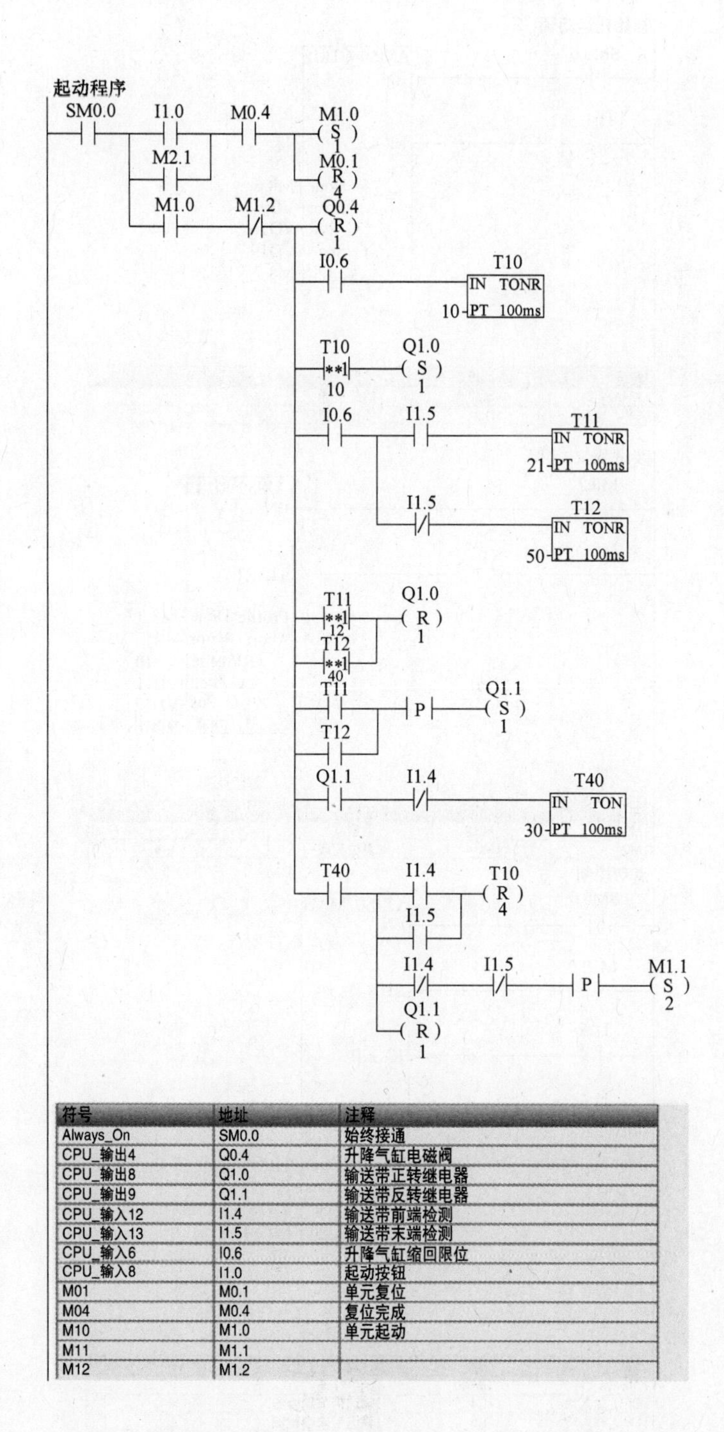

符号	地址	注释
Always_On	SM0.0	始终接通
CPU_输出4	Q0.4	升降气缸电磁阀
CPU_输出8	Q1.0	输送带正转继电器
CPU_输出9	Q1.1	输送带反转继电器
CPU_输入12	I1.4	输送带前端检测
CPU_输入13	I1.5	输送带末端检测
CPU_输入6	I0.6	升降气缸缩回限位
CPU_输入8	I1.0	起动按钮
M01	M0.1	单元复位
M04	M0.4	复位完成
M10	M1.0	单元起动
M11	M1.1	
M12	M1.2	

图 1-5-25　检测排列

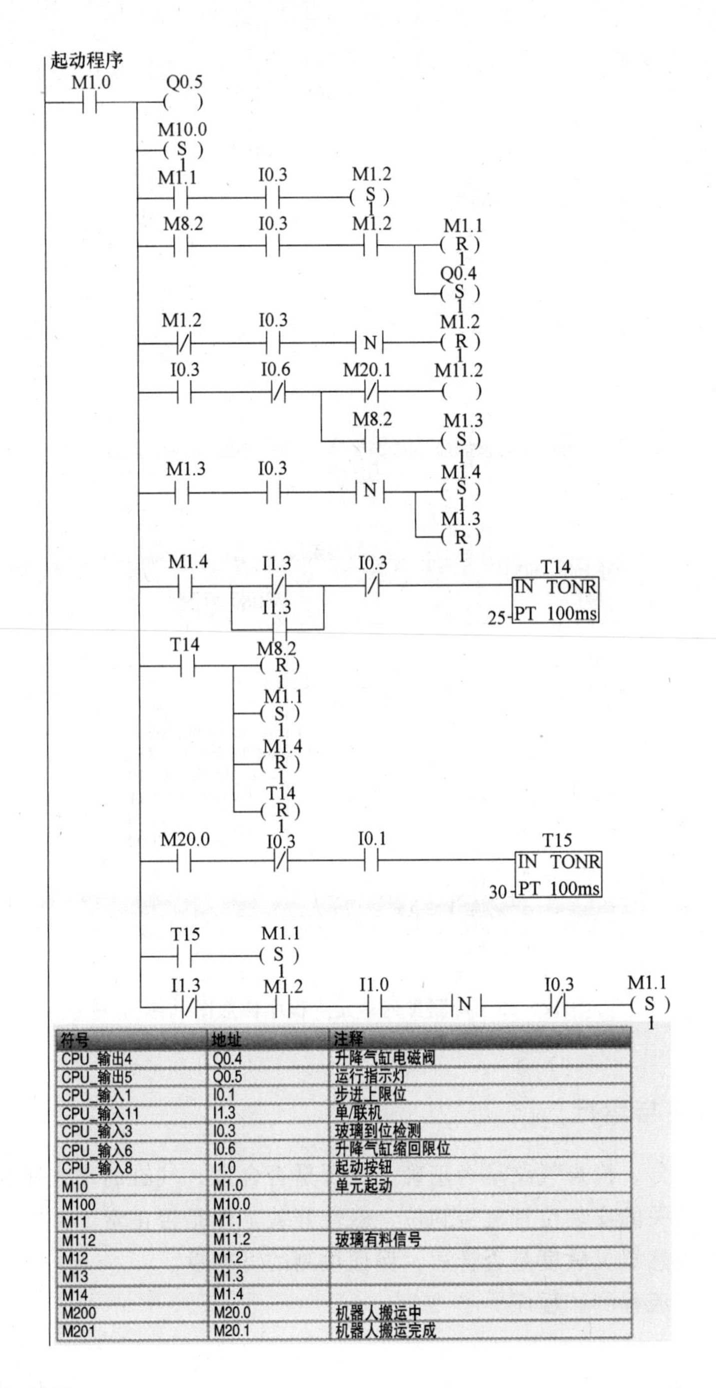

符号	地址	注释
CPU_输出4	Q0.4	升降气缸电磁阀
CPU_输出5	Q0.5	运行指示灯
CPU_输入1	I0.1	步进上限位
CPU_输入11	I1.3	单/联机
CPU_输入3	I0.3	玻璃到位检测
CPU_输入6	I0.6	升降气缸缩回限位
CPU_输入8	I1.0	起动按钮
M10	M1.0	单元起动
M100	M10.0	
M11	M1.1	
M112	M11.2	玻璃有料信号
M12	M1.2	
M13	M1.3	
M14	M1.4	
M200	M20.0	机器人搬运中
M201	M20.1	机器人搬运完成

单元主程序梯形图（续）

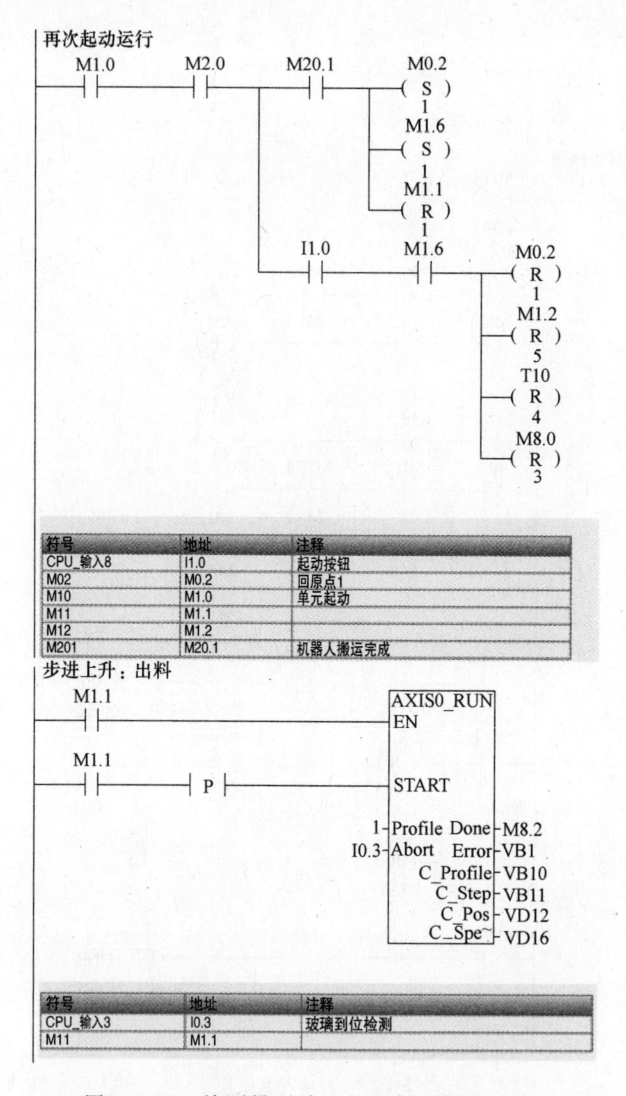

符号	地址	注释
CPU_输入8	I1.0	起动按钮
M02	M0.2	回原点1
M10	M1.0	单元起动
M11	M1.1	
M12	M1.2	
M201	M20.1	机器人搬运完成

符号	地址	注释
CPU_输入3	I0.3	玻璃到位检测
M11	M1.1	

图 1-5-25 检测排列单元主程序梯形图（续）

五、调试程序与运行

1）调整气动部分，检查气路是否正确，气压是否合理，气缸的动作速度是否合理。

2）检查磁性开关的安装位置是否到位，磁性开关工作是否正常。

3）检查光电传感器灵敏度是否合适，保证检测的可靠性。

4）按任务要求流程测试程序。

5）优化程序。

想一想、练一练

如果在输送机将车窗玻璃板送入到上料机构时，车窗玻璃板在输送机上发生堵塞，如图 1-5-26 所示，该如何解决？

（提示：运用输送机电动机反转和正转相互配合的方式来解决此问题。）

图 1-5-26　车窗玻璃板在输送机上发生堵塞

检查测评

对任务实施的完成情况进行检查，并将结果填入表 1-5-2 内。

表 1-5-2　任务测评表

序号	主要内容	考核要求	评分标准	配分	扣分	得分
1	检测排列单元控制系统接线与程序的设计和调试	列出 PLC 控制 I/O 口元件地址分配表，根据加工工艺，设计梯形图及 PLC 控制 I/O（输入/输出）口接线图	1. I/O 地址遗漏或搞错，每处扣 5 分 2. 梯形图表达不正确或画法不规范，每处扣 1 分 3. 接线图表达不正确或画法不规范，每处扣 2 分	40		
		按 PLC 控制 I/O 口接线图在配线板上正确安装，安装要准确紧固，配线导线要紧固、美观，导线要按线槽布放，导线要有端子标号	1. 损坏元件扣 5 分 2. 导线不按线槽布放、不美观，主电路、控制电路每根扣 1 分 3. 接点松动、露铜过长、反圈、压绝缘层，标记线号不清楚、遗漏或误标，引出端无别径压端子，每处扣 1 分 4. 损伤导线绝缘或线芯，每根扣 1 分 5. 不按 PLC 控制 I/O（输入/输出）接线图接线，每处扣 5 分	10		
		熟练正确地将所编程序输入 PLC；按照被控设备的动作要求进行模拟调试，达到设计要求	1. 不会熟练操作 PLC 键盘输入指令扣 2 分 2. 不会用删除、插入、修改、存盘等命令，每项扣 2 分 3. 仿真试车不成功扣 30 分	40		
2	安全文明生产	劳动保护用品穿戴整齐；遵守操作规程；讲文明礼貌；操作结束要清理现场	1. 操作中，违反安全文明生产考核要求的任何一项扣 5 分，扣完为止 2. 当发现学生有重大事故隐患时，要立即予以制止，并每次扣安全文明生产总分 5 分	10		
合　计						
开始时间：			结束时间：			

任务六 机器人单元的程序设计与调试

学习目标

知识目标：1. 掌握传送指令 MOV 的功能及应用。

2. 掌握比较指令的功能及应用。

能力目标：会根据控制要求，完成机器人单元控制程序的设计和调试，并能解决运行过程中出现的常见问题。

工作任务

有一机器人单元如图 1-6-1 所示，只考虑机器人单元作为独立设备运行时的情况，在本单元的按钮模块（见图 1-5-2）上选择“单机”。现机器人单元控制器中有一段机器人上夹具的程序，需要设计 PLC 控制程序实现机器人的运行。

图 1-6-1 机器人单元

具体的控制要求如下：

1）只考虑机器人单元作为独立设备运行时的情况，在本单元的按钮模块上选择“单机”。

2）设备上电且气源接通后，急停按钮没有按下。按下起动按钮，机器人根据机器人控制器的程序回到原点位置，机器人回到原点位置后停止运行。

相关知识

一、数据传送指令（MOV）

1. 指令的助记符及功能

数据传送指令分为字节传送、字传送、双字传送或实数传送，如图 1-6-2 所示。

传送指令的有效操作数见表 1-6-1。

MOV_B
EN ENO
IN OUT
字节传送

MOV_W
EN ENO
IN OUT
字传送

MOV_DW
EN ENO
IN OUT
双字传送

MOV_R
EN ENO
IN OUT
实数传送

图 1-6-2 传送指令

表 1-6-1　数据传送指令有效操作数

输入/输出	数据类型	操作数
IN	BYTE	IB,QB,VB,MB,SMB,SB,LB,AC,* VD,* LD,* AC,Constant
	WORD,INT	IW,QW,VW,MW,SW,SMW,T,C,LW,AC,AIW,* VD,* LD,* AC,Constant
	DWORD,DINT	ID,QD,VD,MD,SMD,SD,LD,HC,&VB,&IB,&QB,&MB,&SB,&T,&C,&SMB,&AIW,&AQW,AC,* VD,* LD,* AC,Constant
	REAL	ID,QD,VD,MD,SMD,SD,LD,AC,* VD,* LD,* AC,Constant
	BYTE	IB,QB,VB,MB,SMB,SB,LB,AC,* VD,* LD,* AC
	WORD,INT	IW,QW,VW,MW,SW,SMW,T,C,LW,AC,AQW,* VD,* LD,* AC
	DWORD,DINT,REAL	ID,QD,VD,MD,SMD,SD,LD,AC,* VD,* LD,* AC

2. 指令的使用方法

传送指令的使用方法如图 1-6-3 所示。

指令使用说明如下：

图 1-6-3　块传送指令的使用方法

1）在图 1-6-4 中，当 I2.1 闭合时，执行块传送指令；把 VB20 开始的四字节地址内数据传送到 VB100 开始的四字节地址内。

2）若传送前 VB20～VB23 内数据分别是 30、31、32、33，则传送完成后 30、31、32、33 数值分别被传送到 VB100～VB103 内。

提示

采用功能指令编程要比采用基本指令编程优越得多，具体表现为采用功能指令进行编程除了具有表达方式直观、易懂的优点外，完成同样的任务，用功能指令编写的程序要简练得多。

二、数据比较指令

1. 数据比较指令的助记符及功能

数据比较指令是对两个数据类型相同的数值进行比较，比较数值的类型可以是字节、整数、双整数、实数；有 6 种比较类型，见表 1-6-2。

IN1、IN2 数据类型见表 1-6-3。

表 1-6-2 数据比较指令

比较类型	输出仅在以下条件下为 TRUE
= = (LAD/FBD) = (STL)	IN1 等于 IN2
< >	IN1 不等于 IN2
>=	IN1 大于或等于 IN2
<=	IN1 小于或等于 IN2
>	IN1 大于 IN2
<	IN1 小于 IN2

表 1-6-3 IN1、IN2 数据类型

数据类型标志符	所需 IN1、IN2 数据类型
B	无符号字节
W	有符号字整数
D	有符号双字整数
R	有符号实数

2. 编程实例

数据比较指令的使用格式如图 1-6-4 所示。其使用说明如下：

当 I0.5 接通时，执行比较指令。当 VB0 等于 20 时，Q1.0 闭合；当 VW2 大于或等于 1000 时，Q1.1 闭合；当 40000 小于或等于 VD38 时，Q1.2 闭合；当 VD122 大于 5.001E-006 时，Q1.3 闭合。

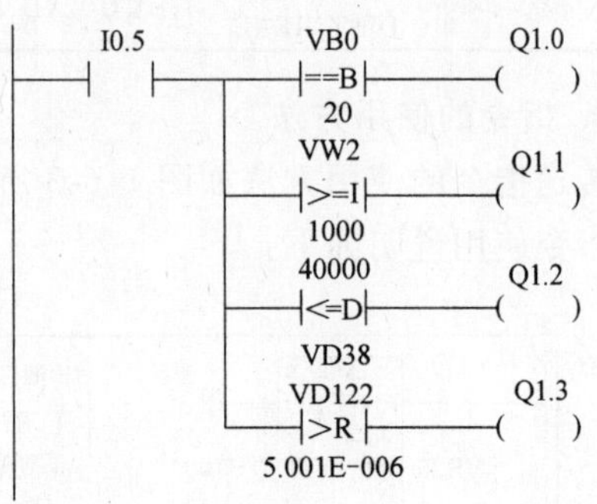

图 1-6-4 数据比较指令应用实例

任务实施

一、任务准备

实施本任务教学所使用的实训设备及工具材料可参考表 1-1-2。

二、功能框图和 I/O 分配表

1. 功能框图

机器人单元控制的功能框图如图 1-6-5 所示。

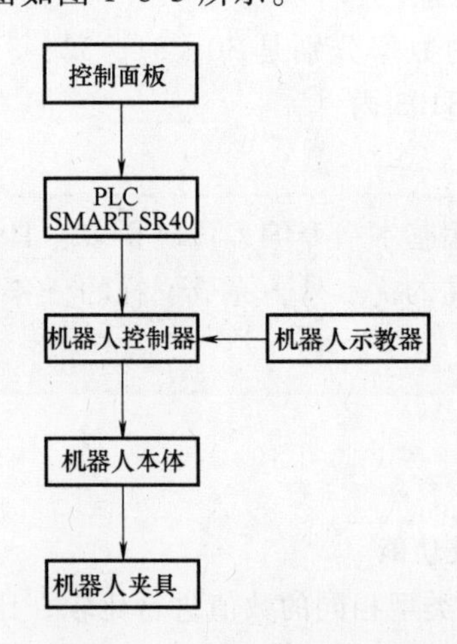

图 1-6-5 机器人单元控制的功能框图

2. I/O 功能分配表

机器人单元 PLC 的 I/O 功能分配见表 1-6-4。

表 1-6-4　机器人单元 PLC 的 I/O 功能分配

序号	PLC I/O 地址	功能描述	对应机器人 I/O 口	备注
1	I0.0	按下面板起动按钮,I0.0 闭合		
2	I0.1	按下面板停止按钮,I0.1 闭合		
3	I0.2	按下面板复位按钮,I0.2 闭合		
4	I0.3	联机信号触发,I0.3 闭合		
5	I1.2	自动模式,I1.2 闭合	OUT4	
6	I1.3	伺服运行中,I1.3 闭合	OUT5	
7	I1.4	程序运行,I1.4 闭合	OUT6	
8	I1.5	异常报警,I1.5 闭合	OUT7	
9	I1.6	机器人急停,I1.6 闭合	OUT8	
10	I1.7	机器人回到原点,I1.7 闭合	OUT9	
11	I2.0	预留	OUT10	
12	I2.1	预留	OUT11	
13	I2.2	预留	OUT12	
14	I2.3	预留	OUT13	
15	I2.4	机器人搬运完成,I2.4 闭合	OUT14	
16	I2.5	机器人开始搬运,I2.5 闭合	OUT15	
17	I2.6	预留	OUT16	
18	Q0.0	Q0.0 闭合,机器人上电,电动机上电	IN4	
19	Q0.1	Q0.1 闭合,伺服起动	IN5	
20	Q0.2	Q0.2 闭合,机器人从主程序运行	IN6	
21	Q0.3	Q0.3 闭合,机器人运行中	IN7	
22	Q0.4	Q0.4 闭合,机器人停止	IN8	
23	Q0.5	Q0.5 闭合,伺服停止	IN9	
24	Q0.6	Q0.6 闭合,机器人异常复位	IN10	
25	Q0.7	Q0.7 闭合,玻璃物料就绪信号	IN11	
26	Q1.0	Q1.0 闭合,面板运行指示灯(绿)点亮		
27	Q1.1	Q1.1 闭合,面板停止指示灯(红)点亮		
28	Q1.2	Q1.2 闭合,面板复位指示灯(黄)点亮		
29	Q1.3	Q1.3 闭合,玻璃排列左信号/轮胎左有料信号	IN12	
30	Q1.4	Q1.4 闭合,玻璃排列右信号/轮胎右有料信号	IN13	
31	Q1.5	Q1.5 闭合,检测玻璃有料信号	IN14	
32	Q1.6	Q1.6 闭合,选择玻璃检测排列	IN15	
33	Q1.7	Q1.7 闭合,选择轮胎码垛	IN16	
34	无	OUT1 为 ON,换夹具电磁阀 YV21 动作	OUT1	

（续）

序号	PLC I/O 地址	功能描述	对应机器人 I/O 口	备注
35	无	OUT2 为 ON，工作 A 电磁阀 YV22 动作	OUT2	
36	无	OUT3 为 ON，工作 B 电磁阀 YV23 动作	OUT3	
37	无	夹具 1 到位，IN1 为 OFF	IN1	
38	无	夹具 2 到位，IN2 为 OFF	IN2	

三、PLC 控制接线图

PLC 控制接线图如图 1-6-6 所示。

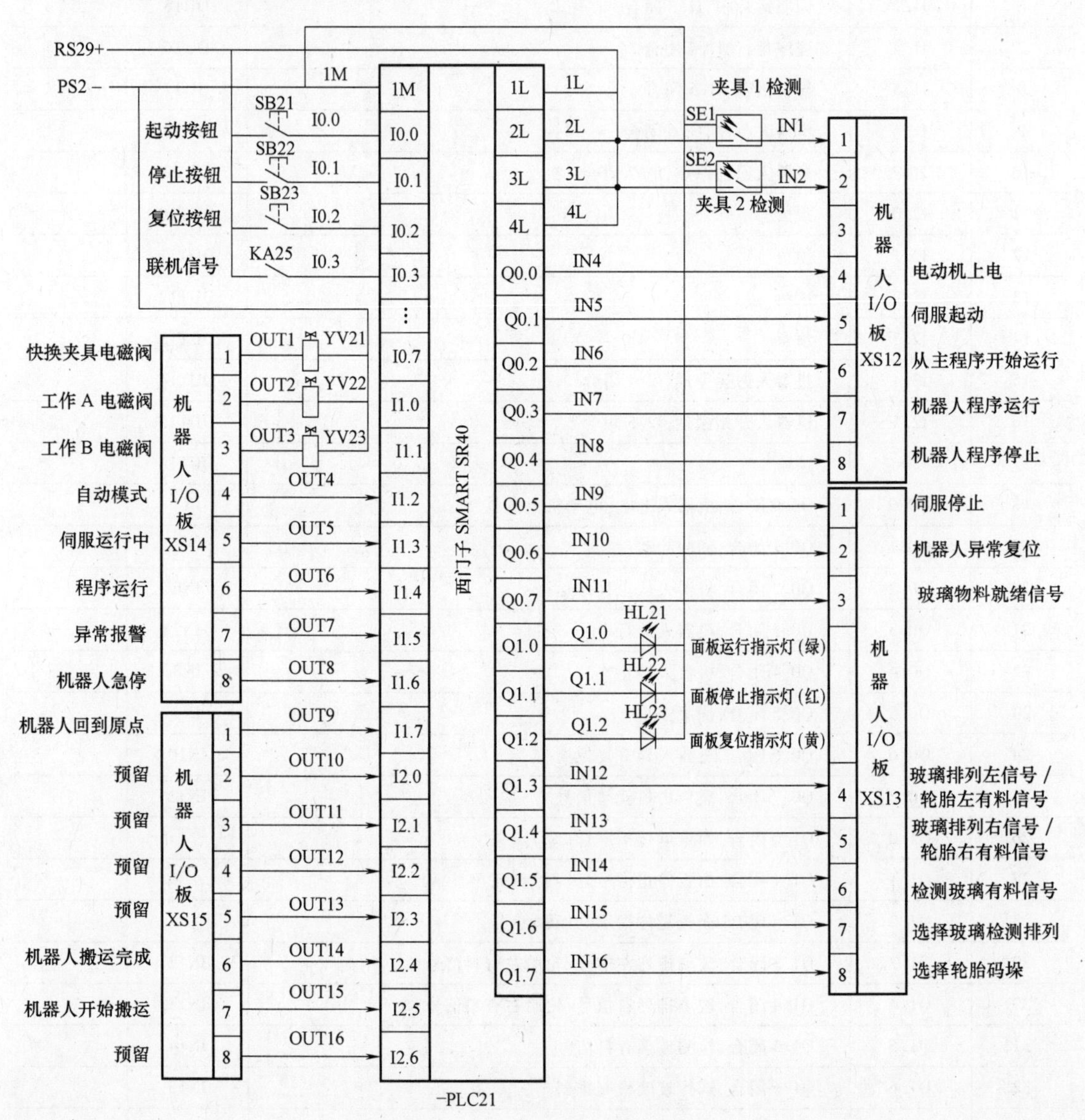

图 1-6-6　PLC 控制接线图

四、程序设计

1. 程序设计思路

程序的结构功能框图如图 1-6-7 所示。由于任务的程序结构比较简单，只由一个部分组成。但此次任务控制的对象是机器人控制器，而机器人控制器也具有类似 PLC 控制功能，所以可以把它看成一个 PLC，而机器人单元的机器人控制器与 PLC 是点对点通信，所以在设计 PLC 程序的时候要考虑到机器人控制器和 PLC 之间的配合。

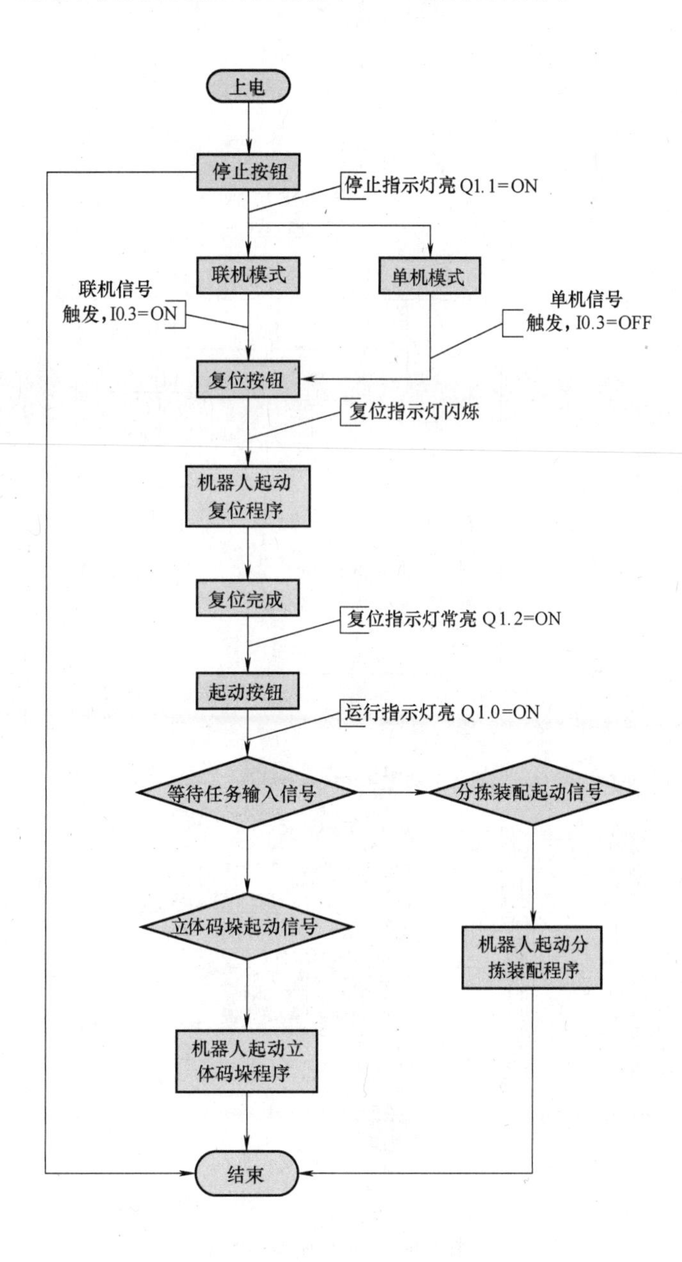

图 1-6-7　程序的结构功能框图

2. 系统主程序的设计

设计的主程序梯形图如图 1-6-8 所示。

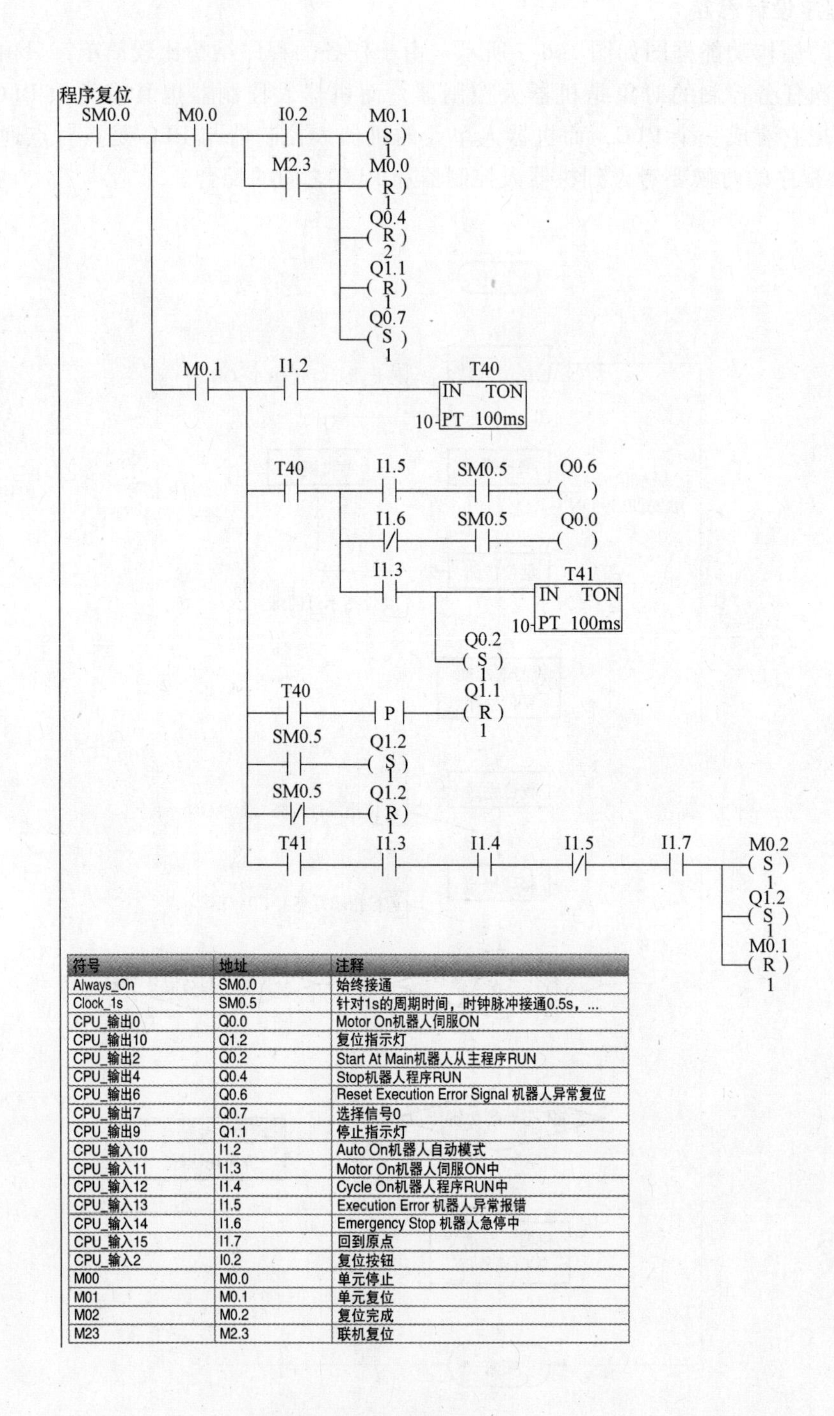

符号	地址	注释
Always_On	SM0.0	始终接通
Clock_1s	SM0.5	针对1s的周期时间，时钟脉冲接通0.5s，...
CPU_输出0	Q0.0	Motor On机器人伺服ON
CPU_输出10	Q1.2	复位指示灯
CPU_输出2	Q0.2	Start At Main机器人从主程序RUN
CPU_输出4	Q0.4	Stop机器人程序RUN
CPU_输出6	Q0.6	Reset Execution Error Signal 机器人异常复位
CPU_输出7	Q0.7	选择信号0
CPU_输出9	Q1.1	停止指示灯
CPU_输入10	I1.2	Auto On机器人自动模式
CPU_输入11	I1.3	Motor On机器人伺服ON中
CPU_输入12	I1.4	Cycle On机器人程序RUN中
CPU_输入13	I1.5	Execution Error 机器人异常报错
CPU_输入14	I1.6	Emergency Stop 机器人急停中
CPU_输入15	I1.7	回到原点
CPU_输入2	I0.2	复位按钮
M00	M0.0	单元停止
M01	M0.1	单元复位
M02	M0.2	复位完成
M23	M2.3	联机复位

图 1-6-8　主程序梯形图

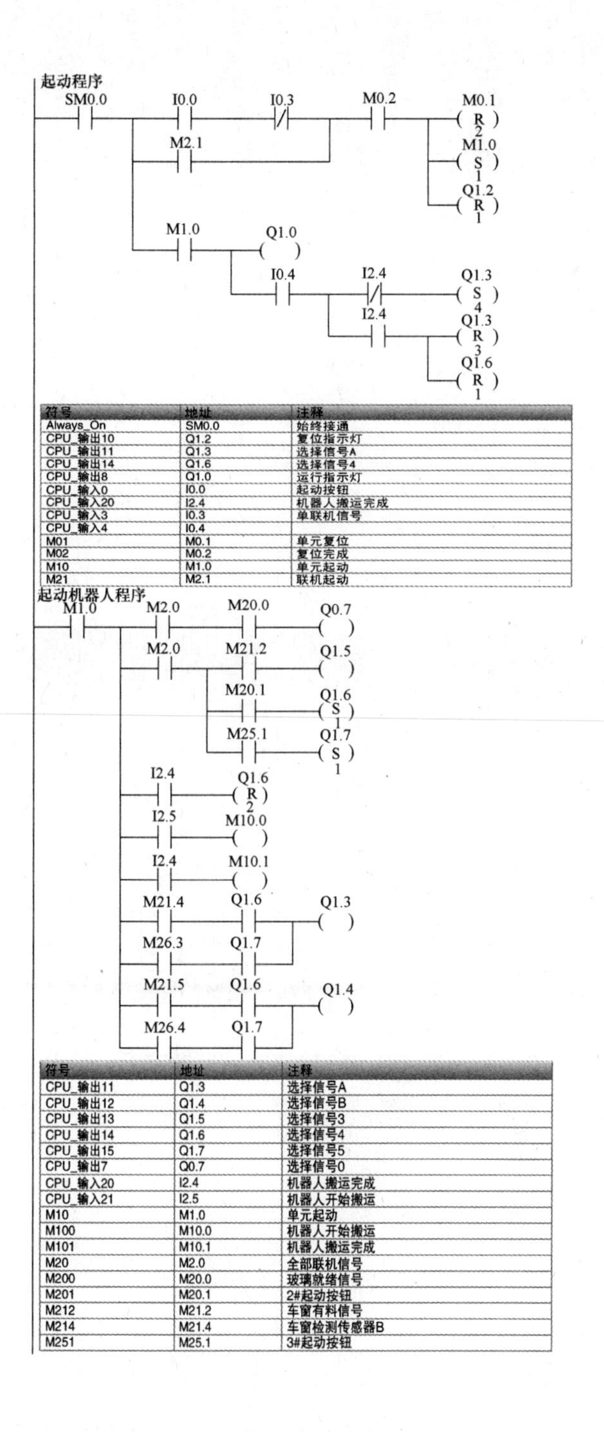

符号	地址	注释
Always_On	SM0.0	始终接通
CPU_输出10	Q1.2	复位指示灯
CPU_输出11	Q1.3	选择信号A
CPU_输出14	Q1.6	选择信号4
CPU_输出8	Q1.0	运行指示灯
CPU_输入0	I0.0	起动按钮
CPU_输入20	I2.4	机器人搬运完成
CPU_输入3	I0.3	单联机信号
CPU_输入4	I0.4	
M01	M0.1	单元复位
M02	M0.2	复位完成
M10	M1.0	单元起动
M21	M2.1	联机起动

符号	地址	注释
CPU_输出11	Q1.3	选择信号A
CPU_输出12	Q1.4	选择信号B
CPU_输出13	Q1.5	选择信号3
CPU_输出14	Q1.6	选择信号4
CPU_输出15	Q1.7	选择信号5
CPU_输出7	Q0.7	选择信号0
CPU_输入20	I2.4	机器人搬运完成
CPU_输入21	I2.5	机器人开始搬运
M10	M1.0	单元起动
M100	M10.0	机器人开始搬运
M101	M10.1	机器人搬运完成
M20	M2.0	全部联机信号
M200	M20.0	玻璃就绪信号
M201	M20.1	2#起动按钮
M212	M21.2	车窗有料信号
M214	M21.4	车窗检测传感器B
M251	M25.1	3#起动按钮

图 1-6-8　主程序梯形图（续）

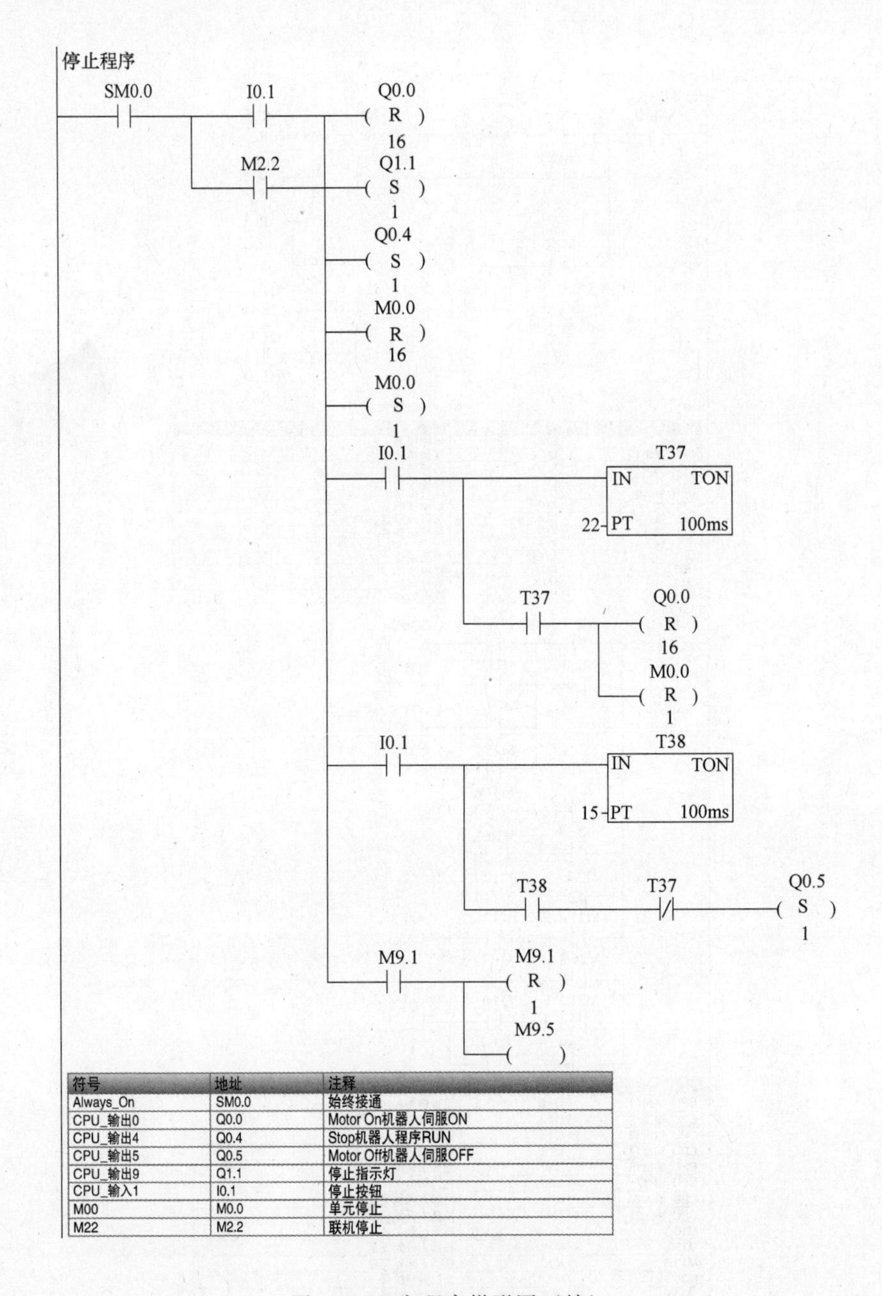

符号	地址	注释
Always_On	SM0.0	始终接通
CPU_输出0	Q0.0	Motor On机器人伺服ON
CPU_输出4	Q0.4	Stop机器人程序RUN
CPU_输出5	Q0.5	Motor Off机器人伺服OFF
CPU_输出9	Q1.1	停止指示灯
CPU_输入1	I0.1	停止按钮
M00	M0.0	单元停止
M22	M2.2	联机停止

图 1-6-8　主程序梯形图（续）

五、调试程序与运行

1）调整气动部分，检查气路是否正确，气压是否合理，气缸的动作速度是否合理。

2）检查磁性开关的安装位置是否到位，磁性开关工作是否正常。

3）检查光电传感器灵敏度是否合适，保证检测的可靠性。

4）按任务要求流程测试程序。

5）优化程序。

想一想、练一练

在本任务的基础上，增加一个 PLC 的停止按钮。要求在机器人回原点的过程中按下 PLC 停止按钮，机器人停止运行；按下 PLC 起动按钮机器人继续运行。

提示

按下 PLC 停止按钮，让机器人控制的机器人程序 STOP 和机器人伺服 OFF 为 1，机器人停止运行。按下 PLC 起动按钮让机器人控制的机器人程序 STOP 和机器人伺服 OFF 为 0，同时机器人控制的机器人程序 RUN 和机器人伺服 ON 为 1。

检查测评

对任务实施的完成情况进行检查，并将结果填入表 1-6-5 内。

表 1-6-5　任务测评表

序号	主要内容	考核要求	评分标准	配分	扣分	得分
1	机器人单元控制程序的设计和调试	列出 PLC 控制 I/O 口元件地址分配表，根据加工工艺，设计梯形图及 PLC 控制 I/O 口接线图	1. I/O 地址遗漏或搞错，每处扣 5 分 2. 梯形图表达不正确或画法不规范，每处扣 1 分 3. 接线图表达不正确或画法不规范，每处扣 2 分	40		
		按 PLC 控制 I/O 口接线图在配线板上正确安装，安装要准确紧固，配线导线要紧固、美观，导线要按线槽布放，导线要有端子标号	1. 损坏元件扣 5 分 2. 导线不按线槽布放、不美观，主电路、控制电路每根扣 1 分 3. 接点松动、露铜过长、反圈、压绝缘层，标记线号不清楚、遗漏或误标，引出端无别径压端子，每处扣 1 分 4. 损伤导线绝缘或线芯，每根扣 1 分 5. 不按 PLC 控制 I/O（输入/输出）接线图接线，每处扣 5 分	10		
		熟练正确地将所编程序输入 PLC；按照被控设备的动作要求进行模拟调试，达到设计要求	1. 不会熟练操作 PLC 键盘输入指令扣 2 分 2. 不会用删除、插入、修改、存盘等命令，每项扣 2 分 3. 仿真试车不成功扣 30 分	40		
2	安全文明生产	劳动保护用品穿戴整齐；遵守操作规程；讲文明礼貌；操作结束要清理现场	1. 操作中，违反安全文明生产考核要求的任何一项扣 5 分，扣完为止 2. 当发现学生有重大事故隐患时，要立即予以制止，并每次扣安全文明生产总分 5 分	10		
合　计						
开始时间：			结束时间：			

任务七 机器人自动换夹具的程序设计与调试

学习目标

知识目标：1. 掌握 ABB RobotStudio 编程软件的应用。

2. 掌握六轴工业机器人参数设置与程序编写。

3. 掌握六轴工业机器人示教器的使用方法。

能力目标：会使用 ABB 六轴工业机器人程序设计的基本语言，完成 ABB 六轴工业机器人自动换夹具控制程序的设计和调试，并能解决运行过程中出现的常见问题。

工作任务

有一台 ABB 六轴工业机器人，配置了两种夹具，分别用来完成汽车车窗分拣码垛和汽车轮胎立体码垛这两个工作站的工作，现需要编写机器人自动换夹具的机器人控制程序并示教。

具体的控制要求如下：

任务要求在联机状态下，当机器人检测到来自两个工作站中任意一个站的开始信号时，可以自动更换与工作相应的夹具以适应接下来的码垛工作。

相关知识

一、RobotStudio 编程软件的使用

1. 建立工作站

1）安装完“RobotStudio”后，可双击桌面“”图标或单击“开始”→“所有程序”→“ABB Industrial”→“RobotStudio”运行软件。RobotStudio 软件安装详见模块二任务四。

2）软件打开后的界面如图 1-7-1 所示。

3）单击“创建”图标，弹出工作站画面，单击“ABB 模型库”下拉菜单，如图 1-7-2

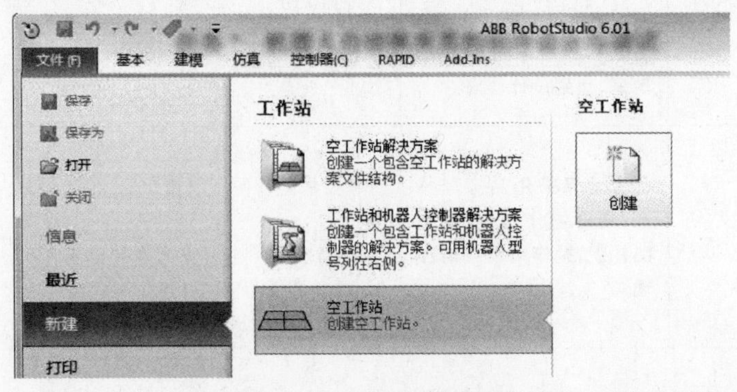

图 1-7-1 软件初始界面

所示；弹出 ABB 机器人库，选择所需机器人，如图 1-7-3 所示。

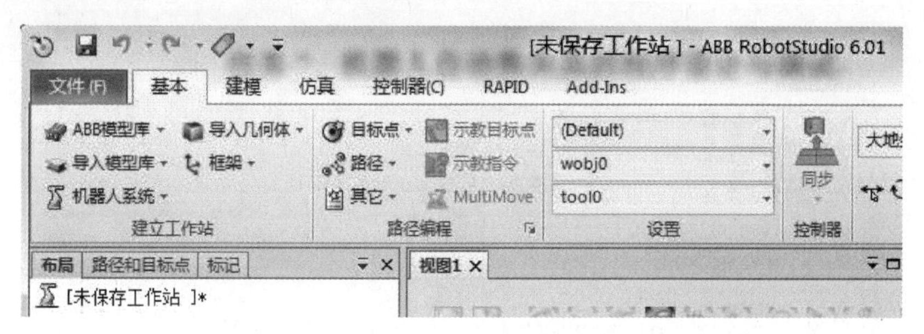

图 1-7-2　创建工程

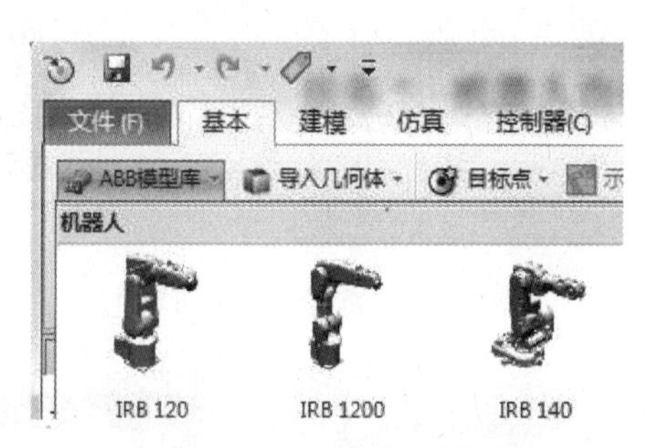

图 1-7-3　选择机器人

4）弹出所选机器人信息，单击“确定”，如图 1-7-4 所示。

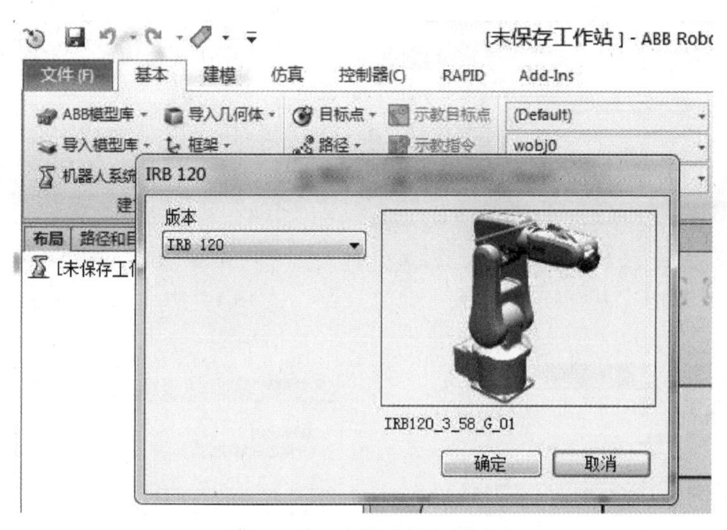

图 1-7-4　确认选择机器人

5）单击“机器人系统”下拉菜单，如图 1-7-5 所示。

6）选择“从布局…”，如图 1-7-6 所示；弹出“从布局创建系统”对话框，单击“下一个”，如图 1-7-7 所示。

7）勾选选择项，单击“下一个”，如图 1-7-8 所示；单击“选项”进行修改，如图 1-7-9所示。

8）勾选为“644-5 Chinese”，如图 1-7-10、图 1-7-11 所示。

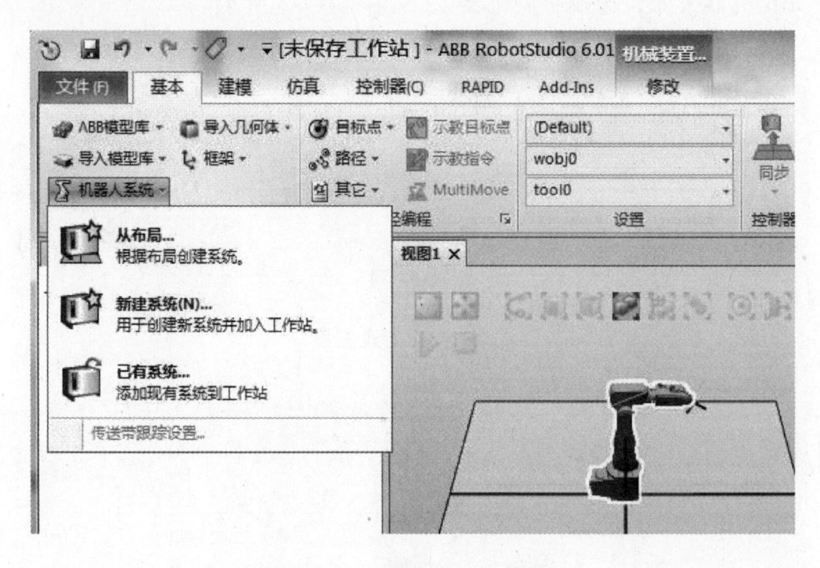

图 1-7-5　选择机器人菜单

图 1-7-6　选择“从布局…”画面

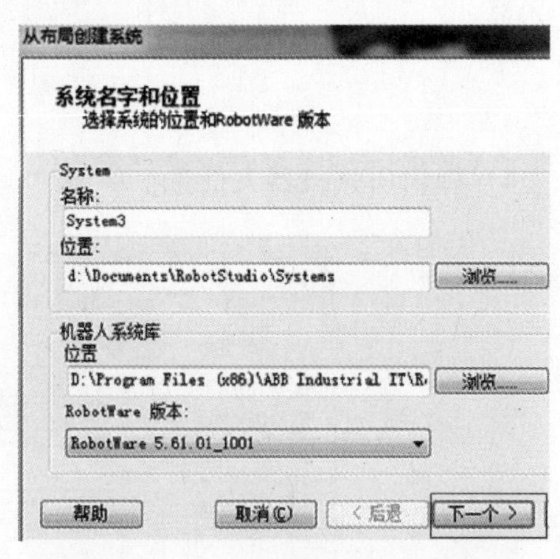

图 1-7-7　“从布局创建系统”对话框

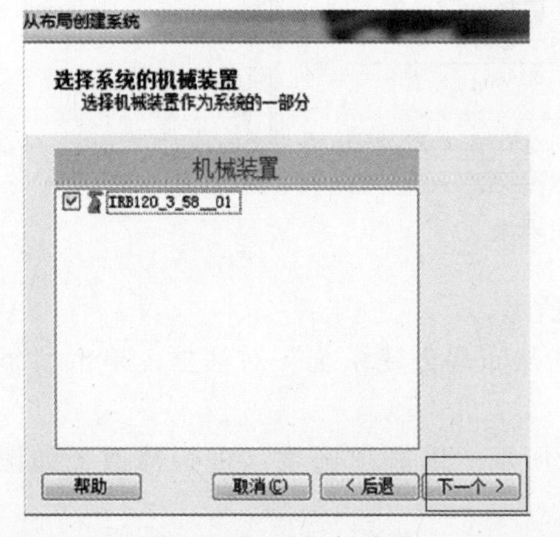

图 1-7-8　选择勾选项

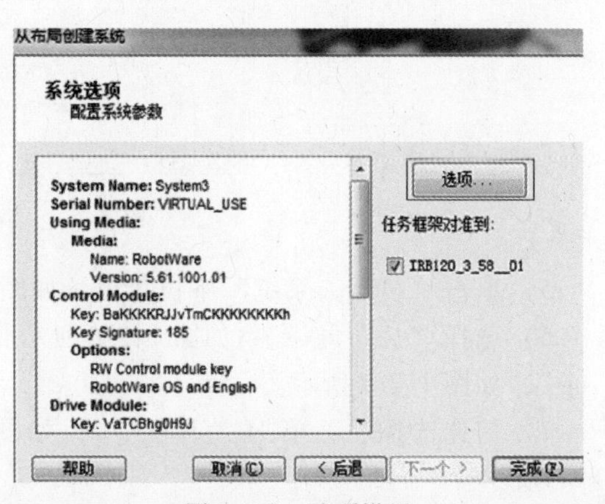

图 1-7-9　选项设置

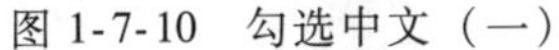
图 1-7-10　勾选中文（一）

图 1-7-11　勾选中文（二）

9）根据需要勾改配置等选项，如图 1-7-12、图 1-7-13 所示；单击“确定”回到系统对话框，单击“完成”回到工作站画面。

图 1-7-12　勾选配置（一）

图 1-7-13　勾选配置（二）

10）打开“控制器”工具栏，单击“虚拟示教器”下拉菜单，选择“虚拟示教器”，如图 1-7-14 所示。

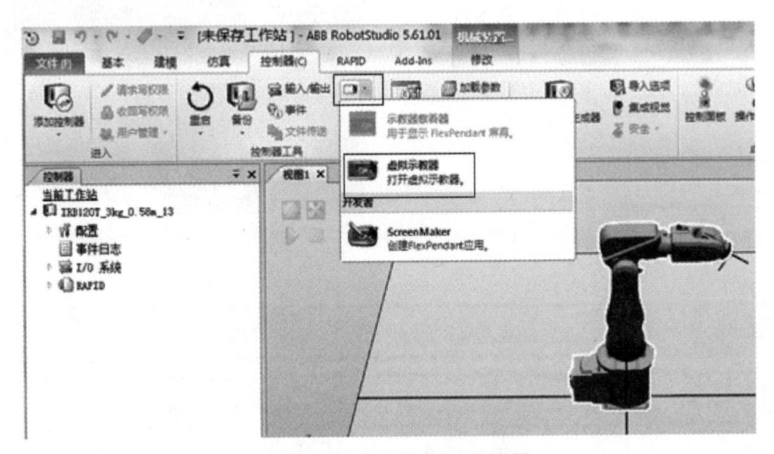

图 1-7-14　选择虚拟示教器

11）打开虚拟示教器，如图 1-7-15 所示，在这里可以进行设置、编程、调试、仿真等功能操作。

2. 使用示教器

1）示教器的认知，如图 1-7-16 所示。

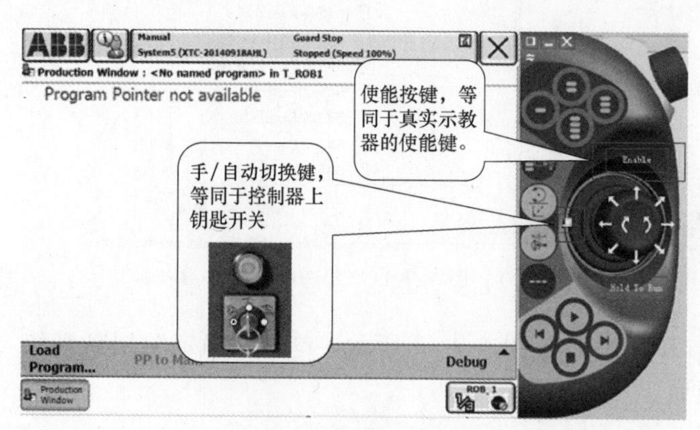

图 1-7-15 虚拟示教器

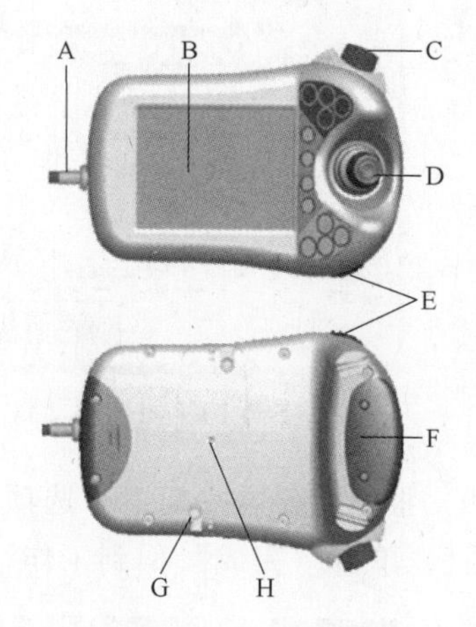

图 1-7-16 示教器

A—连接电缆 B—触摸屏 C—急停开关

D—手动操作摇杆 E—数据备份用 USB 接口

F—使能器按钮 G—触摸屏用笔

H—示教器复位按钮

2）示教器操作：如图 1-7-17 所示，用左手臂托起并扣紧示教器，同时四指扣压使能器按钮，如图 1-7-18 所示；使能器按钮分为两档，按下第一档，将处于机器人电动机运行状态，松开或按下使能器第二档，电动机均为关闭状态。

3）机器人伺服状态会在示教器触摸屏状态栏显示，图 1-7-19 所示分别为电动机起动与停止时的状态显示。

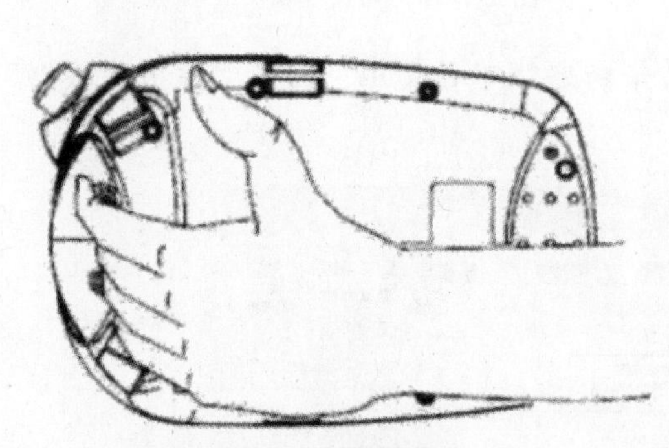

图 1-7-17 示教器操作（一）

图 1-7-18 示教器操作（二）

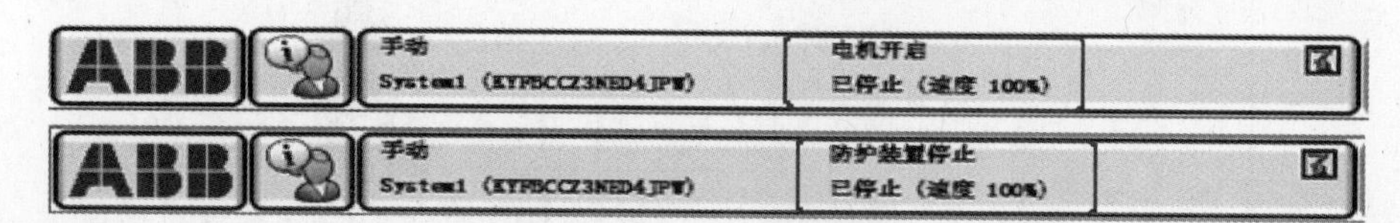

图 1-7-19 伺服状态显示

3. 示教器显示语言更改

1）示教器默认语言是英文状态，下面来更改为中文状态；单击触摸屏左上角“ABB”按钮，在弹出画面选择“Control Panel”，如图 1-7-20 所示。

2）在弹出画面中选择“Language”，如图 1-7-21 所示。

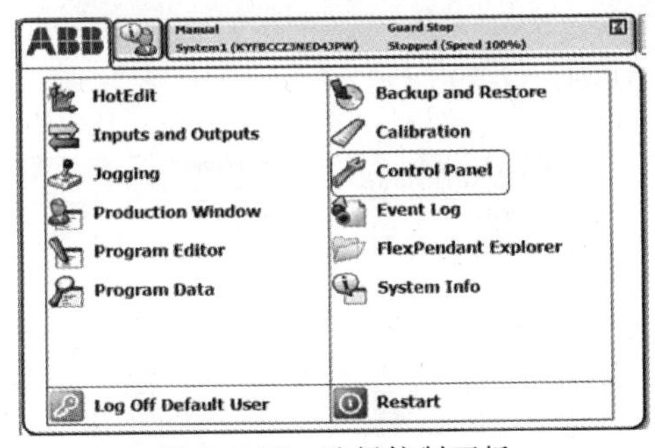

图 1-7-20　选择控制面板

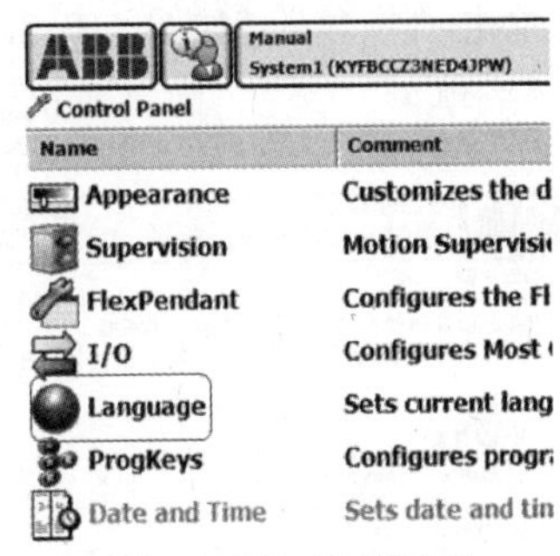

图 1-7-21　选择语言

3）选中“Chinese”图标，单击“OK”按钮，如图 1-7-22 所示。

4）单击“Yes”后系统重启，如图 1-7-23 所示；重新单击“ABB”就能看到菜单已切换成中文界面。

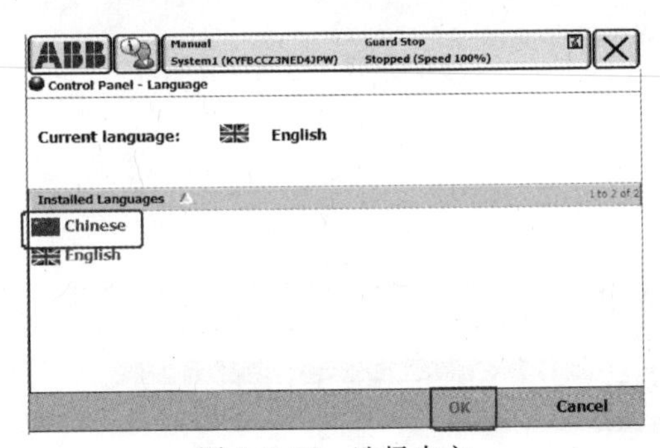

图 1-7-22　选择中文

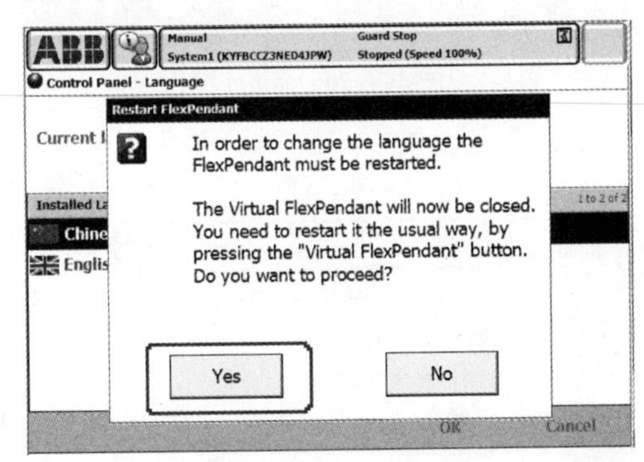

图 1-7-23　重启确认

4. 数据备份与恢复

1）打开“ABB”菜单，选择“备份与恢复”，如图 1-7-24 所示；选择“备份当前系统”，如图 1-7-25 所示。

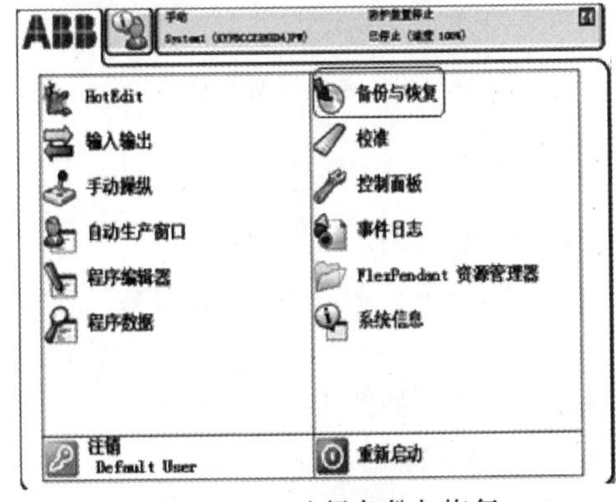

图 1-7-24　选择备份与恢复

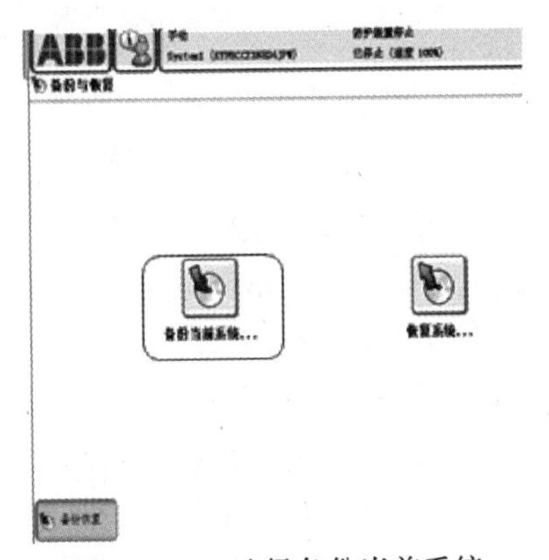

图 1-7-25　选择备份当前系统

2）单击“ABC...”按钮，进行存放备份数据目录名称的设定，然后单击“...”，选择备份存放的位置（机器人硬盘或是USB存储设备）；最后单击“备份”进行备份操作；如图1-7-26所示。

3）单击“恢复系统...”按钮，如图1-7-27所示；单击“...”，选择备份存放的目录，单击“恢复”，如图1-7-28所示。

4）单击“是”，即完成机器人数据的恢复，如图1-7-29所示。

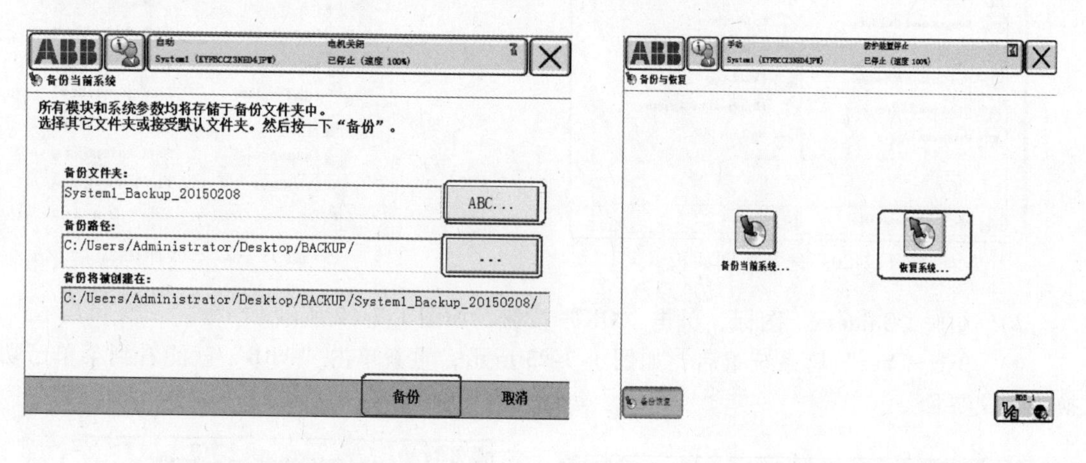

图1-7-26　备份设置画面

图1-7-27　选择恢复系统

图1-7-28　选择存放目录

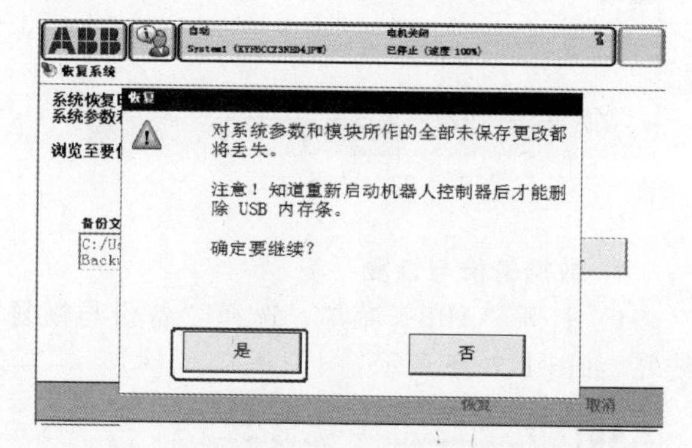

图1-7-29　确认数据恢复

5. EIO文件导入

1）打开“ABB”菜单，选择“控制面板”，如图1-7-30所示。

2）选择“配置”，如图1-7-31所示；打开“文件”菜单，单击“加载参数”，如图1-7-32所示。

3）选中“删除现有参数后加载”，然后单击“加载...”，如图1-7-33所示。

4）找到EIO.cfg文件，然后单击“确定”，如图1-7-34所示。

5）单击“是”，重启后完成导入，如图1-7-35所示。

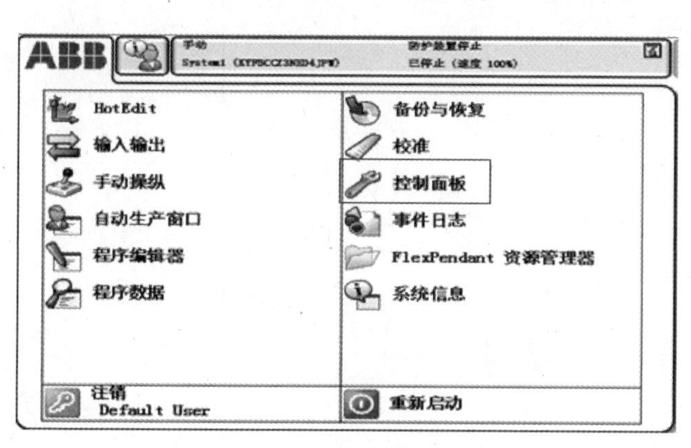

图 1-7-30　选择控制面板

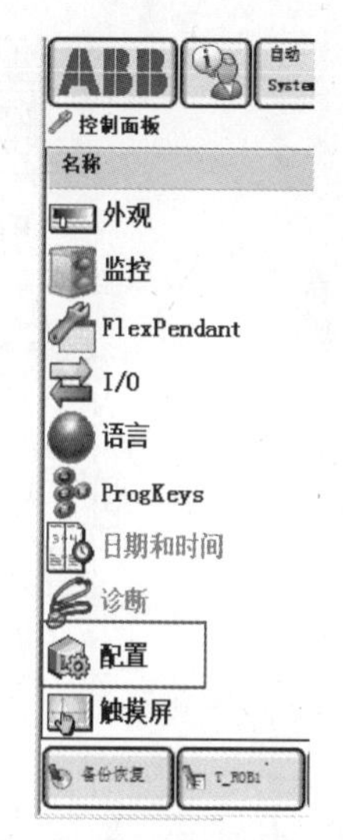

图 1-7-31　选择配置选项

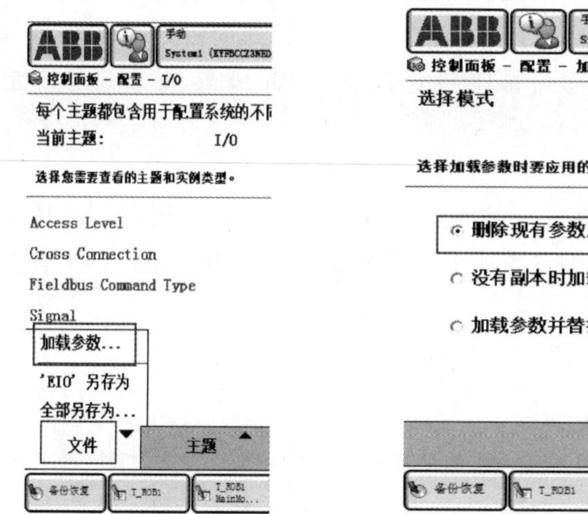

图 1-7-32　选择加载参数

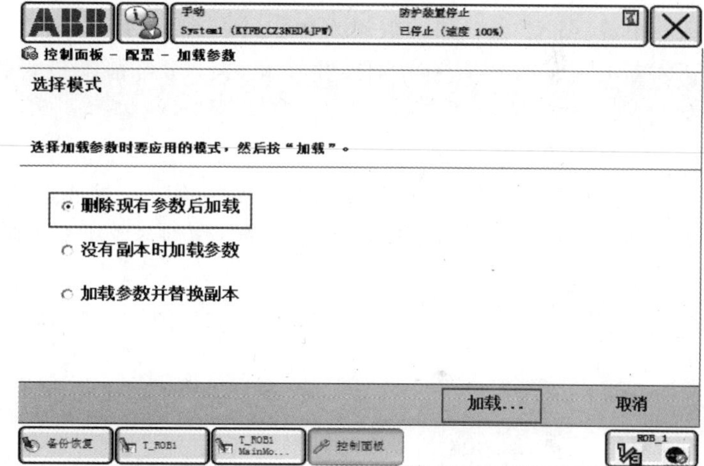

图 1-7-33　加载项选择

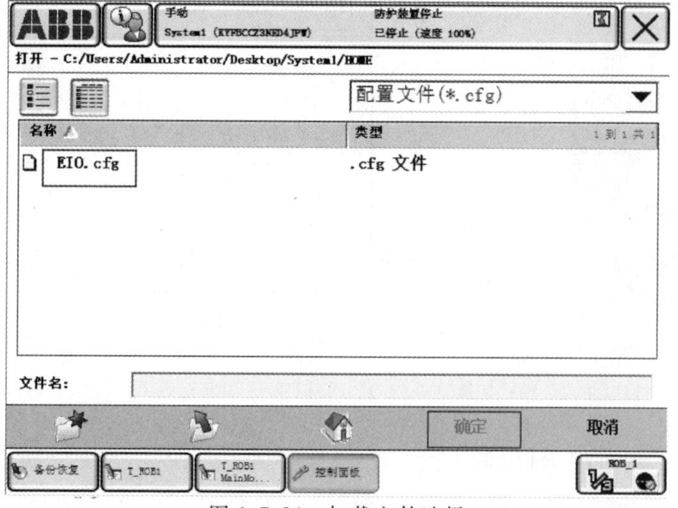

图 1-7-34　加载文件选择

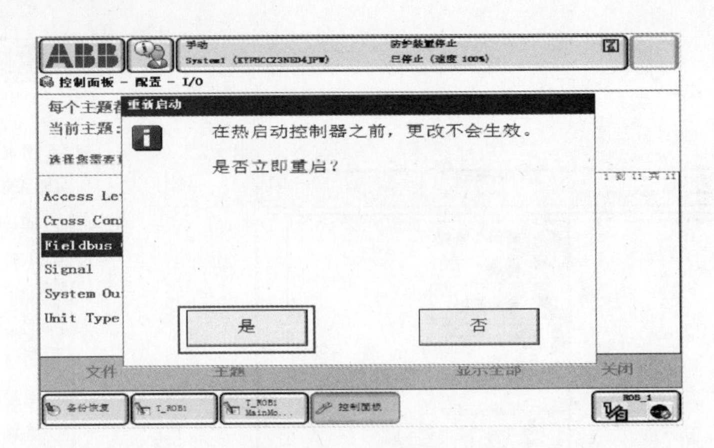

图 1-7-35　重启确认

6. 机器人机械原点的位置更新

机器人出现以下任何一种状态时，需要对机器人进行位置更新。①更换伺服电动机转数计数器电池后；②当转数计数器发生故障，维修后；③转数计数器与测量板之间断开过以后；④断电后，机器人关节轴发生了位移；⑤当系统报警提示“10036 转数计数器未更新”时。

位置更新的方法如下。

1）手动操作示教器，使机器人六个关节回到机械原点位置，机械原点在机器人本体上都有标注，不同机器人机械原点位置不同，详细参照机器人随机说明书资料；示教器上各按键功能，如图 1-7-36 所示。

2）打开“ABB”菜单，选择“校准”，如图 1-7-37 所示。

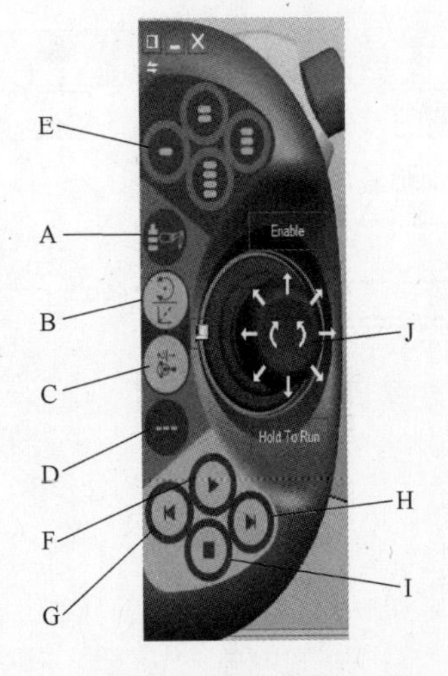

图 1-7-36　示教器各按键功能指示

A—选择机械单元　B—线性/重定位模式切换

C—关节 1~3/4~6 轴模式切换　D—增量切换

E—自定义按键　F—运行　G—单步后退

H—单步前进　I—停止　J—操作手柄

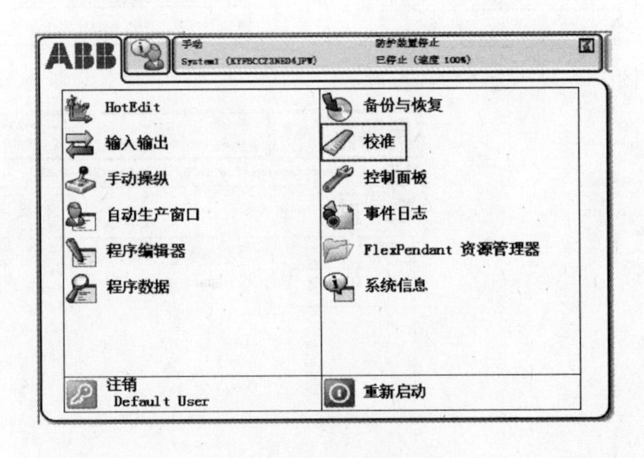

图 1-7-37　选择校准

3）弹出“校准”画面，单击“ROB-1”，弹出校准参数画面，单击“校准参数”，选择“编辑电机校准偏移…”，如图 1-7-38、图 1-7-39 所示。

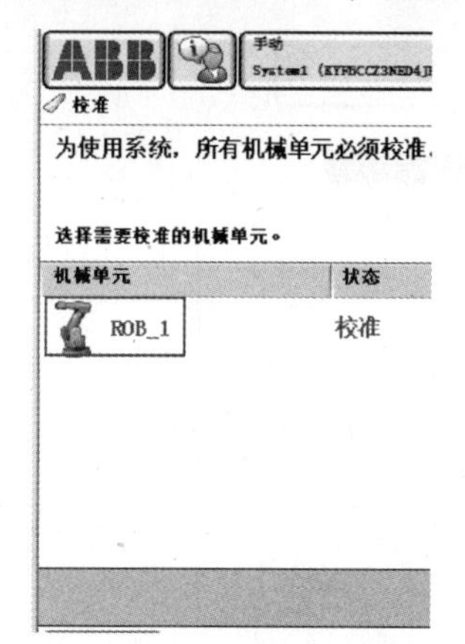

图 1-7-38　校准画面

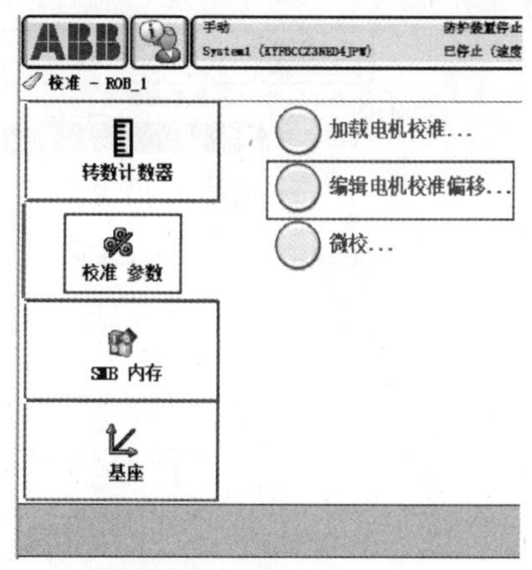

图 1-7-39　校准参数画面

4）在弹出确认对话框中选择“是”，如图 1-7-40 所示。

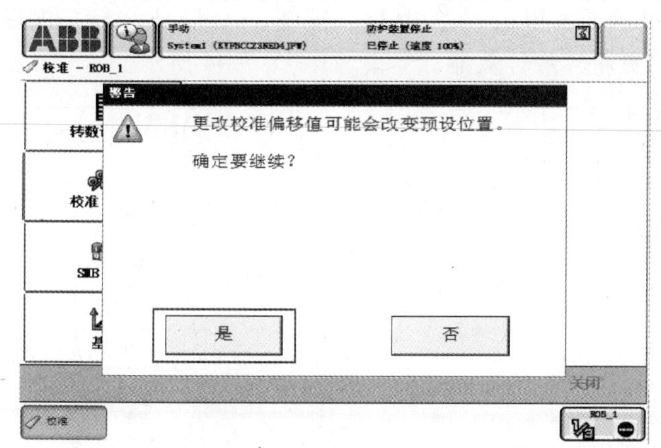

图 1-7-40　确认更改校准

5）弹出校准参数修改画面，如图 1-7-41 所示；根据机器人自带原点数据输入对应偏移

手动　System1 (KYFBCCZ3NED4JPW)　防护装置停止　已停止（速度 100%）

校准 - ROB_1 - 校准 参数

编辑电机校准偏移

机械单元：　ROB_1

输入 0 至 6.283 范围内的值，并点击“确定”。

电机名称	偏移值	有效
rob1_1	0.000000	是
rob1_2	0.000000	是
rob1_3	0.000000	是
rob1_4	0.000000	是
rob1_5	0.000000	是
rob1_6	0.000000	是

7 8 9 ← 4 5 6 → 1 2 3 0 .　确定　取消

重置　确定　取消

图 1-7-41　校准参数值修改画面

值，单击“确定”（每台机器人原点数据不同，在机器人本体上能够找到）。

6）单击“是”，重启机器人控制器，如图 1-7-42 所示。

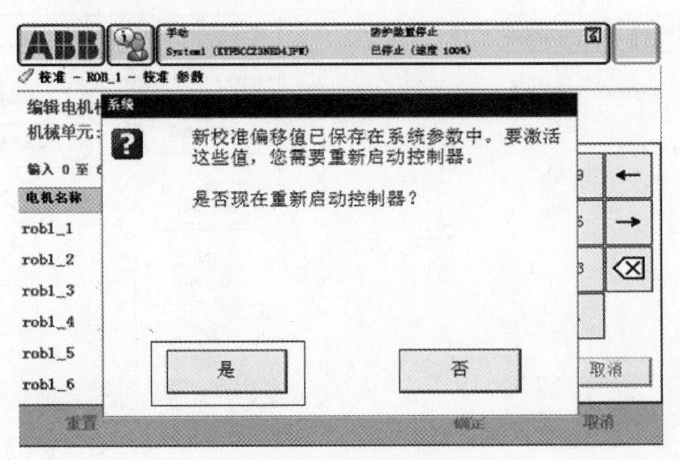

图 1-7-42　重启控制器

7）再次进入校准画面，单击“ROB-1”，如图 1-7-43 所示；在弹出画面中选择“转数计数器”项，单击“更新转数计数器...”，如图 1-7-44 所示。

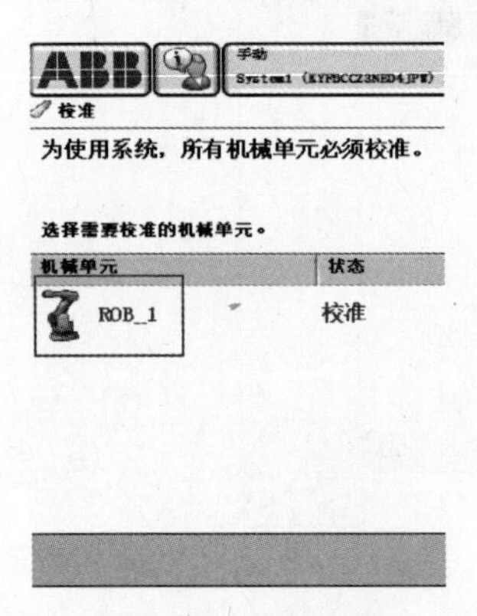

图 1-7-43　校准画面

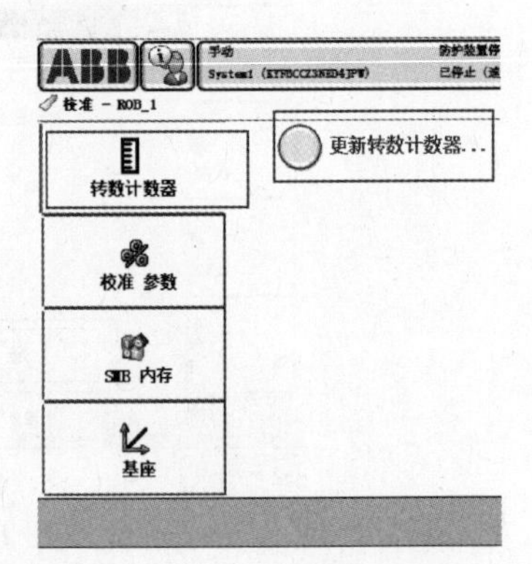

图 1-7-44　更新转数计数器

8）在弹出确定画面选择“是”，如图 1-7-45 所示。

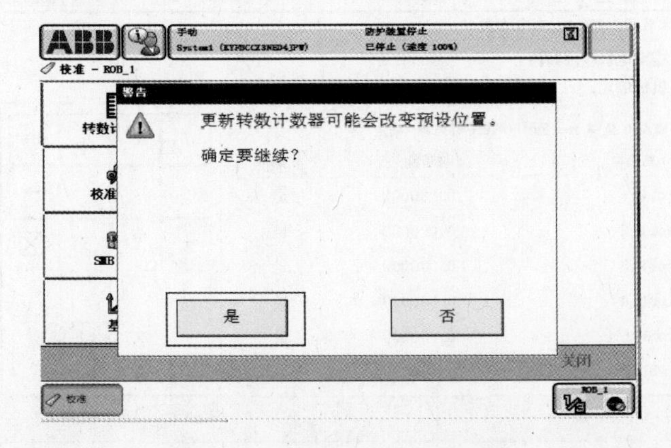

图 1-7-45　确认更新转数计数器

9）在弹出的轴选择画面上选择“全选”后，单击“更新”，如图1-7-46所示。

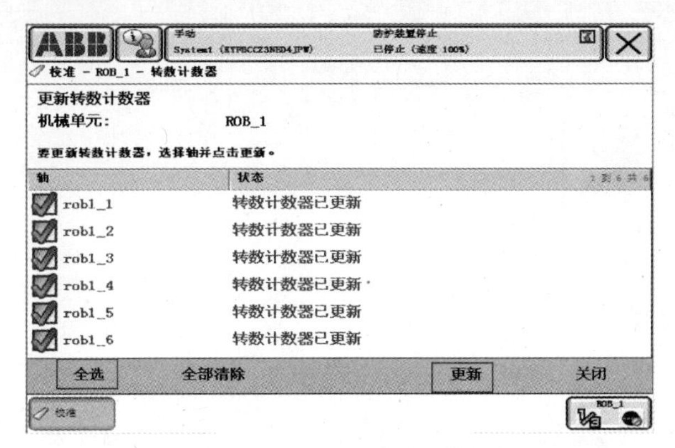

图1-7-46　全选后更新

10）单击“更新”，等待更新过程完成即可，如图1-7-47所示。

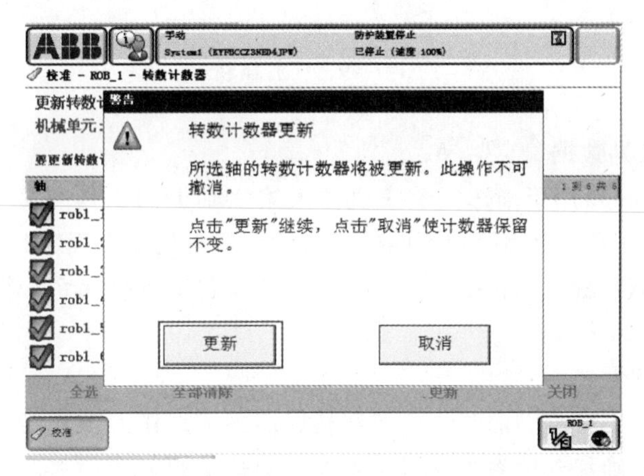

图1-7-47　确认更新

7. 机器人在线程序的写入

1）打开RobotStudio软件，连接好机器人控制器，单击“RAPID”栏，选中“T_ ROB”项，单击右键选择加载模块，如图1-7-48所示。

2）弹出加载路径选项，选择备份程序的文件夹位置，找到“Module1. mod”文件，如图1-7-49所示；单击“打开”即可将程序加载到机器人控制器。

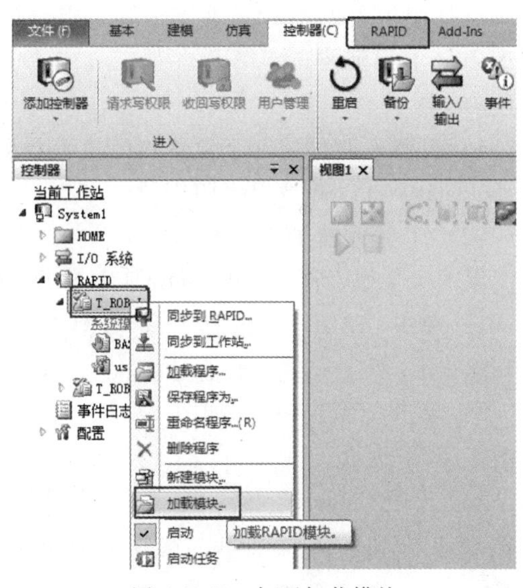

图1-7-48　打开加载模块

二、创建机器人工具数据与工件坐标系

在进行正式的编程之前，需要构建起必要的编程环境，机器人的工具数据与工件坐标系需要在编程前进行定义。

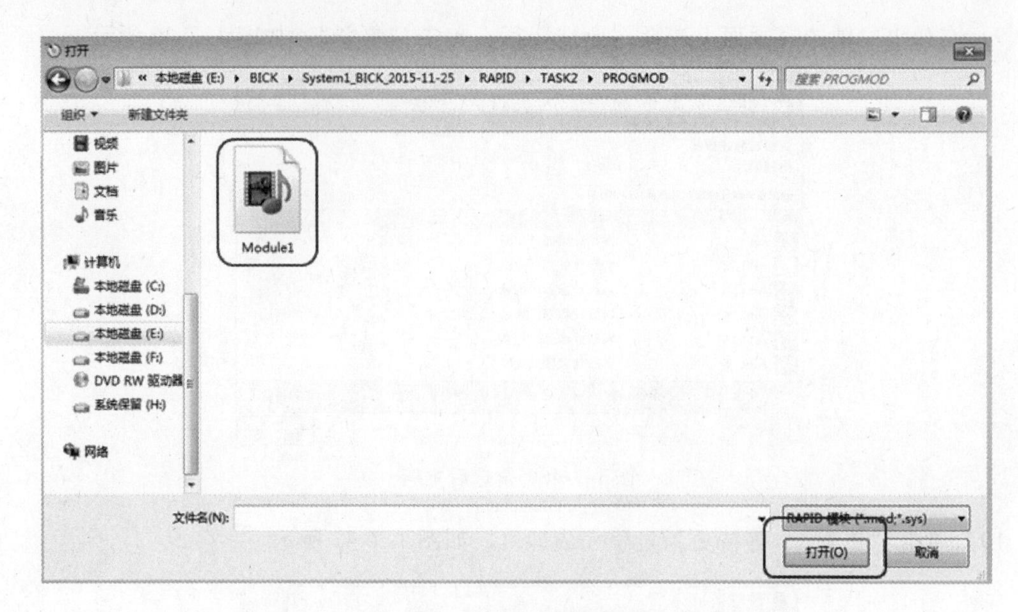

图 1-7-49 任务加载

1. 创建机器人工具数据

工具数据（tooldata）用于描述安装字机器人第六轴上的工具的 TCP、质量、重心等参数数据。一般不同的机器人应用配置不同的工具，在执行机器人程序时，就是机器人将工具的中心点 TCP 移至编程位置，那么如果要更改工具以及工具坐标系，机器人的移动也随之改变，以便新的 TCP 到达目标。

（1）TCP 设定原理

1）首先在机器人工作范围内找一个非常精确的固定点作为参考点。

2）然后在工具上确定一个参考点（最好是工具中心点）。

3）手动操纵机器人去移动工具上的参考点，为了获得准确的 TCP，可以使用六点法，第 4 点是用工具的参考点垂直于固定点，第五点是工具参考点从固定点向将要设定为 TCP 的 X 方向上的延伸点，第六点是工具参考点从固定点向将要设定为 TCP 的 Z 方向上的延伸点。

4）机器人通过这几个位置点的位置数据计算求得 TCP 的数据，然后 TCP 的数据就保存在 tooldata 中，以待被程序调用。

（2）工具数据 TCP 创建

以图 1-7-50 所示为例，进行工具数据 TCP 创建的操作步骤如下：

1）单击“ABB”，选择“手动操纵”，如图 1-7-51 所示；选择“工具坐标”，如图 1-7-52所示。

2）单击“新建…”，如图 1-7-53 所示；为新建工具数据命名“tool1”，单击“确定”，如图 1-7-54 所示。

3）选中“tool1”后，单击“编辑”菜单中的“定义”选项，如图 1-7-55 所示；单击“方法”的下拉菜单，选择“TCP 和 Z，X”，使用六点法设定 TCP，如图 1-7-56 所示。

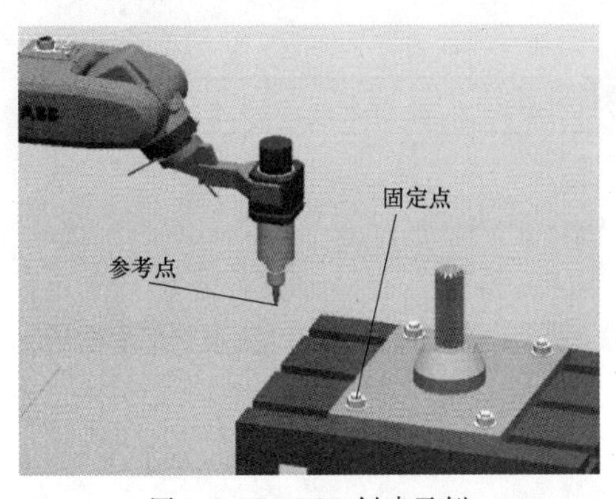

图 1-7-50　TCP 创建示例

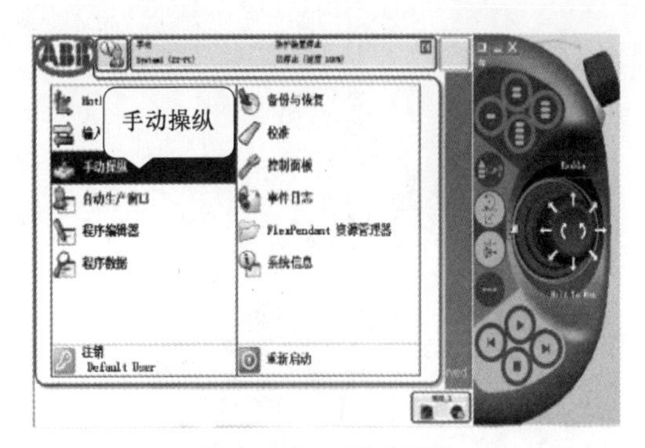

图 1-7-51　手动操纵

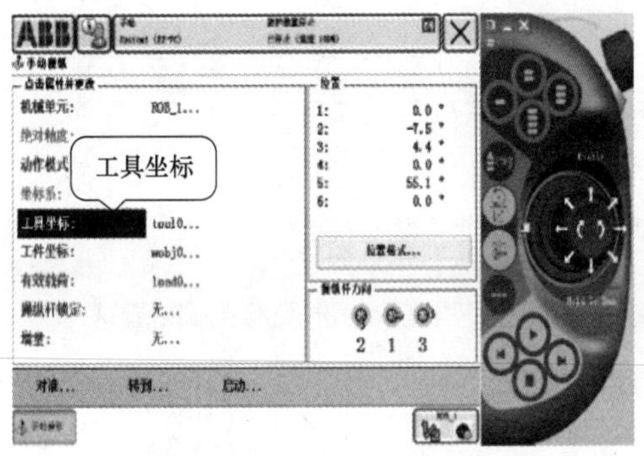

图 1-7-52　选择工具坐标

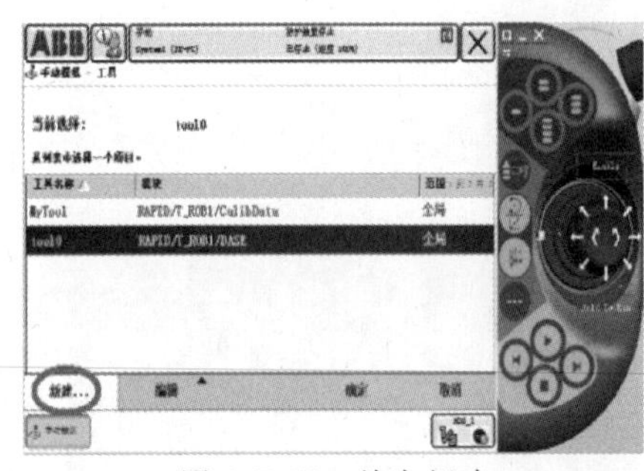

图 1-7-53　单击新建

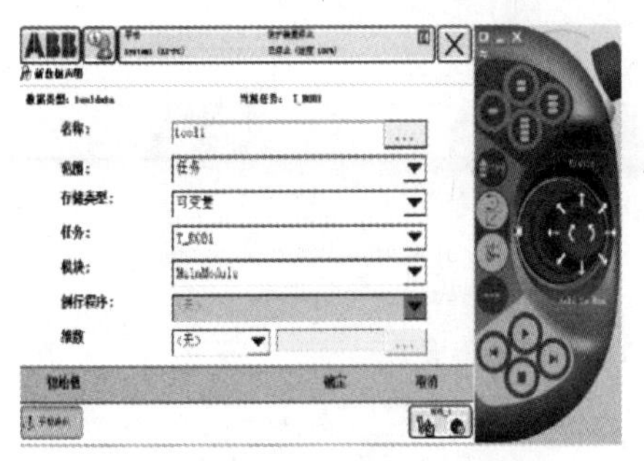

图 1-7-54　设定工具数据属性

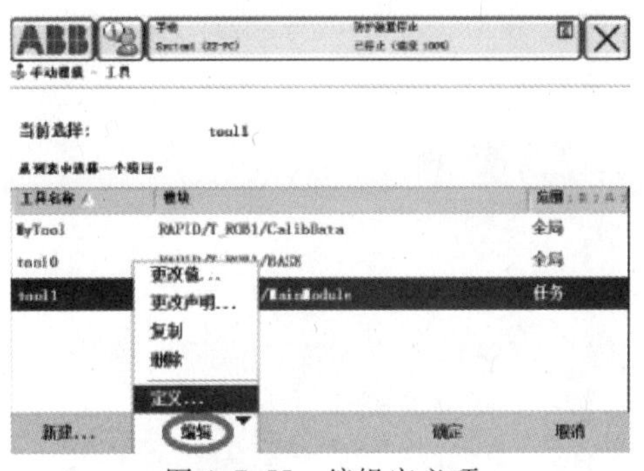

图 1-7-55　编辑定义项

4）选择合适的手动操纵模式，使用摇杆将工具参考点靠上固定点，作为第 1 点，如图 1-7-57 所示；单击“修改位置”，将点 1 位置记录下来，如图 1-7-58所示。

5）变换机器人工具姿态，如图 1-7-59 所示作为第 2 点；单击“修改位置”，将点 2 位置记录下来，如图 1-7-60 所示。

6）变换机器人工具姿态，如图 1-7-61 所示作为第 3 点；单击“修改位置”，将点 3 位置记录下来，

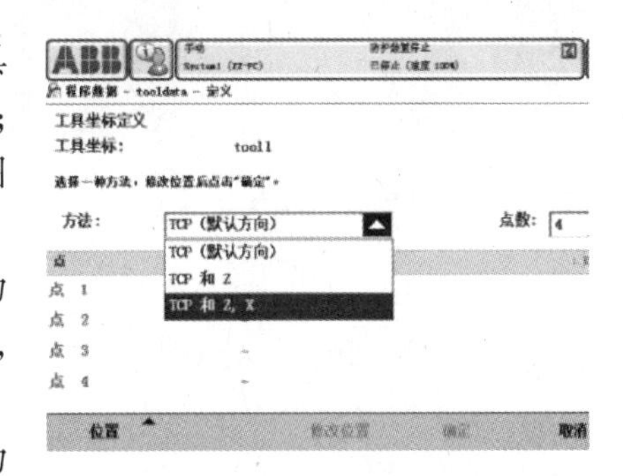

图 1-7-56　选择六点法

如图 1-7-62 所示。

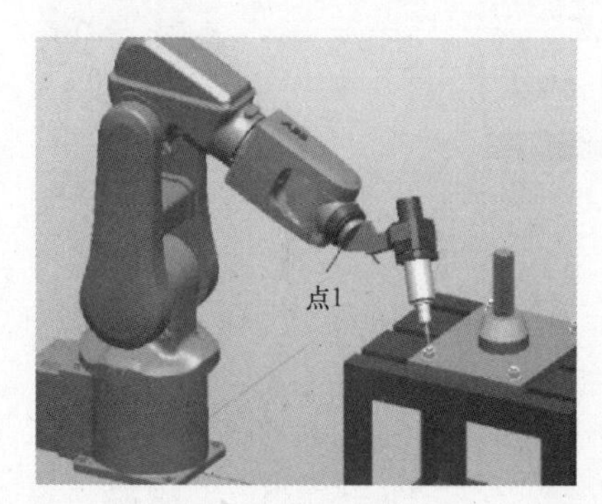

图 1-7-57　靠上第 1 点

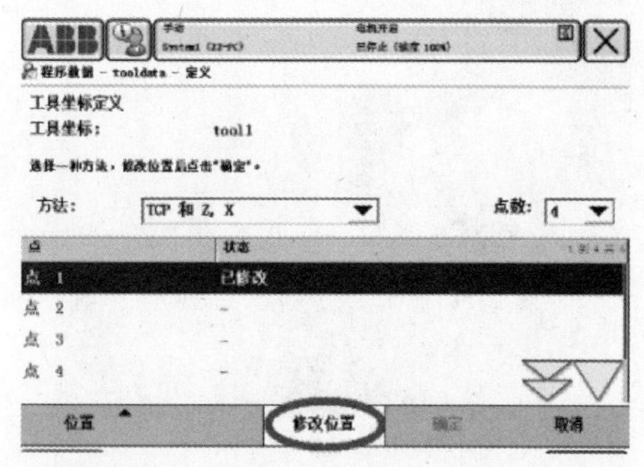

图 1-7-58　记录第 1 点

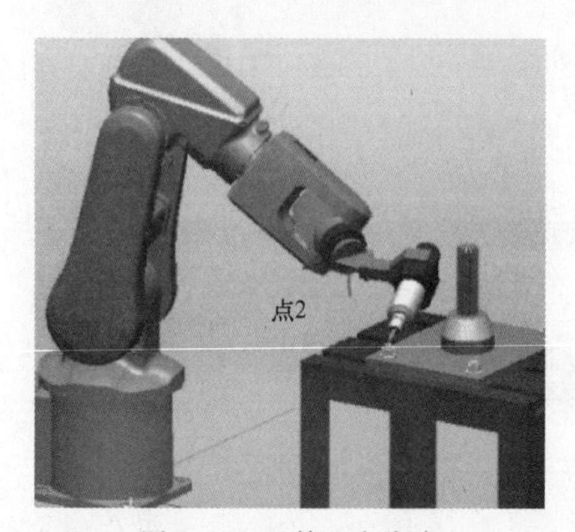

图 1-7-59　第 2 点姿态

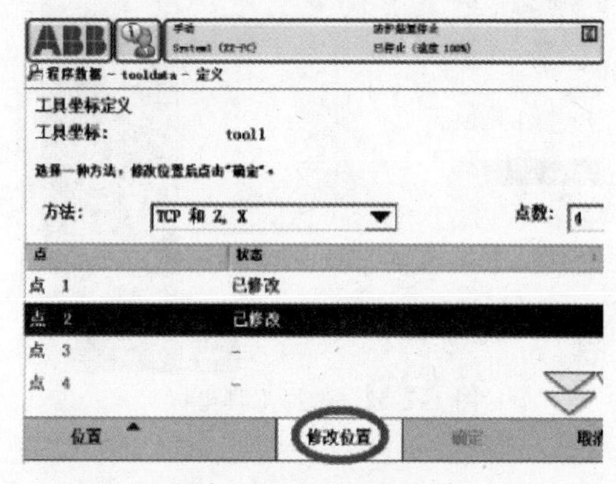

图 1-7-60　记录第 2 点

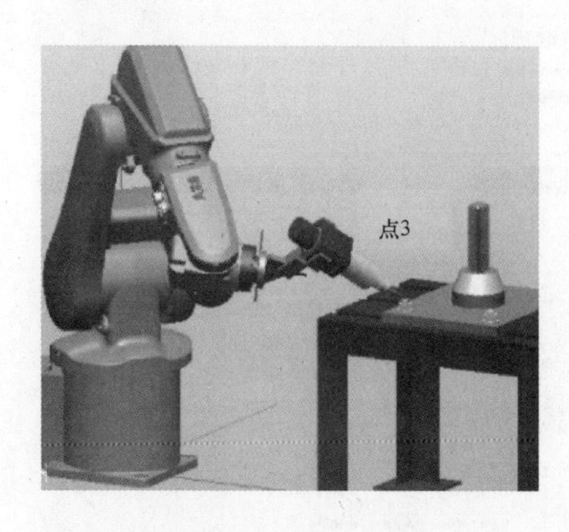

图 1-7-61　第 3 点姿态

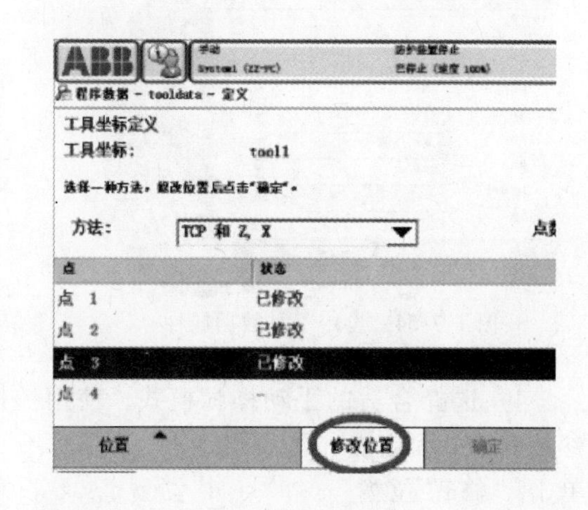

图 1-7-62　记录第 3 点

7）变换机器人工具姿态，如图 1-7-63 所示作为第 4 点；单击“修改位置”，将点 4 位置记录下来，如图 1-7-64 所示。

8）工具参考点以点 4 的姿态从固定点移动到工具的+X 方向，如图 1-7-65 所示；单击“修改位置”，将延伸点 X 位置记录下来，如图 1-7-66 所示。

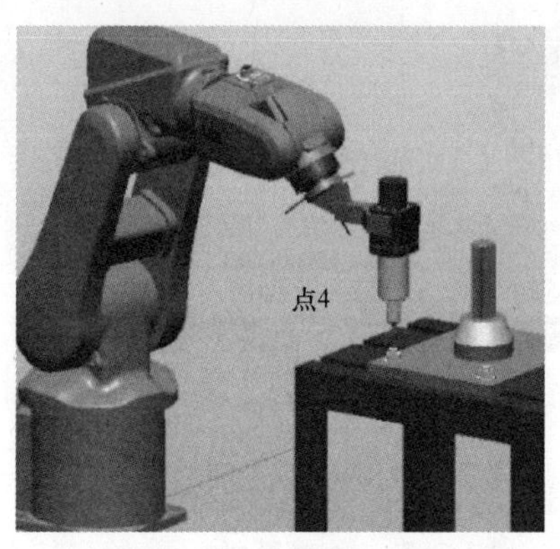

图 1-7-63　第 4 点姿态

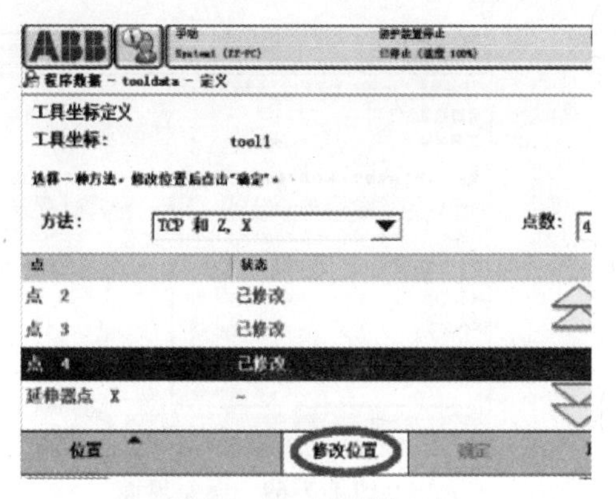

图 1-7-64　记录第 4 点

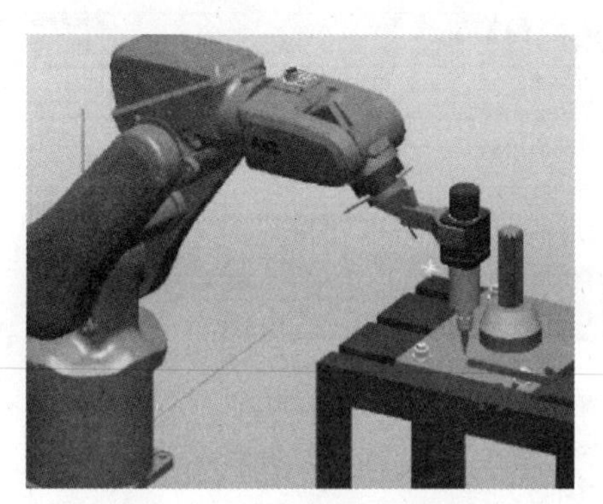

图 1-7-65　X 延伸点姿态

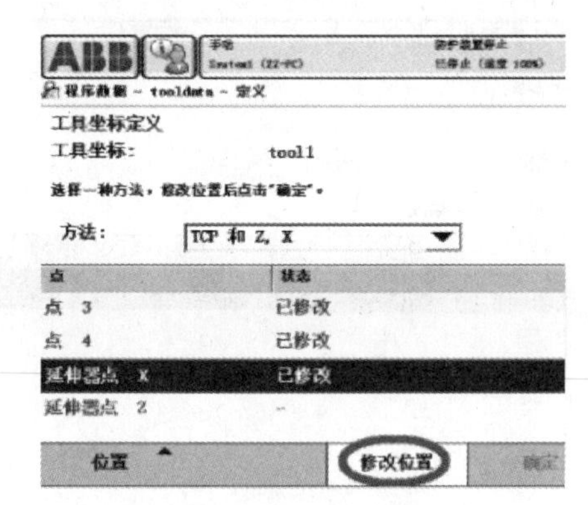

图 1-7-66　记录 X 延伸点

9）工具参考点以点 4 的姿态移动到工具的+Z 方向，如图 1-7-67 所示；单击“修改位置”，将延伸点 Z 位置记录下来，单击“确定”，如图 1-7-68 所示。

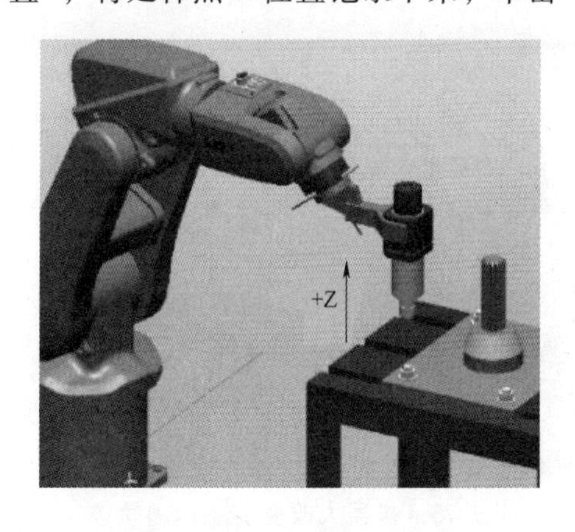

图 1-7-67　Z 延伸点姿态

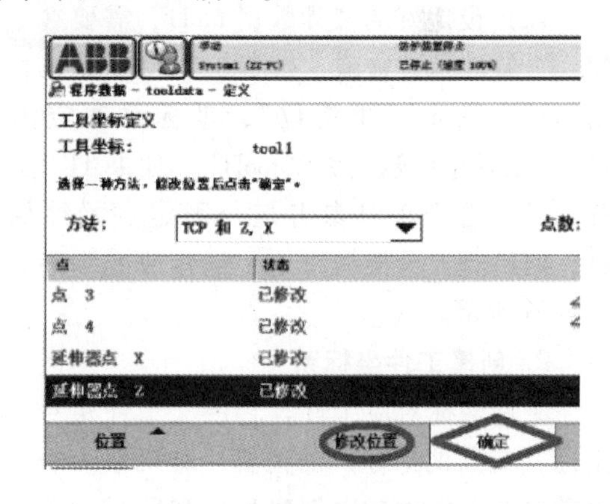

图 1-7-68　记录 Z 延伸点

10）出现如图 1-7-69 所示误差界面，值越小越好，单击“确定”；选中“tool1”，打开编辑菜单选择“更改值”，如图 1-7-70 所示。

11）按住翻页箭头，找到工具的质量“mass”一栏，根据实际设定，单击“确定”，如图 1-7-71 所示。

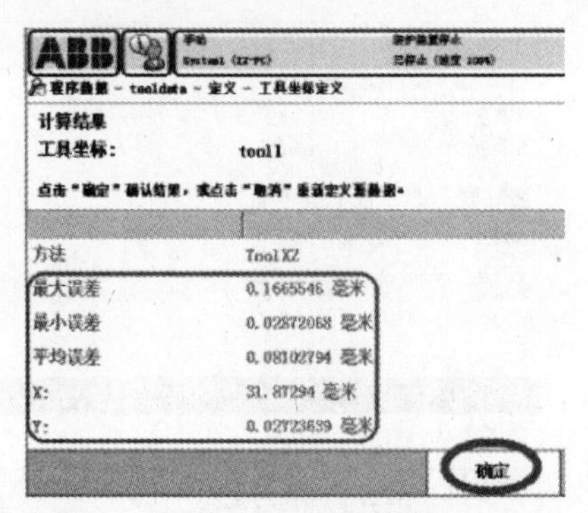

图 1-7-69　误差界面

图 1-7-70　编辑界面

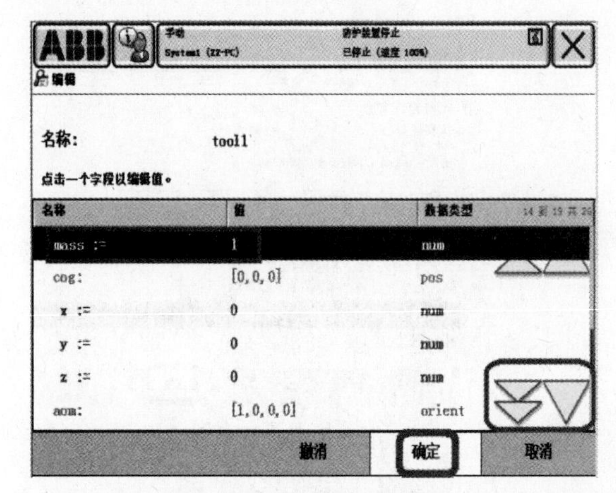

图 1-7-71　质量设置界面

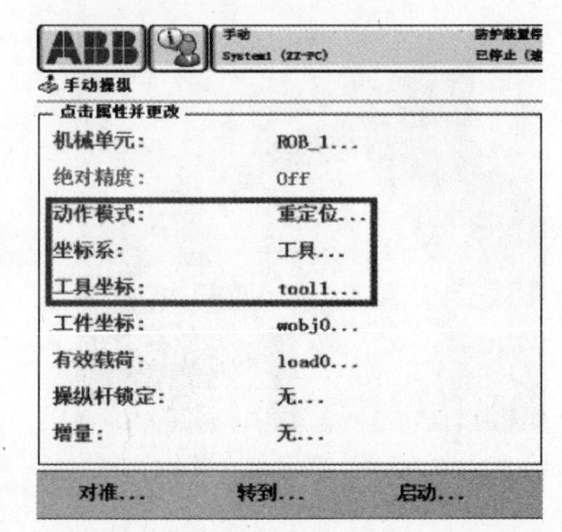

图 1-7-72　验证选定

12）设定好的工具数据 tool1，需要在重定位模式下验证是否精确，如图 1-7-72 所示，回到手动界面，选定“重定位”，坐标系选定为“工具”，工具坐标选定为“tool1”。如果 TCP 设定精确，可以看到工具参考点与固定点始终保持接触，而机器人会根据重定位操作改变姿态，如图 1-7-73 所示。

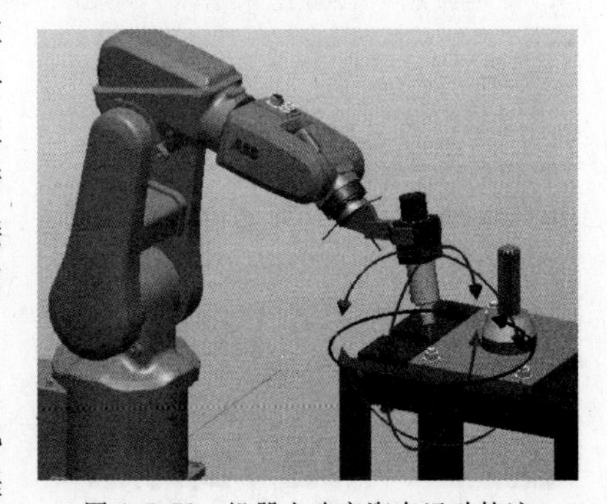

图 1-7-73　机器人改变姿态运动轨迹

2. 创建工件坐标系

工件坐标对应工件，它定义工件相对于大地坐标（或其他坐标）的位置，对机器人进行编程时需要在工件坐标中创建目标和路径；重新定位工作站中的工件时，只需要更改工件坐标位置，所有的路径将即刻随之更新。

在对象的平面上，只需定义 3 个点，就可以建立一个工件坐标，如图 1-7-74 所示，X1 点确定工件坐标原点，X1、X2 确定坐标 X 正方向，Y1 确定坐标 Y 正方向，最后 Z 的正方向根据右手定则得出；以图 1-7-75 所示为例介绍工件坐标创建的操作步骤。

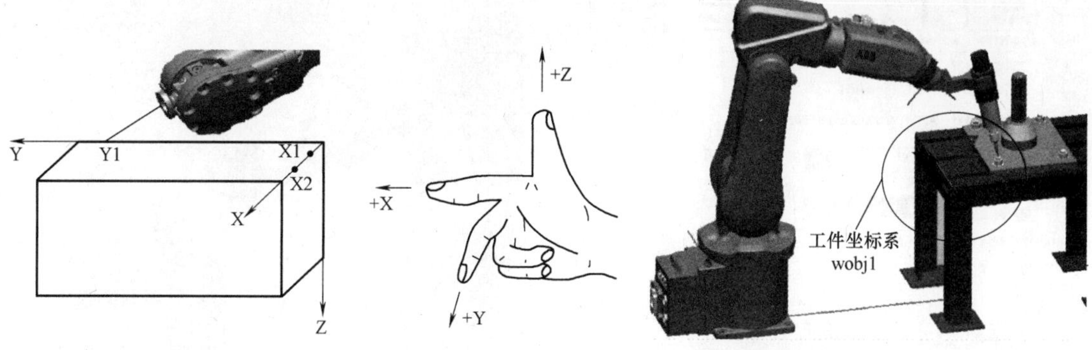

图 1-7-74　工件坐标设定原理　　图 1-7-75　工件坐标设定示例

1）单击“ABB”，选择“手动操作”，在手动画面中选择“工件坐标”，如图 1-7-76 所示；单击“新建”，如图 1-7-77 所示。

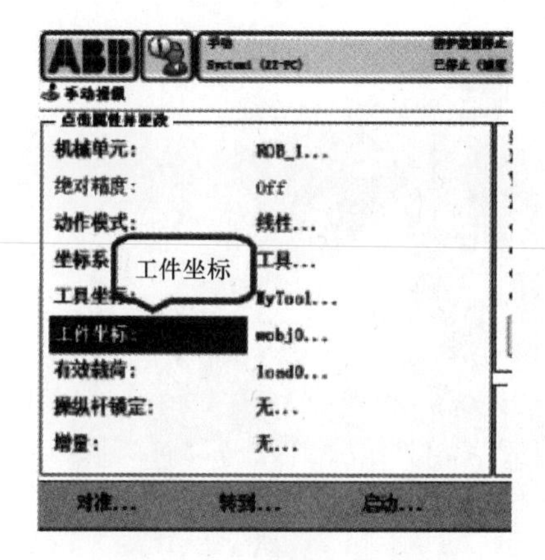

图 1-7-76　选择工件坐标

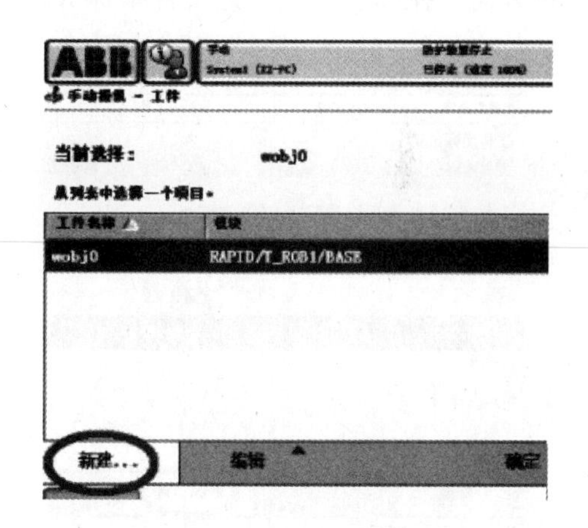

图 1-7-77　选择新建

2）设定工件坐标数据属性，单击“确定”，如图 1-7-78 所示；打开编辑菜单，选择“定义”，如图 1-7-79 所示。

3）将用户方法设定为“3 点”，如图 1-7-80 所示；手动操作机器人，让工具中心点靠近图 1-7-81 所示 X1 点，作为工件坐标系原点。

图 1-7-78　设定工件坐标数据属性

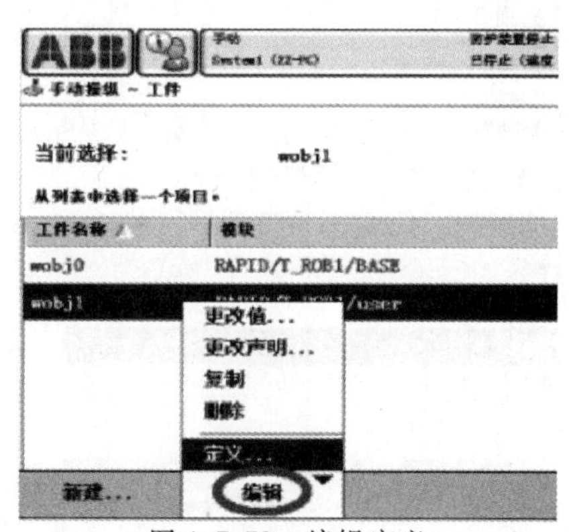

图 1-7-79　编辑定义

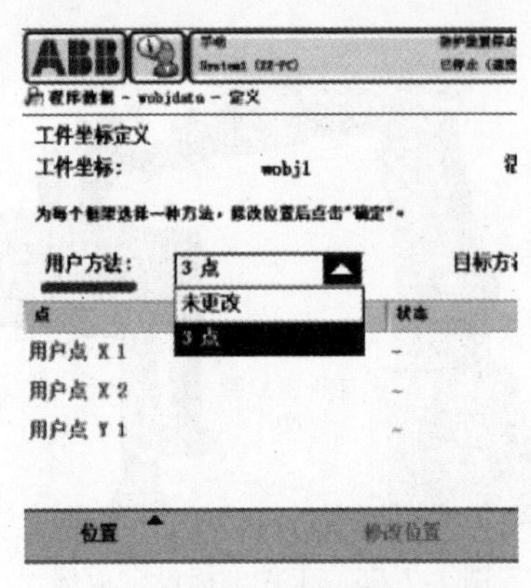

图 1-7-80　选定 3 点法

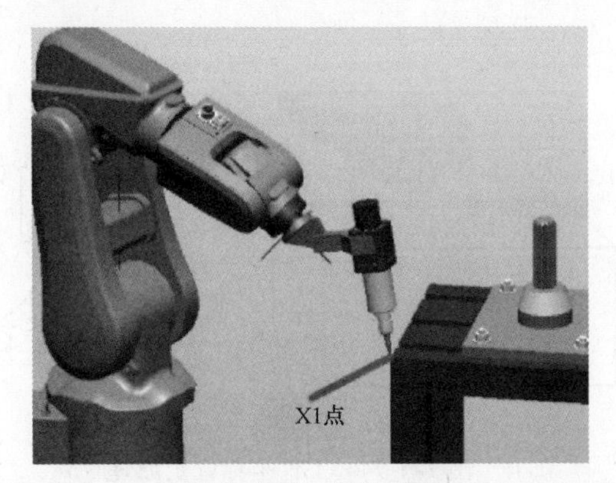

图 1-7-81　定义原点

4）单击“修改位置”，将 X1 点记录下来，如图 1-7-82 所示；沿着待定义工件坐标的 X 正方向，操作机器人靠近工件坐标 X2 点，如图 1-7-83 所示。

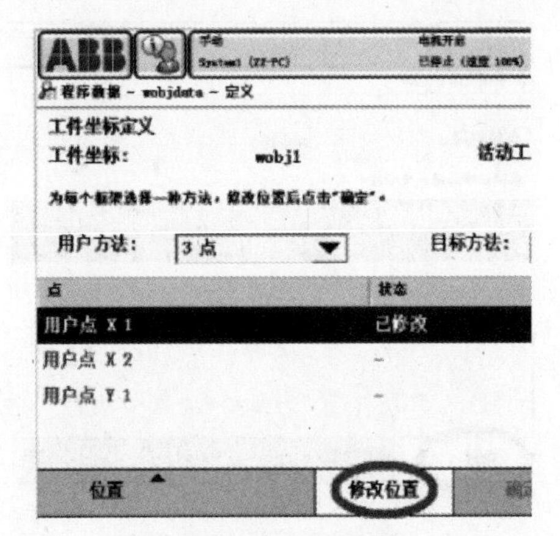

图 1-7-82　记录原点

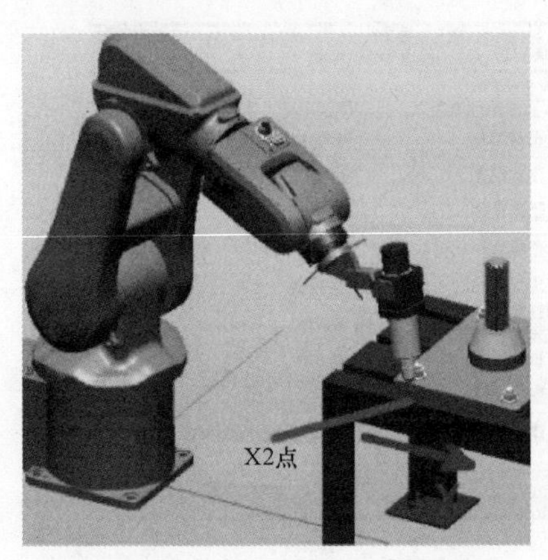

图 1-7-83　定义 X 正方向

5）单击“修改位置”，将 X2 点记录下来，如图 1-7-84 所示；手动操作机器人靠近工件坐 Y1 点，如图 1-7-85 所示。

6）单击“修改位置”，将 Y1 点记录下来，然后单击“确定”，如图 1-7-86 所示；对自动生成工件坐标数据进行确认，单击“确定”，如图 1-7-87 所示。

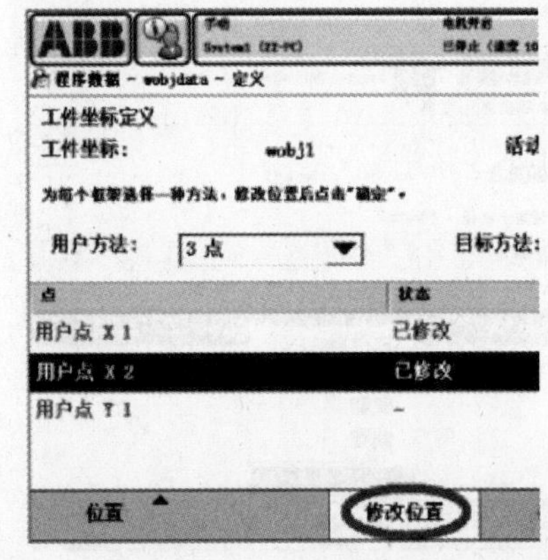

图 1-7-84　记录 X2 点

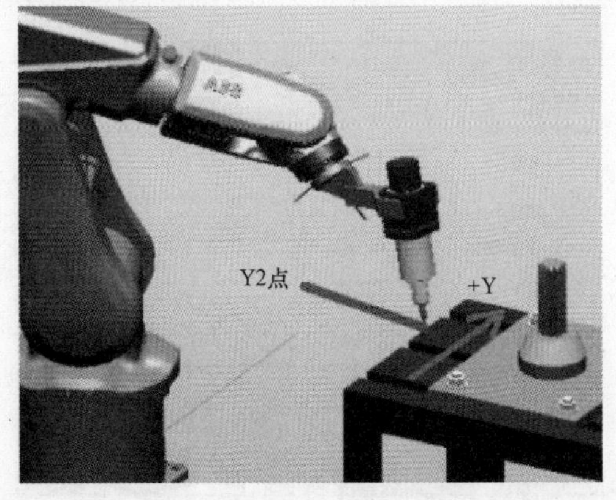

图 1-7-85　定义 Y 正方向

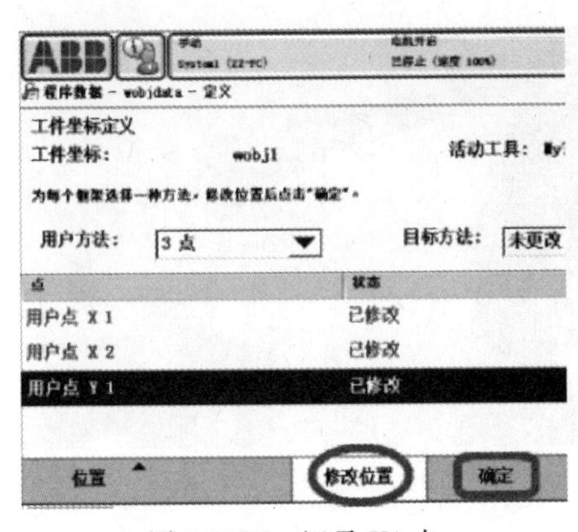

图 1-7-86　记录 Y1 点

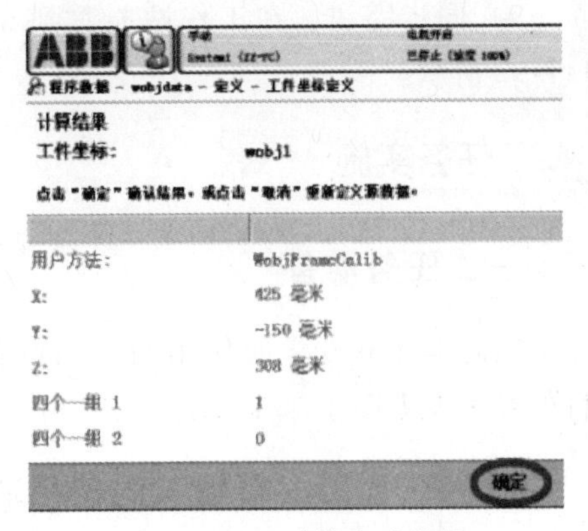

图 1-7-87　确认生成数据

7）选择 wobj1 后，单击“确定”，如图 1-7-88 所示；按照图 1-7-89 所示设定好手动操作画面项目，使用线性模式，体验新建立的工件坐标。

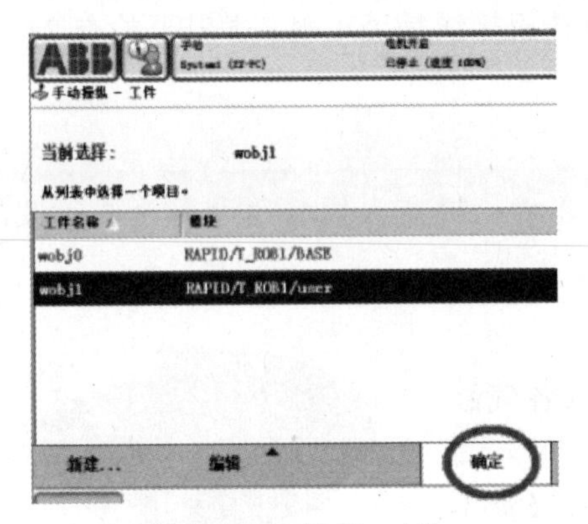

图 1-7-88　选择 wobj1

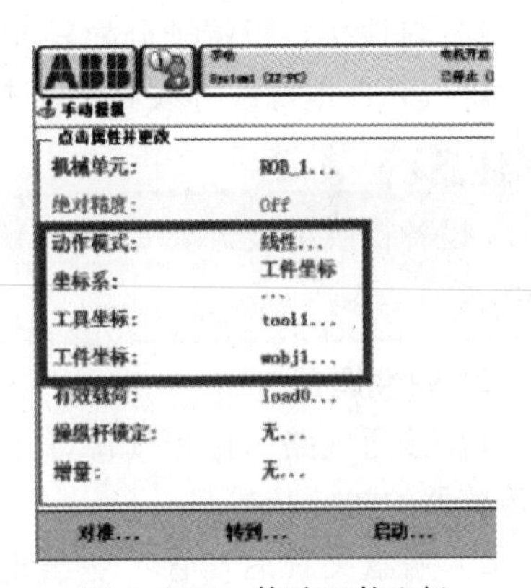

图 1-7-89　体验工件坐标

8）回到工作站，单击“RAPID”中的“同步到工作站”，如图 1-7-90 所示；出现图 1-7-91所示对话框，勾选“工件坐标 wobj1”，单击“确定”。

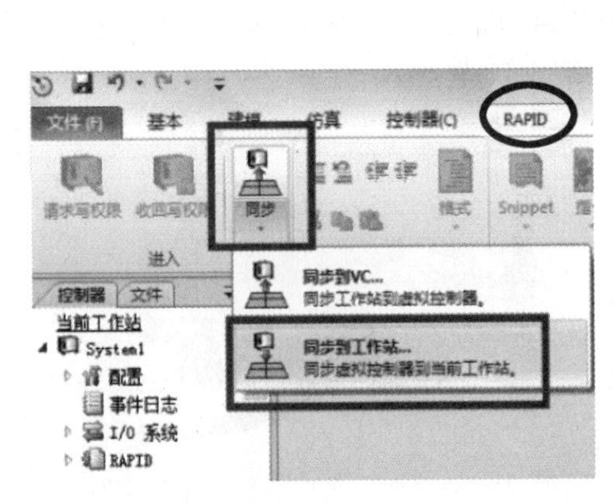

图 1-7-90　同步到工作站

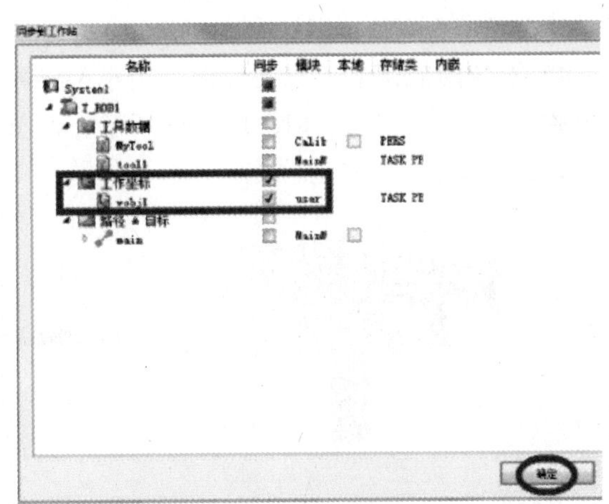

图 1-7-91　确认同步

9）同步完成，在工作站能看到 wobj1，如图 1-7-92 所示。

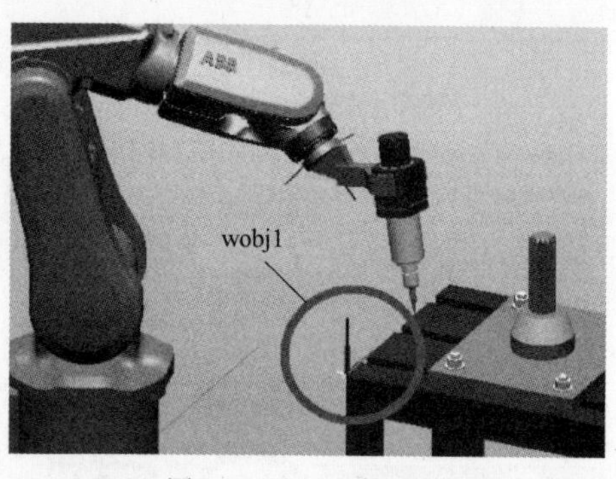

图 1-7-92　工件坐标

任务实施

一、任务准备

实施本任务教学所使用的实训设备及工具材料可参考表 1-1-2。

二、ABB 工业机器人的使用准备

1. 上电前的检查

1）观察机构上各部件外表是否有明显移位、松动或损坏等现象；输送带上是否放置了物料，如果存在以上现象，及时放置、调整、紧固或更换部件。

2）对照接口板端子分配表或接线图检查桌面和挂板接线是否正确，尤其要检查 24V 电源、电气元件电源线等线路是否有短路、断路现象。

注意

设备初次组装调试时必须认真检查线路是否正确；机器人伺服速度调至原速度的 30%以下。

2. 硬件调试

1）接通气路，打开气源，手动按电磁阀，确认各气缸及传感器的初始状态。

2）吸盘夹具的气管不能出现折痕，否则会导致吸盘不能吸持车窗，如图 1-7-93 所示。

图 1-7-93　吸盘夹具

3）槽型光电传感器（EE-SX951P）调节，如图 1-7-94 所示。各夹具安放到位后，槽型光电传感器无信号输出；安放有偏差时，槽型光电传感器有信号输出，如图 1-7-95 所示；调节槽型光电传感器位置，使偏差小于 1.0mm。

4）节流阀的调节：打开气源，用小一字螺钉旋具调气动电磁阀的测试旋钮，如图 1-7-96 所示，调节气缸上的节流阀，使气缸动作流畅。

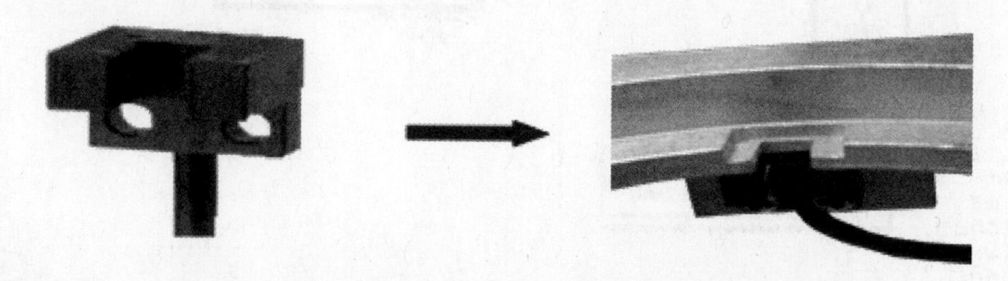
图 1-7-94　槽型光电传感器（EE-SX951P）调节

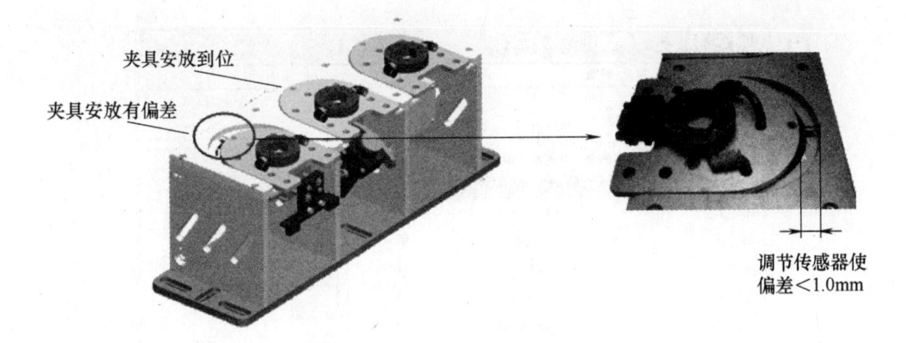

图 1-7-95 槽型光电传感器

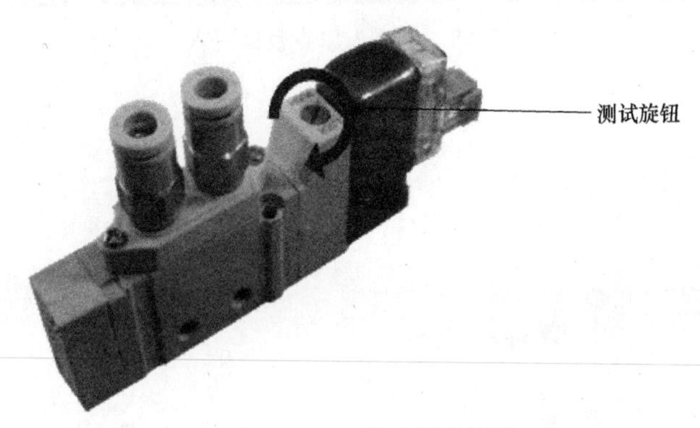

图 1-7-96 节流阀的调节

3. 六轴机器人的调试

1）机器人的硬件接线，如图 1-7-97 所示，把机器人本体、控制器、示教器连接起来。

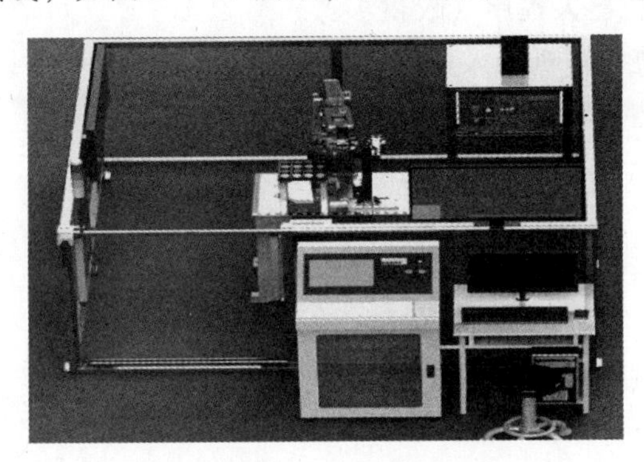

图 1-7-97 机器人的硬件接线

2）机器人原点数据写入（参照机器人机械原点的位置更新），如图 1-7-98 所示；配置机器人 I/O 板并定义关联输入/输出信号。

三、根据机器人自动换夹具的任务要求，设计机器人程序

1. 规划并绘制机器人运行轨迹图

机器人取夹具时，点的位置及运行轨迹如图 1-7-99 所示。

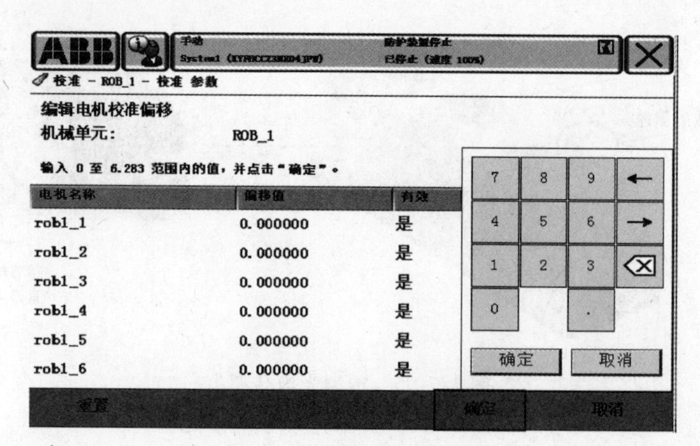

图 1-7-98　机器人原点数据写入

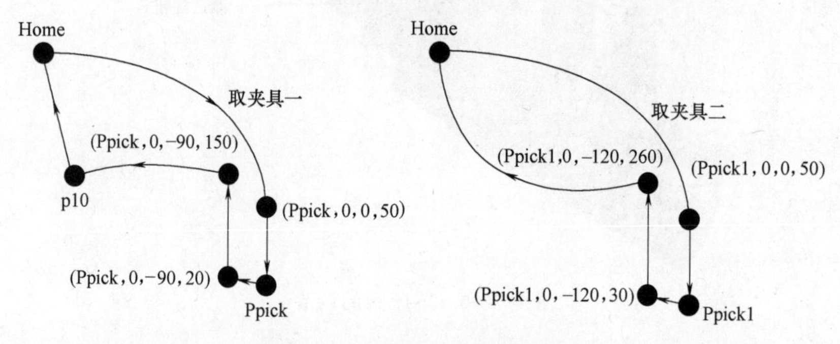

图 1-7-99　机器人取夹具轨迹图

2. 根据轨迹图设计机器人程序（仅供参考）

根据机器人运动轨迹编写机器人程序；首先编写机器人主程序以及取夹具和放夹具子程序，编写子程序后关键点要示教。

（1）机器人主程序

```
PROC main()
        DateInit;
        rHome;
        WHILE TRUE DO
            TPWrite "Wait Start……";
            WHILE DI10_15=0 AND DI10_16=0 DO
            ENDWHILE
            TPWrite "Running: Start.";
            WHILE DI10_15=1 DO
                Reset DO10_9;
                Gripper3;
                Detection;
                ! placeGripper3;
```

```
            DateInit;
        ENDWHILE
        WHILE DI10_16=1 DO
            Reset DO10_9;
            Gripper1;
            Tirepallet;
            DateInit;
            ! placeGripper1;
        ENDWHILE
    ENDWHILE
ENDPROC
```

（2）机器人取吸盘夹具子程序编写

```
PROC Gripper3()
    MoveJ Offs(Ppick1,0,0,50),v200,z60,tool0;
    Set DO10_1;
    MoveL Offs(Ppick1,0,0,0),v20,fine,tool0;
    Reset DO10_1;
    WaitTime 1;
    MoveL Offs(Ppick1,-3,-120,30),v50,z60,tool0;
    MoveL Offs(Ppick1,-3,-120,260),v100,z60,tool0;
ENDPROC
```

（3）机器人放吸盘夹具子程序编写

```
PROC placeGripper3()
    MoveJ Offs(Ppick1,-3,-120,220),v200,z100,tool0;
    MoveL Offs(Ppick1,0,-120,20),v100,z100,tool0;
    MoveL Offs(Ppick1,0,0,0),v60,fine,tool0;
    Set DO10_1;
    WaitTime 1;
    MoveL Offs(Ppick1,0,0,40),v30,z100,tool0;
    MoveL Offs(Ppick1,0,0,50),v60,z100,tool0;
    Reset DO10_1;
    Reset DO10_10;
    Reset DO10_11;
    Reset DO10_12;
    IF DI10_12=0 THEN
    MoveJ Home,v200,z100,tool0;
    ENDIF
ENDPROC
```

（4）机器人取三爪夹具子程序编写

```
PROC Gripper1()
        MoveJ Offs(Ppick,0,-100,200),v200,z60,tool0;
        MoveJ Offs(Ppick,0,0,50),v200,z60,tool0;
        Set DO10_1;
        MoveL Offs(Ppick,0,0,0),v40,fine,tool0;
        Reset DO10_1;
        WaitTime 1;
        MoveL Offs(Ppick,-3,-90,20),v50,z100,tool0;
        MoveL Offs(Ppick,-3,-90,150),v100,z60,tool0;
        MoveJ Home,v200,z100,tool0;
ENDPROC
```

(5) 机器人放三爪夹具子程序编写

```
PROC placeGripper1()
        MoveJ Offs(Ppick,-2.5,-120,200),v200,z100,tool0;
        MoveL Offs(Ppick,-2.5,-120,20),v100,z100,tool0;
        MoveL Offs(Ppick,0,0,0),v40,fine,tool0;
        Set DO10_1;
        WaitTime 1;
        MoveL Offs(Ppick,0,0,40),v30,z100,tool0;
        MoveL Offs(Ppick,0,0,50),v60,z100,tool0;
        Reset DO10_1;
ENDPROC
```

四、机器人程序示教

程序下载完毕后，用示教器进行点的示教，所需示教的点见表 1-7-1。

表 1-7-1　机器人测试示教调试记录表

设备名称		日期	
设备型号		示教人员	
示教点	注释	实际运动点	偏差
Home	机器人初始位置	程序中定义	
Ppick	取三爪夹具点		
Ppick1	取吸盘夹具点		
P10	过渡点		
结论			

五、程序调试

将所编写的程序下载后试运行，针对试运行中出现的问题进行具体调试。并将试运行过程中遇到的问题与解决方案记录下来。

检查测评

对任务实施的完成情况进行检查，并将结果填入表1-7-2内。

表1-7-2　任务测评表

序号	主要内容	考核要求	评分标准	配分	扣分	得分
1	机器人单元控制程序的设计和调试	列出PLC控制I/O口元件地址分配表，根据加工工艺，设计梯形图及PLC控制I/O（输入/输出）口接线图	1. I/O地址遗漏或搞错，每处扣5分 2. 梯形图表达不正确或画法不规范，每处扣1分 3. 接线图表达不正确或画法不规范，每处扣2分	40		
		按PLC控制I/O口接线图在配线板上正确安装，安装要准确紧固，配线导线要紧固、美观，导线要按线槽布放，导线要有端子标号	1. 损坏元件扣5分 2. 导线不按线槽布放，不美观，主电路、控制电路每根扣1分 3. 接点松动、露铜过长、反圈、压绝缘层，标记线号不清楚、遗漏或误标，引出端无别径压端子，每处扣1分 4. 损伤导线绝缘或线芯，每根扣1分 5. 不按PLC控制I/O（输入/输出）接线图接线，每处扣5分	10		
		熟练正确地将所编程序输入PLC；按照被控设备的动作要求进行模拟调试，达到设计要求	1. 不会熟练操作PLC键盘输入指令扣2分 2. 不会用删除、插入、修改、存盘等命令，每项扣2分 3. 仿真试车不成功扣30分	40		
2	安全文明生产	劳动保护用品穿戴整齐；遵守操作规程；讲文明礼貌；操作结束要清理现场	1. 操作中，违反安全文明生产考核要求的任何一项扣5分，扣完为止 2. 当发现学生有重大事故隐患时，要立即予以制止，并每次扣安全文明生产总分5分	10		
合　计						
开始时间：			结束时间：			

任务八　机器人轮胎码垛入仓的程序设计与调试

学习目标

知识目标：1. 掌握ABB　RobotStudio编程软件的应用。

2. 掌握六轴工业机器人复杂程序的编写。

3. 掌握六轴工业机器人示教器的使用。

能力目标：会使用ABB六轴工业机器人程序设计的基本语言，完成ABB六轴工业机器人轮胎码垛入仓控制程序的设计和调试，并能解决运行过程中出现的常见问题。

工作任务

有一立体轮胎码垛仓库及一台 ABB 六轴工业机器人，由机器人实施轮胎码垛入仓，现需要编写机器人程序并示教。要求在规定期限完成工业机器人轮胎码垛入仓程序设计，并示教各点调试，使机器人按要求运行。

相关知识

一、立体码垛单元轮胎仓库

立体码垛单元轮胎仓库的外形示意图如图 1-8-1 所示，其分布图如图 1-8-2 所示。其中左边 1×3 仓库（PLT1）共 3 个仓位，左边 2×3 仓库（PLT2）共 6 个仓位，右边 1×3 仓库（PLT3）共 3 个仓位，右边 2×3 仓库（PLT4 在 PLT2 背面）共 6 个仓位。

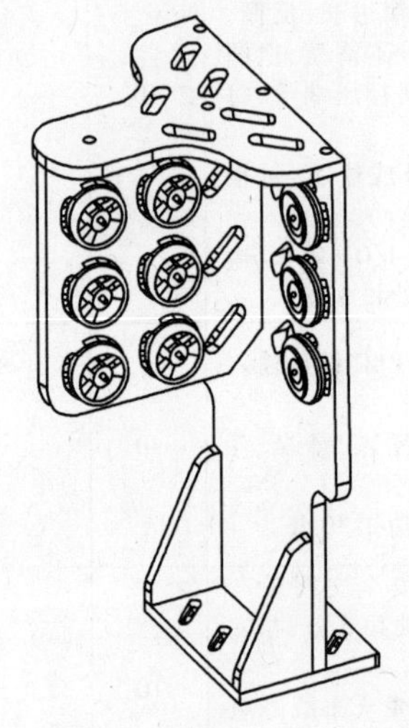

图 1-8-1　立体码垛单元轮胎仓库的外形示意图

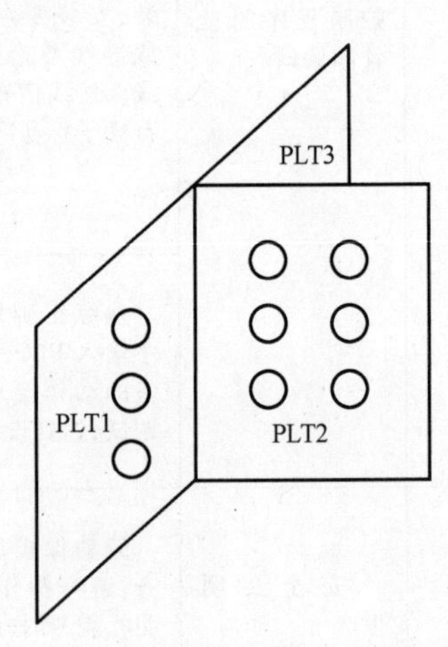

图 1-8-2　立体码垛单元轮胎仓库的分布图

二、立体仓库轮胎入仓运动轨迹

1. 左边 1×3 仓库（PLT1）入仓

机器人进行车胎左边 1×3 仓库（PLT1）入仓时，点的位置如图 1-8-3 所示。

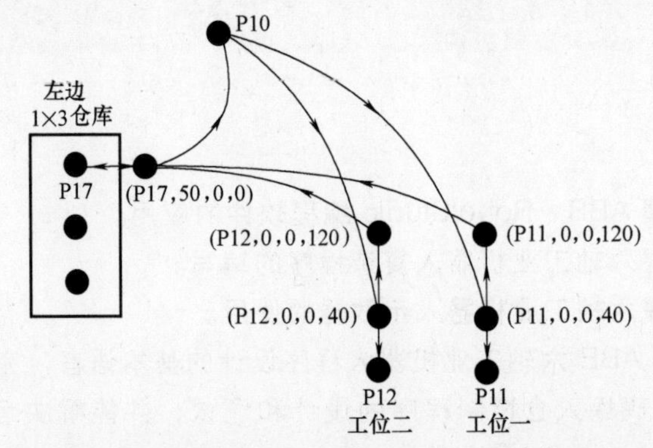

图 1-8-3　左边 1×3 仓库（PLT1）入仓位置

2. 左边 2×3 仓库（PLT2）入仓

机器人进行车胎左边 2×3 仓库（PLT2）入仓时，点的位置如图 1-8-4 所示。

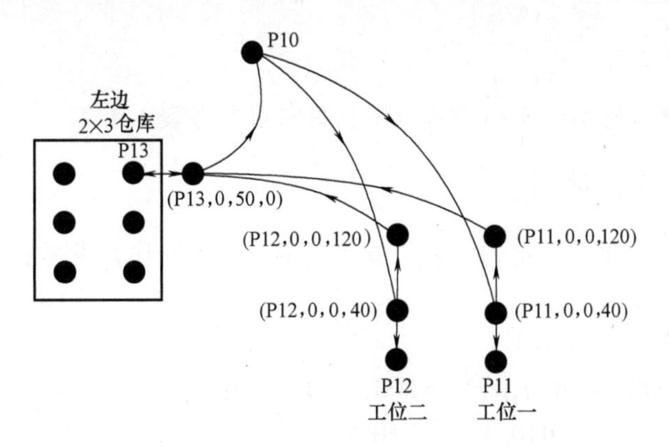

图 1-8-4　左边 2×3 仓库（PLT2）入仓位置

3. 右边 1×3 仓库（PLT3）入仓

机器人进行车胎右边 1×3 仓库（PLT3）入仓时，点的位置如图 1-8-5 所示。

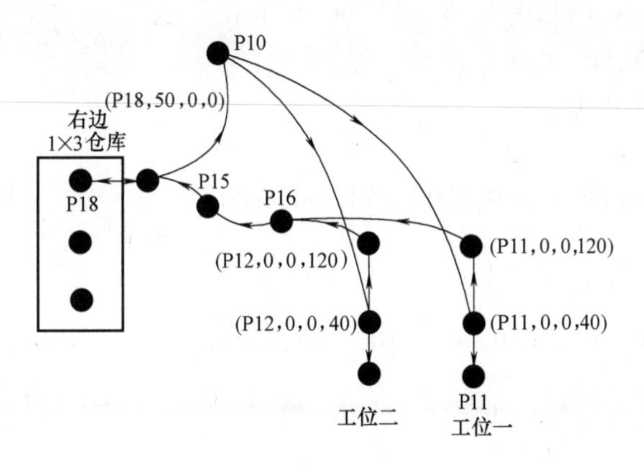

图 1-8-5　右边 1×3 仓库（PLT3）入仓位置

4. 右边 2×3 仓库（PLT4）入仓

机器人进行车胎作业右边 2×3 仓库（PLT4）入仓时，点的位置如图 1-8-6 所示。

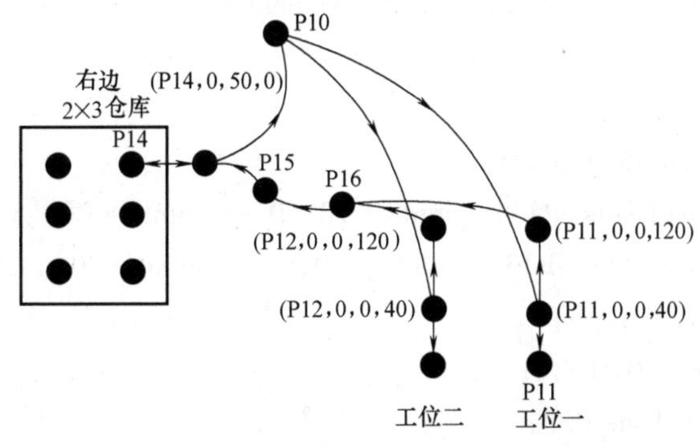

图 1-8-6　右边 2×3 仓库（PLT4）入仓位置

任务实施

一、任务准备

实施本任务教学所使用的实训设备及工具材料可参考表 1-1-2。

二、机器人程序的编写

按照图 1-8-3~图 1-8-6 所示的入仓位置图，编写入仓程序，参考程序如下；

```
PROC Tirepallet( )
    WHILE DI10_16=1 DO
        MoveJ Offs(P10,0,0,0),v200,z100,tool0;
    IF DI10_12=1 OR DI10_13=1 THEN
        MoveJ Offs(P11,0,0,40),v100,fine,tool0;
        Set DO10_3;
        Reset DO10_2;
        MoveL Offs(P11,0,0,0),v20,fine,tool0;
        Set DO10_2;
        Reset DO10_3;
        WaitTime 0.5;
        MoveL Offs(P11,0,0,120),v50,z60,tool0;
    ELSE
    IF DI10_13=1 THEN
        MoveJ Offs(P12,0,0,40),v100,fine,tool0;
        Set DO10_3;
        Reset DO10_2;
        MoveL Offs(P12,0,0,0),v20,fine,tool0;
        Set DO10_2;
        Reset DO10_3;
        WaitTime 0.5;
        MoveL Offs(P12,0,0,120),v50,z60,tool0;
      ENDIF
    ENDIF
            IF ncount5<=5 THEN
              MoveJ Offs(P13,ncount3*70,50,-ncount4*70),v100,z60,tool0;
              MoveL Offs(P13,ncount3*70,0,-ncount4*70),v20,fine,tool0;
              Set DO10_3;
              Reset DO10_2;
              WaitTime 0.5;
              MoveL Offs(P13,ncount3*70,50,-ncount4*70),v50,z60,tool0;
```

```
        ncount3:=ncount3+1;
        IF ncount3>1 THEN
          ! ncount3:=0;
          ncount4:=ncount4+1;
          IF ncount3>1 AND ncount4>2 THEN
              ncount3:=0;
              ncount4:=0;
          ENDIF
          ncount3:=0;
      ENDIF
      MoveJ Offs(P10,0,0,0),v100,z100,tool0;
      ! ncount5:=ncount5+1;
ENDIF
IF ncount5>5 AND ncount5<=11 THEN
  MoveJ Offs(P16,0,0,0),v200,z100,tool0;
  MoveJ Offs(P15,0,0,0),v200,z100,tool0;
  MoveJ Offs(P14,ncount3 * 70,-50,-ncount4 * 70),v100,z60,tool0;
  MoveL Offs(P14,ncount3 * 70,0,-ncount4 * 70),v20,fine,tool0;
  Set DO10_3;
  Reset DO10_2;
  WaitTime 0.5;
  MoveL Offs(p14,ncount3 * 70,-100,-ncount4 * 70),v50,z60,tool0;
  ncount3:=ncount3+1;
  IF ncount3>1 THEN
      ncount3:=0;
      ncount4:=ncount4+1;
      IF ncount3=1 AND ncount4=2 THEN
            ncount3:=0;
            ncount4:=0;
      ENDIF
  ENDIF
      ! ncount5:=ncount5+1;
      Reset DO10_3;
      MoveJ Offs(P15,0,0,0),v200,z100,tool0;
      MoveJ Offs(P16,0,0,0),v200,z100,tool0;
      IF ncount5<11 THEN
      MoveJ Offs(P10,0,0,0),v200,z100,tool0;
      ENDIF
  ENDIF
```

```
            ncount5:=ncount5+1;
            IF ncount5>11 THEN
                ! ncount5:=0;
                ! MoveJ Offs(P15,0,0,0),v200,z100,tool0;
                ! MoveJ Offs(P16,0,0,0),v200,z100,tool0;
                MoveJ Offs(Ppick,-2.5,-90,200),v200,z100,tool0;
                MoveL Offs(Ppick,-2.5,-90,20),v100,z100,tool0;
                MoveL Offs(Ppick,0,0,0),v40,fine,tool0;
                Set DO10_1;
                WaitTime 1;
                MoveL Offs(Ppick,0,0,40),v30,z100,tool0;
                MoveL Offs(Ppick,0,0,50),v60,z100,tool0;
                Reset DO10_1;
                Set DO10_14;
                MoveJ Home,v200,z100,tool0;
                Reset DO10_14;
            ENDIF
        ENDIF
    ENDWHILE
    ncount3:=0;
    ncount4:=0;
    ncount5:=0;
ENDPROC
```

三、机器人程序示教

程序下载完毕后，用示教器示教程序中所涉及的点，并运行程序，观察机器人运动情况，见表1-8-1。

表 1-8-1 机器人测试示教调试记录表

设备名称		日期	
设备型号		示教人员	
示教点	注释	实际运动点	偏差值
Home	机器人初始位置	程序中定义	
Ppick	取三爪夹具点	需示教	
Ppick1	取吸盘夹具点	需示教	
P10	过渡点	需示教	
P11	工件一检测点	需示教	
P12	工件二检测点	需示教	

（续）

设备名称		日期	
P13	左边 2×3 仓库码垛点	需示教	
P14	右边 2×3 仓库码垛点	需示教	
P15、P16	过渡点	需示教	
P17	左边 1×3 仓库码垛点	需示教	
P18	右边 1×3 仓库码垛点	需示教	
结论			

四、程序调试

将所编写的程序下载后试运行，针对试运行中出现的问题进行具体调试。并将试运行过程中遇到的问题与解决方案记录下来。

检查测评

对任务实施的完成情况进行检查，并将结果填入表 1-8-2 内。

表 1-8-2　任务测评表

序号	主要内容	考核要求	评分标准	配分	扣分	得分
1	机器人轮胎码垛入仓程序的设计和调试	机器人程序的编写	1. I/O 地址遗漏或搞错，每处扣 5 分 2. 梯形图表达不正确或画法不规范，每处扣 1 分 3. 接线图表达不正确或画法不规范，每处扣 2 分	40		
		按 PLC 控制 I/O 口接线图在配线板上正确安装，安装要准确紧固，配线导线要紧固、美观，导线要按线槽布放，导线要有端子标号	1. 损坏元件扣 5 分 2. 导线不按线槽布放、不美观，主电路、控制电路每根扣 1 分 3. 接点松动、露铜过长、反圈、压绝缘层，标记线号不清楚、遗漏或误标，引出端无别径压端子，每处扣 1 分 4. 损伤导线绝缘或线芯，每根扣 1 分 5. 不按 PLC 控制 I/O 接线图接线，每处扣 5 分	10		
		熟练正确地将所编程序输入 PLC；按照被控设备的动作要求进行模拟调试，达到设计要求	1. 不会熟练操作 PLC 键盘输入指令扣 2 分 2. 不会用删除、插入、修改、存盘等命令，每项扣 2 分 3. 仿真试车不成功扣 30 分	40		

（续）

序号	主要内容	考核要求	评分标准	配分	扣分	得分
2	安全文明生产	劳动保护用品穿戴整齐；遵守操作规程；讲文明礼貌；操作结束要清理现场	1. 操作中，违反安全文明生产考核要求的任何一项扣5分，扣完为止 2. 当发现学生有重大事故隐患时，要立即予以制止，并每次扣安全文明生产总分5分	10		
合　计						
开始时间：			结束时间：			

任务九　机器人车窗分拣及码垛程序设计与调试

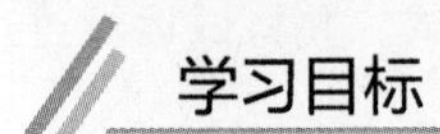

学习目标

知识目标：1. 掌握ABB六轴工业机器人初始化子程序的编写。

2. 掌握ABB六轴工业机器人回原点子程序的编写。

能力目标：会使用ABB六轴工业机器人程序设计的基本语言，完成ABB六轴工业机器人车窗分拣及码垛控制程序的设计和调试，并能解决运行过程中出现的常见问题。

工作任务

有一台ABB六轴工业机器人，现需要编写机器人初始化子程序、回原点子程序，最终完成车窗分拣及车窗码垛程序的设计与调试。

相关知识

一、车窗码垛位置

车窗码垛位置图，如图1-9-1所示。

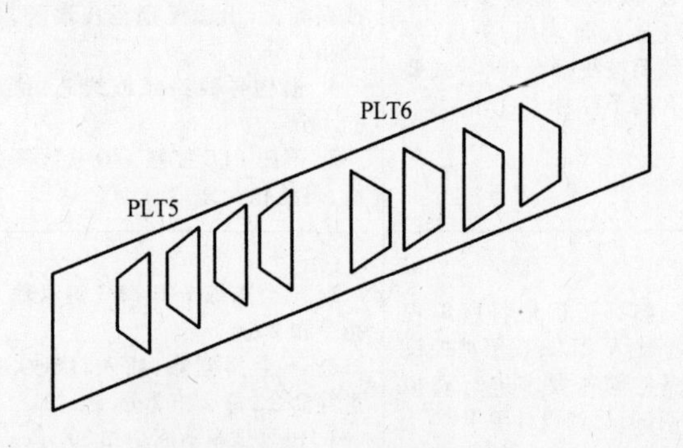

图1-9-1　车窗码垛位置图

二、车窗入仓运动轨迹

1. 左边 1×4 仓库（PLT5）入仓

机器人进行车窗左边 1×4 仓库（PLT5）入仓时，点的位置如图 1-9-2 所示。

2. 右边 1×4 仓库（PLT6）入仓

机器人进行车窗右边 1×4 仓库（PLT6）入仓时，点的位置如图 1-9-3 所示。

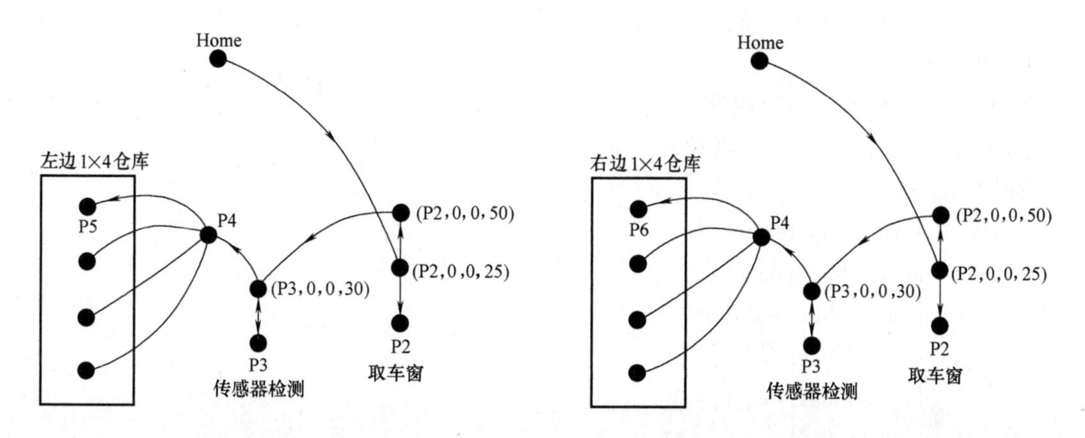

图 1-9-2　左边 1×4 仓库（PLT5）入仓位置

图 1-9-3　右边 1×4 仓库（PLT6）入仓位置

任务实施

一、任务准备

实施本任务教学所使用的实训设备及工具材料可参考表 1-1-2。

二、机器人程序的编写

1. 机器人程序初始化子程序编写

机器人初始化子程序（参考程序）如下：

```
PROC DateInit()
        ncount:=0;
        ncount1:=0;
        ncount2:=0;
        ncount3:=0;
        ncount4:=0;
        ncount5:=0;
        RESET DO10_1;
        RESET DO10_2;
        RESET DO10_3;
        RESET DO10_9;
```

```
        RESET DO10_10;
        RESET DO10_11;
        RESET DO10_12;
        RESET DO10_13;
        RESET DO10_14;
        RESET DO10_15;
        RESET DO10_16;
ENDPROC
```

2. 机器人回原点子程序编写

机器人回原点子程序（参考程序）如下：

```
PROC rHome()
        VAR Jointtarget joints;
        joints:=CJointT();
        joints.robax.rax_2:=-23;
        joints.robax.rax_3:=32;
        joints.robax.rax_4:=0;
        joints.robax.rax_5:=81;
        MoveAbsJ joints\NoEOffs,v40,z100,tool0;
        MoveJ Home,v100,z100,tool0;
        IF DI10_1=1 AND DI10_3=1 THEN
            TPWrite "Running: Stop!";
            Stop;
        ENDIF
        IF DI10_1=1 AND DI10_3=0 THEN
            placeGripper1;
        ENDIF
        IF DI10_3=1 AND DI10_1=0 THEN
          placeGripper3;
        ENDIF
        MoveJ Home,v200,z100,tool0;
        Set DO10_9;
        TPWrite "Running: Reset complete!";
ENDPROC
```

3. 车窗分拣与码垛程序编写

按照图 1-9-2、图 1-9-3 所示的入仓位置图，编写车窗分拣与码垛程序，参考程序如下：

```
PROC Detection()
                MoveJ Home,v200,z100,tool0;
                WHILE TRUE DO
                    WHILE DI10_14=0 DO
```

```
ENDWHILE
MoveJ Offs(P2,0,0,25),v200,z100,tool0;
MoveL Offs(P2,0,0,0),v50,fine,tool0;
Set DO10_2;
Set DO10_3;
WaitTime 0.5;
MoveL Offs(P2,0,0,50),v60,z60,tool0;
MoveJ Offs(P3,0,0,30),v200,z100,tool0;
MoveL Offs(P3,0,0,0),v20,z100,tool0;
WaitTime 2;

IF DI10_12=1 THEN
IF ncount1>3 THEN
    MoveL Offs(P3,0,0,20),v100,z100,tool0;
    MoveJ Offs(P1,0,0,20),v100,z100,tool0;
    MoveL Offs(P1,0,0,0),v50,fine,tool0;
    Reset DO10_2;
    Reset DO10_3;
    WaitTime 1;
    MoveL Offs(P1,0,0,30),v100,z100,tool0;
    MoveJ Offs(P3,0,0,30),v100,z100,tool0;
    MoveL Offs(P3,0,0,-5),v20,fine,tool0;
    Set DO10_2;
    Set DO10_3;
    WaitTime 1;
    MoveL Offs(P3,0,0,0),v20,z100,tool0;
    WaitTime 2;
ENDIF

MoveL Offs(P3,0,0,30),v60,z100,tool0;
MoveJ Offs(P4,0,0,0),v200,z100,tool0;
MoveJ Offs(P5,ncount1 * 20-10,0,20),v60,z100,tool0;
MoveL Offs(P5,ncount1 * 20,0,0),v20,fine,tool0;
Reset DO10_2;
Reset DO10_3;
WaitTime 0.5;
MoveL Offs(P5,ncount1 * 20,0,50),v200,z60,tool0;
ncount1:=ncount1+1;
MoveJ Offs(P4,0,0,0),v200,z100,tool0;
```

```
        ENDIF

        IF DI10_13=1 THEN
        IF ncount2>3 THEN
            MoveL Offs(P3,0,0,20),v100,z100,tool0;
            MoveJ Offs(P1,0,0,20),v100,z100,tool0;
            MoveL Offs(P1,0,0,0),v20,fine,tool0;
            Reset DO10_2;
            Reset DO10_3;
            WaitTime 1;
            MoveL Offs(P1,0,0,30),v100,z100,tool0;
            MoveJ Offs(P3,0,0,30),v100,z100,tool0;
            MoveL Offs(P3,0,0,-5),v20,z100,tool0;
            Set DO10_2;
            Set DO10_3;
            WaitTime 1;
            MoveL Offs(P3,0,0,0),v100,z100,tool0;
            WaitTime 2;
        ENDIF

        MoveL Offs(P3,0,0,30),v100,z100,tool0;
        MoveJ Offs(P4,0,0,0),v200,z100,tool0;
        MoveJ Offs(P6,-ncount2 * 20+10,0,20),v50,z100,tool0;
        MoveL Offs(P6,-ncount2 * 20,0,0),v20,fine,tool0;
        Reset DO10_2;
        Reset DO10_3;
        WaitTime 0.5;
        MoveL Offs(P6,-ncount2 * 20,0,50),v200,z60,tool0;
        ncount2:=ncount2+1;
        MoveJ Offs(P4,0,0,0),v200,z100,tool0;
    ENDIF
    ncount:=ncount+1;
    IF ncount>7 THEN
    ncount:=0;
    set DO10_14;
    MoveJ Home,v200,z100,tool0;
    MoveJ Offs(Ppick1,-3,-120,220),v200,z100,tool0;
    MoveL Offs(Ppick1,-3,-120,20),v100,z100,tool0;
    MoveL Offs(Ppick1,0,0,0),v60,fine,tool0;
```

```
            Set DO10_1;
            WaitTime 1;
            MoveL Offs(Ppick1,0,0,40),v30,z100,tool0;
            MoveL Offs(Ppick1,0,0,50),v60,z100,tool0;
            Reset DO10_1;
            MoveJ Home,v200,z100,tool0;
        ENDIF
    ENDWHILE
ENDPROC
```

三、机器人程序示教

程序下载完毕后,用示教器示教程序中所涉及的点,并运行程序,观察机器人运动情况,所需示教的点见表 1-9-1。

表 1-9-1　机器人测试示教调试记录表

设备名称		日期	
设备型号		示教人员	
示教点	注释	实际运动点	偏差值
Home	机器人初始位置	程序中定义	
Ppick	取三爪夹具点	需示教	
Ppick1	取吸盘夹具点	需示教	
P2	车窗取料点	需示教	
P3	传感器检测点	需示教	
P4	过渡点	需示教	
P5	右边玻璃放料点	需示教	
P6	左边玻璃放料点	需示教	
P10	过渡点	需示教	
结论			

四、调试运行

将所编写的程序下载后试运行，针对试运行中出现的问题进行具体调试。并将试运行过程中遇到的问题与解决方案记录下来。

检查测评

对任务实施的完成情况进行检查，并将结果填入表 1-9-2 内。

表 1-9-2 任务测评表

序号	主要内容	考核要求	评分标准	配分	扣分	得分
1	机器人车窗分拣及码垛程序设计和调试	机器人程序的编写	1. I/O 地址遗漏或搞错，每处扣 5 分 2. 梯形图表达不正确或画法不规范，每处扣 1 分 3. 接线图表达不正确或画法不规范，每处扣 2 分	40		
		按 PLC 控制 I/O 口接线图在配线板上正确安装，安装要准确紧固，配线导线要紧固、美观，导线要按线槽布放，导线要有端子标号	1. 损坏元件扣 5 分 2. 导线不按线槽布放，不美观，主电路、控制电路每根扣 1 分 3. 接点松动、露铜过长、反圈、压绝缘层，标记线号不清楚、遗漏或误标，引出端无别径压端子，每处扣 1 分 4. 损伤导线绝缘或线芯，每根扣 1 分 5. 不按 PLC 控制 I/O（输入/输出）接线图接线，每处扣 5 分	10		
		熟练正确地将所编程序输入 PLC；按照被控设备的动作要求进行模拟调试，达到设计要求	1. 不会熟练操作 PLC 键盘输入指令扣 2 分 2. 不会用删除、插入、修改、存盘等命令，每项扣 2 分 3. 仿真试车不成功扣 30 分	40		
2	安全文明生产	劳动保护用品穿戴整齐；遵守操作规程；讲文明礼貌；操作结束要清理现场	1. 操作中，违反安全文明生产考核要求的任何一项扣 5 分，扣完为止 2. 当发现学生有重大事故隐患时，要立即予以制止，并每次扣安全文明生产总分 5 分	10		
合　计						
开始时间：			结束时间：			

任务十 工作站程序设计与调试

学习目标

知识目标：1. 了解以太网网络的特点。

2. 熟悉以太网网络的通信设置。

能力目标：1. 能正确分配工业机器人码垛工作站系统通信地址。

2. 能正确编写工业机器人码垛工作站系统联机程序。
3. 会根据控制要求，完成工业机器人码垛工作站系统联机程序的调试，并能解决运行过程中出现的常见问题。

工作任务

有一个 ABB 六轴工业机器人码垛工作站，如图 1-10-1 所示，各单元已安装调试好，要求在规定期限完成工业机器人码垛工作站系统联机程序的设计、调试，使工作站各单元能联机运行。

图 1-10-1　ABB 六轴工业机器人码垛工作站

相关知识

一、以太网概述

以太网是一种差分网络，最多可有 32 个网段、1024 个节点；以太网可以实现高速（达 100Mbit/s）长距离数据传输。

二、TCP/IP

TCP/IP 以太网可以将 S7-200 SMART CPU 链接到工业以太网网络。

工业以太网网络包括以下功能：

1）基于 TCP/IP 通信标准进行通信。

2）提供工厂安装的 MAC 地址。

3）自动检测全双工或半双工通信，通信速率分别为 10Mbit/s 和 100Mbit/s。

4）提供多个连接（最多 4 个 HMI 和 1 个程序员）。

三、SMART　PLC 直接以太网通信设置

1. 通过向导设置以太网

1）打开 STEP 7-Micro/WIN SMART 软件；选择“项目 1”→“向导”→“GET/PUT”，如图 1-10-2 所示；双击“GET/PUT”弹出“Get/Put 向导”画面，如图 1-10-3 所示。

2）单击“添加”生成一个操作，可以修改名字与添加注释，如图 1-10-4 所示，也可以添加多个。

3）单击“下一页”弹出“Operation”画面，选择类型“Get”，传送大小设定（单位字节），本地起始地址与远程起始地址设定，远程 CPU 的 IP 地址设定如图 1-10-5 所示。

4）单击“下一页”弹出“Operation0”画面，选择类型“Put”，传送大小设定（单位字节），本地起始地址与远程起始地址设定，远程 CPU 的 IP 地址设定如图 1-10-6 所示。

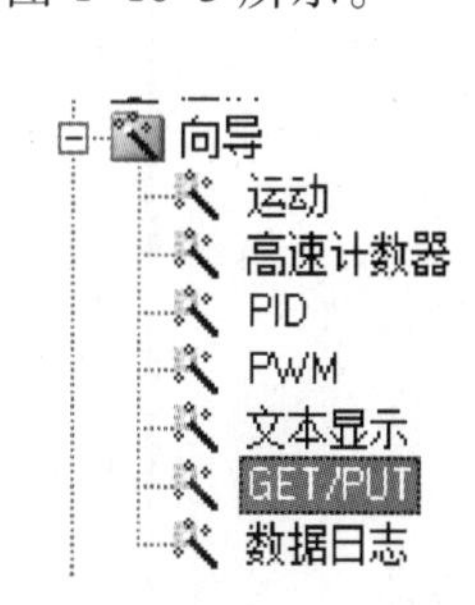

图 1-10-2　向导画面

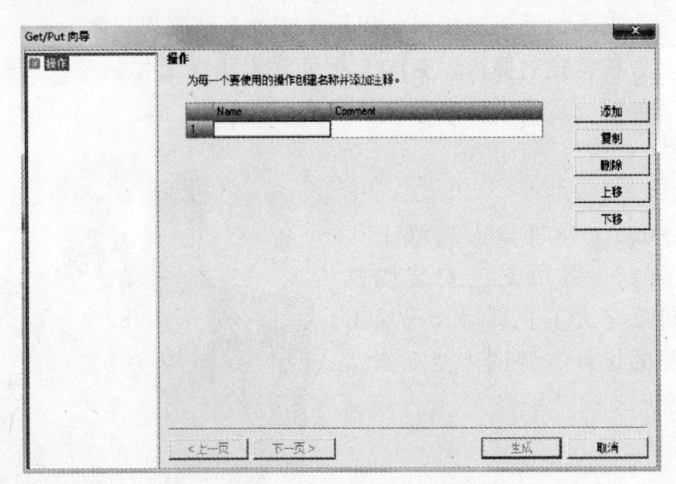

图 1-10-3　Get/Put 向导设置画面

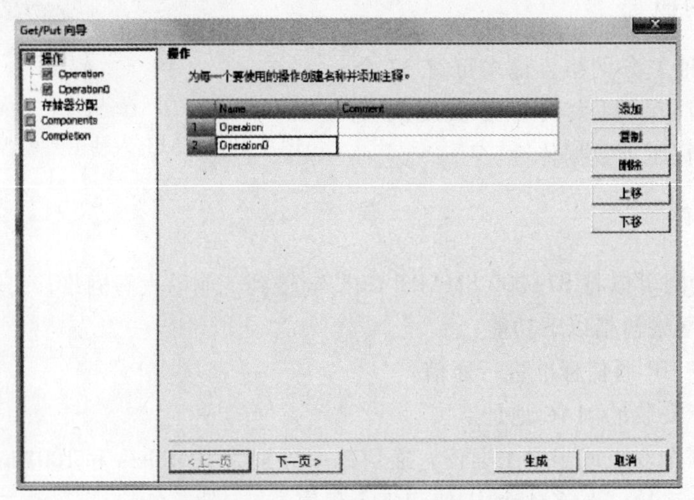

图 1-10-4　修改名字或添加注释

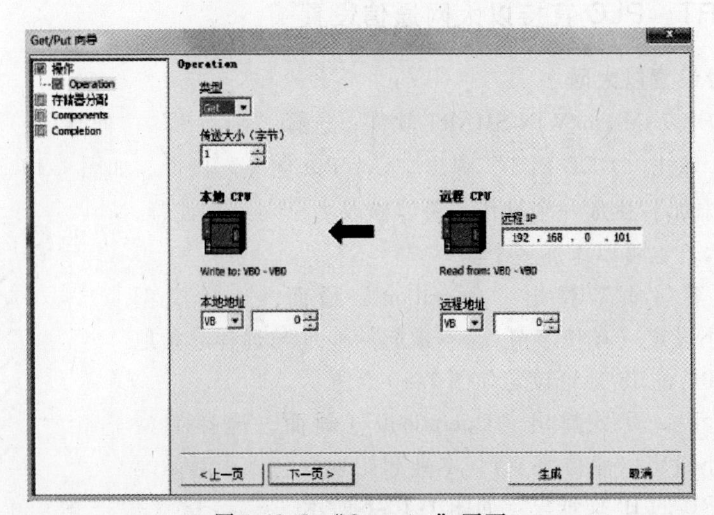

图 1-10-5　“Operation”画面

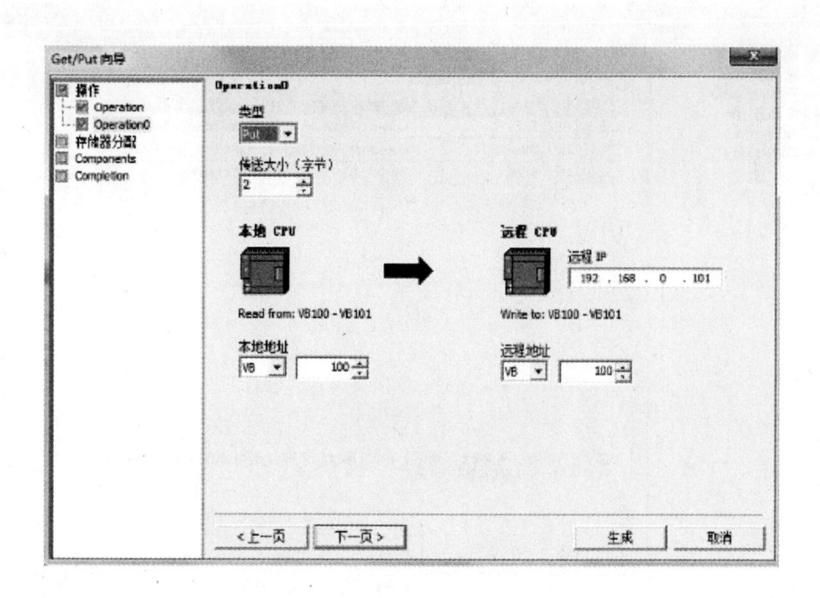

图 1-10-6　“Operation0”画面

5）单击“下一页”弹出“存储分配器”画面，提示数据存储的起始地址，可以手动修改，如图 1-10-7 所示。

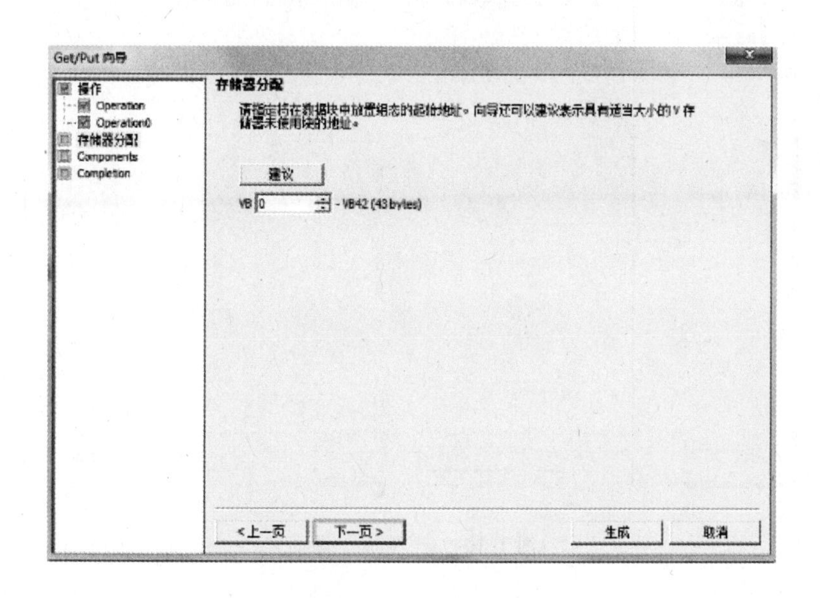

图 1-10-7　“存储分配器”画面

6）单击“下一页”弹出“组件”画面，如图 1-10-8 所示。

7）单击“下一页”弹出“生成”画面，如图 1-10-9 所示；单击“生成”完成设置。

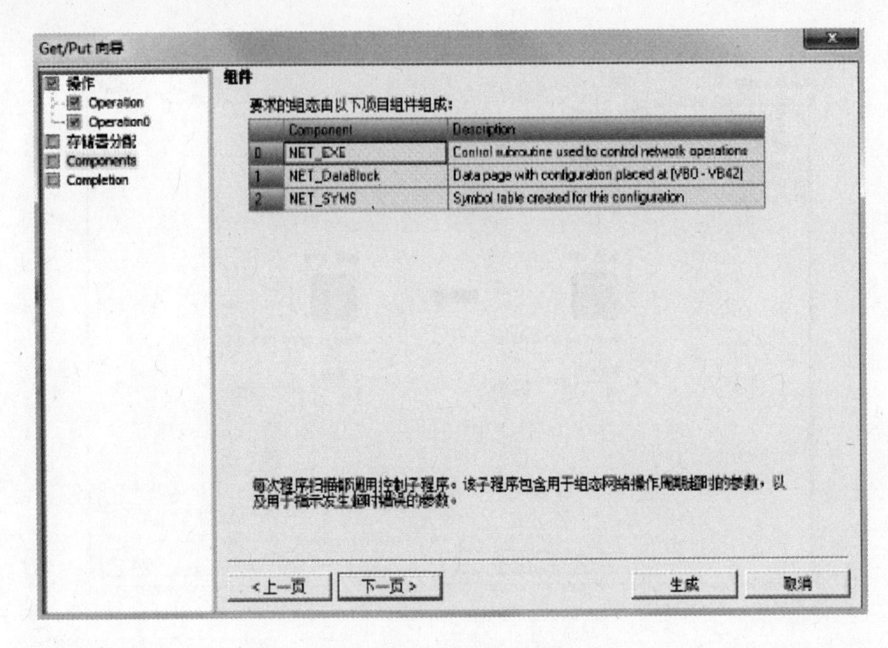

图 1-10-8 “组件”画面

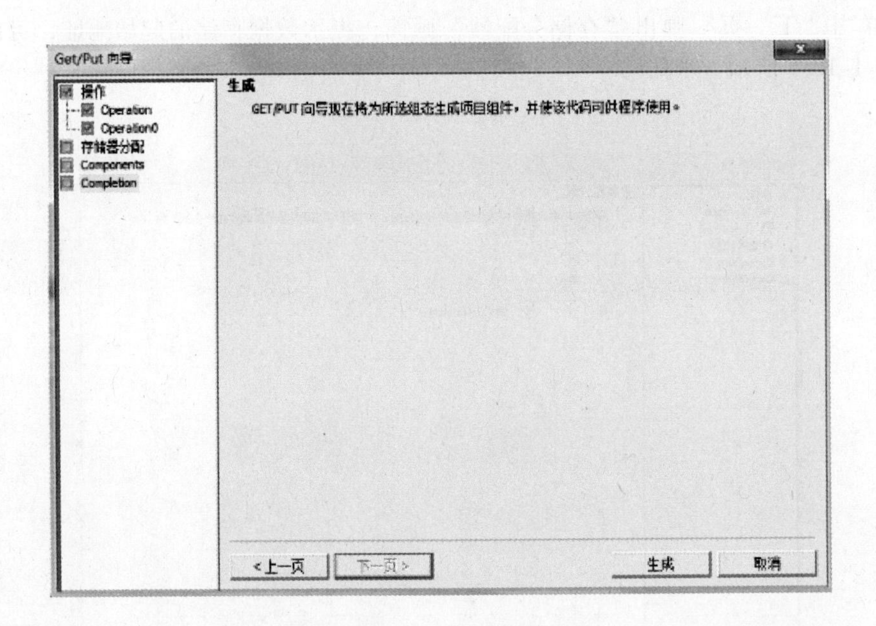

图 1-10-9 “生成”画面

任务实施

一、任务准备

实施本任务教学所使用的实训设备及工具材料可参考表 1-1-2。

二、通信地址分配

1. 以太网网络通信分配表

以太网网络通信分配见表1-10-1。

表1-10-1　以太网网络通信分配

序号	站名	IP地址	通信地址区域	备注
1	六轴机器人单元	192.168.0.141	MB10~MB11 MB20~MB21 MB25~MB26	以太网
2	检测排列单元	192.168.0.143	MB10~MB11 MB20~MB21	
3	立体码垛单元	192.168.0.142	MB10~MB11 MB20~MB21	

2. 通信地址分配表

通信地址分配见表1-10-2。

表1-10-2　通信地址分配

序号	功能定义	通信M点	发送PLC站号	接收PLC站号
1	机器人开始搬运	M10.0	141#PLC发出	142、143接收
2	机器人搬运完成	M10.1	141#PLC发出	142、143接收
3	起动按钮	M10.4	141#PLC发出	142、143接收
4	停止按钮	M10.5	141#PLC发出	142、143接收
5	复位按钮	M10.6	141#PLC发出	142、143接收
6	联机信号	M10.7	141#PLC发出	142、143接收
7	单元停止	M11.0	141#PLC发出	142、143接收
8	单元复位	M11.1	141#PLC发出	142、143接收
9	复位完成	M11.2	141#PLC发出	142、143接收
10	单元启动	M11.3	141#PLC发出	142、143接收
11	检测排列就绪信号	M20.0	143#PLC发出	141接收
12	检测排列起动按钮	M20.1	143#PLC发出	141接收
13	检测排列停止按钮	M20.2	143#PLC发出	141接收
14	检测排列复位按钮	M20.3	143#PLC发出	141接收
15	检测排列联机信号	M20.4	143#PLC发出	141接收
16	通信信号	M20.5	143#PLC发出	141接收
17	单元启动	M20.6	143#PLC发出	141接收
18	单元停止	M20.7	143#PLC发出	141接收
19	单元复位	M21.0	143#PLC发出	141接收
20	复位完成	M21.1	143#PLC发出	141接收
21	车窗有料信号	M21.2	143#PLC发出	141接收
22	车窗检测传感器A	M21.3	143#PLC发出	141接收
23	车窗检测传感器B	M21.4	143#PLC发出	141接收
24	轮胎码垛就绪信号	M25.0	142#PLC发出	141接收
25	轮胎码垛起动按钮	M25.1	142#PLC发出	141接收
26	轮胎码垛停止按钮	M25.2	142#PLC发出	141接收
27	轮胎码垛复位按钮	M25.3	142#PLC发出	141接收
28	轮胎码垛联机信号	M25.4	142#PLC发出	141接收
29	通信信号	M25.5	142#PLC发出	141接收

三、联机程序的设计

1. 修改六轴机器人单元程序

修改六轴机器人单元原有程序，在图 1-6-9 所示原程序最后加一段联机程序，如图 1-10-10所示，使之满足联机运行要求。

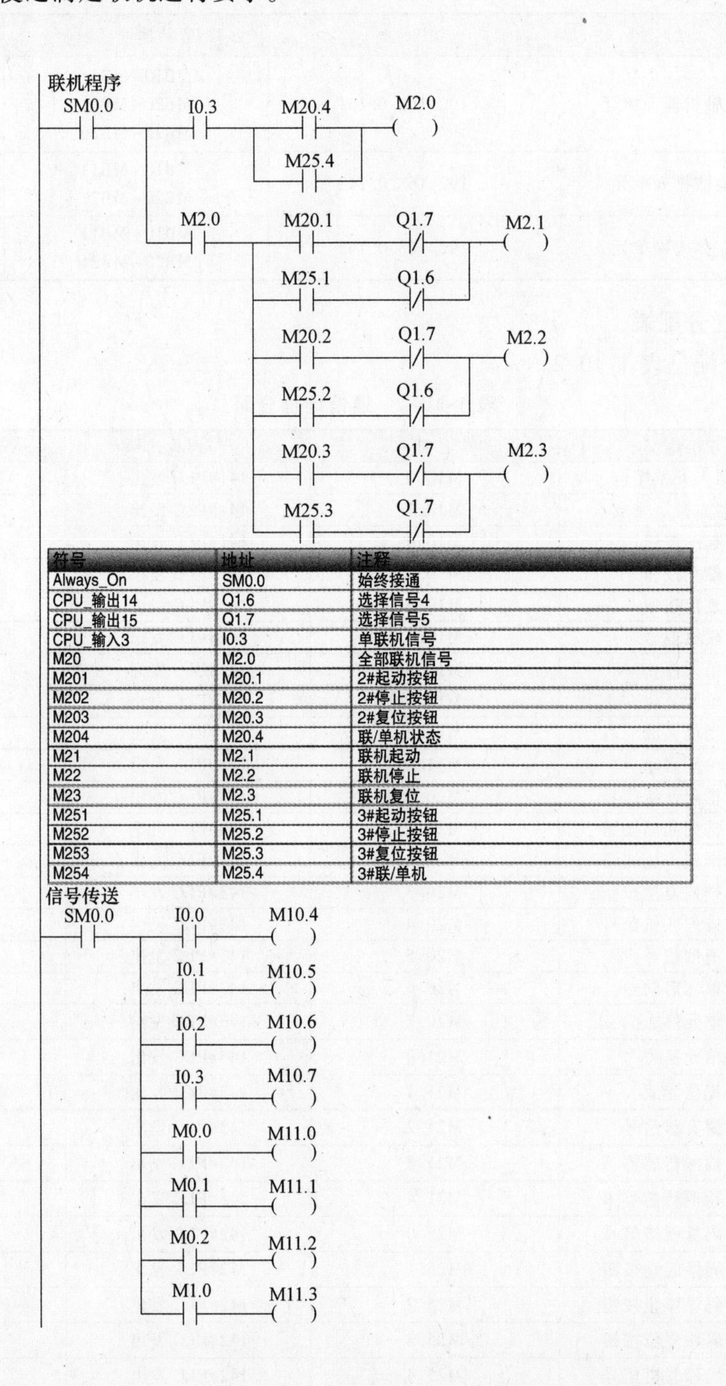

符号	地址	注释
Always_On	SM0.0	始终接通
CPU_输出14	Q1.6	选择信号4
CPU_输出15	Q1.7	选择信号5
CPU_输入3	I0.3	单联机信号
M20	M2.0	全部联机信号
M201	M20.1	2#起动按钮
M202	M20.2	2#停止按钮
M203	M20.3	2#复位按钮
M204	M20.4	联/单机状态
M21	M2.1	联机起动
M22	M2.2	联机停止
M23	M2.3	联机复位
M251	M25.1	3#起动按钮
M252	M25.2	3#停止按钮
M253	M25.3	3#复位按钮
M254	M25.4	3#联/单机

图 1-10-10　六轴机器人单元在原有程序上添加的联机程序

2. 修改检测排列单元程序

修改检测排列单元原有程序，在图 1-5-25 所示原程序最后加一段联机程序，如图 1-10-11所示，使之满足联机运行要求。

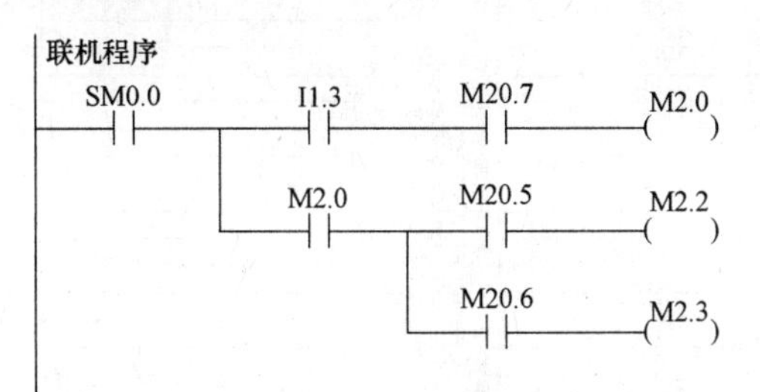

符号	地址	注释
Always_On	SM0.0	始终接通
CPU_输入11	I1.3	单/联机
M205	M20.5	停止按钮
M206	M20.6	复位按钮
M207	M20.7	单/联机

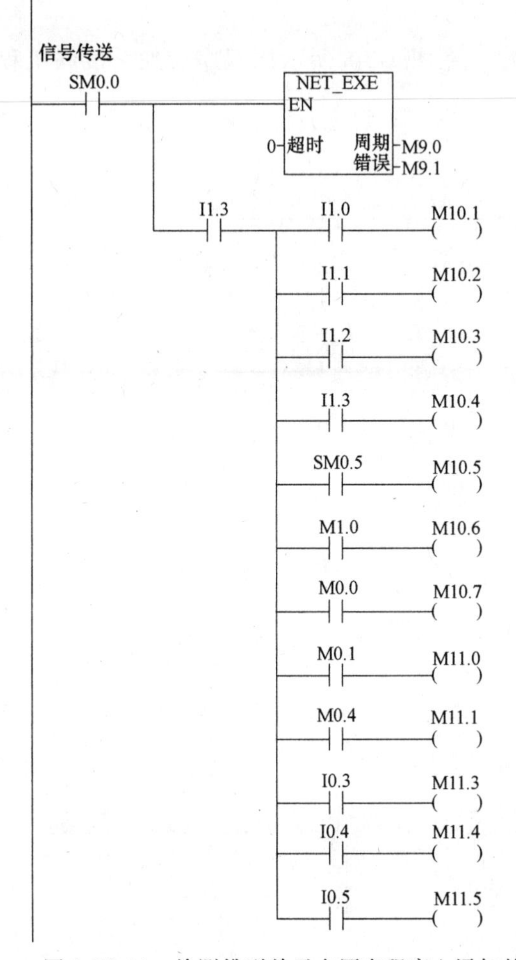

图 1-10-11　检测排列单元在原有程序上添加的联机程序

符号	地址	注释
Always_On	SM0.0	始终接通
Clock_1s	SM0.5	针对1s的周期时间，时钟脉冲接通0.5s，...
CPU_输入10	I1.2	复位按钮
CPU_输入11	I1.3	单/联机
CPU_输入3	I0.3	玻璃到位检测
CPU_输入4	I0.4	玻璃外形A检测
CPU_输入5	I0.5	玻璃外形B检测
CPU_输入8	I1.0	起动按钮
CPU_输入9	I1.1	停止按钮
M00	M0.0	单元停止
M01	M0.1	单元复位
M04	M0.4	复位完成
M10	M1.0	单元起动
M101	M10.1	起动按钮
M102	M10.2	停止按钮
M103	M10.3	复位按钮
M104	M10.4	联/单机
M105	M10.5	通信信号
M106	M10.6	单元起动
M107	M10.7	单元停止
M110	M11.0	单元复位
M111	M11.1	复位完成
M113	M11.3	玻璃检测传感器A
M114	M11.4	玻璃检测传感器B

图 1-10-11　检测排列单元在原有程序上添加的联机程序（续）

3. 修改立体码垛单元程序

修改立体码垛单元原有程序，在图 1-3-8 所示原程序后加一段联机程序，如图 1-10-12 所示，使之满足联机运行要求。

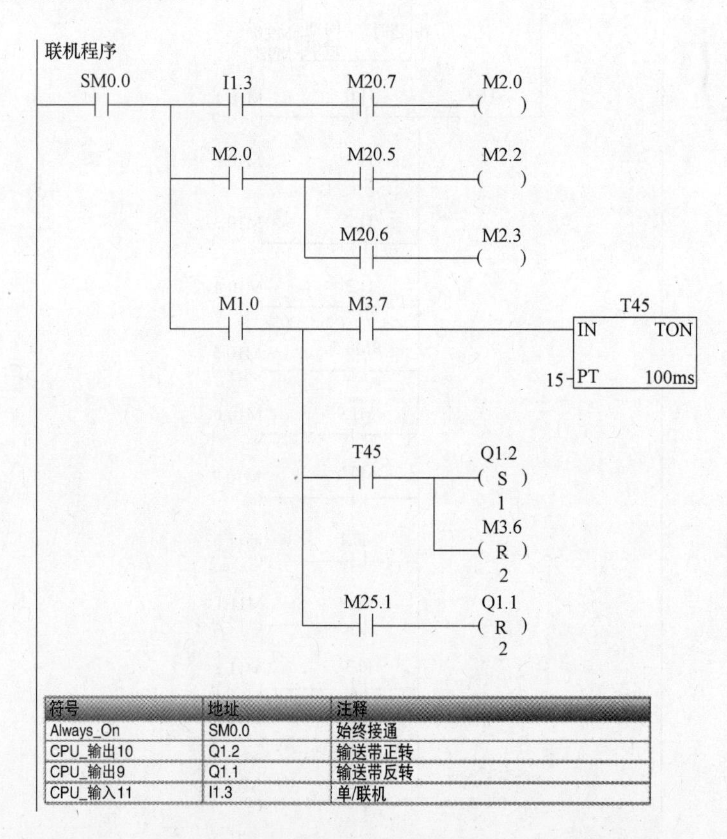

符号	地址	注释
Always_On	SM0.0	始终接通
CPU_输出10	Q1.2	输送带正转
CPU_输出9	Q1.1	输送带反转
CPU_输入11	I1.3	单/联机

图 1-10-12　立体码垛单元在原有程序上添加的联机程序

四、联机调试与运行

各单元程序修改完成后，进行联机试运行，针对试运行中出现的问题进行具体调试。工作站系统联机调试的具体步骤如下：

1）上电后按下“联机”按钮，联机指示灯亮、单机指示灯灭，进入联机状态。确认每站的通信线连接完好，并且都处在联机状态。

2）先按下“停止”按钮，确保机器人在安全位置后再按下“复位”按钮，各单元回到初始状态，可观察到检测排列单元的步进机构会先上升至原点及立体码垛单元推料气缸处于缩回状态。

3）复位完成后，检测各机构的物料是否按标签标志的要求放好；然后按下“启动”按钮，此时六轴机器人伺服处于ON状态，各站处于启动状态，但均不动作。

4）此时请选择检测排列单元与立体码垛单元中任意一单元，按下该单元的起动按钮，机器人会与该单元联机进行工作。

5）在设备运行过程中随时按下“停止”按钮，停止指示灯亮并且运行指示灯灭，设备停止运行。

6）当设备运行过程中遇到紧急状况时，请迅速按下“急停”按钮，设备断电。

检查测评

对任务实施的完成情况进行检查，并将结果填入表1-10-3内。

表1-10-3　任务测评表

序号	主要内容	考核要求	评分标准	配分	扣分	得分
1	工作站程序的设计和调试	机器人程序的编写	1. 输入/输出地址遗漏或搞错，每处扣5分 2. 梯形图表达不正确或画法不规范，每处扣1分 3. 接线图表达不正确或画法不规范，每处扣2分	40		
		按PLC控制I/O（输入/输出）口接线图在配线板上正确安装，安装要准确紧固，配线导线要紧固、美观，导线要按线槽布放，导线要有端子标号	1. 损坏元件扣5分 2. 导线不按线槽布放、不美观，主电路、控制电路每根扣1分 3. 接点松动、露铜过长、反圈、压绝缘层，标记线号不清楚、遗漏或误标，引出端无别径压端子，每处扣1分 4. 损伤导线绝缘或线芯，每根扣1分 5. 不按PLC控制I/O（输入/输出）接线图接线，每处扣5分	10		
		熟练正确地将所编程序输入PLC；按照被控设备的动作要求进行模拟调试，达到设计要求	1. 不会熟练操作PLC键盘输入指令扣2分 2. 不会用删除、插入、修改、存盘等命令，每项扣2分 3. 仿真试车不成功扣30分	40		
2	安全文明生产	劳动保护用品穿戴整齐；遵守操作规程；讲文明礼貌；操作结束要清理现场	1. 操作中，违反安全文明生产考核要求的任何一项扣5分，扣完为止 2. 当发现学生有重大事故隐患时，要立即予以制止，并每次扣安全文明生产总分5分	10		
合　计						
开始时间：			结束时间：			

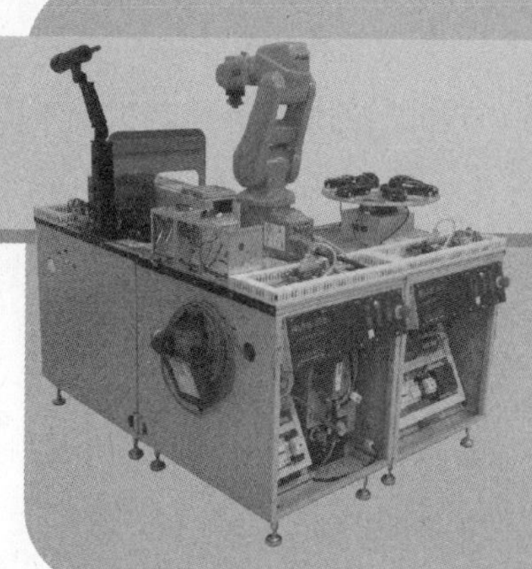

模块二

机器人在涂胶生产线中的应用与维护

任务一　认识涂胶工业机器人

学习目标

知识目标：1. 了解涂胶机器人的分类及特点。

2. 掌握涂胶机器人的系统组成及功能。

3. 熟悉工业机器人的常见分类及其行业应用。

能力目标：能够识别涂胶机器人工作站的基本构成。

工作任务

本任务的内容是，通过学习，掌握如图 2-1-1 所示的工业机器人涂胶模拟工作站的特点、基本系统组成、周边设备，并能通过现场参观，了解机器人汽车车窗玻璃涂胶装配模拟工作站的工作过程。

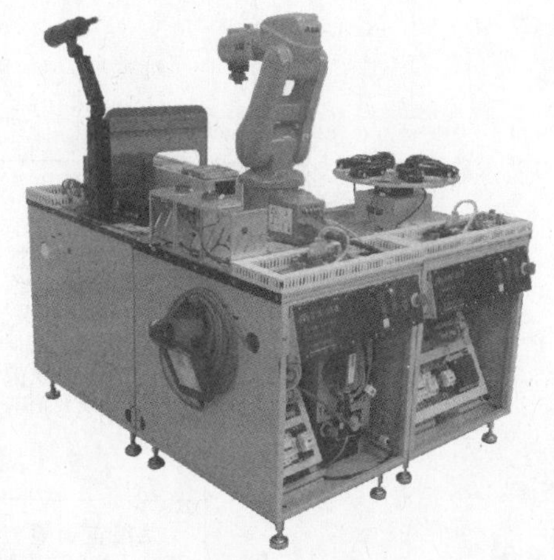

图 2-1-1　工业机器人涂胶模拟工作站

相关知识

古老的涂装行业，施工技术从涂刷、揩涂发展到气压涂装、浸涂、辊涂、淋涂以及最近兴起的高压空气涂装、电泳涂装、静电粉末涂装等，涂装技术高度发展的今天，企业已经进入一个新的竞争格局，即更环保、更高效、更低成本、更有竞争力。加之涂装领域对从业工人健康的争议和顾虑，机器人涂装正成为一个尝试中不断迈进的新领域，并且，从尝试的成果来看，前景非常广阔。

一、涂装机器人的特点及分类

1. 涂装机器人的特点

涂装机器人作为一种典型的涂装自动化设备，具有工件涂层均匀，重复精度好，通用性

强，工作效率高，能够将工人从有毒、易燃、易爆的工作环境中解放出来的优点，已在汽车、工程机械制造、3C产品及家具建材等领域得到广泛应用。涂装机器人与传统的机械涂装相比，具有以下优点：

1）最大限度提高涂料的利用率、降低涂装过程中的VOC（有害挥发性有机物）排放量。

2）显著提高喷枪的运动速度，缩短生产节拍，效率显著高于传统的机械涂装。

3）柔性强，能够适应多品种、小批量的涂装任务。

4）能够精确保证涂装工艺的一致性，获得较高质量的涂装产品。

5）与高速旋杯经典涂装站相比，可以减少30%～40%的喷枪数量，降低系统故障率和维护成本。

2. 涂装机器人的分类

目前，国内外的涂装机器人从结构上大多数仍采取与通用工业机器人相似的五或六自由度串联关节式机器人，在其末端加装自动喷枪。按照手腕结构划分，涂装机器人应用中较为普通的主要有两种：球形手腕涂装机器人和非球形手腕涂装机器人，如图2-1-2所示。

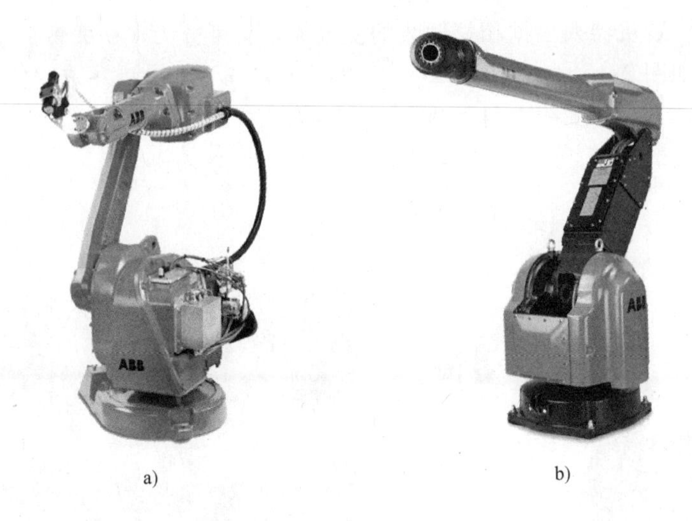

a)　　b)

图2-1-2　涂装机器人

a）球形手腕涂装机器人　b）非球形手腕涂装机器人

（1）球形手腕涂装机器人

球形手腕涂装机器人与通用工业机器人手腕结构类似，手腕三个关节轴线相交于一点，即目前绝大多数商用机器人所采用的Bendix手腕，如图2-1-3所示。该手腕结构能够保证机器人运动学逆解具有解析解，便于离线编程的控制，但是由于其腕部第二关节不能实现360°周转，故工作空间相对较小。采用球形手腕的涂装机器人多为紧凑型结构，其工作半径多在0.7～1.2m，多用于小型工件的涂装。

（2）非球形手腕涂装机器人

非球形手腕涂装机器人，其手腕的三个轴线并非如球形手腕机器人一样相交于一点，而是相交于两点。非球形手腕机器人相对于球形手腕机器人来说更适合于涂装作业。这类涂装

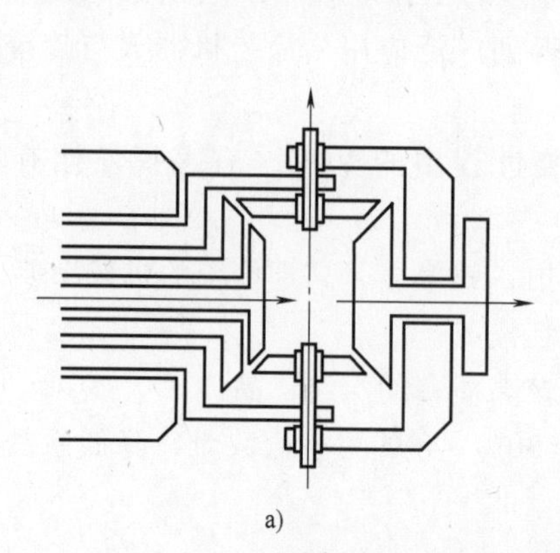

a)

b)

图 2-1-3 Bendix 手腕结构及涂装机器人

a）Bendix 手腕结构 b）采用 Bendix 手腕结构的涂装机器人

机器人每个腕关节转动角度都能达到 360°以上，手腕灵活性强，机器人工作空间较大，特别适用于复杂曲面及狭小空间内的涂装作业，但由于非球形手腕运动学逆解没有解析解，增大了机器人控制的难度，难以实现离线编程控制。

非球形手腕涂装机器人根据相邻轴线的位置关系又可分为正交非球形手腕和斜交非球形手腕两种形式，如图 2-1-4 所示。图 2-1-4a 所示 Comau SMART-3S 型机器人所采用的即为正交非球形手腕，其相邻轴线夹角为 90°；而 FANUC P-250iA 型机器人的手腕相邻两轴线不垂直，而是呈一定的角度，即斜交非球形手腕，如图 2-1-4b 所示。

a)

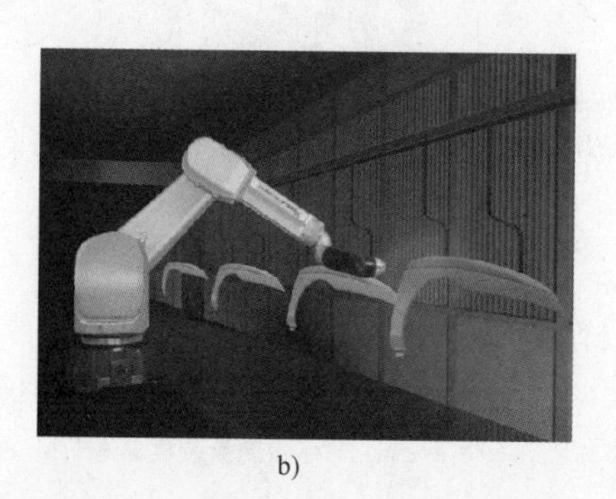

b)

图 2-1-4 非球形手腕涂装机器人

a）正交非球形手腕 b）斜交非球形手腕

现今应用的涂装机器人中很少采用正交非球形手腕，主要是其在结构上相邻腕关节彼此垂直，容易造成从手腕中穿过的管路出现较大的弯折、堵塞甚至折断管路。相反，斜交非球形手腕若做成中空的，各管线从中穿过，直接连接到末端高转速旋杯喷枪上，在作业过程中内部管线较为柔顺，故被各大厂商所采用。

涂装作业环境中充满了易燃、易爆的有害挥发性有机物，除了要求涂装机器人具有出色的重复定位精度和循径能力及较高的防爆性能外，仍有特殊的要求。在涂装作业过程中，高速旋杯喷枪的轴线要与工件表面法线在一条直线上，且高速旋杯喷枪的端面要与工件表面始

终保持一恒定的距离，并完成往复蛇形轨迹，这就要求涂装机器人要有足够大的工作空间和尽可能紧凑灵活的手腕，即手腕关节要尽可能短。其他的一些基本性能要求如下：

1）能够通过示教器方便地设定流量、雾化电压、喷幅气压以及静电量等涂装参数。

2）具有供漆系统，能够方便地进行换色、混色，确保高质量、高精度的工艺调节。

3）具有多种安装方式，如落地、倒置、角度安装和壁挂。

4）能够与转台、滑台、输送链等一系列的工艺辅助设备轻松集成。

5）结构紧凑，减少密闭涂装室（简称喷房）尺寸，降低通风要求。

二、涂装机器人的系统组成

典型的涂装机器人工作站主要由操作机、机器人控制系统、供漆系统、自动喷枪/旋杯、喷房、防爆吹扫系统等组成，如图 2-1-5 所示。

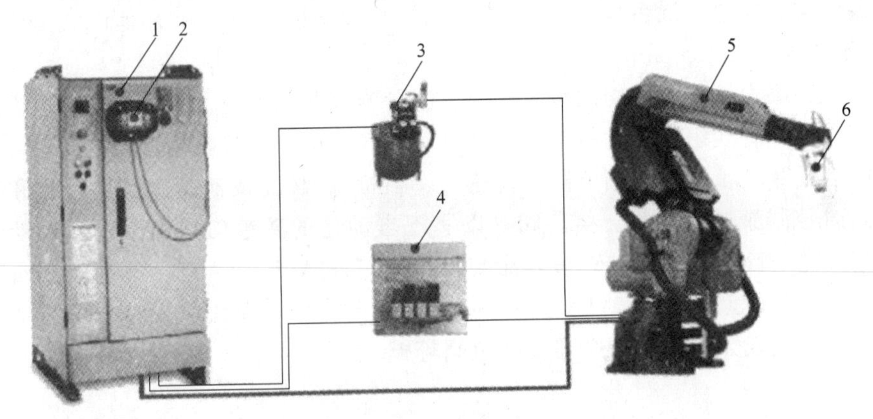

图 2-1-5　涂装机器人系统组成

1—机器人控制柜　2—示教器　3—供漆系统　4—防爆吹扫系统　5—操作机　6—自动喷枪/旋杯

涂装机器人与普通工业机器人相比，操作机在结构方面的差别除了球形手腕与非球形手腕外，主要是防爆、油漆及空气管路和喷枪的布置所导致的差异，主要特点如下：

1）一般手臂工作范围宽大，进行涂装作业时可以灵活避障。

2）手腕一般有 2~3 个自由度，轻巧快速，适合内部、狭窄的空间及复杂工件的涂装。

3）较先进的涂装机器人采用中空手臂和柔性中空手腕，如图 2-1-6 所示。采用中空手

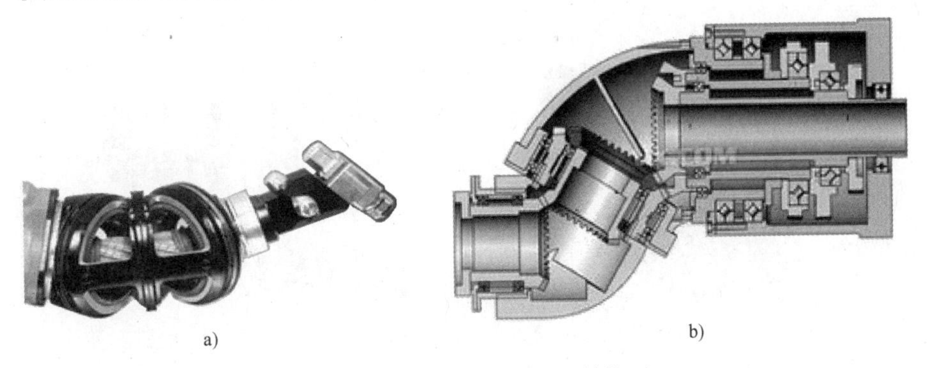

图 2-1-6　柔性中空手腕及结构

a）柔性中空手腕　b）柔性中空手腕内部结构

臂和柔性中空手腕使得软管、线缆可内置，从而避免软管与工件间发生干涉，减少管道粘着薄雾、飞沫，最大程度降低灰尘粘到工件的可能性，缩短工作节拍。

4）一般在水平手臂搭载涂装工艺系统，从而缩短清洗、换色时间，提高生产效率，节约涂料及清洗液，如图 2-1-7 所示。

1. 涂装机器人控制系统

涂装机器人控制系统主要完成本体和涂装工艺控制。本体控制在控制原理、功能及组成上与通用工业机器人基本相同；涂装工艺的控制则是对供漆系统的控制，即负责对涂料单元控制盘、喷枪/旋杯单元进行控制，发出喷枪/旋杯开关指令，自动控制和调整涂装的参数（如流量、雾化电压、喷幅气压以及静电电压），控制换色阀及涂料混合器完成清洗、换色、混色作业。

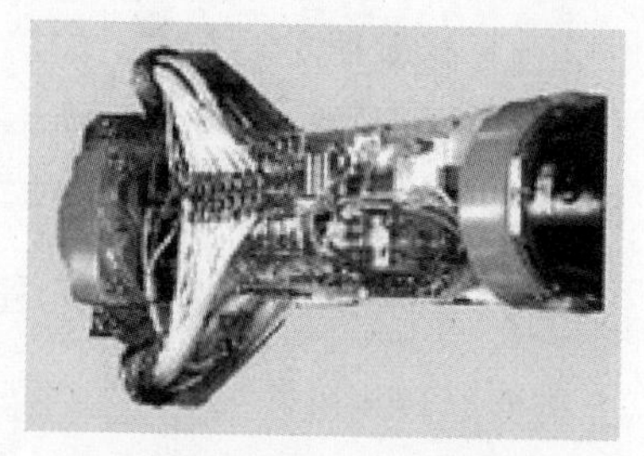

图 2-1-7 集成于手臂的涂装工艺系统

2. 供漆系统

供漆系统主要由涂料单元控制盘、气源、流量调节器、齿轮泵、涂料混合器、换色阀供漆供气管路及监控管线组成。涂料单元控制盘简称气动盘，它接收机器人控制系统发出的涂装工艺的控制指令，精准控制调节器、齿轮泵、喷枪/旋杯完成流量、空气雾化和空气成形的调整；同时控制涂料混合器、换色阀等以实现自动化的颜色切换和指定的自动清洗等功能，实现高质量和高效率的涂装。著名涂装机器人厂商 ABB、FANUC 等均有其自主生产的成熟供漆系统模块配套，如图 2-1-8 所示为 ABB 生产的采用模块化设计、可实现闭环控制的流量调节器、齿轮泵、涂料混合器及换色阀等模块。

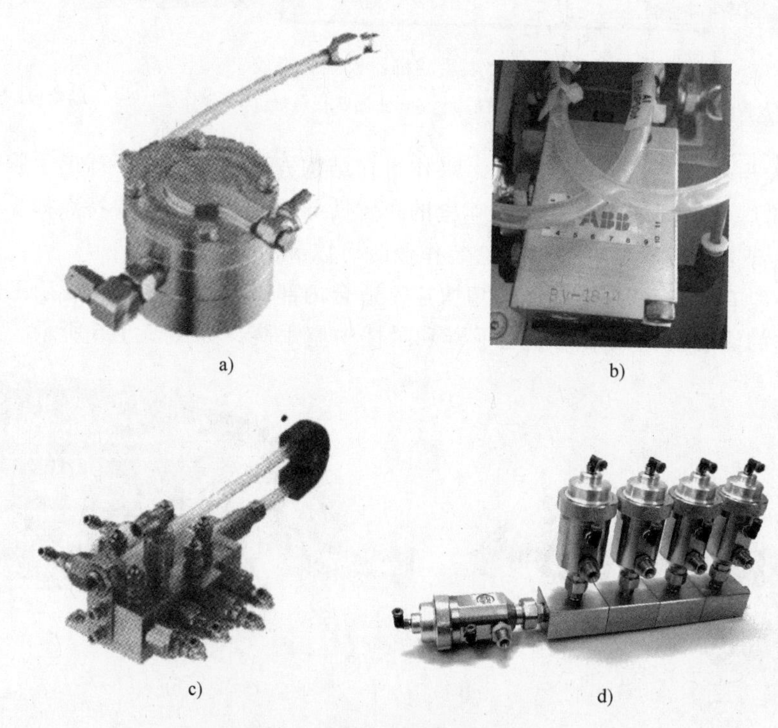

图 2-1-8 涂料系统主要部件

a）流量调节器 b）齿轮泵 c）涂料混合器 d）换色阀

3. 涂装系统

对于涂装机器人，根据所采用的涂装工艺不同，机器人“手持”的喷枪及配备的涂装系统也存在差异。传统涂装工艺与高压无气涂装仍在广泛应用，但近年来静电涂装，特别是旋杯式静电涂装工艺凭借其高质量、高效率、节能环保等优点已成为现代汽车车身涂装的主要手段之一，并且被广泛应用于其他工业领域。

（1）空气涂装

空气涂装是利用压缩空气的气流，流过喷枪喷嘴孔形成负压，在负压的作用下涂料从吸管吸入，经过喷嘴喷出，通过压缩空气对涂料进行吹散，以达到均匀雾化的效果。空气涂装一般用于家具、3C产品外壳、汽车等产品的涂装，图2-1-9所示是较为常见的自动空气喷枪。

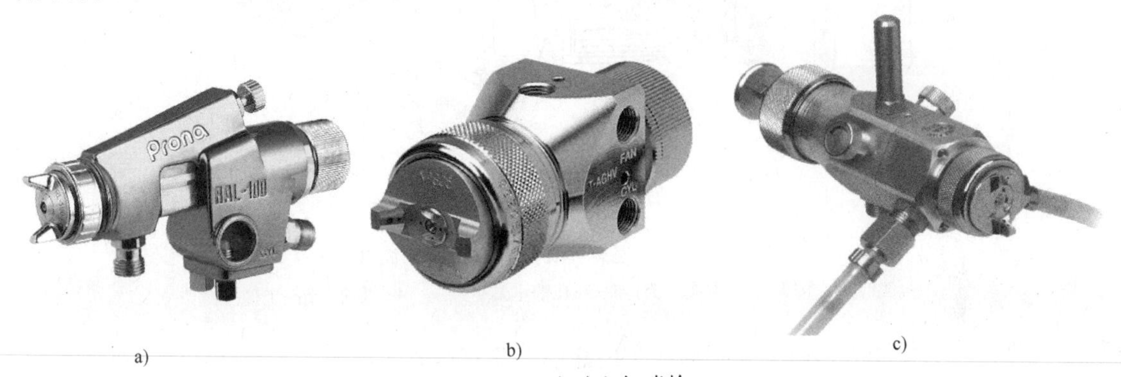

a)　b)　c)

图2-1-9　自动空气喷枪

a）日本明治FA100H-P　b）美国DEVILBISS T-AGHV　c）德国PILOT WA500

（2）高压无气涂装

高压无气涂装是一种较先进的涂装方法，其采用增压泵将涂料的压力增至6~30MPa，通过很细的喷孔喷出，使涂料形成扇形雾状，具有较高的涂料传递效率和生产效率，表面质量明显优于空气涂装。

（3）静电涂装

静电涂装一般是以接地的被涂物为阳极，接电源负高压的雾化涂料为阴极，使得涂料雾化颗粒上带电荷，通过静电作用，吸附在工件表面。静电涂装通常应用于金属表面或导电性良好且结构复杂的表面，或球面、圆柱面等的涂装，其中高速旋杯式静电喷枪已成为应用最广的工业涂装设备，如图2-1-10所示。它在工作时利用旋杯的高速旋转运动（一般为30000~60000r/min）产生离心力，将涂料在旋杯内表面伸展成为薄膜，并通过巨大的加速度使其向旋杯边缘运动，在离心力及强电场的双重作用下涂料破碎为极细的且带电的雾滴，

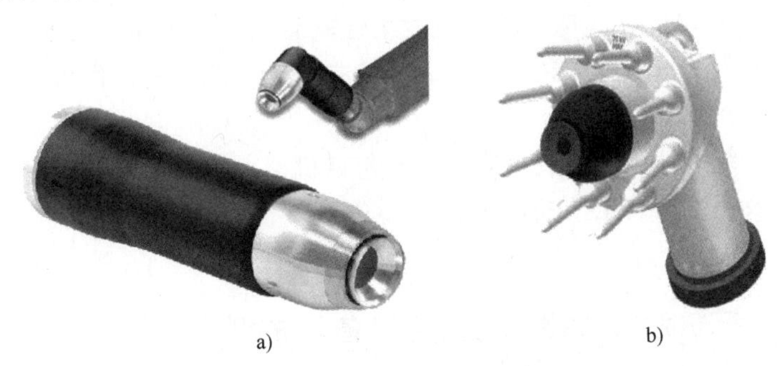

a)　b)

图2-1-10　高速旋杯式静电喷枪

a）ABB溶剂性涂料适用于高速旋杯式静电喷枪

b）ABB水性涂料适用于高速旋杯式静电喷枪

向极性相反的被涂工件运动，沉积于被涂工件表面，形成均匀、平整、光滑、丰满的涂膜，其工作原理如图 2-1-11 所示。

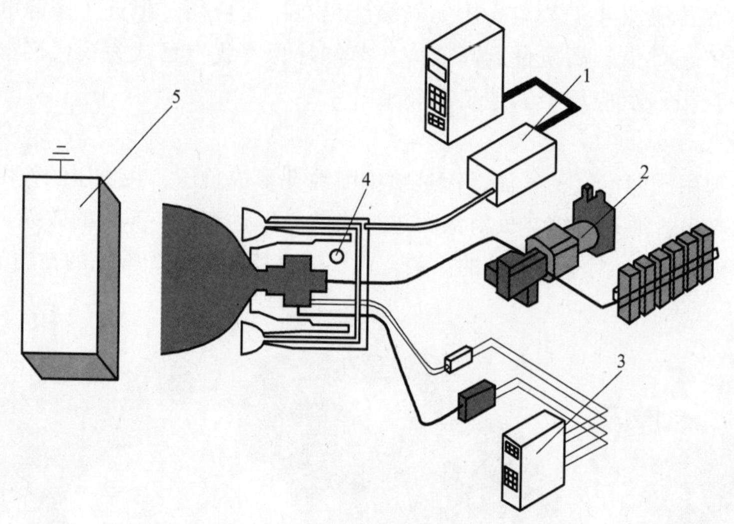

图 2-1-11　高速旋杯式静电喷枪工作原理

1—供气系统　2—供漆系统　3—高压静电发生系统　4—旋杯　5—工件

在进行涂装作业时，为了获得高质量的涂膜，除对机器人动作的柔性和精度、供漆系统及自动喷枪/旋杯的精准控制有所要求外，对涂装环境的最佳状态也提出了一定要求，如无尘、恒温、恒湿、工作环境内恒定的供风及对有害挥发性有机物含量的控制等，喷房由此应运而生。一般来说，喷房由涂料作业的工作室、收集有害挥发性有机物的废气舱、排气扇以及可将废气排放到建筑物外的排气管等组成。

涂装机器人多在封闭的喷房内涂装工件的内外表面，由于涂装的薄雾是易燃易爆的，如果机器人的某个部件产生火花或温度过高，就会引起大火甚至引起爆炸，所以防爆吹扫系统对于涂装机器人是极其重要的一部分。防爆吹扫系统主要由危险区域之外的吹扫单元、操作机内部的吹扫传感器、控制柜内的吹扫控制单元三部分组成，其防爆吹扫系统的工作原理如图 2-1-12 所示，吹扫单元通过柔性软管向包含有电气元件的操作机内部施加压力，阻止爆燃性气体进入操作机内；同时由吹扫控制单元监视操作机内压，当异常状况发生时立即切断操作机伺服电源。

综上所述，涂装机器人主要包括机器人和自动涂装设备两部分。机器人由防爆机器人本体及完成涂装工艺控制的控制柜组成。而自动涂装设备主要由供漆系统及自动喷枪/旋杯组成。

三、涂装机器人的周边设备与布局

完整的涂装机器人生产线及柔性涂装单元除了前面所提及的机器人和自动涂装设备两部分外，还包括一些周边辅助设备。同时，为了保证生产空间、能源和原料的高效利用，灵活性高、结构紧凑的涂装车间布局显得非常重要。

1. 周边设备

常见的涂装机器人辅助装置有机器人行走单元、工件传送（旋转）单元、空气过滤系

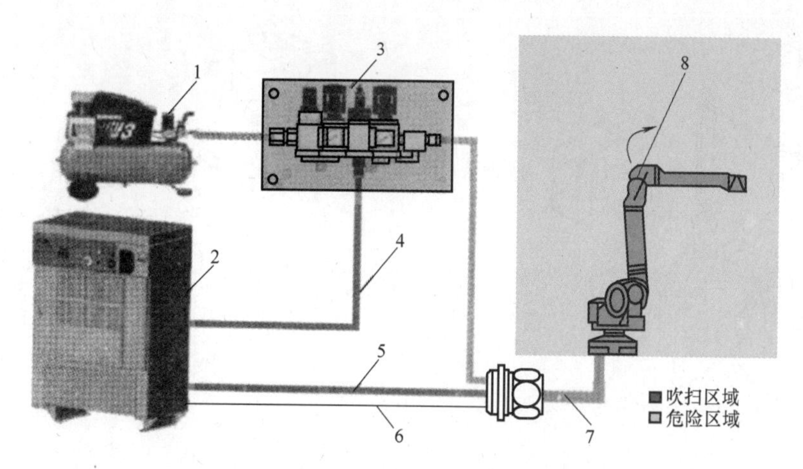

图 2-1-12 防爆吹扫系统工作原理
1—空气接口 2—控制柜 3—吹扫单元 4—吹扫单元控制电缆 5—操作机控制电缆
6—吹扫传感器控制电缆 7—软管 8—吹扫传感器

统、输调漆系统、喷枪清理装置、涂装生产线控制盘等。

（1）机器人行走单元与工件传送（旋转）单元

如同前面任务介绍的焊接机器人变位机和滑移平台，涂装机器人也有类似的装置，主要包括完成工件在传送机上旋转动作的伺服转台、伺服穿梭机及输送系统，以及完成机器人上下左右移动的行走单元，但是涂装机器人对所配备的行走单元与工件传送和旋转单元的防爆性能有着较高的要求。一般配备行走单元和工件传送与旋转单元的涂装机器人生产线及柔性涂装单元的工作方式有三种：动/静模式、流动模式及跟踪模式。

1）动/静模式。在动/静模式下，工件先由伺服穿梭机或输送系统传送到涂装室中，由伺服转台完成工件旋转，之后由涂装机器人单体或者配备行走单元的机器人对其完成涂装作业。在涂装过程中工件可以是静止地做独立运动，也可与机器人做协调运动，如图 2-1-13 所示。

2）流动模式。在流动模式下，工件由输送链承载匀速通过涂装室，由固定不动的涂装机器人对工件完成涂装作业，如图 2-1-14 所示。

3）跟踪模式。在跟踪模式下，工件在输送链的承载下匀速通过涂装室，机器人不仅要跟踪随输送链运动的涂装物，而且要根据涂装而改变喷枪的方向和角度，如图 2-1-15 所示。

（2）空气过滤系统

在涂装作业过程中，当大于或者等于 10μm 的粉尘混入漆层时，用肉眼就可以明显看到由粉尘造成的瑕点。为了保证涂装作业的表面质量，涂装线所处的环境及空气涂装所使用的压缩空气应尽可能保持清洁，这就需要空气过滤系统使用大量空气过滤器对空气质量进行处理并保持涂装车间正压。喷房内的空气纯净度要求最高，一般来说要求经过三道过滤。

（3）输调漆系统

涂装机器人生产线一般由多个涂装机器人单元协同作业，这时需要有稳定、可靠的涂料及溶剂的供应，而输调漆系统则是保证这一条件的重要装置。一般来说，输调漆系统由以下

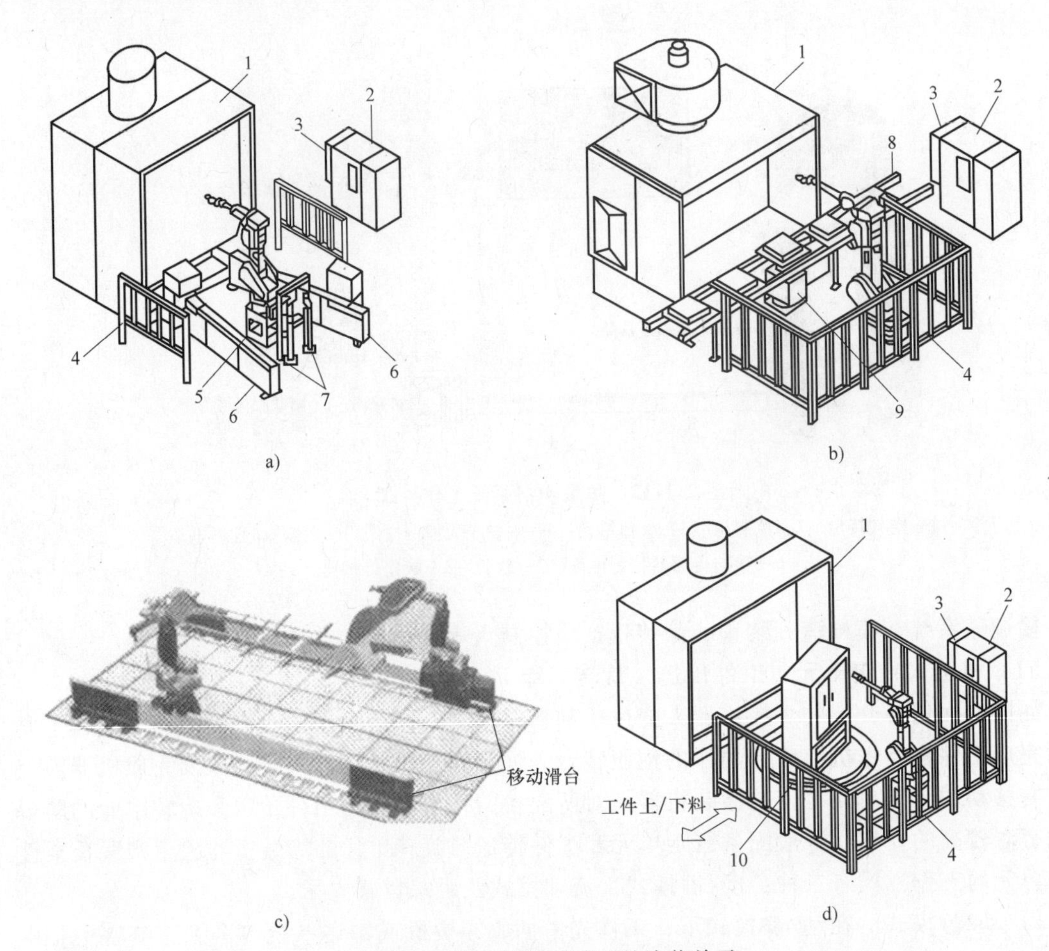

图 2-1-13　动/静模式下的涂装单元

a）配备伺服穿梭机的涂装单元　b）配备输送系统的涂装单元

c）配备行走单元的涂装单元　d）机器人与伺服转台协调运动的涂装单元

1—喷房　2—机器人控制器　3—气动盘　4—安全围栏　5—机器人底座　6—伺服穿梭机

7—手动操作盒　8—工作输送装置　9—伺服旋转器　10—伺服转台

图 2-1-14　流动模式下的涂装单元

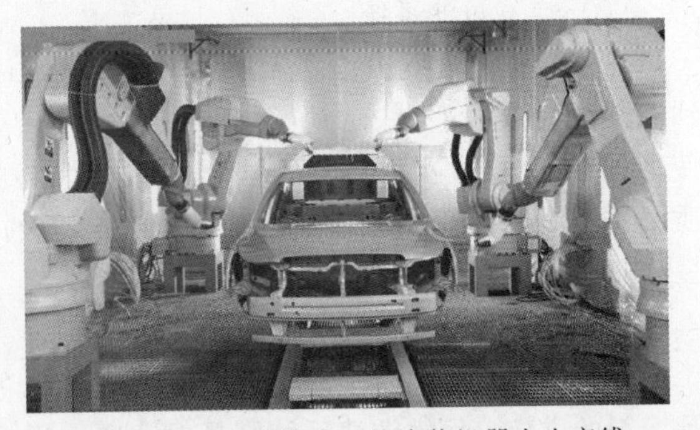

图 2-1-15　跟踪模式下的涂装机器人生产线

几部分组成：油漆和溶剂混合的调漆系统、为涂装机器人提供油漆和溶剂的输送系统、液压泵系统、油漆温度控制系统、溶剂回收系统、辅助输调漆设备及输调漆管网等，如图 2-1-16 所示。

图 2-1-16　输调漆系统

（4）喷枪清理装置

涂装机器人的设备利用率高达 90%～95%，在进行涂装作业中难免发生污物堵塞喷枪气路，同时在对不同工件进行涂装时也需要进行换色作业，此时需要对喷枪进行清理。自动化的喷枪清洗装置如图 2-1-17 所示，它能够快速、干净、安全地完成喷枪的清洗和颜色更换，彻底清除喷枪通道内及喷枪上飞溅的涂料残渣，同时对喷枪完成干燥，减少喷枪清理所耗用的时间、溶剂及空气，喷枪清洗装置在对喷枪清理时一般经过四个步骤：空气自动冲洗、自动清洗、自动溶剂冲洗、自动通风排气，其编程实现与前面任务所述的焊枪自动清枪站喷油阶段类似，需要 5～7 个程序点，见表 2-1-1。

图 2-1-17　Uni-ram UG4000 自动喷枪清理机

表 2-1-1　程序点说明（清枪动作）

程序点	说明	程序点	说明	程序点	说明
程序点 1	移向清枪位置	程序点 3	清枪位置	程序点 5	移出清枪位置
程序点 2	清枪前一点	程序点 4	喷枪抬起	—	—

（5）涂装生产线控制盘

对于采用两套或者两套以上涂装机器人单元同时工作的涂装作业系统，一般需配置生产线控制盘对生产线进行监控和管理。图 2-1-18 所示为川崎公司的 KOSMOS 涂装生产线控制盘界面，其功能如下：

1）生产线监控功能。通过管理界面可以监控整个涂装作业系统的状态，例如工件类型、颜色、涂装机器人和周边装置的操作、涂装条件、系统故障信息等。

2）可以方便设置及更改涂装条件和涂料单元控制盘，即对涂料流量、雾化电压、喷幅（调扇幅）气压、静电电压进行设置，并可设置颜色切换的时序图、喷枪清洗及各类工件类型和颜色的程序编号。

3）可以管理统计生产线各类生产数据，包括产量统计、故障统计、涂料消耗率等。

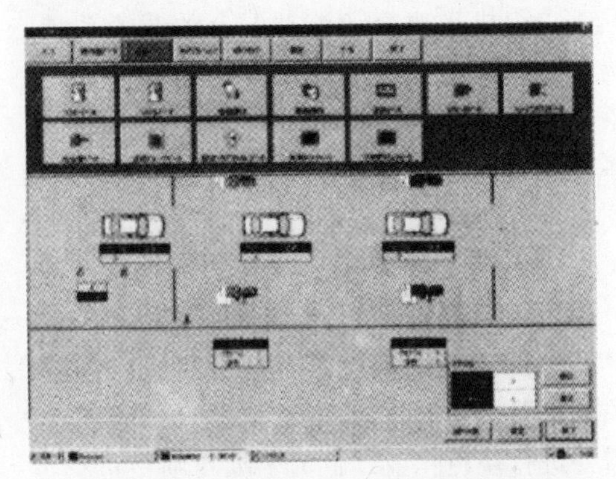

图 2-1-18　KOSMOS 涂装生产线控制盘

2. 工位布局

涂装机器人具有涂装质量稳定、涂料利用率高、可以连续大批量生产等优点，涂装机器人工作站或生产线的布局是否合理直接影响到企业的产能及能源和原料的利用率。对于由涂装机器人与周边设备组成的涂装机器人工作站的工位布局形式，与之前介绍的焊接机器人工作站的布局形式相仿，常由工作台或工件传送（旋转）单元配合涂装机器人构成并排、A 字形、H 形与转台型双工位工作站。对于汽车及机械制造等行业往往需要结构紧凑灵活、自动化程度高的涂装生产线，涂装生产线在形式上一般有两种：线型布局和并行盒子布局，如图 2-1-19 所示。

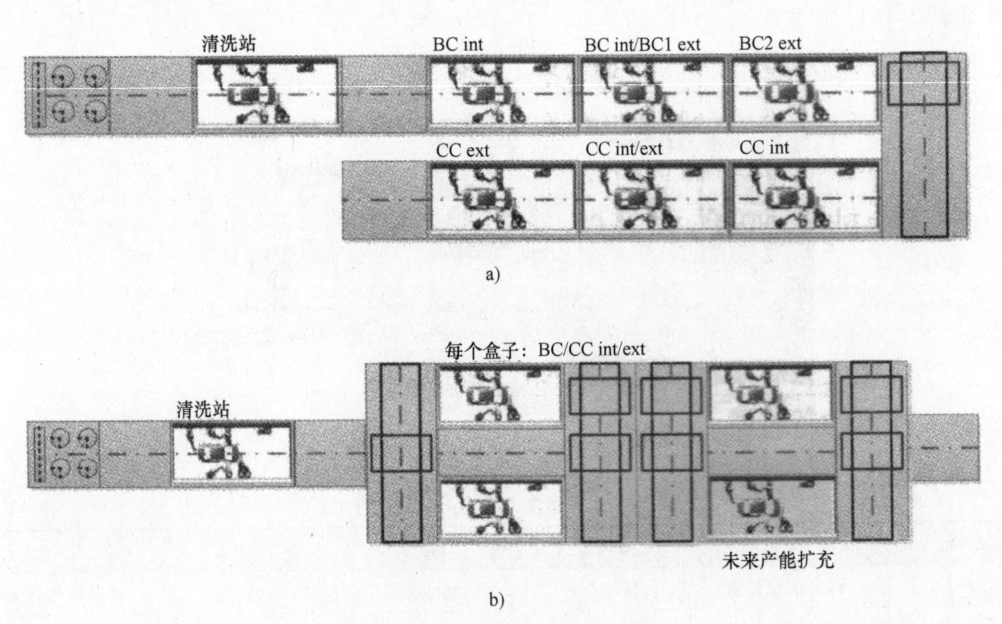

图 2-1-19　涂装机器人生产线布局

a）线型布局　b）并行盒子布局

图 2-1-19a 所示的线型布局的涂装生产线在进行涂装作业时，产品依次通过各工作站完成清洗、中涂、底漆、清漆和烘干等工序，负责不同工序的各工作站间采用停走运行方式。对于图 2-1-19b 所示的并行盒子布局，在进行涂装作业时，产品进入清洗站完成清洗作业，接着为其外表面进行中涂之后，被分送到不同的盒子中完成内部和表面的底漆和清漆涂装，不同盒子间可同时以不同时间周期进行，同时日后如需扩充生产能力，可以轻易地整合新的盒子到现有的生产线中。对于线型布局和并行盒子布局的生产线特点与适用范围对比详见表 2-1-2。

表 2-1-2　线型布局与并行盒子布局生产线比较

比较项目	线型布局生产线	并行盒子布局生产线
涂装产品范围	单一	满足多产品要求
对生产节拍变化适应性	要求尽可能稳定	可适应各异的生产节拍
同等生产力的系统程度	长	远远短于线型布局
同等生产力需要机器人的数量	多	较少
设计建造难易程度	简单	相对较为复杂
生产线运行耗能	高	低
作业期间换色时涂料的损失量	多	较少
未来生产能力扩充难易度	较为困难	灵活简单

综上所述，在涂装生产线的设计过程中不仅要考虑产品范围以及额定生产能力，还需要考虑所需涂装产品的类型、各产品的生产批量及涂装工作量等因素。对于产品单一、生产节拍稳定、生产工艺中有特殊工序的可采取线型布局。当产品类型尺寸、工艺流程、产品批量各异时，灵活的并行盒子布局的生产线则是比较合适的选择。同时采取并行盒子布局不仅可以减少投资，而且可以降低后续运行成本，但建造并行盒子布局的生产线时需要额外承担产品处理方式及中转区域设备等的投资。

四、机器人涂胶装配模拟工作站

汽车涂胶装配模拟工作站的任务主要是通过机器人完成对车窗框的预涂胶及拾取车窗涂胶并装配到车体上；具体工作过程是设备“启动”后，车窗上料机构将汽车车窗送入工作区，汽车模型转盘转动到位，机器人选取胶枪治具对车窗框进行预涂胶，预涂完成，机器人更换吸盘夹具拾取车窗，并由涂胶机进行涂胶，而后把涂胶后的车窗安装到汽车模型上，一辆汽车完成后，汽车转盘转到下一个工位，继续完成下一台汽车装配；汽车涂胶装配模拟工作站如图 2-1-20 所示，其组成的各部件见表 2-1-3。

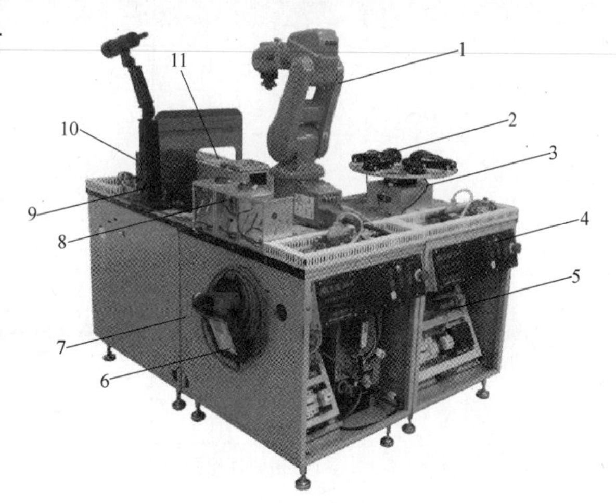

图 2-1-20　汽车涂胶装配模拟工作站

表 2-1-3　机器人汽车涂胶装配模拟工作站组成部件

序号	名称	序号	名称	序号	名称
1	六轴机器人	5	电气控制挂板	9	简易涂胶机
2	汽车模型	6	机器人示教器	10	安全储料台
3	精密多工位旋转工作台	7	模型桌体	11	安全送料机构
4	操作面板	8	机器人夹具座		

1. 六轴机器人单元

六轴机器人单元采用实际工业应用的 ABB 公司六轴控制机器人，配置规格为本体 IRB-

120，有效负载 3kg，臂展 0.58m，配套工业控制器，由钣金制成机器人固定架，结实稳定；配置多个机器人夹具摆放工位，带有自动快换功能，灵活多用，桌体配重，保证机器人高速运动时不出现摇晃。

2. 多工位涂装单元

多工位涂装单元的功能是以步进驱动旋转台样式提供多工位上料工作。

3. 上料涂胶单元

上料涂胶单元的功能是上料机构负责装配工件的上料，涂胶系统提供模拟涂胶任务。

4. 机器人末端执行器

六轴机器人的末端执行器主要配有胶枪治具和双吸盘夹具。其中胶枪治具辅助机器人完成预涂胶任务；双吸盘夹具辅助机器人完成单个物料（车窗玻璃）的拾取与搬运。

任务实施

一、任务准备

实施本任务教学所使用的实训设备及工具材料可参考表 2-1-4。

表 2-1-4　实训设备及工具材料

序号	分类	名称	型号规格	数量	单位	备注
1	工具	电工常用工具		1	套	
2		内六角扳手	3.0mm	1	个	
3		内六角扳手	4.0mm	1	个	
4	设备器材	ABB 机器人	SX-CSET-JD08-05-34	1	套	
5		多工位涂装模型	SX-CSET-JD08-05-32	1	套	
6		胶枪治具组件	SX-CSET-JD08-05-12	1	套	
7		上料涂胶模型	SX-CSET-JD08-05-31	1	套	
8		按键吸盘组件	SX-CSET-JD08-05-11	1	套	
9		夹具座组件	SX-CSET-JD08-05-15A	2	套	
10		气源两联件组件	SX-CSET-JD08-05-16	1	套	
11		模型桌体 A	SX-CSET-JD08-05-41	1	套	
12		模型桌体 B	SX-CSET-JD08-05-42	1	套	
13		计算机桌	SX-815Q-21	2	套	
14		计算机	自定	2	套	
15		无油空压机	静音	1	台	
16		资料光盘		1	张	
17		说明书		1	本	

二、观看涂装机器人在工厂自动化生产线中的应用录像

记录工业机器人的品牌及型号，并查阅相关资料，了解涂装机器人在实际生产中的应用。

三、操作机器人涂胶装配模拟工作站

在教师的指导下，操纵机器人涂胶装配模拟工作站，并了解其工作过程。机器人涂胶装配模拟工作站的具体操作步骤及工作过程见表2-1-5。

表2-1-5　机器人涂胶装配模拟工作站的具体操作步骤及工作过程

步骤	图　示	操作方法及工作过程
1		合上总电源开关，按下“联机”按钮，然后按下起动按钮
2	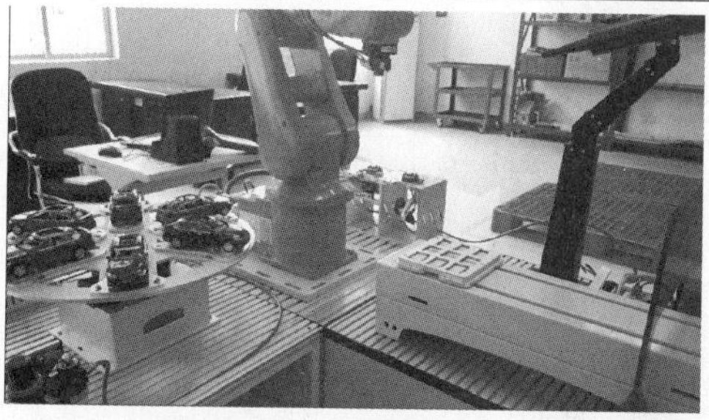	安全送料机构将车窗托盘送到指定位置
3		车窗托盘到达指定位置后，六轴机器人逆时针旋转到夹具座组件里拾取胶枪治具
4		当进入拾取胶枪治具后，会自动顺时针旋转到多工位固定台的第一辆需要涂胶装配的汽车模型上方停下
5		机器人通过胶枪治具首先对前车窗框架进行预涂胶
6	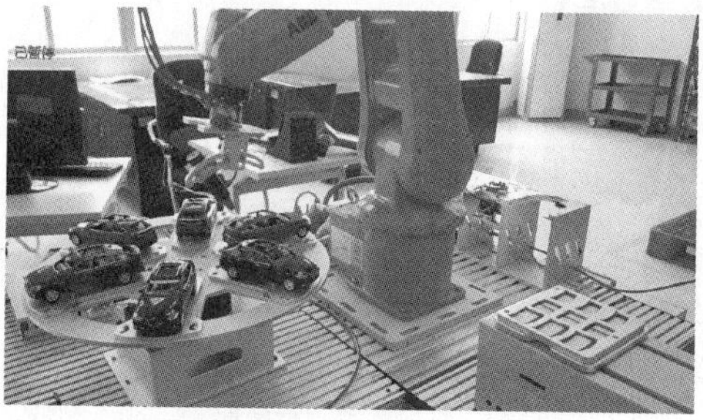	对前车窗框架预涂胶完成后，接着机器人通过胶枪治具对汽车模型的后车窗框架进行预涂胶

（续）

步骤	图　示	操作方法及工作过程
7	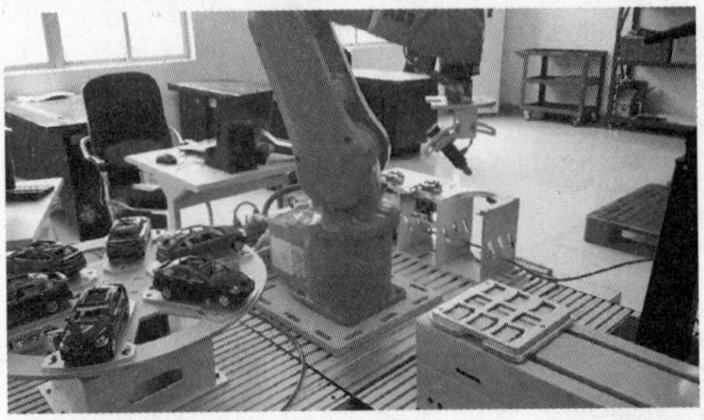	对后车窗框架预涂胶完成后，机器人通过基座再次逆时针旋转到夹具座组件里放回胶枪治具，完成第一辆车车窗框架的预涂胶任务
8		放回胶枪治具后，机器人会逆时针旋转移动去拾取双吸盘夹具
9		拾取双吸盘夹具后，机器人会顺时针移动到安全送料机构的车窗托盘指定位置的上方
10		吸取第一块需要涂胶装配的前车窗玻璃
11		机器人将前车窗玻璃拿到涂胶机前进行涂胶
12	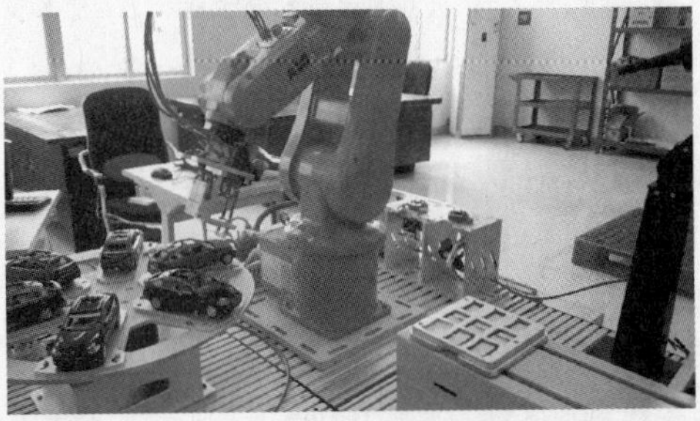	当涂胶完毕后，机器人会顺时针旋转需要装配的模型汽车前车窗指定的地方
13		对前车窗进行装配

（续）

步骤	图　示	操作方法及工作过程
14		前车窗装配完成后，机器人逆时针旋转拾取后车窗，再到涂胶机前进行涂装，而后把车窗装配到汽车模型后车窗上
15		全部完成后，机器人放回双吸盘夹具完成一个循环；多工位旋转工作台旋转一个工位，进行下一辆车的涂装装配任务

检查测评

对任务实施的完成情况进行检查，并将结果填入表 2-1-6 内。

表 2-1-6　任务测评表

序号	主要内容	考核要求	评分标准	配分	扣分	得分
1	观看录像	正确记录机器人的品牌及型号，正确描述主要技术指标及特点	1. 记录机器人的品牌、型号有错误或遗漏，每处扣 2 分 2. 描述主要技术指标及特点有错误或遗漏，每处扣 2 分	20		
2	机器人涂胶装配模拟工作站的操作	1. 能正确操作机器人轮胎码垛入仓 2. 能正确操作机器人车窗分拣及码垛	1. 不能正确操作机器人轮胎码垛入仓扣 30 分 2. 不能正确操作机器人车窗分拣及码垛扣 30 分	70		
3	安全文明生产	劳动保护用品穿戴整齐；遵守操作规程；讲文明礼貌；操作结束要清理现场	1. 操作中，违反安全文明生产考核要求的任何一项扣 5 分，扣完为止 2. 当发现学生有重大事故隐患时，要立即予以制止，并每次扣安全文明生产总分 5 分	10		
合　计						
开始时间：			结束时间：			

任务二 上料涂胶单元的组装、程序设计与调试

学习目标

知识目标：1. 熟悉上料涂胶单元的整机结构和涂胶机的结构组成及工作原理。

2. 了解光纤传感器、磁性开关的工作原理。

3. 了解无杆气缸的工作原理和基本结构。

4. 掌握光纤传感器、节流阀、电磁阀等的调试方法。

能力目标：1. 会参照装配图进行上料涂胶单元的组装。

2. 会参照接线图完成单元桌面电气元件的安装与接线。

3. 能够根据控制要求，完成送料程序的设计与调试。

工作任务

有一台上料涂胶机构，上料的托盘上装有三台车的车窗玻璃，现需要对该上料涂胶单元进行组装、程序设计及调试工作，并交有关人员验收，要求安装完成后可按功能要求正常运转。具体要求如下：

1）完成上料涂胶机构的组装。

2）要求通过 PLC 的控制，按下起动按钮，设备起动，按下送料按钮，将车窗托盘送入工作区，同时涂胶机准备就绪（等待机器人拾取车窗、涂胶及装配到汽车上）。

相关知识

一、上料涂胶单元

上料涂胶单元主要由上料机构和涂胶系统两大部分组成，其功能是上料机构负责装配工件的上料，涂胶系统提供模拟涂胶任务。上料涂胶单元的整机结构图，如图 2-2-1 所示。

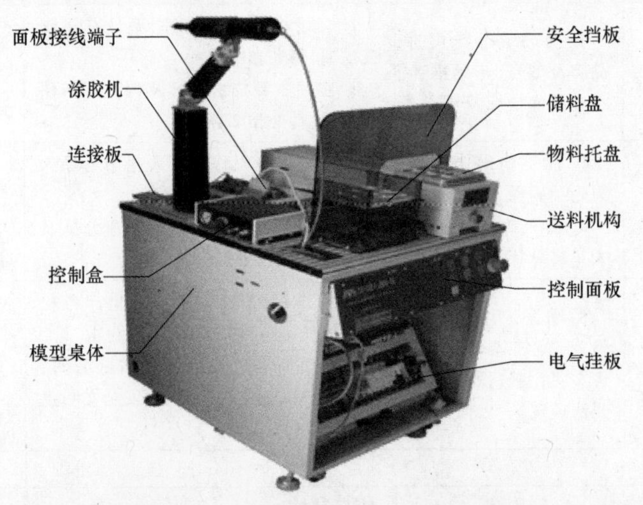

图 2-2-1 上料涂胶单元的整机结构图

1. 涂胶机的结构

涂胶机又称点胶机、滴胶机、打胶机、灌胶机等，专门对流体进行控制，并将流体点滴、涂覆于产品表面或产品内部的自动化机器，可实现三维、四维路径点胶，精确定位，精准控胶，不拉丝，不漏胶，不滴胶。涂胶机主要用于产品工艺中的胶水、油漆以及其他液体精确点、注、涂、点滴到每个产品精确位置，可以用来实现打点，画线、圆形或弧形。本任务选用 TH-200KG 型，如图 2-2-2 所示，由胶枪和控制盒组成，之间由 $\phi6$ 气管连接；快速接头、筒盖、储存筒可对所有黏度液体进行作业，通过控制涂胶线路，保证涂胶的精度，通过调节输出气压和涂胶时间来获得最佳涂胶效果，配备真空可调回吸装置，以消除胶液滴漏现象。

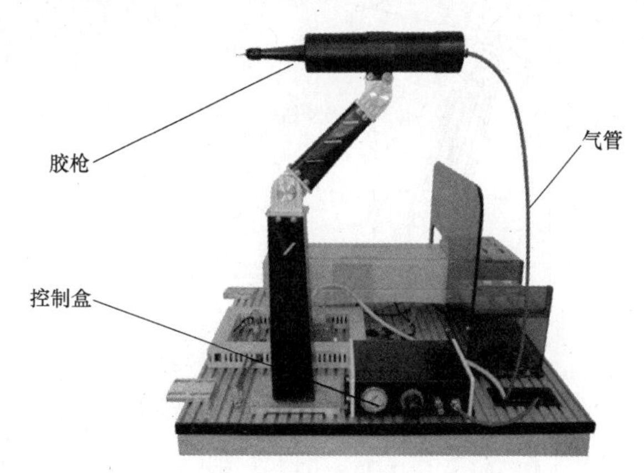

图 2-2-2　TH-200KG 型涂胶机

2. 涂胶机工作原理

压缩空气送入胶瓶（注射器），将胶压进与活塞室相连的进给管中，当活塞处于上冲程时，活塞室中填满胶，当活塞向下推进滴胶针头时，胶从针嘴压出。滴出的胶量由活塞下冲的距离决定。

3. 涂胶枪的调节

为确保流体顺利流出以及始终固定好胶筒和工作表面的距离和位置，从而取得均匀一致的涂胶效果，胶枪的调节要求如下：

1）先逆时针方向调节调压阀来降低气压，再顺时针方向调节调压阀来增大气压到正确的设定；避免用很高的气压匹配非常小的胶点设置。其理想的搭配是气压和针头组合产生“适合工作”的流速，既不能喷溅也不能太慢。

2）对于任何的流体，适中的涂胶时间和气压会产生最好的涂胶效果，因其涂胶压力可以在它的峰值保持较长的时间。

3）调节图 2-2-3 中的两旋钮可调节胶枪涂胶点的高低和前后位置。

二、光纤传感器

1. 光纤传感器的工作原理

光纤传感器的工作原理是将来自光源的光经过光纤送入调制器，使待测参数光与进入调制区的光相互作用后，导致光的光学性质（如光的强度、波长、频率、相位、偏振态等）发生变化，称为被调制的信号光，再通过利用被测量参数对光的传输特性施加的影响，完成测量，如图 2-2-4 所示。

2. 光纤传感器的结构

本任务选用 D10BFP 光纤传感器，用作汽车模型进入工位检测，发出汽车到位信号，其实物图如图 2-2-5 所示。

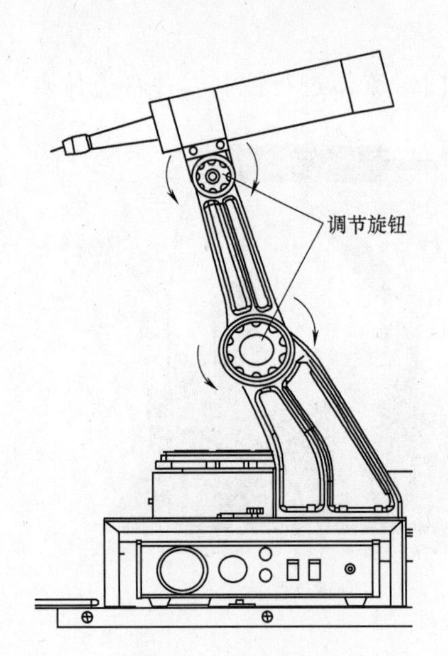

图 2-2-3 胶枪的调节

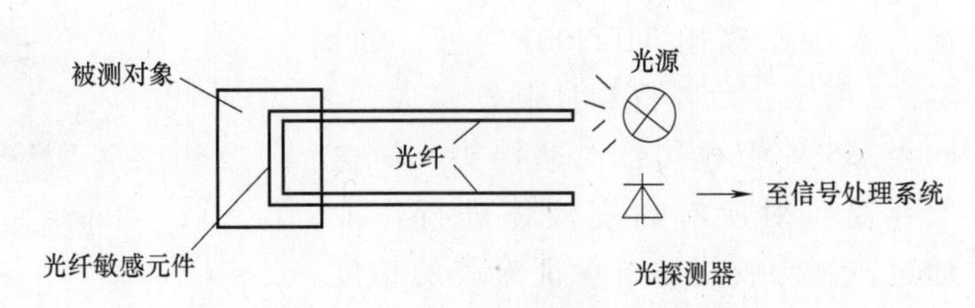

图 2-2-4 光纤传感器工作原理图

三、磁性开关

磁性开关，是通过磁铁来感应的开关。里面有一干簧管，干簧管是干式舌簧管的简称，是一种有触点的无源电子开关元件，具有结构简单、体积小、便于控制等优点，其外壳一般是一根密封的玻璃管，管中装有两个铁质的弹性簧片电板，还灌有一种叫金属铑的惰性气体。平时，玻璃管中的两个由特殊材料制成的簧片是分开的。当有磁性物质靠近玻璃管时，在磁场磁力线的作用下，管内的两个簧片被磁化而互相吸引接触，簧片就会吸合在一起，使结点所接的电路连通。外磁力消失后，两个簧片由于本身的弹性而分开，线路也就断开了。因此，作为一种利用磁场信号来控制的线路开关器件，干簧管可以作为传感器用，用于计数、限位等，同时还被广泛使用于各种通信设备中。磁性开关的接线图如图 2-2-6 所示。

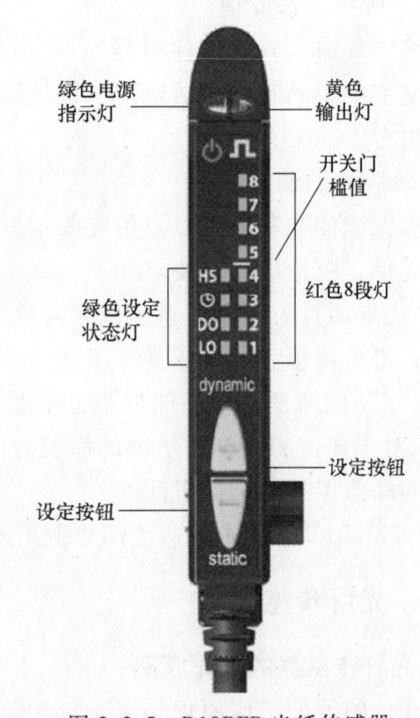

图 2-2-5 D10BFP 光纤传感器

在实际运用中，通常用永久磁铁控制这两个金属片的接通与否，所以又被称为“磁控管”。干簧管同霍尔元件差不多，但原理性质不同，是利用磁场信号来控制的一种开关元件，无磁断开，可以用来检测电路或机械运动的状态。

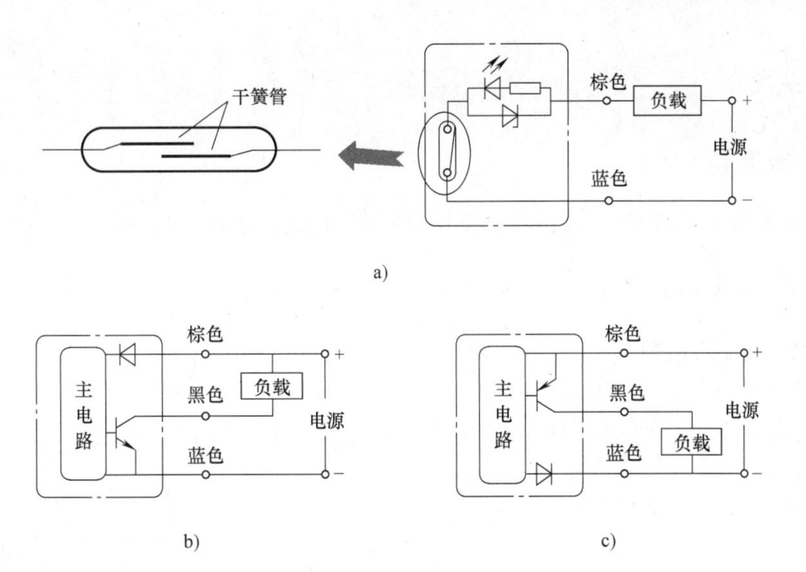

图 2-2-6　磁性开关的接线图

a）两线式接线　b）三线式接线（无接点 NPN 型）　c）三线式接线（无接点 PNP 型）

提示

1）两线式接线的磁性开关交直流电源通用。

2）三线式接线的磁性开关只能用于直流电源。NPN 型和 PNP 型磁性开关在继电器回路使用时应注意接线的差异。在配合 PLC 使用时应注意正确的选型。

四、磁性无杆气缸

磁性无杆气缸是指利用活塞直接或间接方式连接外界执行机构，并使其跟随活塞实现往复运动的气缸。这种气缸的最大优点是节省安装空间。活塞通过磁力带动缸体外部的移动体做同步移动，其结构如图 2-2-7 所示。它的工作原理是，在活塞上安装一组高强磁性的永久磁环，磁力线通过薄壁缸筒与套在外面的另一组磁环作用，由于两组磁环磁性相反，因此具有很强的吸力。当活塞在缸筒内被气压推动时，在磁力作用下，缸筒外的磁环套一起移动。气缸活塞的推力必须与磁环的吸力相适应。

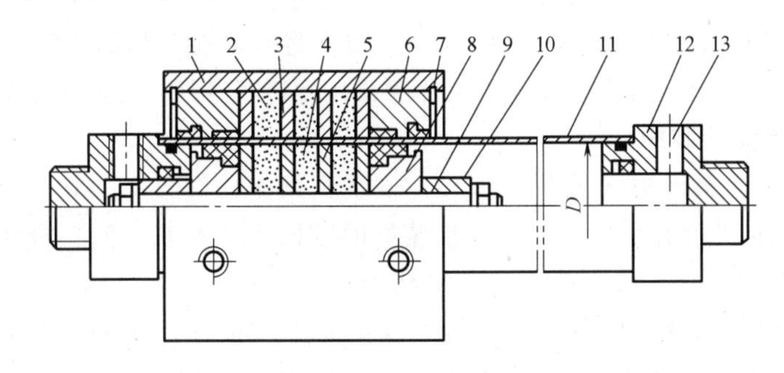

图 2-2-7　磁性无杆气缸

1—套筒　2—外磁环　3—外磁导板　4—内磁环　5—内磁导板　6—压盖　7—卡环　8—活塞　9—活塞轴　10—缓冲柱塞　11—气缸筒　12—端盖　13—进、排气口

任务实施

一、任务准备

实施本任务教学所使用的实训设备及工具材料可参考表 2-1-4。

二、上料涂胶单元的组装

1. 安全储料台的安装

1）车窗涂胶实训任务存储在存储箱内，如图 2-2-8 所示，使用时需要取出组装。

2）存储箱内模型分两层存储，每层有独立托盘，托盘两侧装有提手，方便拿出托盘，如图 2-2-9 所示。

图 2-2-8 任务存储箱

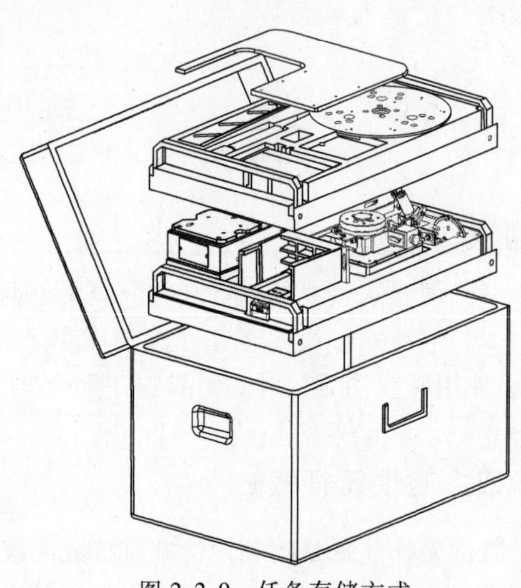

图 2-2-9 任务存储方式

3）从车窗涂胶实训任务存储箱中取出车窗储料盒、安全挡板、挡板支脚及螺钉等配件，按如图 2-2-10 所示的组装图进行组装。

2. 涂胶机胶枪的装配

1）取出胶枪的基本配件如图 2-2-11 所示。

2）首先将 B 装在 A 的细端，上螺钉不拧紧，其次将 C 套在 B 里面（注意方向），拧紧 B 上的螺钉，将 C 固定在 A 上，然后将 A 与 D 的平整面用螺钉固定紧，安装过程如图 2-2-12 所示。

3. 上料涂胶单元的装配

1）首先把安全送料机构（见图 2-2-13）安装到桌体，如图 2-2-14 所示。

2）按图 2-2-15 所示的布局，将前面组装好的胶枪系统及安全储料台固定在桌面上；并把车窗托盘（见图 2-2-16）放到安全上料机构的指定位置。

3）对照电气原理图及 I/O 分配表把信号线接插头对接好，安装方式如图 2-2-17 所示。光纤头直接插入对应的光纤放大器，使用 $\phi4$ 气管把安全送料机构桌面与其对应电磁阀气路出口接头连接插紧。涂胶机进气口使用 $\phi6$ 气管与桌面气路三通连接，涂胶机出气口使用 $\phi6$ 气管与胶枪筒尾部气路接头连接插紧。

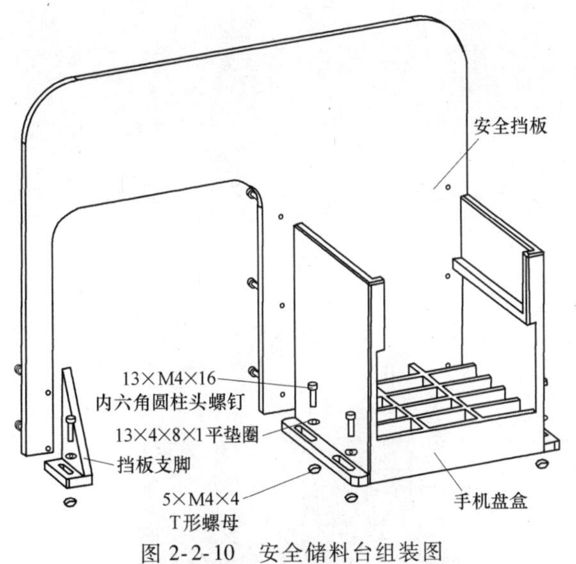

图 2-2-10　安全储料台组装图

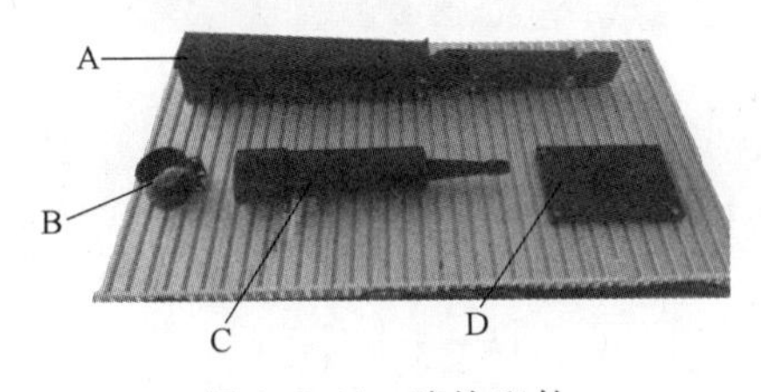

图 2-2-11　胶枪配件

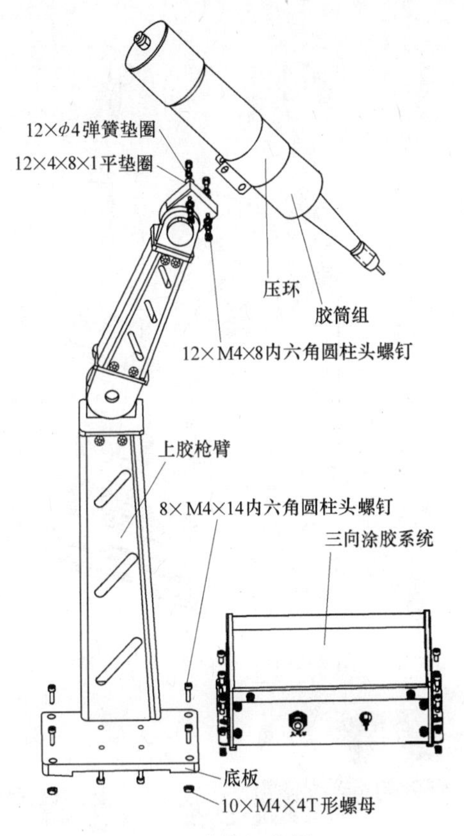

图 2-2-12　胶枪组装图

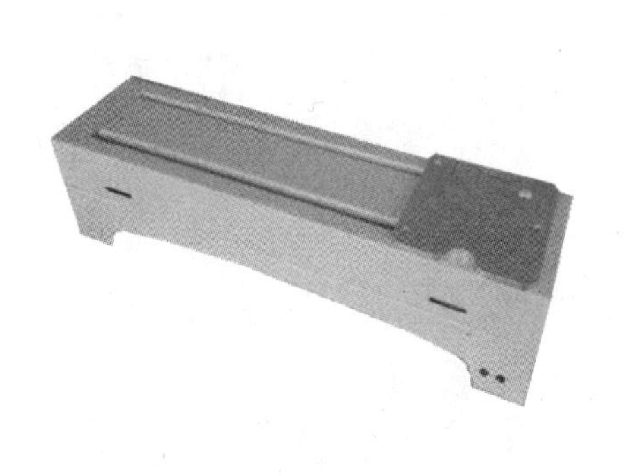

图 2-2-13　安全送料机构

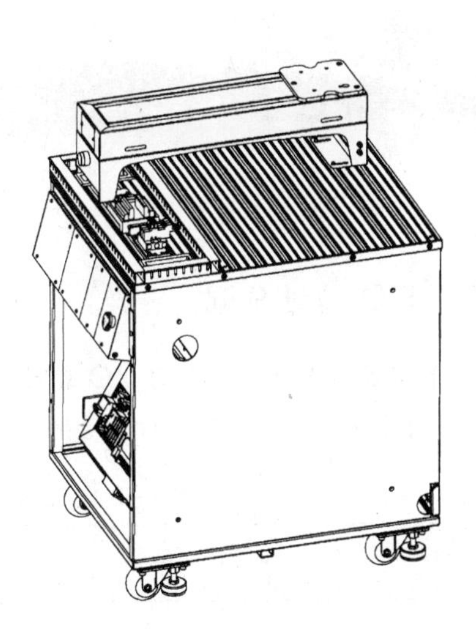

图 2-2-14　安全送料机构的安装

三、画出控制程序流程图

根据控制要求，画出控制程序流程图，如图 2-2-18 所示。

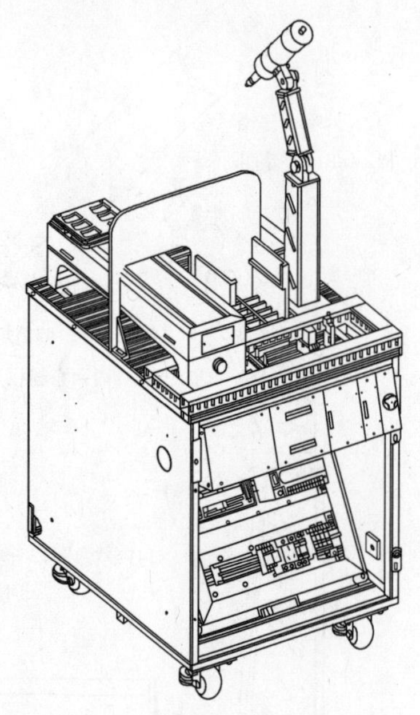

图 2-2-15 安装好的上料整列单元

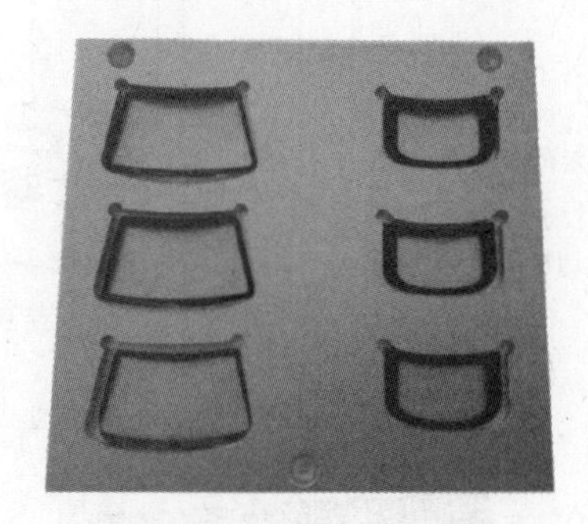

图 2-2-16 车窗托盘

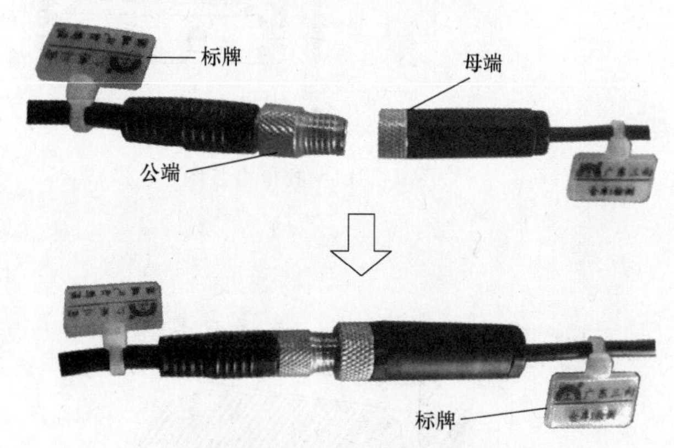

图 2-2-17 接插线连接

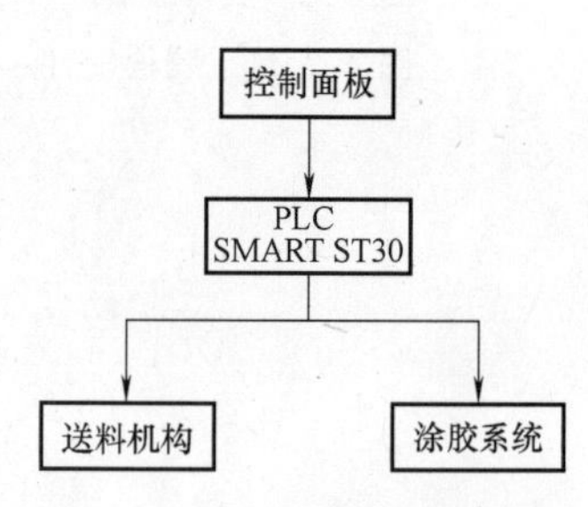

图 2-2-18 控制程序流程图

四、I/O 地址分配

1. 上料涂胶单元 PLC 的 I/O 功能分配

上料涂胶单元 PLC 的 I/O 功能分配见表 2-2-1。

表 2-2-1 上料涂胶单元 PLC 的 I/O 功能分配

序号	I/O 地址	功能描述	备注
1	I0.1	托盘底座检测有信号，I0.1 闭合	
2	I0.5	托盘气缸前限有信号，I0.5 闭合	
3	I0.6	托盘气缸后限有信号，I0.6 闭合	
4	I0.7	送料按钮按下，I0.7 闭合	
5	I1.0	起动按钮按下，I1.0 闭合	
6	I1.1	停止按钮按下，I1.1 闭合	
7	I1.2	复位按钮按下，I1.2 闭合	
8	I1.3	联机信号，I1.3 闭合	

（续）

序号	I/O 地址	功能描述	备注
9	Q0.3	Q0.3 闭合，涂胶电磁阀启动	
10	Q0.5	Q0.5 闭合，面板运行指示灯（绿）点亮	
11	Q0.6	Q0.6 闭合，面板停止指示灯（红）点亮	
12	Q0.7	Q0.7 闭合，面板复位指示灯（黄）点亮	
13	Q1.0	Q1.0 闭合，托盘气缸电磁阀得电	

2. 上料涂胶单元桌面接口板端子分配

上料涂胶单元桌面接口板端子分配见表 2-2-2。

表 2-2-2 上料涂胶单元桌面接口板端子分配

桌面接口板地址	线号	功能描述	备注
2	托盘底座检测（I0.1）	托盘底座检测传感器信号线	
6	托盘气缸前限（I0.5）	托盘气缸前限信号线	
7	托盘气缸后限（I0.6）	托盘气缸后限信号线	
8	托盘送料按钮（I0.7）	托盘送料按钮信号线	
23	涂胶电磁阀（Q0.3）	涂胶电磁阀信号线	
25	托盘送料气缸电磁阀（Q1.0）	托盘送料气缸电磁阀信号线	
39	托盘底座检测+	托盘底座检测传感器电源线+端	
51	托盘气缸前限-	托盘气缸前限磁性开关-端	
52	托盘气缸后限-	托盘气缸后限磁性开关-端	
53	送料按钮-	送料按钮电源线-	
47	托盘底座检测-	托盘底座检测传感器电源线-	
65	涂胶电磁阀-	涂胶电磁阀-	
67	托盘送料气缸电磁阀-	托盘送料气缸电磁阀-	
63	PS39+	提供 24V 电源+	
64	PS3-	提供 24V 电源-	

3. 上料涂胶单元挂板接口板端子分配

上料涂胶单元挂板接口板端子分配见表 2-2-3。

表 2-2-3 上料涂胶单元挂板接口板端子分配

挂板接口板地址	线号	功能描述	备注
2	I0.1	托盘底座检测有信号	
6	I0.5	托盘气缸前限有信号	
7	I0.6	托盘气缸后限有信号	
8	I0.7	托盘送料按钮	
23	Q0.3	涂胶电磁阀	
25	Q1.0	托盘送料气缸电磁阀	
A	PS3+	继电器常开触点（KA31:6）	
B	PS3-	直流电源 24V-进线	
C	PS32+	继电器常开触点（KA31:5）	
D	PS33+	继电器触点（KA31:9）	
E	I1.0	起动按钮	
F	I1.1	停止按钮	
G	I1.2	复位按钮	
H	I1.3	联机信号	
I	Q0.5	运行指示灯	

（续）

挂板接口板地址	线号	功能描述	备注
J	Q0.6	停止指示灯	
K	Q0.7	复位指示灯	
L	PS39+	直流 24V+	

五、PLC 控制接线图

PLC 控制接线图如图 2-2-19 所示。

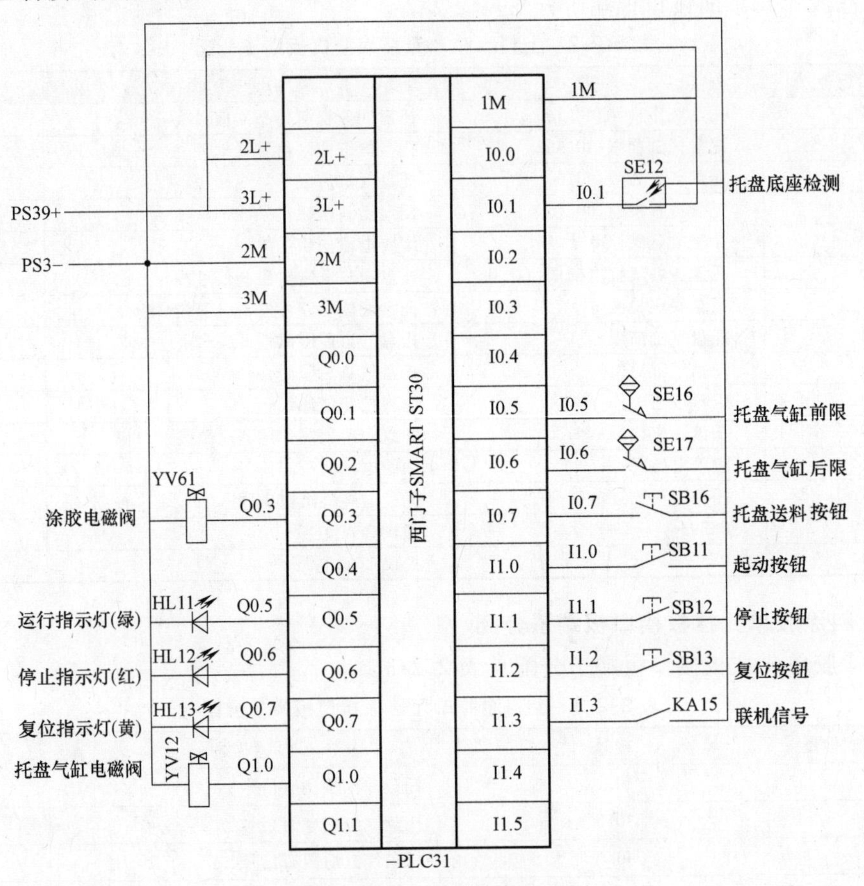

图 2-2-19　PLC 控制接线图

六、线路安装

1. 连接 PLC 各端子接线

按照图 2-2-19 所示的接线图，进行 PLC 控制电路的安装。元件安装及布线应符合工艺要求，布线时严禁损伤线芯和导线绝缘，导线与接线端子或接线桩连接时，不得压绝缘层，不反圈及不露铜过长。

2. 挂板接口板端子接线

按照表 2-2-3 和图 2-2-19 所示进行挂板接口板端子的接线。元件安装及布线应符合工艺要求，布线时严禁损伤线芯和导线绝缘，导线与接线端子或接线桩连接时，不得压绝缘

层，不反圈及不露铜过长。挂板接口板端子接线实物图如图 2-2-20 所示。

3. 桌面接口板端子接线

按照表 2-2-2 和图 2-2-19 进行桌面接口板端子的接线。元件安装及布线应符合工艺要求，布线时严禁损伤线芯和导线绝缘，导线与接线端子或接线桩连接时，不得压绝缘层，不反圈及不露铜过长。桌面接口板端子接线实物图如图 2-2-21 所示。

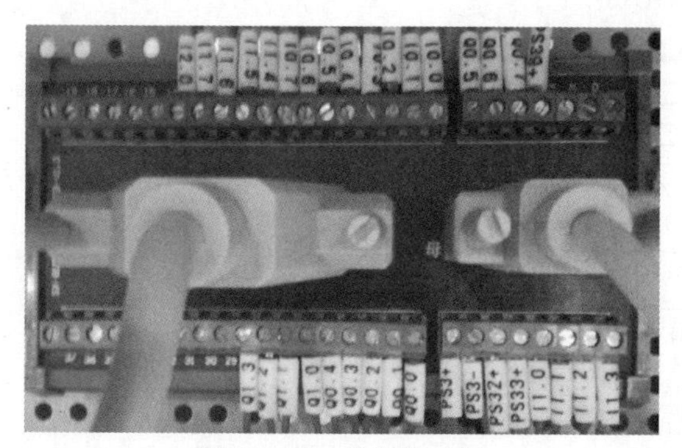

图 2-2-20　挂板接口板端子接线实物图

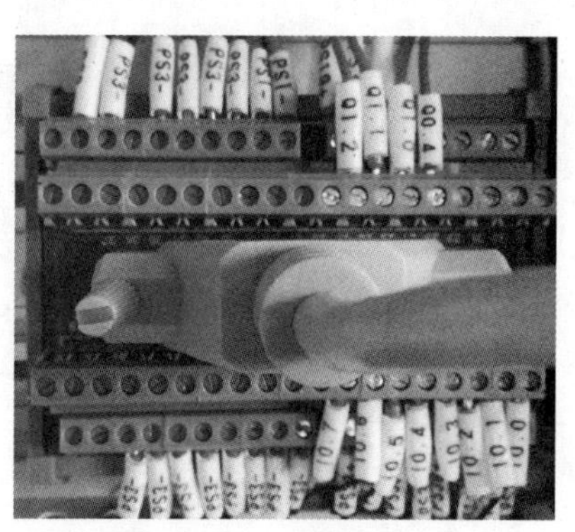

图 2-2-21　桌面接口板端子接线实物图

七、PLC 程序设计

根据控制要求，可设计出上料涂胶单元的控制程序，如图 2-2-22 所示。

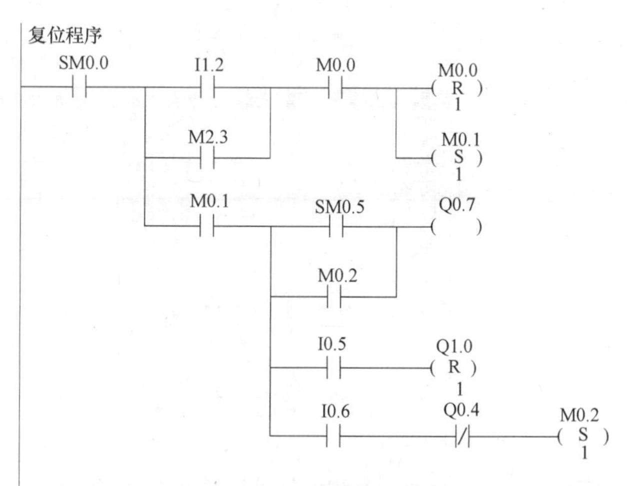

符号	地址	注释
Always_On	SM0.0	始终接通
Clock_1s	SM0.5	针对1s的周期时间，时钟脉冲接通0.5s，...
CPU_输出4	Q0.4	点胶起动继电器
CPU_输出7	Q0.7	复位指示灯
CPU_输出8	Q1.0	送料气缸电磁阀
CPU_输入10	I1.2	复位按钮
CPU_输入5	I0.5	送料气缸前限
CPU_输入6	I0.6	送料气缸后限
M00	M0.0	单元停止
M01	M0.1	单元复位
M02	M0.2	复位完成
M23	M2.3	联机复位

图 2-2-22　上料涂胶单元控制的参考程序

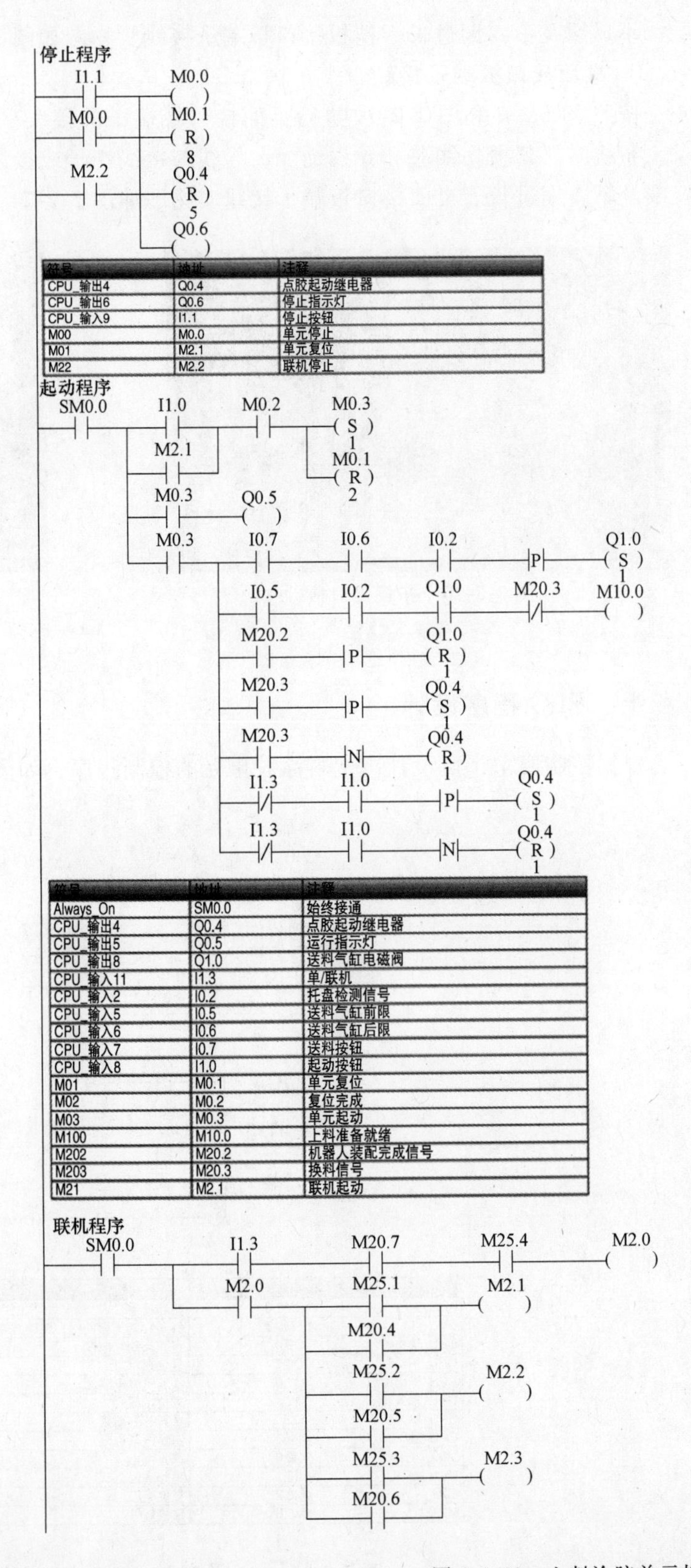

符号	地址	注释
CPU_输出4	Q0.4	点胶起动继电器
CPU_输出6	Q0.6	停止指示灯
CPU_输入9	I1.1	停止按钮
M00	M0.0	单元停止
M01	M2.1	单元复位
M22	M2.2	联机停止

符号	地址	注释
Always_On	SM0.0	始终接通
CPU_输出4	Q0.4	点胶起动继电器
CPU_输出5	Q0.5	运行指示灯
CPU_输出8	Q1.0	送料气缸电磁阀
CPU_输入11	I1.3	单/联机
CPU_输入2	I0.2	托盘检测信号
CPU_输入5	I0.5	送料气缸前限
CPU_输入6	I0.6	送料气缸后限
CPU_输入7	I0.7	送料按钮
CPU_输入8	I1.0	起动按钮
M01	M0.1	单元复位
M02	M0.2	复位完成
M03	M0.3	单元起动
M100	M10.0	上料准备就绪
M202	M20.2	机器人装配完成信号
M203	M20.3	换料信号
M21	M2.1	联机起动

图 2-2-22　上料涂胶单元控

符号	地址	注释
Always_On	SM0.0	始终接通
CPU_输入11	I1.3	单/联机
M20	M2.0	全部联机信号
M204	M20.4	起动按钮
M205	M20.5	停止按钮
M206	M20.6	复位按钮
M207	M20.7	单/联机
M21	M2.1	联机起动
M22	M2.2	联机停止
M23	M2.3	联机复位
M251	M25.1	起动按钮
M252	M25.2	停止按钮
M253	M25.3	复位按钮
M254	M25.4	联/单机

信号传送

SM0.0 ─┤├─ NET_EXE (EN; 0-超时; 周期-M8.0; 错误-M8.1)

MOV_W (EN ENO; MW10-IN OUT-MW15)

I1.0 ─┤├─ (M10.1)
I1.1 ─┤├─ (M10.2)
I1.2 ─┤├─ (M10.3)
I1.3 ─┤├─ (M10.4)
SM0.5 ─┤├─ (M10.5)
M0.3 ─┤├─ (M10.6)
M0.0 ─┤├─ (M10.7)
M0.1 ─┤├─ (M11.0)
M0.2 ─┤├─ (M11.1)
M10.0 ─┤├─ (M20.0)

符号	地址	注释
Always_On	SM0.0	始终接通
Clock_1s	SM0.5	针对1s的周期时间，时钟脉冲接通0.5s，...
CPU_输入10	I1.2	复位按钮
CPU_输入11	I1.3	单/联机
CPU_输入8	I1.0	起动按钮
CPU_输入9	I1.1	停止按钮
M00	M0.0	单元停止
M01	M0.1	单元复位
M02	M0.2	复位完成
M03	M0.3	单元起动
M100	M10.0	上料准备就绪
M101	M10.1	起动按钮
M102	M10.2	停止按钮
M103	M10.3	复位按钮
M104	M10.4	联/单机状态
M105	M10.5	通信信号
M106	M10.6	单元起动
M107	M10.7	单元停止
M110	M11.0	单元复位
M111	M11.1	复位完成
M200	M20.0	涂胶中信号

制的参考程序（续）

八、系统调试与运行

1. 上电前检查

1）观察机构上各元件外表是否有明显移位、松动或损坏等现象；如果存在以上现象，及时调整、紧固或更换元件。

2）对照接口板端子分配表或接线图检查桌面和挂板接线是否正确，尤其要检查24V电源、电气元件电源线等线路是否有短路、断路现象。

注意

设备初次组装调试时，必须认真检查线路是否正确，接线错误容易造成设备元件损坏。

3）接通气路，打开气源，检查气压为0.3~0.6MPa，按下电磁阀手动按钮，确认各气缸及传感器的原始状态。气路图如图2-2-23所示。

4）设备上不能放置任何不属于本工作站的物品，如有发现请及时清除。

2. 气缸速度的调节（节流阀）

调节节流阀使气缸动作顺畅柔和，控制进出气体的流量，如图2-2-24所示。

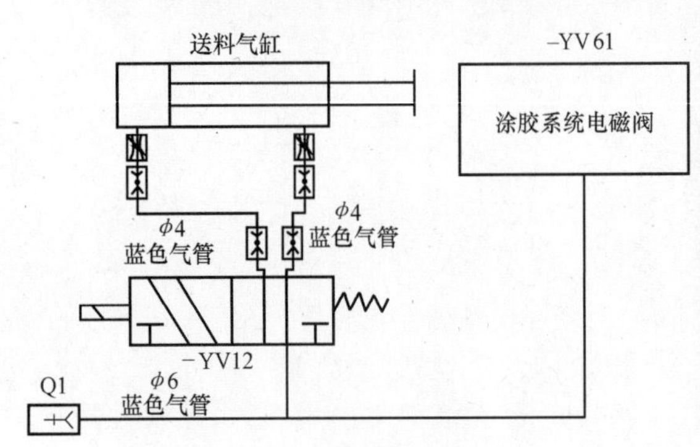

图2-2-23　上料涂胶单元气路图

图2-2-24　气缸速度的调节

3. 气缸前后限位调节（磁性开关）

磁性开关安装于无杆气缸的前限位与后限位，确保前后限位分别在气缸缩回和伸出时能够感应到，并输出信号。磁性开关安装在后限位的调节如图2-2-25所示。

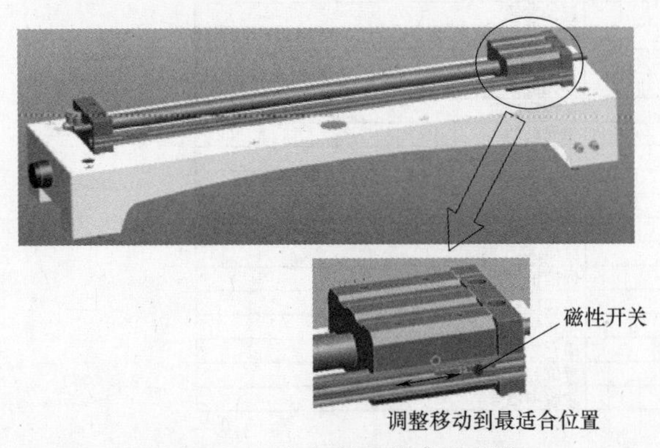

图2-2-25　气缸前后限位的调节

4. 托盘检查信号调试（光纤传感器）

托盘检查信号调试主要是调节光纤传感器，D10BFP 型光纤传感器的感应范围为 0～10mm，要求确保料盘放置时能够准确感应到，并输出信号。光纤传感器的调节方法及步骤见表 2-2-4。

表 2-2-4　光纤传感器的调节方法及步骤

步骤	按键位	动作	图　示	说明
	按键 0.04s≤ “按”≤ 0.8s			
进入静态示教		按下并保持 2s 静态按键(-)		电源灯:OFF 输出灯:ON 状态灯:LO&DO 交替闪烁 8 状态灯:OFF
设定输出 ON 条件		单击一下		电源灯:OFF 输出灯:闪烁,然后 OFF 状态灯:LO&DO 交替闪烁 8 状态灯:OFF
设定输出 OFF 条件		单击一下		示教接受 电源灯:ON 8 状态灯:1LED 闪烁显示当前对比度,传感器返回到运行模式
				示教不接受 电源灯:OFF 8 状态灯:#1,#3,#5,#7 交替闪烁,表示失败,传感器返回到运行模式

5. 调试故障查询

本任务调试时的故障查询及解决方法参见表 2-2-5。

表 2-2-5　故障查询及解决方法

故障现象	故 障 原 因	解 决 方 法
设备无法复位	无气压	打开气源或疏通气路
	无杆气缸磁性开关信号丢失	调整磁性开关位置
	PLC 输出点烧坏	更换
	接线不良	紧固
	程序出错	修改程序
	开关电源损坏	更换
	PLC 损坏	更换
无杆气缸不动作	磁性开关信号丢失	调整磁性开关位置
	检测传感器未触发	参照传感器不检测项解决
	电磁阀接线错误	检查并更改
	无气压	打开气源或疏通气路
	PLC 输出点烧坏	更换
	接线错误	检查线路并更改
	程序出错	修改程序
	开关电源损坏	更换

（续）

故障现象	故障原因	解决方法
传感器无检测信号	PLC 输入点烧坏	更换
	接线错误	检查线路并更改
	开关电源损坏	更换
	传感器固定位置不合适	调整位置
	传感器损坏	更换

检查测评

对任务实施的完成情况进行检查，并将结果填入表 2-2-6 内。

表 2-2-6　任务测评表

序号	主要内容	考核要求	评分标准	配分	扣分	得分
1	上料涂胶单元的组装	1. 正确完成安全储料台的安装 2. 正确完成涂胶胶枪的装配 3. 正确完成上料涂胶单元的装配	1. 安全储料台安装有错误或遗漏，每处扣 5 分 2. 涂胶胶枪的装配有错误或遗漏，每处扣 5 分 3. 上料涂胶单元的装配有错误或遗漏，每处扣 5 分	40		
2	上料涂胶单元的程序设计与调试	1. 正确完成单元桌面电气元件的安装与接线 2. PLC 程序设计 3. 系统调试与运行	1. 元器件的安装有错误或遗漏，每处扣 5 分 2. 接线有错误或遗漏，每处扣 5 分 3. 不能按照接线图接线，本项不得分 4. 程序设计有错误或遗漏，每处扣 5 分 5. 系统不能正常运行，扣 30 分	50		
3	安全文明生产	劳动保护用品穿戴整齐；遵守操作规程；讲文明礼貌；操作结束要清理现场	1. 操作中，违反安全文明生产考核要求的任何一项扣 5 分，扣完为止 2. 当发现学生有重大事故隐患时，要立即予以制止，并每次扣安全文明生产总分 5 分	10		
合　计						
开始时间：			结束时间：			

任务三　多工位旋转工作台的组装、程序设计与调试

学习目标

知识目标：1. 了解多工位涂装单元整机结构。

2. 了解光电传感器的工作原理。

3. 了解步进电动机与驱动器知识。

4. 掌握步进电动机原点的光电传感器和车位检测的 D10BFP 型光纤传感器的调试方法。

能力目标：1. 会参照装配图进行多工位旋转工作台的组装。

2. 会参照接线图完成单元桌面电气元件的安装与接线。

3. 能够根据控制要求，完成多工位旋转台工作程序的设计与调试。

工作任务

多工位涂装单元上有一多工位旋转工作台，在该旋转工作台上有三辆汽车模型，现需要对该多工位旋转工作台进行组装、程序设计及调试工作，并交有关人员验收，要求安装完成后可按功能要求正常运转。具体要求如下：

1）完成多工位旋转工作台的组装。

2）要求通过 PLC 程序控制工作台的三个工位的精准定位，待六轴机器人完成汽车模型的前后风窗玻璃的预涂胶及装配后，自动转到下一辆。

① 按下起动按钮，系统上电。

② 按下开始按钮，停留 10s（此时间为机器人预涂胶及安装玻璃时间）后转到下一工位，直到三个工位安装完毕。

③ 每一工位能手动选择。

④ 按停止键，停止工作；按复位键，自动复位到原点。

相关知识

一、多工位涂装单元

1. 多工位涂装单元整机结构

多工位涂装单元的功能是通过光纤、光电传感器旋转定位，满足机器人对汽车模型的预涂胶及车窗装配工作。其特点是定位精准，即由步进电动机脉冲驱动转动盘，带动汽车模型准确就位。多工位涂装单元的整机结构图如图 2-3-1 所示。

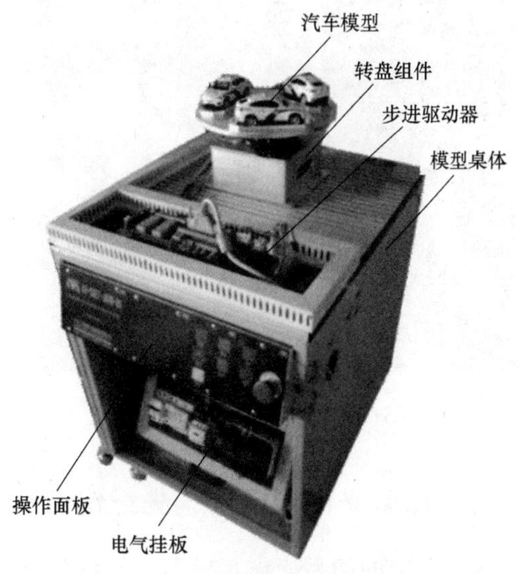

图 2-3-1　多工位涂装单元的整机结构图

2. 多工位旋转工作台

多工位旋转工作台通过步进电动机驱动的电控旋转台转动，实现角度自动调整。它属于精加工蜗杆传动，采用精密竖轴系设计，精度高，承载大；同时采用弹性联轴器；配置手动手轮，电动、手动均可，在台面中心有通光孔；可加装零位光电传感器或限位开关，可换装伺服电动机；标准接口，方便信号传输。多工位旋转工作台结构图如图 2-3-2 所示，其实物图如图

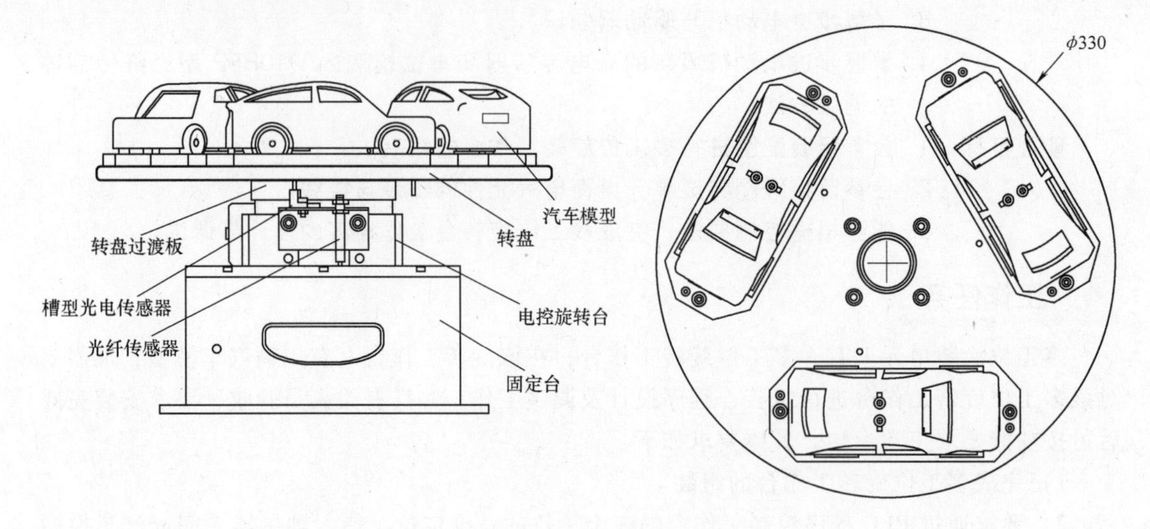

图 2-3-2　多工位旋转工作台结构图

2-3-3所示。

二、槽型光电传感器

槽型光电传感器是对射式光电传感器的一种，又称为 U 形光电传感器。它是一款红外线感应光电产品，其外形实物如图 2-3-4 所示。它由红外发射管和红外线接收管组合而成，分别位于 U 形槽的两边，并形成一光轴，当被检测物体经过 U 形槽且阻断光轴时，光电传感器就产生了检测到的开关信号。而槽宽则决定了感应接收信号的强弱与接收信号的距离。槽型光电传感器与接近开关同样是无接触式的，检测距离长，可进行长距离的检测（几十米），检测精度高，能检测小物体，应用非常广泛。

图 2-3-3　多工位旋转工作台实物图

图 2-3-4　槽型光电传感器实物图

三、槽型光电传感器、光纤传感器的接线

本任务中的槽型光电传感器、光纤传感器的接线如图 2-3-5 所示。

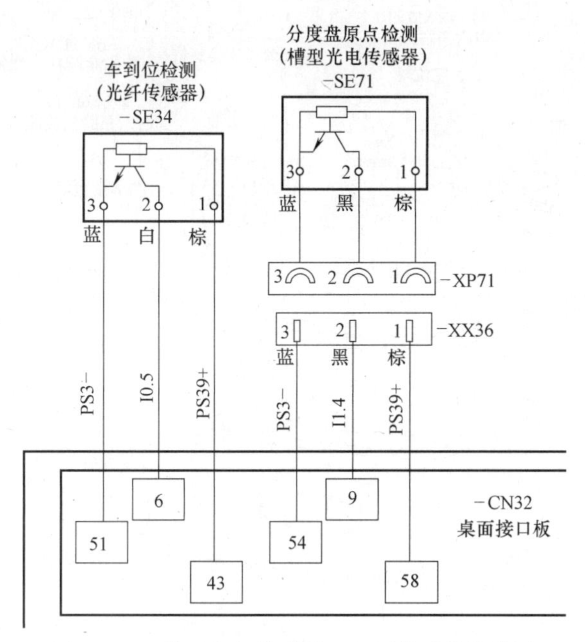

图 2-3-5　槽型光电传感器、光纤传感器接线图

任务实施

一、任务准备

实施本任务教学所使用的实训设备及工具材料可参考表 2-1-4。

二、多工位涂装单元的组装

1. 电控多工位旋转工作台与多工位固定台的组装

1）从实训任务存储箱中取出电控多工位旋转工作台（见图 2-3-6）和多功能固定台与汽车模型（见图 2-3-7）。

图 2-3-6　电控多工位旋转工作台

图 2-3-7　多工位固定台与汽车模型

2）按图 2-3-8 所示把电控多工位旋转工作台与多工位固定台及汽车模型组装起来。

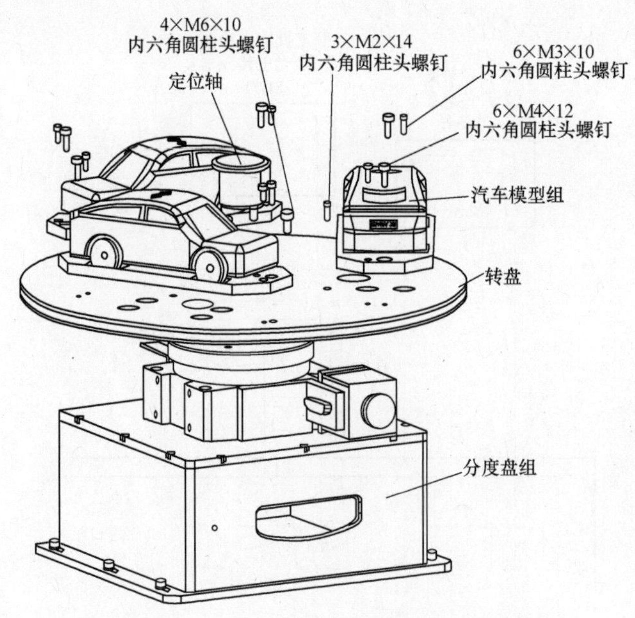

图 2-3-8　多工位旋转工作台模型安装图

2. 多工位涂装单元的组装

1）将组装好的多工位涂装模型安装到桌面上，如图 2-3-1 所示。

2）对照电气原理图及 I/O 分配表把信号线接插头对接好。光纤头直接插入对应的光纤放大器；步进驱动器输出接口与电控多工位旋转工作台 9 针插口连接。

三、画出控制程序流程图

根据控制要求，画出控制程序流程图，如图 2-3-9 所示。

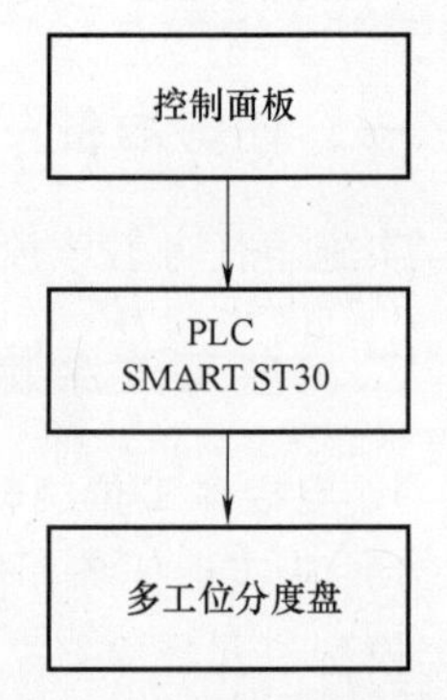

图 2-3-9　控制程序流程图

四、I/O 地址分配

1. 多工位涂装单元 PLC 的 I/O 功能分配

多工位涂装单元 PLC 的 I/O 功能分配见表 2-3-1。

表 2-3-1　多工位涂装单元 PLC 的 I/O 功能分配

序号	I/O 地址	功 能 描 述	备注
1	I0.5	车位检测有信号，I0.5 闭合	
2	I1.4	多工位旋转工作台原点有信号，I1.4 闭合	
3	I1.0	起动按钮按下，I1.0 闭合	
4	I1.1	停止按钮按下，I1.1 闭合	
5	I1.2	复位按钮按下，I1.2 闭合	
6	I1.3	联机信号，I1.3 闭合	
7	Q0.0	Q0.0 闭合，步进驱动器得到脉冲信号，步进电动机运行	
8	Q0.2	Q0.2 闭合，改变步进电动机运行方向	
9	Q0.5	Q0.5 闭合，面板运行指示灯（绿）点亮	
10	Q0.6	Q0.6 闭合，面板停止指示灯（红）点亮	
11	Q0.7	Q0.7 闭合，面板复位指示灯（黄）点亮	

2. 多工位涂装单元桌面接口板端子分配

多工位涂装单元桌面接口板端子分配见表 2-3-2。

表 2-3-2 多工位涂装单元桌面接口板端子分配

桌面接口板地址	线号	功能描述	备注
6	车到位检测(I0.5)	车位检测信号	
9	多工位旋转工作台原点检测(I1.4)	多工位旋转工作台原点信号	
20	步进脉冲(Q0.0)	步进电动机运行	
22	步进方向(Q0.2)	步进电动机运行方向	
58	多工位旋转工作台原点检测+	多工位旋转工作台原点传感器电源线+端	
43	车位检测+	车位检测传感器电源线+端	
54	多工位旋转工作台原点检测-	多工位旋转工作台原点传感器电源线-端	
51	车位检测-	车位检测传感器电源线-端	
62	步进驱动器电源+	步进驱动器电源+	
65	步进驱动器电源-	步进驱动器电源-	
63	PS 39+	提供 24V 电源+	
64	PS 3-	提供 24V 电源-	

3. 多工位涂装单元挂板接口板端子分配

多工位涂装单元挂板接口板端子分配见表 2-3-3。

表 2-3-3 多工位涂装单元挂板接口板端子分配

挂板接口板地址	线号	功能描述	备注
6	I0.5	车位检测信号	
9	I1.4	多工位旋转工作台原点信号	
20	Q0.0	步进电动机运行	
22	Q0.2	步进电动机运行方向	
A	PS3+	继电器常开触点(KA31:6)	
B	PS3-	直流电源 24V-进线	
C	PS32+	继电器常开触点(KA31:5)	
D	PS33+	继电器触点 (KA31:9)	
E	I1.0	起动按钮	
F	I1.1	停止按钮	
G	I1.2	复位按钮	
H	I1.3	联机信号	
I	Q0.5	运行指示灯	
J	Q0.6	停止指示灯	
K	Q0.7	复位指示灯	
L	PS39+	直流 24V+	

五、PLC 控制接线图

PLC 控制接线图如图 2-3-10 所示。

六、线路安装

1. 连接 PLC 各端子接线

按照图 2-3-10 进行 PLC 控制线路的安装。元件安装及布线应符合工艺要求，布线时严禁损伤线芯和导线绝缘，导线与接线端子或接线桩连接时，不得压绝缘层，不反圈及不露铜过长。

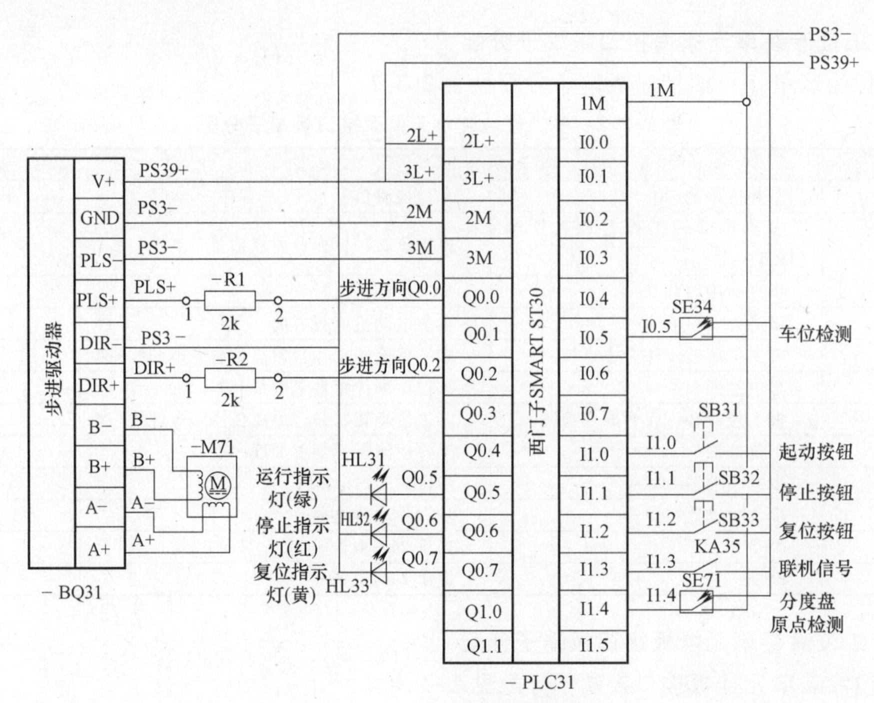

图 2-3-10　PLC 控制接线图

2. 挂板接口板端子接线

按照表 2-3-3 和图 2-3-10 进行挂板端子的接线。接线完成后实物图如图 2-3-11 所示。

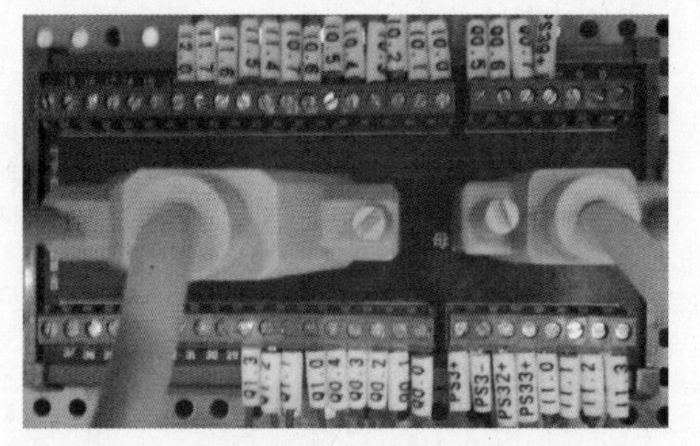

图 2-3-11　挂板接口板端子接线实物图

3. 桌面接口板端子的接线

按照表 2-3-2 和图 2-3-10 进行桌面接口板端子的接线。接口板端子接线实物图如图 2-3-12 所示。

4. 步进电机与驱动器端子的接线

按照图 2-3-10 进行步进电动机与驱动器端子控制线路的安装。步进驱动器接线完成后实物图如图 2-3-13 所示。

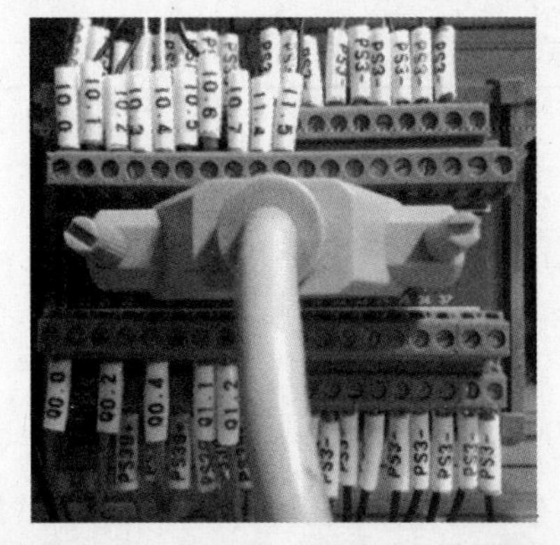

图 2-3-12　桌面接口板端子接线实物图

图 2-3-13　步进驱动器接线实物图

七、PLC 程序设计

根据控制要求，可设计出多工位涂装单元的控制程序，如图 2-3-14 所示。

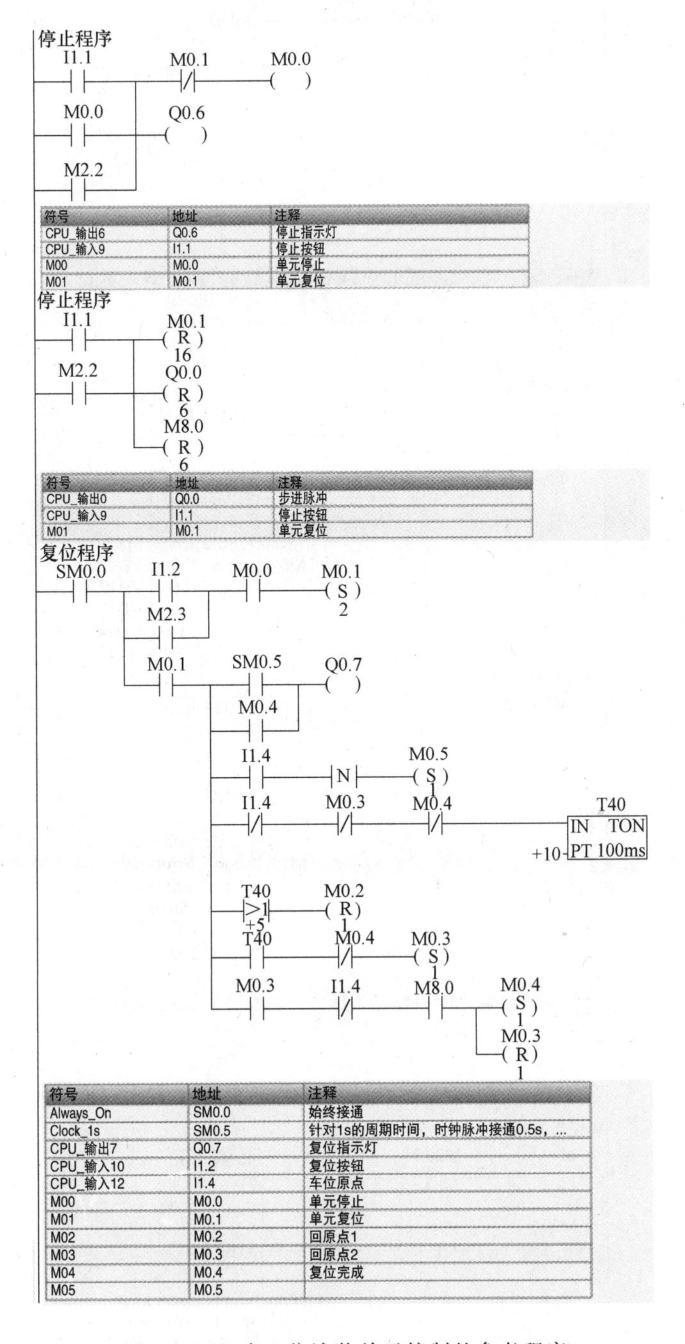

符号	地址	注释
CPU_输出6	Q0.6	停止指示灯
CPU_输入9	I1.1	停止按钮
M00	M0.0	单元停止
M01	M0.1	单元复位

符号	地址	注释
CPU_输出0	Q0.0	步进脉冲
CPU_输入9	I1.1	停止按钮
M01	M0.1	单元复位

符号	地址	注释
Always_On	SM0.0	始终接通
Clock_1s	SM0.5	针对1s的周期时间，时钟脉冲接通0.5s，...
CPU_输出7	Q0.7	复位指示灯
CPU_输入10	I1.2	复位按钮
CPU_输入12	I1.4	车位原点
M00	M0.0	单元停止
M01	M0.1	单元复位
M02	M0.2	回原点1
M03	M0.3	回原点2
M04	M0.4	复位完成
M05	M0.5	

图 2-3-14　多工位涂装单元控制的参考程序

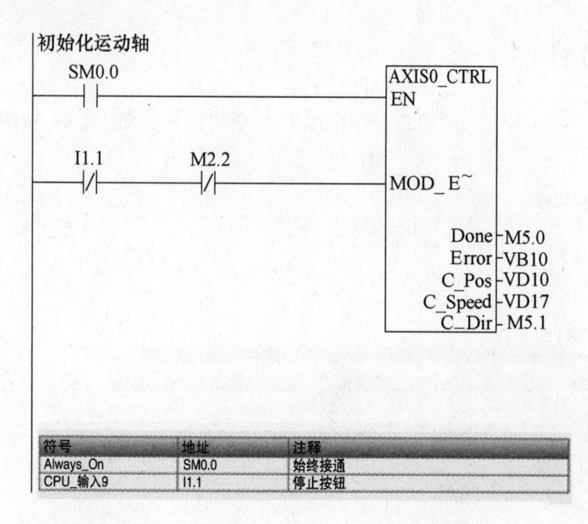
初始化运动轴
SM0.0
AXIS0_CTRL
EN
I1.1
M2.2
MOD_E~
Done
M5.0
Error
VB10
C_Pos
VD10
C_Speed
VD17
C_Dir
M5.1
符号
地址
注释
Always_On
SM0.0
始终接通
CPU_输入9
I1.1
停止按钮

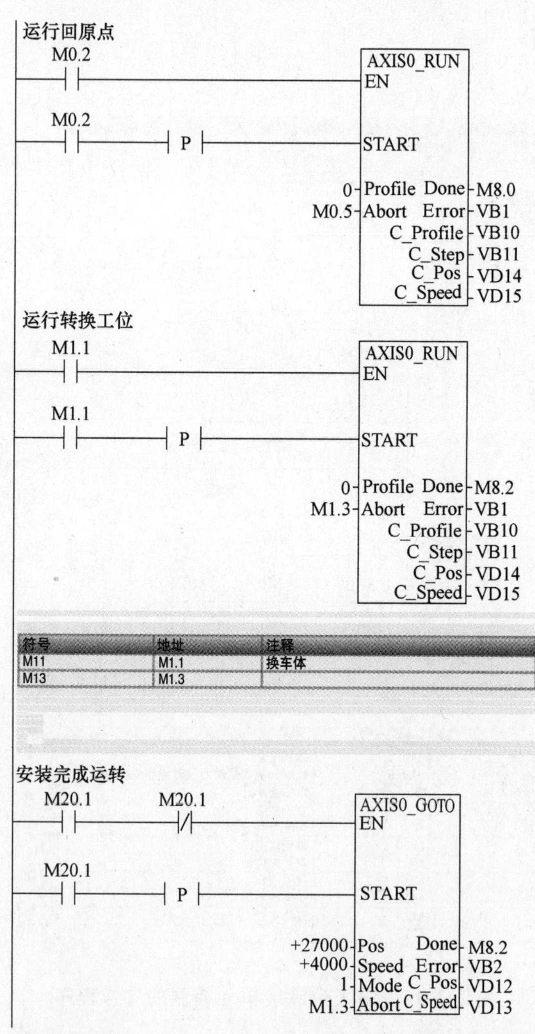
运行回原点
M0.2
AXIS0_RUN
EN
M0.2
P
START
0
Profile
Done
M8.0
M0.5
Abort
Error
VB1
C_Profile
VB10
C_Step
VB11
C_Pos
VD14
C_Speed
VD15
运行转换工位
M1.1
AXIS0_RUN
EN
M1.1
P
START
0
Profile
Done
M8.2
M1.3
Abort
Error
VB1
C_Profile
VB10
C_Step
VB11
C_Pos
VD14
C_Speed
VD15
符号
地址
注释
M11
M1.1
换车体
M13
M1.3
安装完成运转
M20.1
M20.1
AXIS0_GOTO
EN
M20.1
P
START
+27000
Pos
Done
M8.2
+4000
Speed
Error
VB2
1
Mode
C_Pos
VD12
M1.3
Abort
C_Speed
VD13

图 2-3-14　多工位涂装

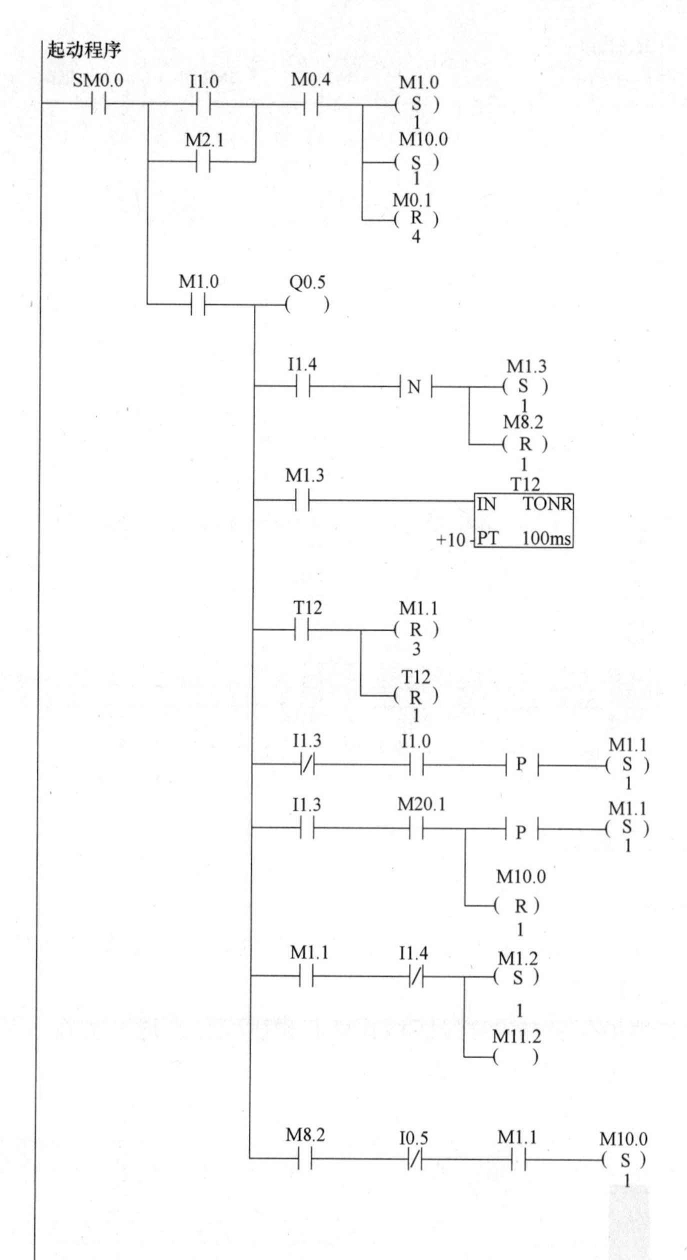

符号	地址	注释
Always_On	SM0.0	始终接通
CPU_输出5	Q0.5	运行指示灯
CPU_输入11	I1.3	单/联机
CPU_输入12	I1.4	车位原点
CPU_输入5	I0.5	车位检测
CPU_输入8	I1.0	起动按钮
M01	M0.1	单元复位
M04	M0.4	复位完成
M10	M1.0	单元起动
M100	M10.0	车体就绪信号
M11	M1.1	换车体
M12	M1.2	过原点
M13	M1.3	
M201	M20.1	车体装完

单元控制的参考程序（续）

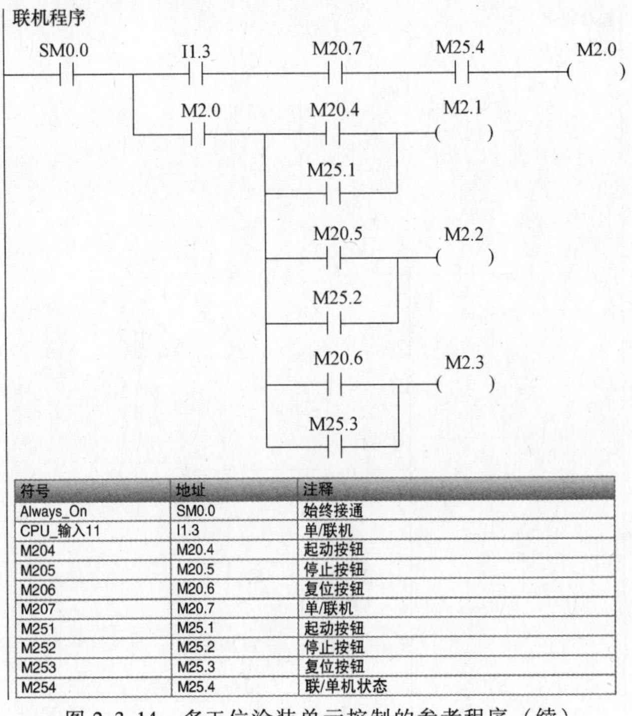

符号	地址	注释
Always_On	SM0.0	始终接通
CPU_输入11	I1.3	单/联机
M204	M20.4	起动按钮
M205	M20.5	停止按钮
M206	M20.6	复位按钮
M207	M20.7	单/联机
M251	M25.1	起动按钮
M252	M25.2	停止按钮
M253	M25.3	复位按钮
M254	M25.4	联/单机状态

图 2-3-14　多工位涂装单元控制的参考程序（续）

八、系统调试与运行

1. 上电前的检查

1）观察机构上各元件外表是否有明显移位、松动或损坏等现象；如果存在以上现象，及时调整、紧固或更换元件。

2）对照接口板端子分配表或接线图检查桌面和挂板接线是否正确，尤其要检查 24V 电源、电气元件电源线等线路是否有短路、断路现象。

注意

设备初次组装调试时，必须认真检查线路是否正确，接线错误容易造成设备元件损坏。

2. 车位、工位的检测

1）检查和调试车位（光纤传感器）及工位检测（光电传感器）的位置。

2）在进行 EE-SX951 槽型光电传感器的调试时，注意观察槽型光电传感器与原点感应片是否有干涉现象，或感应片未进入槽型光电传感器的感应区域，如图 2-3-15 所示。

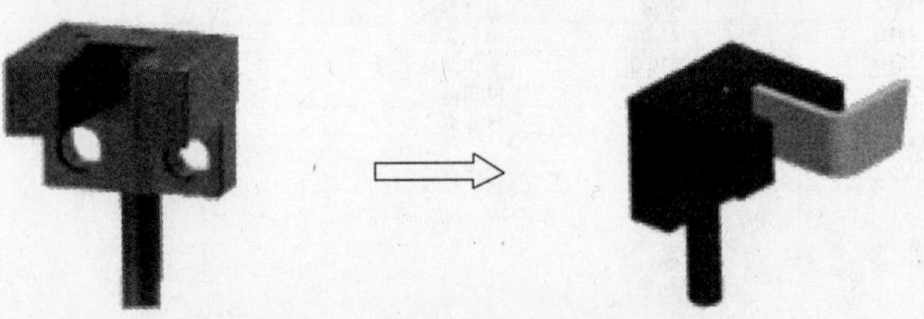

图 2-3-15　槽型光电传感器的调试

3. 调试故障查询

本任务调试时的故障查询及解决方法参见表2-3-4。

表2-3-4　故障查询及解决方法

故障现象	故障原因	解决方法
设备无法复位	无气压	打开气源或疏通气路
	PLC输出点烧坏	更换
	接线不良	紧固
	程序出错	修改程序
	开关电源损坏	更换
	PLC损坏	更换
步进电动机不动作	接线不良	紧固
	PLC输出点烧坏	更换
	步进电动机损坏	更换
传感器无检测信号	PLC输入点烧坏	更换
	接线错误	检查线路并更改
	开关电源损坏	更换
	传感器固定位置不合适	调整位置
	传感器损坏	更换

检查测评

对任务实施的完成情况进行检查，并将结果填入表2-3-5内。

表2-3-5　任务测评表

序号	主要内容	考核要求	评分标准	配分	扣分	得分
1	多工位涂装单元的组装	1. 正确完成电控多工位旋转工作台与多工位固定台的组装 2. 正确完成多工位涂装单元的装配	1. 电控多工位旋转工作台与多工位固定台的组装有错误或遗漏，每处扣5分 2. 涂胶胶枪的装配有错误或遗漏，每处扣5分 3. 多工位涂装单元的装配有错误或遗漏，每处扣5分	40		
2	多工位涂装单元的程序设计与调试	1. 正确完成单元桌面电气元件的安装与接线 2. PLC程序设计 3. 系统调试与运行	1. 元器件的安装有错误或遗漏，每处扣5分 2. 接线有错误或遗漏，每处扣5分 3. 不能按照接线图接线，本项不得分 4. 程序设计有错误或遗漏，每处扣5分 5. 系统不能正常运行，扣30分	50		
3	安全文明生产	劳动保护用品穿戴整齐；遵守操作规程；讲文明礼貌；操作结束要清理现场	1. 操作中，违反安全文明生产考核要求的任何一项扣5分，扣完为止 2. 当发现学生有重大事故隐患时，要立即予以制止，并每次扣安全文明生产总分5分	10		
合　计						
开始时间：			结束时间：			

任务四 机器人单元的程序设计与调试

学习目标

知识目标：1. 掌握 ABB RobotStudio 编程软件的安装与使用。
2. 掌握六轴工业机器人的参数设置与程序编写。
3. 掌握六轴工业机器人示教器的使用方法。
4. 熟练掌握机器人点的示教。
5. 掌握六轴机器人的硬件接线。

能力目标：会使用 ABB 六轴工业机器人程序设计的基本语言，完成 ABB 六轴工业机器人拾取车窗预涂胶控制程序的设计和调试，并能解决运行过程中出现的常见问题。

工作任务

该单元选用 ABB IRB-120 六轴机器人及可编程序控制器，通过吸盘夹具，对汽车模型前后车窗进行涂胶。

具体要求如下：

1）连接好机器人连线。

2）按下起动按钮，系统上电。

3）按下开始按钮，系统自动运行，吸盘夹具拾取汽车前车窗，并到涂胶机喷嘴处涂胶，而后回到原点，机器人控制动作速度不能过快（≤40%）。

4）按停止键，机器人动作停止。

5）按复位键，自动复位到原点。

相关知识

1. ABB 六轴机器人编程软件的安装

1）打开机器人软件目录，找到“Launch. exe”文件，如图 2-4-1 所示。

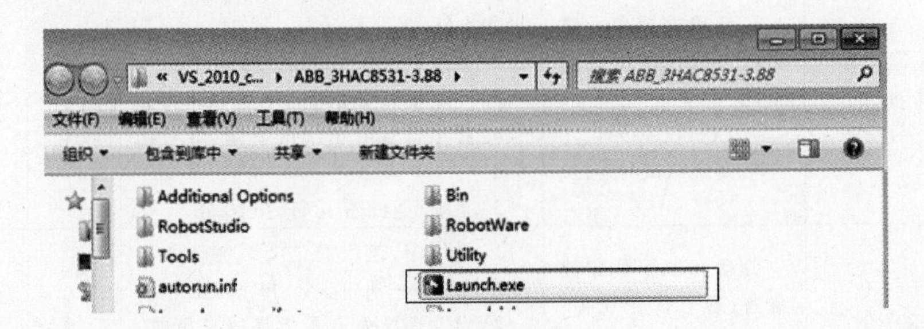

图 2-4-1 找到安装软件

2）双击“Launch. exe”，稍等后弹出对话框，选择语言为“中文”，单击“确定”；点选“安装产品”，如图 2-4-2 所示。

3）弹出画面，点选“RobotWare”，如图 2-4-3 所示；然后按提示操作完成 RobotWare 的安装。

图 2-4-2　安装对话框

图 2-4-3　安装对话框

4）之后返回安装产品画面，选择“RobotStudio”，如图 2-4-4 所示；然后按提示操作完成 RobotStudio 的安装。

2. ABB　六轴机器人编程软件的程序下载

1）用以太网线连接计算机与机器人控制器。

2）打开 RobotStudio 软件，单击“RAPID”选项卡，选中“T-ROB”项，单击右键选择加载模块，如图 2-4-5 所示。

图 2-4-4　RobotStudio 安装

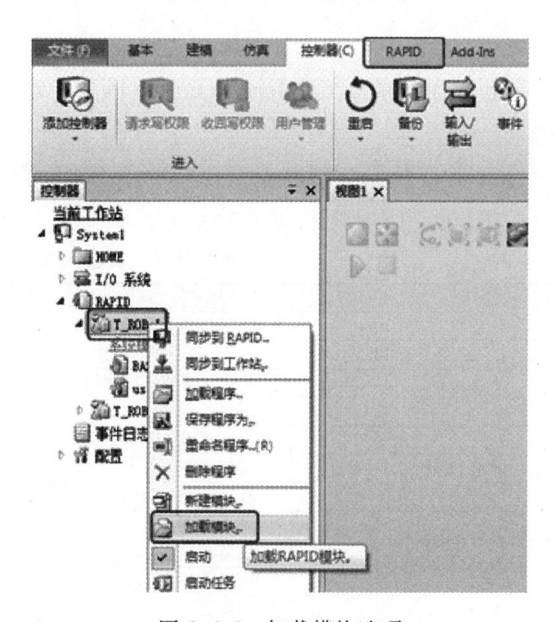

图 2-4-5　加载模块选项

3）弹出加载路径选项，选择备份程序的文件夹位置，找到“Module1. mod”文件，如图 2-4-6 所示；单击“打开”即可加载程序到机器人控制器。

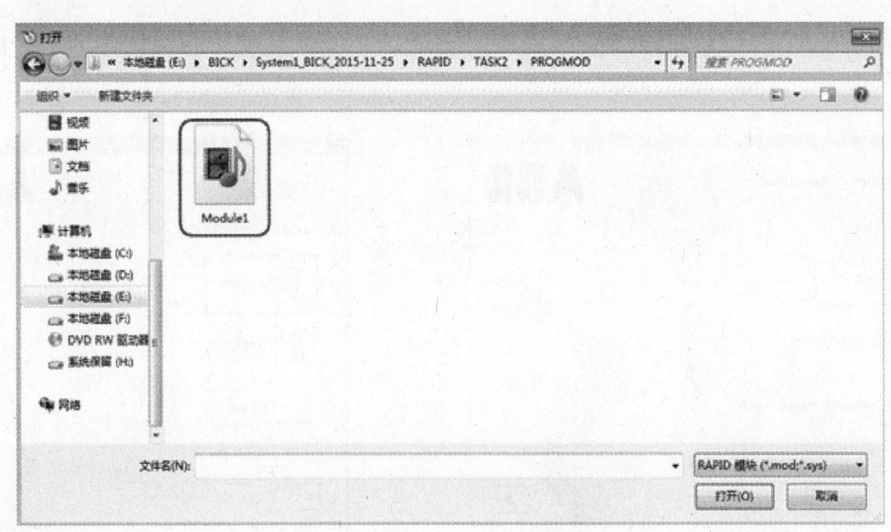

图 2-4-6　程序目录文件加载

任务实施

一、任务准备

实施本任务教学所使用的实训设备及工具材料可参考表 2-1-4。

二、功能框图和 I/O 分配表

1. 功能框图

根据任务要求，画出机器人单元控制的功能框图，如图 2-4-7 所示。

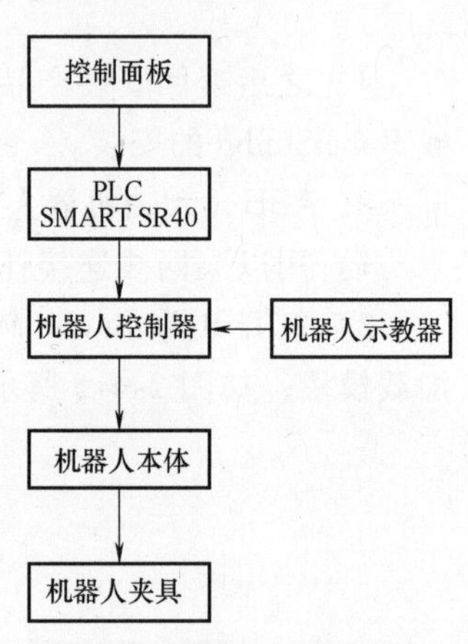

图 2-4-7　机器人单元控制的功能框图

2. I/O 功能分配表

根据控制要求，机器人单元 PLC 的 I/O 功能分配见表 2-4-1。

表 2-4-1　机器人单元 PLC 的 I/O 功能分配

序号	PLC I/O 地址	功能描述	对应机器人 I/O	备注
1	I0. 0	按下面板起动按钮,I0. 0 闭合	无	
2	I0. 1	按下面板停止按钮,I0. 1 闭合	无	
3	I0. 2	按下面板复位按钮,I0. 2 闭合	无	
4	I0. 3	联机信号触发,I0. 3 闭合	无	
5	I1. 2	自动模式,I1. 2 闭合	OUT4	
6	I1. 3	伺服运行中, I1. 3 闭合	OUT5	
7	I1. 4	程序运行, I1. 4 闭合	OUT6	
8	I1. 5	异常报警, I1. 5 闭合	OUT7	
9	I1. 6	机器人急停, I1. 6 闭合	OUT8	
10	I1. 7	机器人回到原点, I1. 7 闭合	OUT9	
11	I2. 0	物料到位, I2. 0 闭合	OUT10	
12	I2. 1	换车信号, I2. 1 闭合	OUT11	
13	I2. 2	换料信号, I2. 2 闭合	OUT12	
14	I2. 3	汽车全部涂装完成, I2. 3 闭合	OUT13	
15	Q0. 0	Q0. 0 闭合,机器人上电,电动机上电	IN4	
16	Q0. 1	Q0. 1 闭合,伺服起动	IN5	
17	Q0. 2	Q0. 2 闭合,主程序开始运行	IN6	

（续）

序号	PLC I/O 地址	功能描述	对应机器人 I/O	备注
18	Q0.3	Q0.3 闭合，机器人运行中	IN7	
19	Q0.4	Q0.4 闭合，机器人停止	IN8	
20	Q0.5	Q0.5 闭合，伺服停止	IN9	
21	Q0.6	Q0.6 闭合，机器人异常复位	IN10	
22	Q0.7	Q0.7 闭合，PLC 复位信号	IN11	
23	Q1.0	Q1.0 闭合，面板运行指示灯（绿）点亮	无	
24	Q1.1	Q1.1 闭合，面板停止指示灯（红）点亮	无	
25	Q1.2	Q1.2 闭合，面板复位指示灯（黄）点亮	无	
26	Q1.3	Q1.3 闭合，动作开始	IN12	
27	Q1.4	Q1.4 闭合，汽车车窗到位信号	IN13	
28	Q1.5	Q1.5 闭合，汽车模型到位信号	IN14	
29	无	OUT1 为 ON，工作 A YV21 电磁阀动作	OUT1	
30	无	OUT2 为 ON，工作 B YV22 电磁阀动作	OUT2	
31	无	OUT3 为 ON，工作 B YV23 电磁阀动作	OUT3	
32	无	夹具 1 到位，槽型光电传感器 OFF，IN1 为 OFF	IN1	
33	无	夹具 2 到位，槽型光电传感器 OFF，IN2 为 OFF	IN2	

三、PLC 控制接线图

PLC 控制接线图如图 2-4-8 所示。

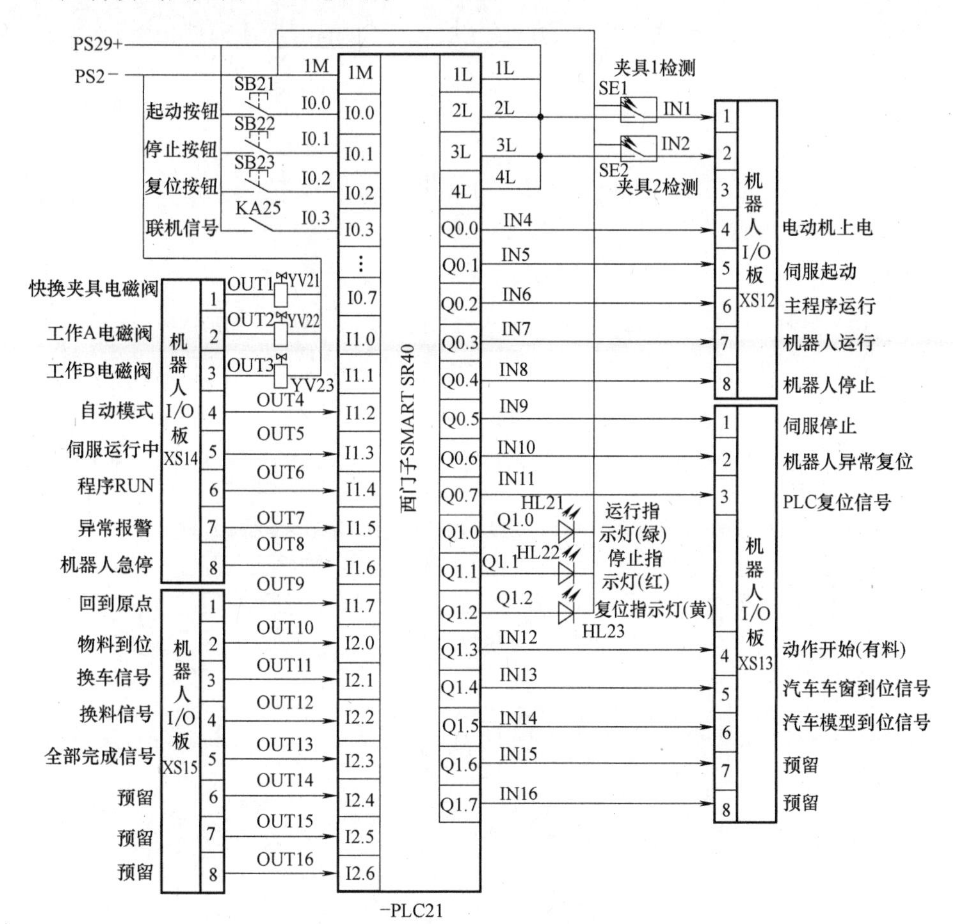

图 2-4-8　PLC 控制接线图

四、PLC 程序设计

根据控制要求设计出的参考程序如图 2-4-9 所示。

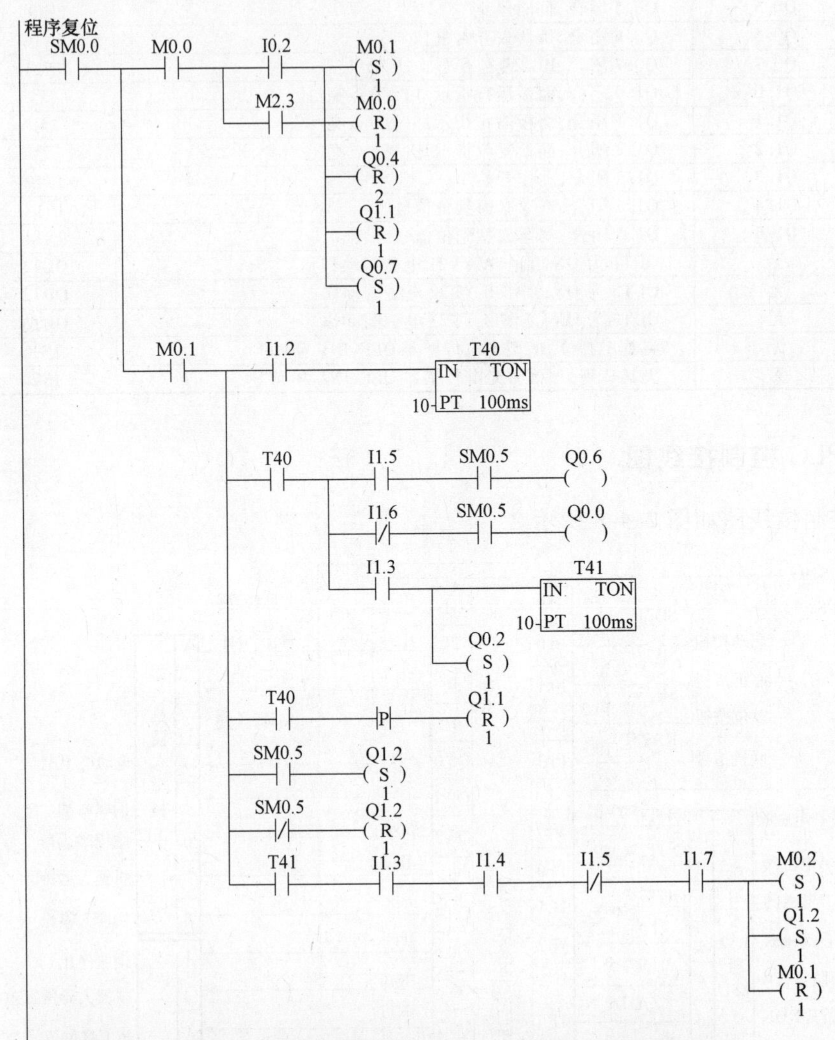

符号	地址	注释
Always_On	SM0.0	始终接通
Clock_1s	SM0.5	针对1s的周期时间，时钟脉冲接通0.5s，断开0.5s
CPU_输出0	Q0.0	Motor On
CPU_输出10	Q1.2	复位指示灯
CPU_输出2	Q0.2	Start at main
CPU_输出4	Q0.4	Stop机器人程序RUN
CPU_输出6	Q0.6	Reset Execution Error Signal机器人异常复位
CPU_输出7	Q0.7	PLC复位信号
CPU_输出9	Q1.1	停止指示灯
CPU_输入10	I1.2	Auto On机器人自动模式
CPU_输入11	I1.3	机器人伺服运行中
CPU_输入12	I1.4	Cycle On机器人程序RUN中
CPU_输入13	I1.5	Execution Error机器人异常报错
CPU_输入14	I1.6	机器人急停中
CPU_输入15	I1.7	回到原点
CPU_输入2	I0.2	复位按钮
M00	M0.0	单元停止
M01	M0.1	单元复位
M02	M0.2	复位完成
M23	M2.3	联机复位

图 2-4-9 参考程序

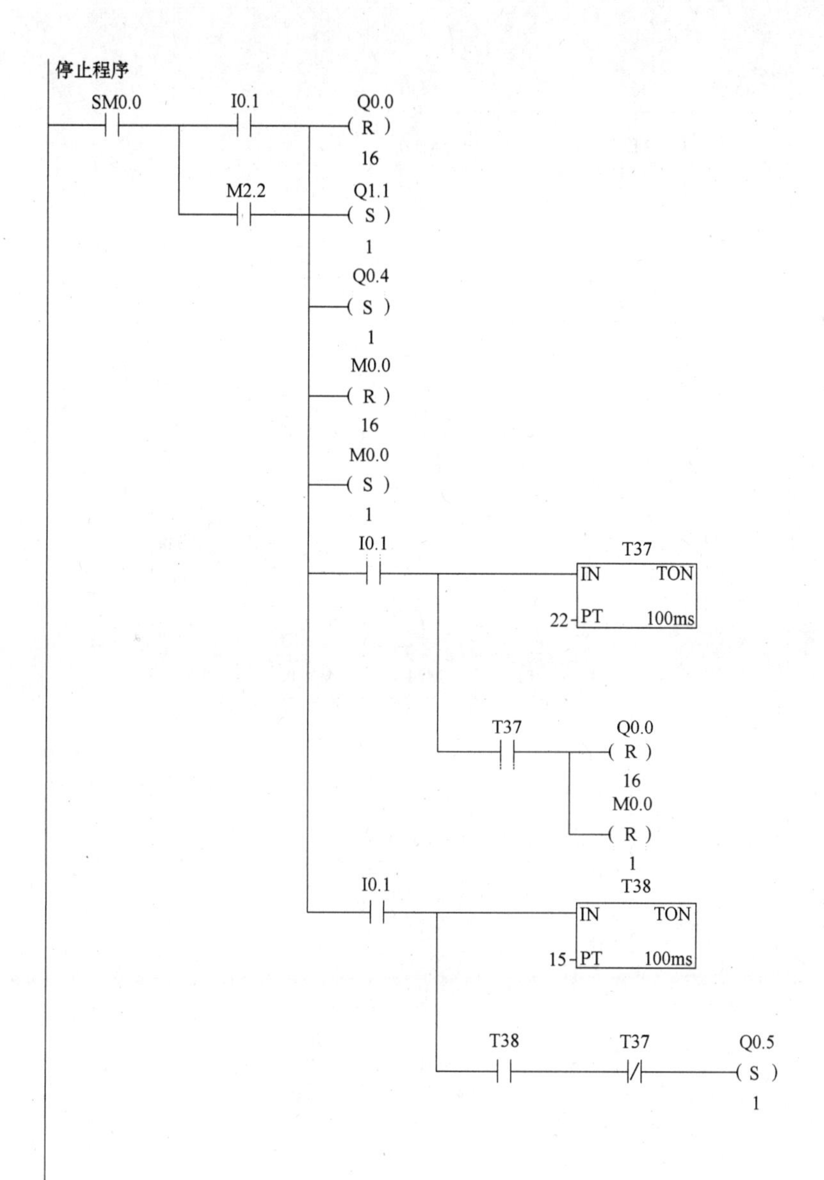

符号	地址	注释
Always_On	SM0.0	始终接通
CPU_输出0	Q0.0	Motor On
CPU_输出4	Q0.4	Stop机器人程序RUN
CPU_输出5	Q0.5	Motor Off
CPU_输出9	Q1.1	停止指示灯
CPU_输入1	I0.1	停止按钮
M00	M0.0	单元停止
M22	M2.2	联机停止

图 2-4-9　参考程序（续）

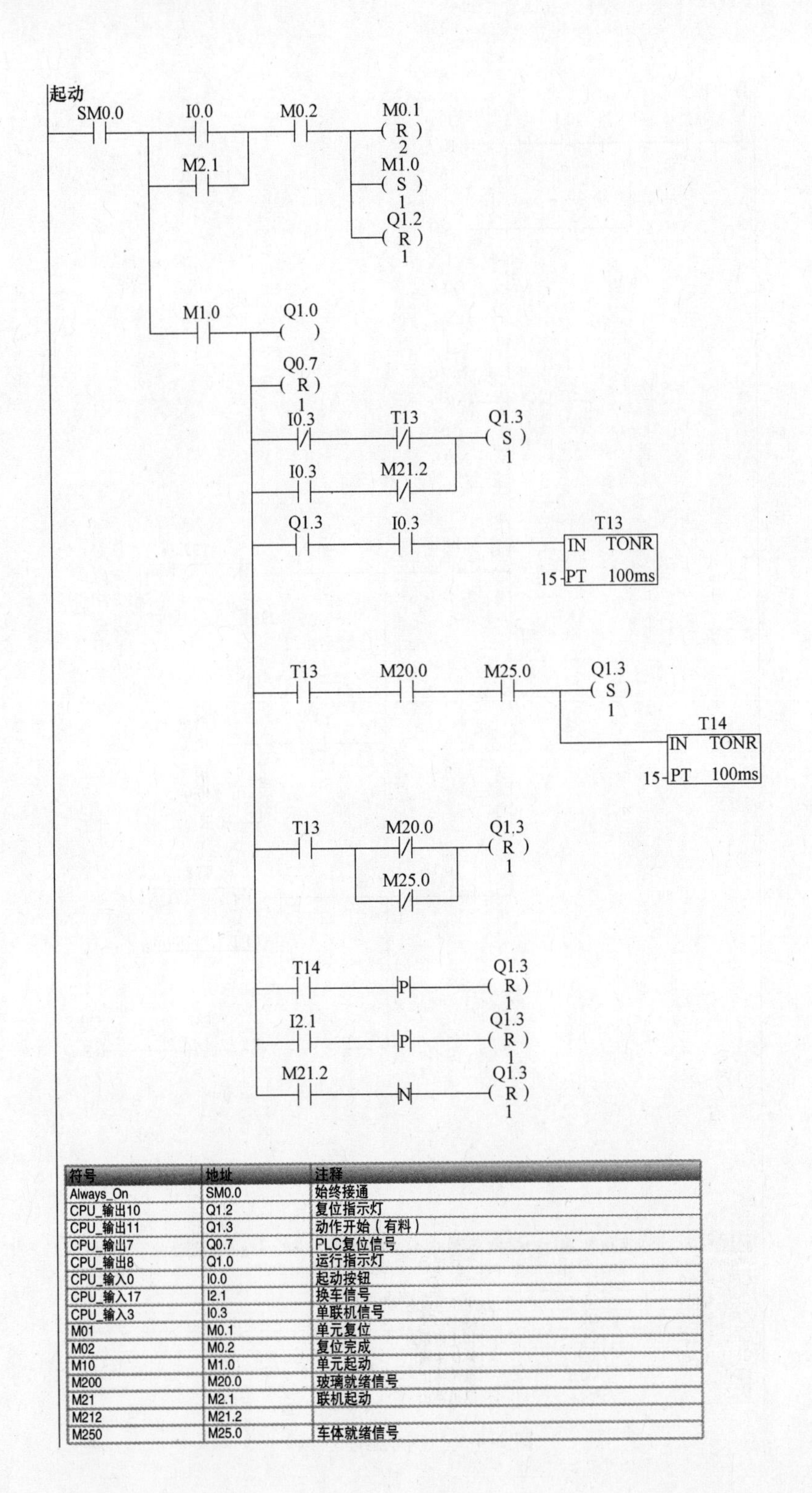

符号	地址	注释
Always_On	SM0.0	始终接通
CPU_输出10	Q1.2	复位指示灯
CPU_输出11	Q1.3	动作开始（有料）
CPU_输出7	Q0.7	PLC复位信号
CPU_输出8	Q1.0	运行指示灯
CPU_输入0	I0.0	起动按钮
CPU_输入17	I2.1	换车信号
CPU_输入3	I0.3	单联机信号
M01	M0.1	单元复位
M02	M0.2	复位完成
M10	M1.0	单元起动
M200	M20.0	玻璃就绪信号
M21	M2.1	联机起动
M212	M21.2	
M250	M25.0	车体就绪信号

图 2-4-9

机器人起动程序

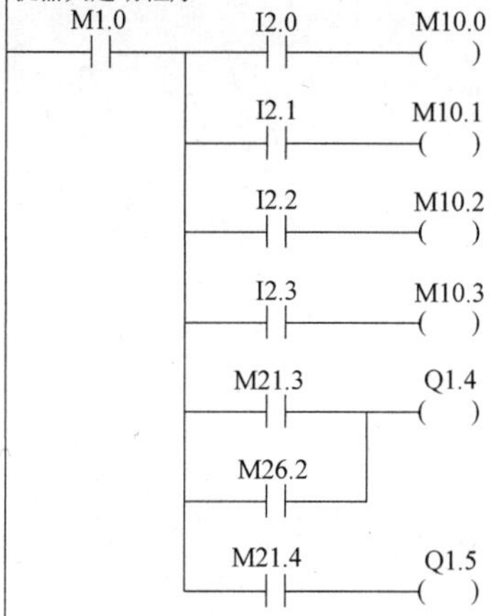

M1.0　I2.0　M10.0
I2.1　M10.1
I2.2　M10.2
I2.3　M10.3
M21.3　Q1.4
M26.2
M21.4　Q1.5

符号	地址	注释
CPU_输出12	Q1.4	有盖信号
CPU_输出13	Q1.5	盖颜色信号
CPU_输入16	I2.0	物料到位
CPU_输入17	I2.1	换车信号
CPU_输入18	I2.2	换料信号
CPU_输入19	I2.3	加盖完成信号
M10	M1.0	单元起动
M100	M10.0	机器人开始搬运
M101	M10.1	机器人搬运完成

联机程序

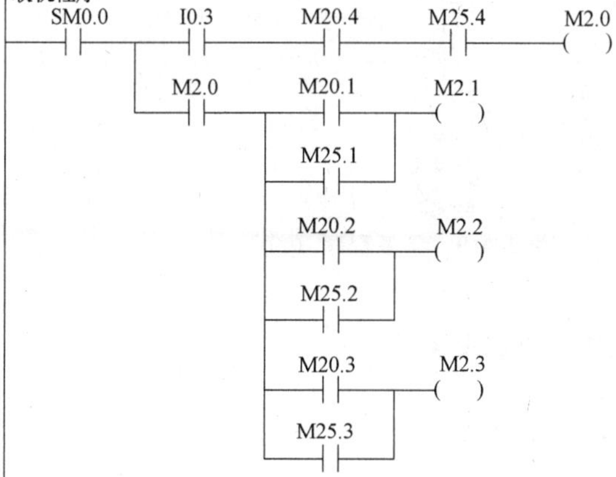

SM0.0　I0.3　M20.4　M25.4　M2.0
M2.0　M20.1　M2.1
M25.1
M20.2　M2.2
M25.2
M20.3　M2.3
M25.3

符号	地址	注释
Always_On	SM0.0	始终接通
CPU_输入3	I0.3	单联机信号
M20	M2.0	全部联机信号
M201	M20.1	2#起动按钮
M202	M20.2	2#停止按钮
M203	M20.3	2#复位按钮
M204	M20.4	联/单机状态
M21	M2.1	联机起动
M22	M2.2	联机停止
M23	M2.3	联机复位
M251	M25.1	3#起动按钮
M252	M25.2	3#停止按钮
M253	M25.3	3#复位按钮
M254	M25.4	3#联/单机

参考程序（续）

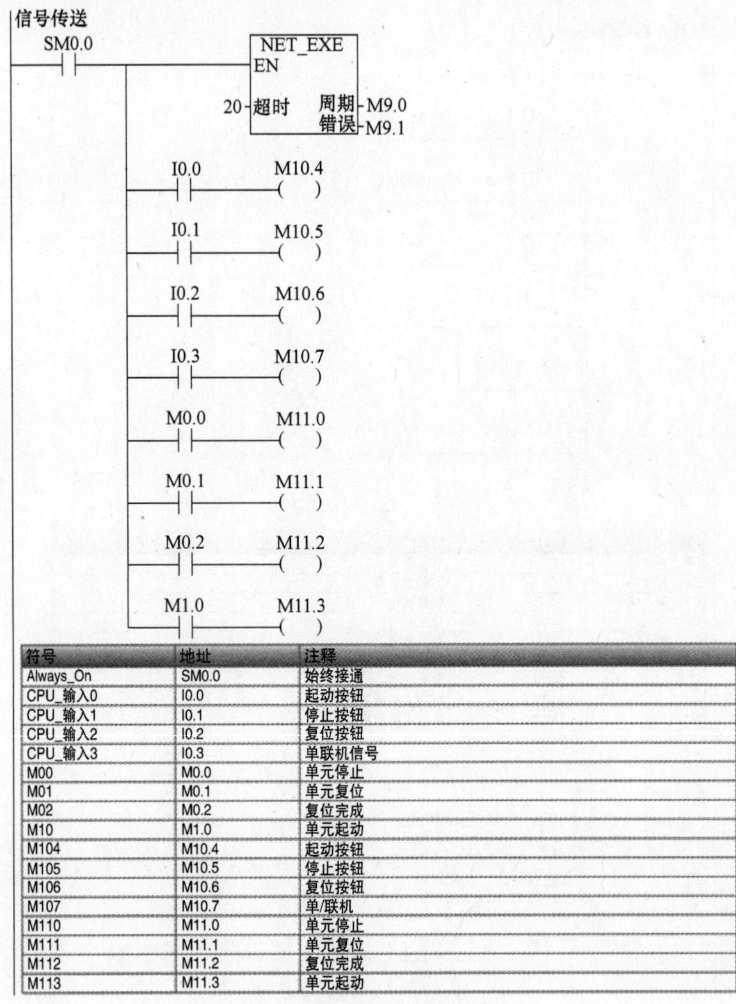

符号	地址	注释
Always_On	SM0.0	始终接通
CPU_输入0	I0.0	起动按钮
CPU_输入1	I0.1	停止按钮
CPU_输入2	I0.2	复位按钮
CPU_输入3	I0.3	单联机信号
M00	M0.0	单元停止
M01	M0.1	单元复位
M02	M0.2	复位完成
M10	M1.0	单元起动
M104	M10.4	起动按钮
M105	M10.5	停止按钮
M106	M10.6	复位按钮
M107	M10.7	单/联机
M110	M11.0	单元停止
M111	M11.1	单元复位
M112	M11.2	复位完成
M113	M11.3	单元起动

图 2-4-9　参考程序（续）

五、编写机器人控制程序（仅供参考）

1. 机器人主程序的编写

机器人控制的参考程序如下：

```
PROC main()
    DateInit;
    rHome;
    WHILE TRUE DO
        TPWrite "Wait Start.....";
        WHILE DI10_12=0 DO
        ENDWHILE
        TPWrite "Running：Start.";
        RESET DO10_9;
        Gripper1;
```

```
        precoating;
        placeGripper1;
        Gripper3;
        assembly;
        placeGripper3;
        ncount:=ncount+1;
        IF ncount > 5 THEN
            ncount:=0;
            ncount1:=0;
            ncount2:=0;
            ncount3:=0;
        ENDIF
    ENDWHILE
ENDPROC
```

2. 机器人子程序的编写

（1）机器人初始化子程序编写

```
PROC DateInit()
    ncount:=0;
    ncount1:=0;
    ncount2:=0;
    ncount3:=0;
    RESET DO10_1;
    RESET DO10_2;
    RESET DO10_3;
    RESET DO10_9;
    RESET DO10_10;
    RESET DO10_11;
    RESET DO10_12;
    RESET DO10_13;
    RESET DO10_14;
    RESET DO10_15;
  ENDPROC
```

（2）机器人回原点子程序编写

```
PROC rHome()
    VAR Jointtarget joints;
    joints:=CJointT();
    joints.robax.rax_2:=-23;
    joints.robax.rax_3:=32;
    joints.robax.rax_4:=0;
```

```
        joints.robax.rax_5:=81;
        MoveAbsJ joints\NoEOffs,v40,z100,tool0;
        MoveJ Home,v100,z100,tool0;
        IF DI10_1=1 AND DI10_3=1 THEN
            TPWrite "Running: Stop!";
            Stop;
        ENDIF
        IF DI10_1=1 AND DI10_3=0 THEN
            placeGripper1;
        ENDIF
        IF DI10_3=1 AND DI10_1=0 THEN
            placeGripper3;
        ENDIF
        MoveJ Home,v200,z100,tool0;
        Set DO10_9;
        TPWrite "Running: Reset complete!";
ENDPROC
```

（3）机器人车窗涂胶子程序编写

```
PROC assembly()
        MoveJ Offs(P26,ncount1*40,0,20),v100,z60,tool0;
        MoveL Offs(P26,ncount1*40,0,0),v100,fine,tool0;
        Set DO10_2;
        Set DO10_3;
        WaitTime 1;
        MoveL Offs(P26,ncount1*40,0,40),v100,z60,tool0;
        Set DO10_10;
        MoveJ p27,v100,z60,tool0;
        MoveJ Offs(P28,-50,0,0),v100,z60,tool0;
        MoveL Offs(P28,0,0,0),v100,z60,tool0;
        Reset DO10_10;
        MoveJ P29,v100,z60,tool0;
        MoveJ P30,v100,z60,tool0;
        MoveJ P31,v100,z60,tool0;
        MoveJ P32,v100,z60,tool0;
        MoveJ P33,v100,z60,tool0;
        MoveJ P28,v100,z60,tool0;
        MoveL Offs(P28,-80,0,0),v100,z60,tool0;
        MoveJ Offs(P42,-50,0,0),v100,z60,tool0;
        MoveL Offs(P42,0,0,0),v100,z60,tool0;
        Reset DO10_10;
        MoveJ P43,v100,z60,tool0;
        MoveJ P44,v100,z60,tool0;
```

```
        MoveJ P45,v100,z60,tool0;
        MoveJ P46,v100,z60,tool0;
        MoveJ P47,v100,z60,tool0;
        MoveJ P42,v100,z60,tool0;
        MoveL Offs(P42,-80,0,0),v100,z60,tool0;
            ENDIF
ENDPROC
```

(4) 机器人拾取吸盘夹具子程序编写

```
PROC Gripper3()
        MoveJ Offs(Ppick1,0,0,50),v200,z60,tool0;
        Set DO10_1;
        MoveL Offs(Ppick1,0,0,0),v20,fine,tool0;
        Reset DO10_1;
        WaitTime 1;
        MoveL Offs(Ppick1,-3,-120,30),v50,z60,tool0;
        MoveL Offs(Ppick1,-3,-120,260),v100,z60,tool0;
ENDPROC
```

(5)机器人放吸盘夹具子程序编写

```
PROC placeGripper3()
        MoveJ Offs(Ppick1,-3,-120,220),v200,z100,tool0;
        MoveL Offs(Ppick1,-3,-120,20),v100,z100,tool0;
        MoveL Offs(Ppick1,0,0,0),v60,fine,tool0;
        Set DO10_1;
        WaitTime 1;
        MoveL Offs(Ppick1,0,0,40),v30,z100,tool0;
        MoveL Offs(Ppick1,0,0,50),v60,z100,tool0;
        Reset DO10_1;
        Reset DO10_10;
        Reset DO10_11;
        Reset DO10_12;
        IF DI10_12=0 THEN
            MoveJ Home,v200,z100,tool0;
        ENDIF
    ENDPROC
```

六、电气接线

1. PLC 的接线

根据图 2-4-8 所示的 PLC 接线图，按照电气线路的安装工艺要求完成对 PLC 的接线。

2. 挂板接口板端子接线

挂板接口板端子分配见表 2-4-2，其接线效果图如图 2-4-14 所示。

3. 桌面接口板端子的接线

桌面接口板端子分配见表 2-4-3，其接线效果图如图 2-4-15 所示。

表 2-4-2 挂板接口板端子分配

挂板接口板地址	线号	功能描述	备注
01	IN1	机器人夹具 1 到位信号	
02	IN2	机器人夹具 2 到位信号	
20	OUT1	快换夹具电磁阀动作	
21	OUT2	工作 A 电磁阀动作	
22	OUT3	工作 B 电磁阀动作	
A	PS2+	继电器常开触点(KA21:10)	
B	PS2-	直流电源 24V-进线	
C	PS22+	继电器常开触点(KA21:5)	
D	PS23+	继电器触点 (KA21:9)	
E	I0.0	起动按钮	
F	I0.1	停止按钮	
G	I0.2	复位按钮	
H	I0.3	联机信号	
I	Q1.0	运行指示灯	
J	Q1.1	停止指示灯	
K	Q1.2	复位指示灯	
L	PS29+	直流 24V+	

表 2-4-3 桌面接口板端子分配

桌面接口板地址	线号	功能描述	备注
01	夹具 1 到位信号	槽型光电传感器信号线	
02	夹具 2 到位信号	槽型光电传感器信号线	
20	快换夹具电磁阀	电磁阀信号线	
21	工作 A 电磁阀	电磁阀信号线	
22	工作 B 电磁阀	电磁阀信号线	
38	夹具 1 到位信号+	槽型光电传感器电源线+	
39	夹具 2 到位信号+	槽型光电传感器电源线+	
65	快换夹具电磁阀+	电磁阀电源线+	
66	工作 A 电磁阀+	电磁阀电源线+	
67	工作 B 电磁阀+	电磁阀电源线+	
46	夹具 1 到位信号-	槽型光电传感器电源线-	
47	夹具 2 到位信号-	槽型光电传感器电源线-	
63	PS29+	提供 24V 电源+	
64	PS2-	提供 24V 电源-	

七、机器人机械原点的位置更新

在机器人出现以下任何一种状态时，需要对机器人进行此操作：①更换伺服电动机转数计数器电池后；②当转数计数器发生故障，维修后；③转数计数器与测量板之间断开以后；④断电后，机器人关节轴发生了位移；⑤当系统报警提示“10036 转数计数器未更新”时。具体操作方法参照模块一任务七。

八、机器人运动轨迹的示教

完成机器人运动轨迹的示教，主要包括：①原点的示教；②吸取车窗玻璃点示教；③涂胶点示教；④安装点的示教。

九、节流阀的调节

节流阀的调节方法如下：

1）首先按照图 2-4-10 所示的六轴机器人单元气路图检查气路连接是否完好。

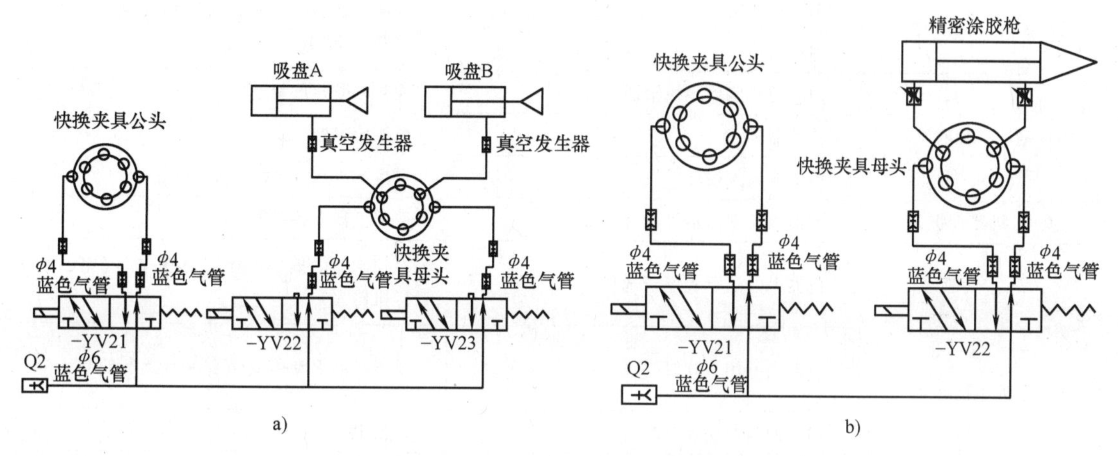

图 2-4-10　六轴机器人单元气路图

a）双吸盘夹具气路示意图　b）胶枪治具气路示意图

2）打开气源，用小一字螺钉旋具对气动电磁阀的测试旋钮进行操作，如图 2-4-11所示，调节气缸上的节流阀使气缸动作顺畅柔和。

图 2-4-11　节流阀的调节

十、系统调试与运行

1. 上电前的检查

1）观察机构上各元件外表是否有明显移位、松动或损坏等现象；如果存在以上现象，及时调整、紧固或更换元件。

2）对照接口板端子分配表或接线图检查桌面和挂板接线是否正确，尤其要检查 24V 电源，电气元件电源线等线路是否有短路、断路现象。

注意：设备初次组装调试时，必须认真检查线路是否正确，接线错误容易造成设备元件损坏。将机器人伺服速度调至原速度的 30%以下。

2. 调试运行

按照任务要求完成系统的调试。

3. 调试故障查询

本任务调试时的故障查询参见表 2-4-4。

表 2-4-4 故障查询

故障现象	故障原因	解决方法
设备不能正常上电	电气元件损坏	更换电气元件
	线路接线脱落或错误	检查电路并重新接线
按钮板指示灯不亮	接线错误	检查电路并重新接线
	程序错误	修改程序
	指示灯损坏	更换
PLC 灯闪烁报警	程序出错	改进程序重新写入
PLC 提示"参数错误"	端口选择错误	选择正确的端口号和通信参数,执行"PLC 存储器清除"命令,直到灯灭为止
	PLC 出错	
PLC 输出点没有动作	PLC 与传感器接线错误	检查电缆并重新连接
	传感器坏	更换传感器
	PLC 输入点损坏	更换输入点
上电,机器人报警	机器人的安全信号没有连接	按照机器人接线图接线
机器人不能起动	机器人的运行程序未选择	在控制器的操作面板选择程序名(第一次运行机器人)
	机器人专用 I/O 没有设置	设置机器人专用 I/O(第一次运行机器人)
	PLC 的输出端没有输出	监控 PLC 程序
	PLC 的输出端子损坏	更换其他端子
	线路错误或接触不良	检查电缆并重新连接
机器人起动就报警	原点数据没有设置	输入原点数据(第一次运行机器人)
机器人运动过程中报警	机器人从当前点到下一个点不能直接移动过去	重新示教下一个点
	气缸节流阀锁死	松开节流阀
	机械结构卡死	调整结构件

检查测评

对任务实施的完成情况进行检查,并将结果填入表 2-4-5 内。

表 2-4-5 任务测评表

序号	主要内容	考核要求	评分标准	配分	扣分	得分
1	机器人单元控制程序的设计和调试	列出 PLC 控制 I/O(输入/输出)口元件地址分配表,根据加工工艺,设计梯形图及 PLC 控制 I/O(输入/输出)口接线图	1. 输入/输出地址遗漏或搞错,每处扣 5 分 2. 梯形图表达不正确或画法不规范,每处扣 1 分 3. 接线图表达不正确或画法不规范,每处扣 2 分	40		

（续）

序号	主要内容	考核要求	评分标准	配分	扣分	得分
1	机器人单元控制程序的设计和调试	按 PLC 控制 I/O 口接线图在配线板上正确安装，安装要准确紧固，配线导线要紧固、美观，导线要按线槽布放，导线要有端子标号	1. 损坏元件扣 5 分 2. 导线不按线槽布放、不美观，主电路、控制电路每根扣 1 分 3. 接点松动、露铜过长、反圈、压绝缘层，标记线号不清楚、遗漏或误标，引出端无别径压端子，每处扣 1 分 4. 损伤导线绝缘或线芯，每根扣 1 分 5. 不按 PLC 控制 I/O 接线图接线，每处扣 5 分	10		
		熟练正确地将所编程序输入 PLC；按照被控设备的动作要求进行模拟调试，达到设计要求	1. 不会熟练操作 PLC 键盘输入指令扣 2 分 2. 不会用删除、插入、修改、存盘等命令，每项扣 2 分 3. 仿真试车不成功扣 30 分	40		
2	安全文明生产	劳动保护用品穿戴整齐；遵守操作规程；讲文明礼貌；操作结束要清理现场	1. 操作中，违反安全文明生产考核要求的任何一项扣 5 分，扣完为止 2. 当发现学生有重大事故隐患时，要立即予以制止，并每次扣安全文明生产总分 5 分	10		
合　计						
开始时间：			结束时间：			

任务五　机器人自动换夹具的程序设计与调试

学习目标

知识目标：1. 熟悉机器人单元夹具快换组件的结构组成、工作原理。

2. 掌握槽型光电传感器（EE-SX951）的调节方法。

能力目标：能根据控制要求，完成 ABB 六轴工业机器人自动换夹具控制程序的设计和调试，并能解决运行过程中出现的常见问题。

工作任务

有一台多功能涂胶系统机器人单元，该单元配置了吸盘夹具和胶枪治具，通过 PLC 与 ABB 六轴工业机器人对汽车模型进行前风窗玻璃及后风窗玻璃的涂胶与装配，现需要编写机器人自动更换吸盘治具和胶枪治具的机器人控制程序并示教。

具体的控制要求如下：

1）按下起动按钮，系统上电。

2）按下开始按钮，系统自动运行，先选择胶枪治具，对汽车模型前风窗玻璃框进行一次预涂胶，停留3s后放回原位，更换为吸盘夹具，至送料托盘位（等待拾取前风窗玻璃），停留1s后移至胶枪嘴位置，停留2s后回到夹具位，放回吸盘夹具后机器人回到原点，机器人控制盘动作速度不能过快（≤40%）。

3）按停止键，机器人动作停止。

4）按复位键，自动复位到原点。

相关知识

一、工业机器人工具快换装置

机器人工具快换装置使单个机器人能够在制造和装备过程中交换使用不同的末端执行器，以增加柔性，被广泛应用于自动点焊、弧焊、材料抓举、冲压、检测、卷边、装配、材料去除、毛刺清理、包装等操作。

目前，国外在机器人自动更换技术方面比较先进，专业化程度高，生产的自动更换器都有各自的特点，但价格昂贵，技术不对外。国内一些大学和研究所也进行了一定的研究，但都没有形成产业化，与国外水平仍有差距。国外较知名的快换装置品牌有美国DE-STA-CO、ATI、AGI、RAD等，另外部分机器人公司如STAUBLI等也有不同型号的快换装置。常见的机器人工具快换装置如图2-5-1所示。

图2-5-1 常见的机器人工具快换装置

1. 机器人工具快换装置的优点

机器人工具快换装置（Robotic Tool Changer）通过使机器人自动更换不同的末端执行器或外围设备，使机器人的应用更具柔性。这些末端执行器和外围设备包含例如点焊焊枪、抓手、真空工具、气动和电动电动机等。工具快换装置包括两部分，一部分在机器人侧（Master side），用来安装在机器人手臂上；另一部分在工具侧（Tool side），用来安装在末端执行器上。工具快换装置能够让不同的介质例如气体、电信号、液体、视频、超声等从机器人手臂连通到末端执行器。机器人工具快换装置的优点如下：

1）生产线更换可以在数秒内完成。

2）维护和修理工具可以快速更换，大大降低停工时间。

3）通过在应用中使用一个以上的末端执行器，从而使柔性增加。

4）使用自动交换单一功能的末端执行器，代替原有笨重复杂的多功能工装执行器。

2. 机器人工具快换装置的分类

机器人侧安装在机器人前端手臂上，工具侧安装在执行工具（如焊钳、抓手等）上，工具快换装置能快捷地实现机器人侧与执行工具之间电、气和液相通。一个机器人侧可以根据用户的实际情况与多个工具侧配合使用，增加机器人生产线的柔性和生产效率，降低生产成本。美国 ATI 工业自动化公司生产的 ATI 工业自动化重载荷机器人自动工具快换装置，如图 2-5-2 所示，应用在机器人上的 ATI 工具快换装置和材料抓举夹具如图 2-5-3 所示。

图 2-5-2　ATI 工业自动化重载荷机器人自动工具快换装置

图 2-5-3　应用机器人上 ATI 工具快换装置和材料抓举夹具

3. 机器人工具快换装置的结构

工具快换装置的常规结构及各部分的作用如图 2-5-4 所示。

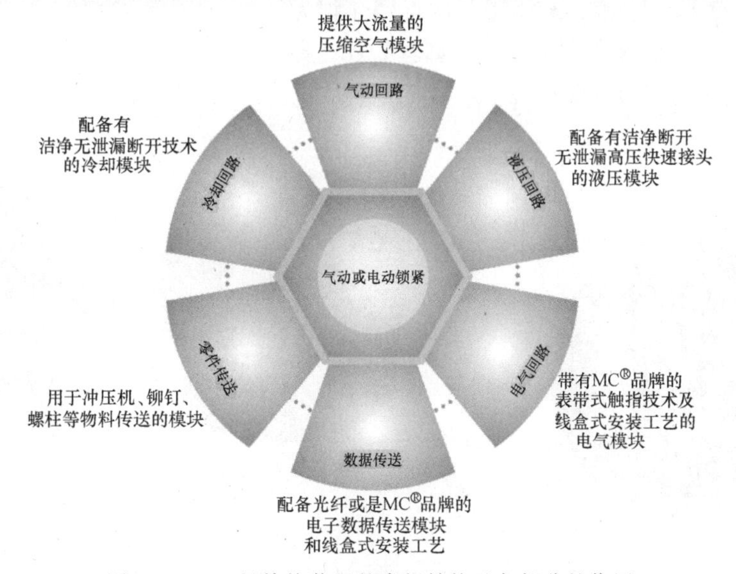

图 2-5-4　工具快换装置的常规结构及各部分的作用

4. 选择工具快换装置注意事项

在选择工具快换装置时需要考虑以下几个方面：

（1）工具快换装置的抗力矩能力

因为工具快换装置机器人侧锁紧工具侧，伴随机器人以一定加速度移动时，加上执行工具的偏心、自身重力，会形成很大的力矩；如果抗力矩能力差，机器人侧和工具侧之间会形成张角，造成总线信号中断、漏水、漏气，严重的会造成工具脱落。

（2）工具快换装置是否具备气体压力丢失保护功能

工具快换装置大多数使用气动锁紧机构（ATI有电驱动工具快换装置），如果调试、应用时出现气源中断，工具快换装置机器人侧一定要保持锁紧工具侧。

（3）工具快换装置是否具备工具支架互锁功能

机器人需要控制电磁阀给工具快换装置供气，实现工具快换装置的锁紧/打开；在调试时，很容易因为误操作，人为给出错误指令；一些厂商（如ATI）通过各个可监控的环节，与工具支架配合，实现在正常工作时即使误操作给出打开指令，工具快换装置也不会实施打开操作；如果使用DeviceNet总线控制，控制器还能检测这些信号。

二、涂胶机器人快换接头

涂胶机器人快换接头主要由母座和公座组成。快换接头母座的结构，如图2-5-5所示，图中1号气脚与6号气脚为一组，2号气脚与5号气脚为一组，3号气脚与4号气脚为一组。快换接头公座的结构，如图2-5-6所示，其中1号气脚与6号气脚为一组，2号气脚与5号气脚为一组，3号气脚与4号气脚为一组，公头的锁定气缸气口位于1号气脚与2号气脚中间，及5号气脚与6号气脚中间。

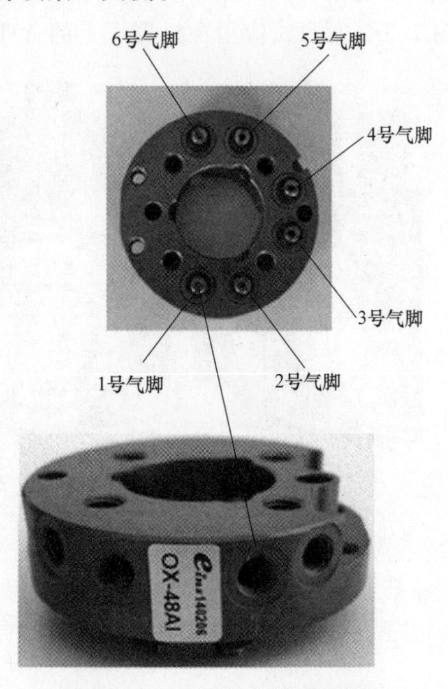

图2-5-5 快换接头母座的结构

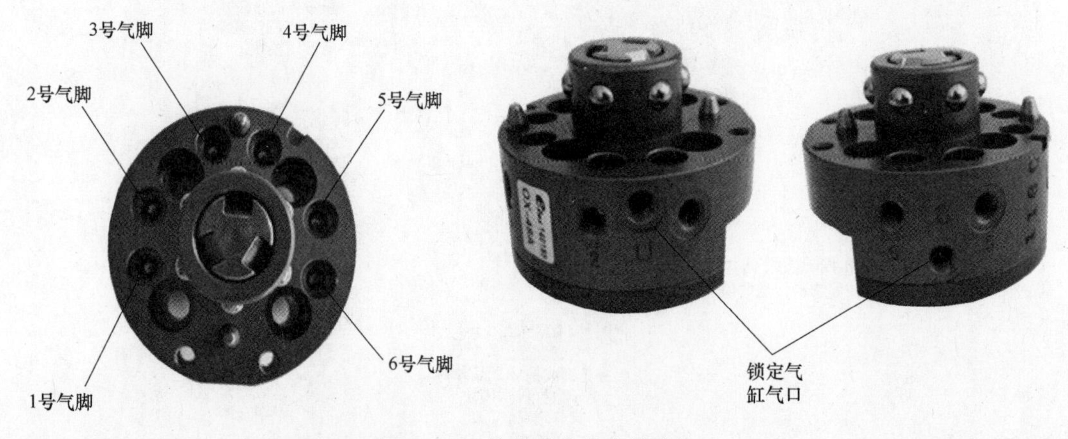

图2-5-6 快换接头公座的结构

任务实施

一、任务准备

实施本任务教学所使用的实训设备及工具材料可参考表 2-1-4。

二、功能框图和 I/O 分配表

1. 功能框图

根据任务要求，画出机器人单元控制的功能框图如图 2-4-7 所示。

2. I/O 功能分配表

根据控制要求，机器人单元 PLC 的 I/O 功能分配见表 2-4-1。

三、编写机器人控制程序

1. 机器人主程序的编写

机器人主程序参考模块二任务四相应主程序。

2. 机器人子程序的编写（仅供参考）

（1）机器人初始化子程序编写参考模块二任务四相应子程序。

（2）机器人回原点子程序编写参考模块二任务四相应子程序。

（3）机器人车窗涂胶装配子程序编写（仅供参考）

```
PROC assembly()
        MoveJ Offs(P26,ncount1 * 40,0,20),v100,z60,tool0;
        MoveL Offs(P26,ncount1 * 40,0,0),v100,fine,tool0;
        Set DO10_2;
        Set DO10_3;
        WaitTime 1;
        MoveL Offs(P26,ncount1 * 40,0,40),v100,z60,tool0;
        Set DO10_10;
        MoveJ p27,v100,z60,tool0;
        MoveJ Offs(P28,-50,0,0),v100,z60,tool0;
        MoveL Offs(P28,0,0,0),v100,z60,tool0;
        Reset DO10_10;
        MoveJ P29,v100,z60,tool0;
        MoveJ P30,v100,z60,tool0;
        MoveJ P31,v100,z60,tool0;
        MoveJ P32,v100,z60,tool0;
        MoveJ P33,v100,z60,tool0;
        MoveJ P28,v100,z60,tool0;
        MoveL Offs(P28,-80,0,0),v100,z60,tool0;
        MoveJ Home,v200,z100,tool0;
        MoveJ Offs(P34,0,0,20),v100,z60,tool0;
```

```
    MoveL Offs(P34,0,0,0),v100,fine,tool0;
    Reset DO10_2;
    Reset DO10_3;
    WaitTime 1;
    MoveL Offs(P34,0,0,60),v100,z60,tool0;
    MoveJ Offs(P41,ncount1 * 40,0,20),v100,z60,tool0;
    MoveL Offs(P41,ncount1 * 40,0,0),v100,fine,tool0;
    Set DO10_2;
    Set DO10_3;
    WaitTime 1;
    MoveL Offs(P41,ncount1 * 40,0,40),v100,z60,tool0;
    Set DO10_10;
    MoveJ P27,v100,z60,tool0;
    MoveJ Offs(P42,-50,0,0),v100,z60,tool0;
    MoveL Offs(P42,0,0,0),v100,z60,tool0;
    Reset DO10_10;
    MoveJ P43,v100,z60,tool0;
    MoveJ P44,v100,z60,tool0;
    MoveJ P45,v100,z60,tool0;
    MoveJ P46,v100,z60,tool0;
    MoveJ P47,v100,z60,tool0;
    MoveJ P42,v100,z60,tool0;
    MoveL Offs(P42,-80,0,0),v100,z60,tool0;
    MoveJ Home,v200,z100,tool0;
    MoveJ Offs(P48,0,0,20),v100,z60,tool0;
    MoveL Offs(P48,0,0,0),v100,fine,tool0;
    Reset DO10_2;
    Reset DO10_3;
    WaitTime 1;
    MoveL Offs(P48,0,0,30),v100,z60,tool0;
    MoveJ Home,v200,z100,tool0;
    Set DO10_11;
    ncount1:=ncount1+1;
        IF ncount1 > 2 THEN
            ncount1:=0;
            Set DO10_12;
        ENDIF
ENDPROC
```

（4）机器人拾取吸盘夹具子程序编写参考模块二任务四相应子程序。

（5）机器人放吸盘夹具子程序编写参考模块二任务四相应子程序。

（6）机器人取胶枪治具子程序编写

```
PROC Gripper1( )
        MoveJ Offs(Ppick,0,0,50),v200,z60,tool0;
        Set DO10_1;
        MoveL Offs(Ppick,0,0,0),v40,fine,tool0;
        Reset DO10_1;
        WaitTime 1;
        MoveL Offs(Ppick,-3,-120,20),v50,z100,tool0;
        MoveL Offs(Ppick,-3,-120,150),v100,z60,tool0;
ENDPROC
```

（7）机器人放胶枪治具子程序编写

```
PROC placeGripper1( )
        MoveJ Offs(Ppick,-2.5,-120,200),v200,z100,tool0;
        MoveL Offs(Ppick,-2.5,-120,20),v100,z100,tool0;
        MoveL Offs(Ppick,0,0,0),v40,fine,tool0;
        Set DO10_1;
        WaitTime 1;
        MoveL Offs(Ppick,0,0,40),v30,z100,tool0;
        MoveL Offs(Ppick,0,0,50),v60,z100,tool0;
        Reset DO10_1;
ENDPROC
```

四、安装快换接头

组合后的快换夹具如图 2-5-7 所示，通过气缸的锁紧与松开，达到换取夹具的目的，要求快换夹头正确安放，无碰撞声。

图 2-5-7　组合后的快换夹具

五、吸盘夹具的调整

1）气管不能出现折痕，否则会导致吸盘不能吸取车窗，吸盘夹具实物图如图 2-5-8 所示。

2）测试吸盘弹簧能否伸缩自如，如有阻碍需重新接气管。吸盘弹簧的测试方法如图 2-5-9 所示。

图 2-5-8　吸盘夹具实物图

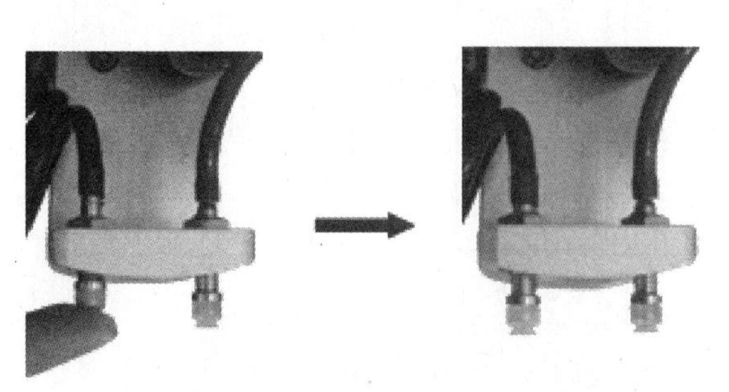

图 2-5-9　吸盘弹簧的测试方法

六、槽型光电传感器的调节

调节槽型光电传感器的目的是保证夹具检测到位，其安装位置如图 2-5-10 所示。各夹具安放到位后，槽型光电传感器无信号输出；安放有偏差时，槽型光电传感器有信号输出，其原理如图 2-5-11 所示。调节槽型光电传感器的位置使偏差小于 1.0mm。

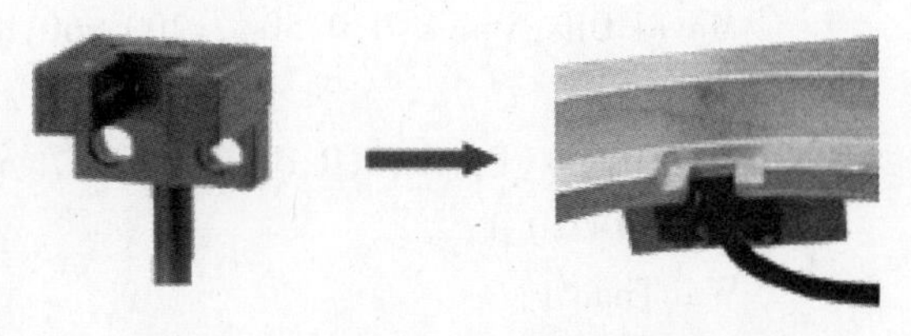

图 2-5-10　槽型光电传感器的安装位置

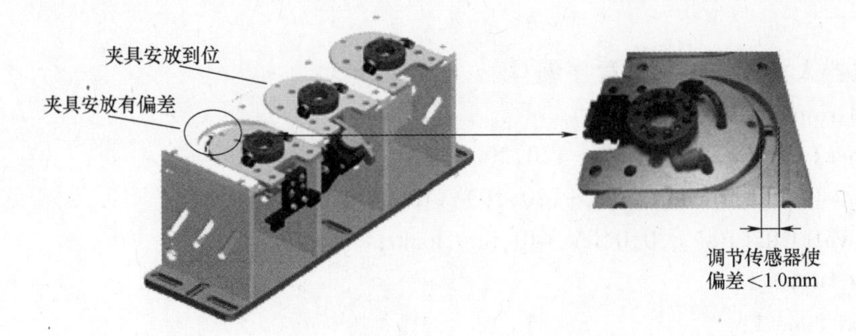

图 2-5-11　槽型光电传感器间隙示例

七、机器人各点的示教

按照图 2-5-12、图 2-5-13、图 2-5-14 所示机器人参考程序点的位置，分别进行托盘、快换夹具和车窗涂胶各示教点的示教。

5	6
3	4
1 P41	2 P26

图 2-5-12　托盘示教点

八、程序运行与调试

根据以上信息，调试程序，实现快换夹具的机器人、PLC 控制功能。调试前注意对照接口板端子分配表或接线图检查桌面和挂板接线是否正确，尤其要检查 24V 电源、电气元件电源线等线路是否有短路、断路现象。

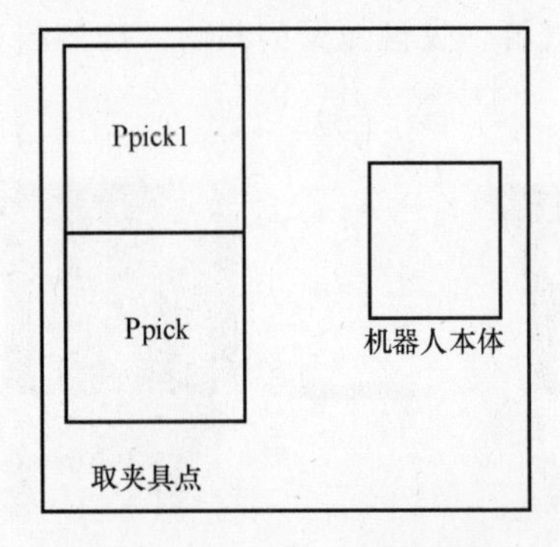

图 2-5-13　快换夹具示教点

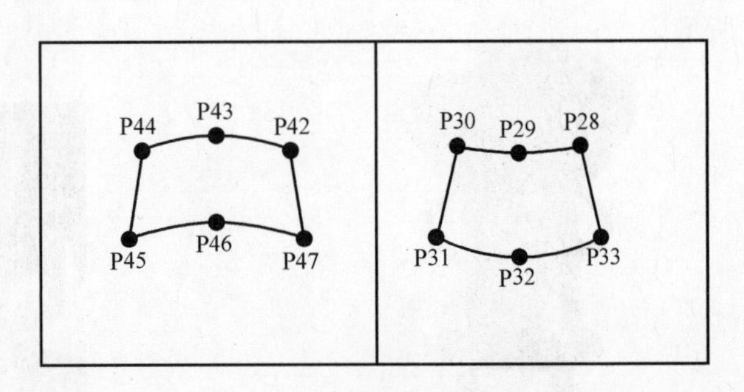

图 2-5-14　车窗涂胶示教点

想一想、练一练

1）改变夹具位置如何修改程序？

2）如何判断物料就绪、车位准备就绪？这个信号由谁发出？怎样接收？

3）车窗拾取、车窗预涂胶的点如何取？试设计一机器人程序，以引出程序的优化，为最后的联机做准备。

检查测评

对任务实施的完成情况进行检查，并将结果填入表2-5-1内。

表2-5-1　任务测评表

序号	主要内容	考核要求	评分标准	配分	扣分	得分
1	机器人自动换夹具控制程序的设计和调试	列出PLC控制I/O口元件地址分配表，根据加工工艺，设计梯形图及PLC控制I/O口接线图	1. 输入/输出地址遗漏或搞错，每处扣5分 2. 梯形图表达不正确或画法不规范，每处扣1分 3. 接线图表达不正确或画法不规范，每处扣2分	40		
		按PLC控制I/O口接线图在配线板上正确安装，安装要准确紧固，配线导线要紧固、美观，导线要按线槽布放，导线要有端子标号	1. 损坏元件扣5分 2. 导线不按线槽布放、不美观，主电路、控制电路每根扣1分 3. 接点松动、露铜过长、反圈、压绝缘层，标记线号不清楚、遗漏或误标，引出端无别径压端子，每处扣1分 4. 损伤导线绝缘或线芯，每根扣1分 5. 不按PLC控制I/O接线图接线，每处扣5分	10		
		熟练正确地将所编程序输入PLC；按照被控设备的动作要求进行模拟调试，达到设计要求	1. 不会熟练操作PLC键盘输入指令扣2分 2. 不会用删除、插入、修改、存盘等命令，每项扣2分 3. 仿真试车不成功扣30分	40		
2	安全文明生产	劳动保护用品穿戴整齐；遵守操作规程；讲文明礼貌；操作结束要清理现场	1. 操作中，违反安全文明生产考核要求的任何一项扣5分，扣完为止 2. 当发现学生有重大事故隐患时，要立即予以制止，并每次扣安全文明生产总分5分	10		
合　计						
开始时间：			结束时间：			

任务六 汽车车窗框架预涂胶的程序设计与调试

学习目标

知识目标：掌握汽车车窗框架预涂胶机器人的程序设计方法。

能力目标：能根据控制要求，完成汽车车窗框架预涂胶机器人的程序设计及示教，并能解决运行过程中出现的常见问题。

工作任务

有一台多功能涂胶机构，选用六轴机器人及可编程序控制器控制。为使汽车车窗玻璃安装更稳固，必须对汽车前后风窗玻璃的框架进行预涂胶。要求涂胶要均匀、无渗漏，完成后自动复位，为下一步的更换吸盘夹具做准备，现需要编写机器人控制程序并示教。

具体的控制要求如下：

1）按下起动按钮，系统上电。

2）按下开始按钮，系统自动运行，先拾取胶枪治具，预涂前风窗玻璃框，然后预涂后风窗玻璃框后回到原点。机器人控制盘动作速度不能过快（≤40%）。

3）按停止键，机器人动作停止。

4）按复位键，自动复位到原点。

相关知识

一、车窗框架预涂胶运行轨迹

根据控制要求，可得出车窗框架预涂胶运行轨迹如图 2-6-1 所示。

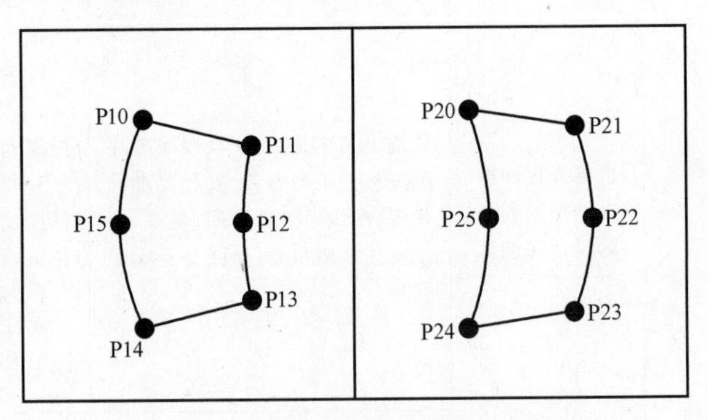

图 2-6-1 车窗框架预涂胶运行轨迹

二、车窗框架预涂胶示教点

根据对图 2-6-1 所示的运行轨迹，可得出车窗框架预涂胶所需的示教点见表 2-6-1。

表 2-6-1 车窗框架预涂胶所需的示教点

序号	点序号	注释	备注
1	Home	机器人初始位置	程序中定义
2	Ppick	取涂胶夹具点	需示教
3	P10～P15	前窗预涂胶点	需示教
4	P20～P25	后窗预涂胶点	需示教

任务实施

一、任务准备

实施本任务教学所使用的实训设备及工具材料可参考表 2-1-4。

二、画出机器人控制流程图

根据任务要求，画出机器人单元控制流程图，如图 2-6-2 所示。

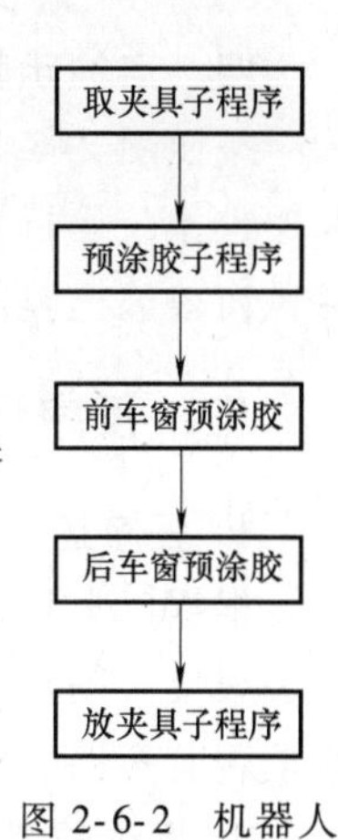

图 2-6-2　机器人控制流程图

三、设计控制程序

根据控制要求，编写出机器人控制程序，并下载到本体。机器人的参考程序如下：

1. 机器人预涂胶子程序编写（仅供参考）

```
PROC precoating( )
    MoveJ Home,v200,z100,tool0;
    MoveJ Offs(P10,0,0,20),v100,z60,tool0;
    MoveL Offs(P10,0,0,0),v100,fine,tool0;
    Set DO10_2;
    MoveJ P11,v100,z60,tool0;
    MoveJ P12,v100,z60,tool0;
    MoveJ P13,v100,z60,tool0;
    MoveJ P14,v100,z60,tool0;
    MoveJ P15,v100,z60,tool0;
    MoveJ P10,v100,fine,tool0;
    Reset DO10_2;
    WaitTime 1;
    MoveL Offs(P10,0,0,20),v100,z60,tool0;
    MoveJ Offs(P20,0,0,20),v100,z60,tool0;
    MoveL Offs(P20,0,0,0),v100,fine,tool0;
    Set DO10_2;
    MoveJ P21,v100,z60,tool0;
    MoveJ P22,v100,z60,tool0;
    MoveJ P23,v100,z60,tool0;
    MoveJ P24,v100,z60,tool0;
    MoveJ P25,v100,z60,tool0;
    MoveJ P20,v100,fine,tool0;
    Reset DO10_2;
    WaitTime 1;
    MoveL Offs(P20,0,0,50),v100,fine,tool0;
    MoveJ Home,v200,z100,tool0;
    ENDPROC
```

2. 机器人取胶枪治具子程序编写参考模块二任务五相应子程序。

3. 机器人放胶枪治具子程序编写参考模块二任务五相应子程序。

四、点的示教

按照图 2-6-1 车窗框架预涂胶运行轨迹和表 2-6-1 机器人参考程序点的位置，进行车窗框架预涂胶运行轨迹示教点的示教。示教内容主要有：①原点；②前风窗玻璃框路线点；③后风窗玻璃框路线点。

五、程序运行与调试

1. 程序运行

根据以上信息，调试程序，实现车窗的预涂胶控制功能。调试前注意对照接口板端子分配表或接线图检查桌面和挂板接线是否正确，尤其要检查 24V 电源、电气元件电源线等线路是否有短路、断路现象。

2. 调试故障查询

本任务调试时的故障查询参见表 2-6-2。

表 2-6-2 故障查询表

故障现象	故障原因	解决方法
设备不能正常上电	电气元件损坏	更换电气元件
	电路接线脱落或错误	检查电路并重新接线
按钮指示灯不亮	接线错误	检查电路并重新接线
	程序错误	修改程序
	指示灯损坏	更换
PLC 灯闪烁报警	程序出错	改进程序重新写入
PLC 提示“参数错误”	端口选择错误	选择正确的端口号和通信参数
	PLC 出错	执行“PLC 存储器清除”命令，直到灯灭为止
传感器对应的 PLC 输入点没输入	PLC 与传感器接线错误	检查电缆并重新连接
	传感器坏	更换传感器
	PLC 输入点损坏	更换输入点
PLC 输出点没有动作	接线错误	按正确的方法重新接线
	相应器件损坏	更换器件
	PLC 输出点损坏	更换输出点
上电，机器人报警	机器人的安全信号没有连接	按照机器人接线图接线
机器人不能起动	机器人的运行程序未选择	在控制器的操作面板选择程序名（在第一次运行机器人的情况）
	机器人专用 I/O 没有设置	设置机器人专用 I/O（在第一次运行机器人的情况）
	PLC 的输出端没有输出	监控 PLC 程序
	PLC 的输出端子损坏	更换其他端子
	线路错误或接触不良	检查电缆并重新连接
机器人起动就报警	原点数据没有设置	输入原点数据（在第一次运行机器人的情况）
机器人运动过程中报警	机器人从当前点，到下一个点不能直接移动过去	重新示教下一个点
	气缸节流阀锁死	松开节流阀
	机械结构卡死	调整结构件

想一想、练一练

1）多点位涂胶完成，怎样更换夹具？

2）如何判断物料就绪、车位准备就绪？这个信号由谁发出？怎样接收？

检查测评

对任务实施的完成情况进行检查，并将结果填入表 2-6-3 内。

表 2-6-3　任务测评表

<table>
<tr><th>序号</th><th>主要内容</th><th>考核要求</th><th>评分标准</th><th>配分</th><th>扣分</th><th>得分</th></tr>
<tr><td rowspan="3">1</td><td rowspan="3">汽车车窗框架预涂胶控制程序的设计和调试</td><td>列出 PLC 控制 I/O 口元件地址分配表，根据加工工艺，设计梯形图及 PLC 控制 I/O 口接线图</td><td>1. 输入/输出地址遗漏或搞错，每处扣 5 分
2. 梯形图表达不正确或画法不规范，每处扣 1 分
3. 接线图表达不正确或画法不规范，每处扣 2 分</td><td>40</td><td></td><td></td></tr>
<tr><td>按 PLC 控制 I/O 口接线图在配线板上正确安装，安装要准确紧固，配线导线要紧固、美观，导线要按线槽布放，导线要有端子标号</td><td>1. 损坏元件扣 5 分
2. 导线不按线槽布放、不美观，主电路、控制电路每根扣 1 分
3. 接点松动、露铜过长、反圈、压绝缘层，标记线号不清楚、遗漏或误标，引出端无别径压端子，每处扣 1 分
4. 损伤导线绝缘或线芯，每根扣 1 分
5. 不按 PLC 控制 I/O 接线图接线，每处扣 5 分</td><td>10</td><td></td><td></td></tr>
<tr><td>熟练正确地将所编程序输入 PLC；按照被控设备的动作要求进行模拟调试，达到设计要求</td><td>1. 不会熟练操作 PLC 键盘输入指令扣 2 分
2. 不会用删除、插入、修改、存盘等命令，每项扣 2 分
3. 仿真试车不成功扣 30 分</td><td>40</td><td></td><td></td></tr>
<tr><td>2</td><td>安全文明生产</td><td>劳动保护用品穿戴整齐；遵守操作规程；讲文明礼貌；操作结束要清理现场</td><td>1. 操作中，违反安全文明生产考核要求的任何一项扣 5 分，扣完为止
2. 当发现学生有重大事故隐患时，要立即予以制止，并每次扣安全文明生产总分 5 分</td><td>10</td><td></td><td></td></tr>
<tr><td colspan="4">合　　计</td><td></td><td></td><td></td></tr>
<tr><td colspan="3">开始时间：</td><td>结束时间：</td><td></td><td></td><td></td></tr>
</table>

任务七　机器人拾取车窗并涂胶的程序设计与调试

学习目标

知识目标：熟练掌握涂胶枪的使用，能快速地对各点进行示教。

能力目标：能根据控制要求，完成机器人拾取并涂胶的程序设计及示教，并能解决运行过程中出现的常见问题。

工作任务

有一台多工位汽车车窗装配机构，机器人将车窗从托盘拾取送到涂胶工作区，同时涂胶机准备就绪，现需要编写 PLC 和机器人控制程序并调试。

具体的控制要求如下：

1）按下起动按钮，系统上电。

2）按下开始按钮，系统自动运行，吸盘夹具先拾取前风窗玻璃，送到涂胶位置后，对玻璃周边进行均匀涂胶，涂完后停留 2s 再送回原位，重复动作，拾取后风窗玻璃，最后回到原点。机器人控制盘动作速度不能过快（≤40%）。

3）按停止键，机器人动作停止。

4）按复位键，自动复位到原点。

相关知识

一、安全送料机构的检查

安全送料机构的检查内容如下：

1）传感器部分的调试。

2）节流阀：控制进出气体流量，调节节流阀，使气缸动作顺畅、柔和。

3）电磁阀：接通气路，打开气源，按下电磁阀的旋具，压下回转锁定式按钮后可以锁定；将气动元件调节到最佳状态即可，并确认各气缸原始状态。

4）托盘存放：托盘的存放区及安全操作区。

5）按键摆放及检查：车窗布满托盘时的整体效果。

6）故障查询见表 2-2-5。

二、上料涂胶单元接口板端子分配的检查

1. 上料涂胶单元桌面接口板端子分配

上料涂胶单元桌面接口板端子分配，见表 2-2-2。

2. 上料涂胶单元挂板接口板端子分配

上料涂胶单元挂板接口板端子分配，见表 2-2-3。

三、检查机器人单元接口板端子接线

1. 机器人单元挂板接口板端子分配

机器人单元挂板接口板端子分配，见表 2-4-2。

2. 机器人单元桌面接口板端子分配

机器人单元桌面接口板端子分配，见表 2-4-3。

任务实施

一、任务准备

实施本任务教学所使用的实训设备及工具材料可参考表 2-1-4。

二、画出机器人控制流程图

根据任务要求，画出机器人单元控制控制流程图，如图 2-7-1 所示。

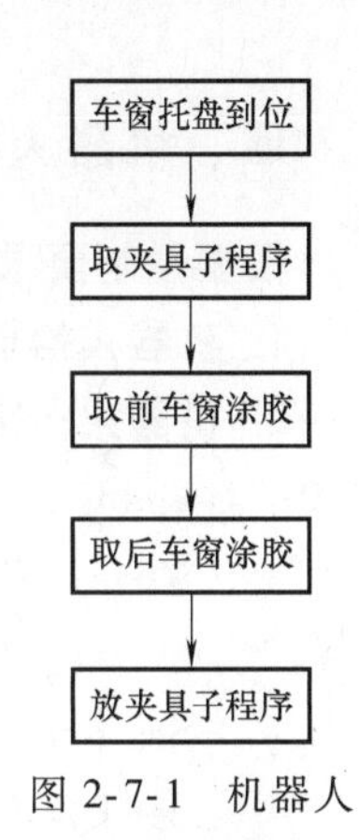

图 2-7-1　机器人控制流程图

三、I/O 功能分配

PLC 与对应机器人 I/O 功能分配见表 2-7-1。

表 2-7-1　PLC 与对应机器人 I/O 功能分配

序号	PLC 名称	功能描述	对应机器人 I/O	备注
1	I0.0	按下面板起动按钮,I0.0 闭合	无	
2	I0.1	按下面板停止按钮,I0.1 闭合	无	
3	I0.2	按下面板复位按钮,I0.2 闭合	无	
4	I0.3	联机信号触发,I0.3 闭合	无	
5	I1.2	自动模式,I1.2 闭合	OUT4	
6	I1.3	伺服运行中, I1.3 闭合	OUT5	
7	I1.4	程序运行, I1.4 闭合	OUT6	
8	I1.5	异常报警, I1.5 闭合	OUT7	
9	I1.6	机器人急停, I1.6 闭合	OUT8	
10	I1.7	机器人回到原点, I1.7 闭合	OUT9	
11	I2.0	物料到位, I2.0 闭合	OUT10	
12	I2.1	换车信号, I2.1 闭合	OUT11	
13	I2.2	换料信号, I2.2 闭合	OUT12	
14	I2.3	汽车全部涂装完成, I2.3 闭合	OUT13	
15	Q0.0	Q0.0 闭合,机器人上电,电动机上电	IN4	
16	Q0.1	Q0.1 闭合,伺服起动	IN5	
17	Q0.2	Q0.2 闭合,主程序开始运行	IN6	
18	Q0.3	Q0.3 闭合,机器人运行中	IN7	
19	Q0.4	Q0.4 闭合,机器人停止	IN8	
20	Q0.5	Q0.5 闭合,伺服停止	IN9	
21	Q0.6	Q0.6 闭合,机器人异常复位	IN10	
22	Q0.7	Q0.7 闭合,PLC 复位信号	IN11	
23	Q1.0	Q1.0 闭合,面板运行指示灯(绿)点亮	无	
24	Q1.1	Q1.1 闭合,面板停止指示灯(红)点亮	无	
25	Q1.2	Q1.2 闭合,面板复位指示灯(黄)点亮	无	
26	Q1.3	Q1.3 闭合,动作开始	IN12	
27	Q1.4	Q1.4 闭合,汽车车窗到位信号	IN13	
28	Q1.5	Q1.5 闭合,汽车模型到位信号	IN14	
29	无	OUT1 为 ON,工作 A YV21 电磁阀动作	OUT1	
30	无	OUT2 为 ON,工作 B YV22 电磁阀动作	OUT2	
31	无	OUT3 为 ON,工作 B YV23 电磁阀动作	OUT3	
32	无	夹具 1 到位,槽型光电传感器 OFF,IN1 为 OFF	IN1	
33	无	夹具 2 到位,槽型光电传感器 OFF,IN2 为 OFF	IN2	

四、机器人控制程序的编写

根据控制要求，编写出机器人控制程序，并下载到本体。机器人的参考程序如下：

1. 机器人拾取吸盘夹具子程序编写参考模块二任务四相应子程序

2. 机器人车窗涂胶子程序编写（仅供参考）

```
PROC assembly()
        MoveJ Offs(P26,ncount1 * 40,0,20),v100,z60,tool0;
        MoveL Offs(P26,ncount1 * 40,0,0),v100,fine,tool0;
        Set DO10_2;
        Set DO10_3;
        WaitTime 1;
        MoveL Offs(P26,ncount1 * 40,0,40),v100,z60,tool0;
        Set DO10_10;
        MoveJ P27,v100,z60,tool0;
        MoveJ Offs(P28,-50,0,0),v100,z60,tool0;
        MoveL Offs(P28,0,0,0),v100,z60,tool0;
        Reset DO10_10;
        MoveJ P29,v100,z60,tool0;
        MoveJ P30,v100,z60,tool0;
        MoveJ P31,v100,z60,tool0;
        MoveJ P32,v100,z60,tool0;
        MoveJ P33,v100,z60,tool0;
        MoveJ P28,v100,z60,tool0;
        MoveL Offs(P28,-80,0,0),v100,z60,tool0;
        MoveJ Offs(P42,-50,0,0),v100,z60,tool0;
        MoveL Offs(P42,0,0,0),v100,z60,tool0;
        Reset DO10_10;
        MoveJ P43,v100,z60,tool0;
        MoveJ P44,v100,z60,tool0;
        MoveJ P45,v100,z60,tool0;
        MoveJ P46,v100,z60,tool0;
        MoveJ P47,v100,z60,tool0;
        MoveJ P42,v100,z60,tool0;
        MoveL Offs(P42,-80,0,0),v100,z60,tool0;
        Set DO10_11;
        ncount1:=ncount1+1;
        IF ncount1 > 2 THEN
            ncount1:=0;
            Set DO10_12;
```

```
    ENDIF
ENDPROC
```

3. 机器人放吸盘夹具子程序编写参考模块二任务四相应子程序

五、机器人示教点的示教

起动机器人，打开 ABB RobotStudio 软件，学生可自行编程或者下载参考程序，程序下载完毕后，用示教器进行点的示教，示教点的运行轨迹如图 2-7-2、图 2-7-3 所示。示教的主要内容包括：①原点示教；②前风窗玻璃吸取点示教；③后风窗玻璃吸取点示教。

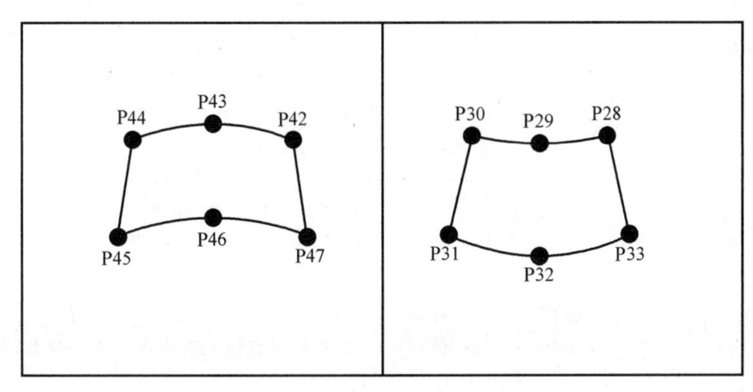

图 2-7-2　涂胶示教点的运行轨迹

5	6
3	4
1 P41	2 P26

图 2-7-3　托盘示教点的运行轨迹

六、系统的运行调试

系统的运行调试分为单机自动运行调试和联机自动流程运行调试。

1. 单机自动运行调试

1）在确保接线无误后，松开“急停”按钮，按下“开”按钮，设备上电。

2）将机器人控制器置自动档，调节机器人伺服速度（试运行需低速，正常运行可自行设定）。

3）按下“单机”按钮，单机指示灯点亮（设备默认为单机状态），再按下“复位”按钮，设备复位，复位指示灯点亮。

4）复位成功后按“启动”按钮，运行指示灯亮，复位指示灯灭，设备开始运行。

5）在设备运行过程中随时按下“停止”按钮，停止指示灯亮并且运行指示灯灭，设备停止运行。

6）当设备运行过程中遇到紧急状况时，应迅速按下“急停”按钮，设备断电。

2. 联机自动运行调试

1）确认通信线连接完好，在上电复位状态下，按下“联机”按钮，联机指示灯亮，单机指示灯灭，进入联网状态。

2）确认上料涂胶单元物料和多工位涂装单元物料均按标志摆放。

3）各站置为联机状态，统一在上料涂胶单元执行“停止”→“复位”→“启动”等操作，设备正常起动后，按下“送料”按钮，整个系统开始联机运行。

4）确认整个流程顺畅无误后，可自行提高机器人速度。

3. 故障查询表

本任务调试时的故障查询见表2-6-2。

想一想、练一练

1）如何判断拾取车窗装配完成？机器人程序如何优化？

2）这个单元如何与机器人单元、多工位涂装单元联机？

检查测评

对任务实施的完成情况进行检查，并将结果填入表2-7-2内。

表2-7-2 任务测评表

序号	主要内容	考核要求	评分标准	配分	扣分	得分
1	机器人拾取车窗并涂胶控制程序的设计和调试	列出PLC控制I/O口元件地址分配表，根据加工工艺，设计梯形图及PLC控制I/O口接线图	1. 输入/输出地址遗漏或搞错，每处扣5分 2. 梯形图表达不正确或画法不规范，每处扣1分 3. 接线图表达不正确或画法不规范，每处扣2分	40		
		按PLC控制I/O口接线图在配线板上正确安装，安装要准确紧固，配线导线要紧固、美观，导线要按线槽布放，导线要有端子标号	1. 损坏元件扣5分 2. 导线不按线槽布放、不美观，主电路、控制电路每根扣1分 3. 接点松动、露铜过长、反圈、压绝缘层，标记线号不清楚、遗漏或误标，引出端无别径压端子，每处扣1分 4. 损伤导线绝缘或线芯，每根扣1分 5. 不按PLC控制I/O接线图接线，每处扣5分	10		
		熟练正确地将所编程序输入PLC；按照被控设备的动作要求进行模拟调试，达到设计要求	1. 不会熟练操作PLC键盘输入指令扣2分 2. 不会用删除、插入、修改、存盘等命令，每项扣2分 3. 仿真试车不成功扣30分	40		
2	安全文明生产	劳动保护用品穿戴整齐；遵守操作规程；讲文明礼貌；操作结束要清理现场	1. 操作中，违反安全文明生产考核要求的任何一项扣5分，扣完为止 2. 当发现学生有重大事故隐患时，要立即予以制止，并每次扣安全文明生产总分5分	10		
合计						
开始时间：			结束时间：			

任务八　机器人装配车窗的程序设计与调试

学习目标

知识目标：1. 熟练掌握机器人单元与多工位单元之间的配合。

2. 熟悉机器人装配车窗的先后顺序，能快速地对各点进行示教。

能力目标：能根据控制要求，完成机器人装配车窗的程序设计与调试，并能解决运行过程中出现的常见问题。

工作任务

有一台多工位汽车车窗装配机构，通过 PLC 与六轴机器人对一台汽车模型进行前风窗玻璃及后风窗玻璃的装配，现需要编写 PLC 和机器人控制程序并调试。

具体的控制要求如下：

1）按下起动按钮，系统上电。

2）按下开始按钮，系统自动运行：

① 先拾取前风窗玻璃，安装在前风窗位置，停留 2s。

② 然后拾取后风窗玻璃安装在后风窗位置，停留 2s。

③ 最后回到原点。机器人控制盘动作速度不能过快（≤40%）。

3）按停止键，机器人动作停止。

4）按复位键，自动复位到原点。

相关知识

一、多工位旋转工作台的检查

1. 多工位旋转工作台的结构

车位转盘通过电控旋转台带动，电控旋转台采用步进电动机驱动，实现角度自动调整，如图 2-8-1 所示。它采用精加工蜗杆传动；精密竖轴系设计，精度高，承载大；采用高品质弹性联轴器；手动手轮配置，电动手动均可，并可加装零位光电传感器或限位开关，也可换

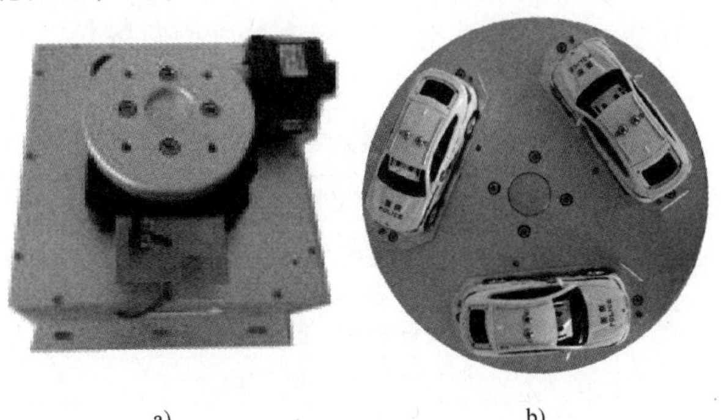

a)　　　　b)

图 2-8-1　多工位车位转盘

a）电控多工位旋转工作台　b）多工位固定台与汽车模型

装伺服电动机。

2. 槽型光电传感器的检查

用物体阻挡光电传感器的光源，检查指示灯是否有反应，明暗程度。注意观察槽型光电传感器与原点感应片是否有干涉现象，或感应片未进入槽型光电传感器的感应区域，如图2-8-2所示。

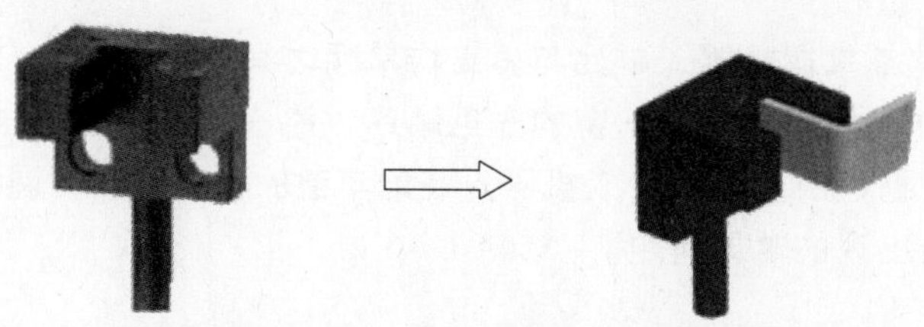

图 2-8-2 槽型光电传感器调试

3. 检查光纤传感器

车位检测的光纤传感器应当在汽车模型进入装配点时，能检测到是否有汽车。

二、多工位涂装单元挂板和桌面接口板端子接线的检查

1. 多工位涂装单元桌面接口板端子分配

多工位涂装单元桌面接口板端子分配，见表2-3-2。

2. 多工位涂装单元挂板接口板端子分配

多工位涂装单元挂板接口板端子分配，见表2-3-3。

任务实施

一、任务准备

实施本任务教学所使用的实训设备及工具材料可参考表2-1-4。

二、画出机器人控制流程图

根据任务要求，画出机器人单元控制流程图，如图2-8-3所示。

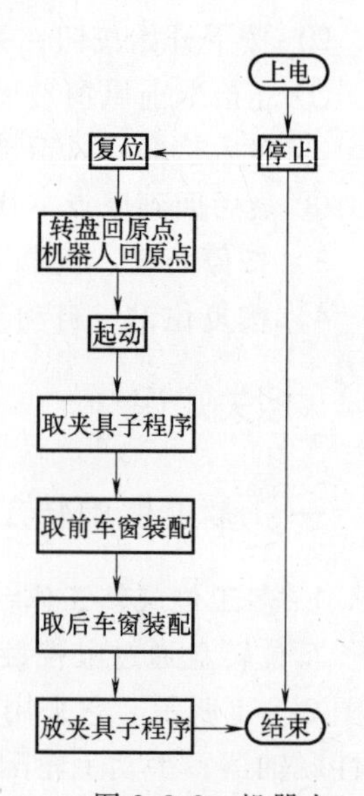

图 2-8-3 机器人控制流程图

三、I/O 功能分配

设置机器人专用I/O功能分配（参数写入时需重启控制器），见表2-8-1。

表 2-8-1 机器人专用 I/O 分配

序号	PLC IO	功能描述	对应机器人 I/O	备注
1	I0.0	按下面板起动按钮,I0.0 闭合	无	
2	I0.1	按下面板停止按钮,I0.1 闭合	无	
3	I0.2	按下面板复位按钮,I0.2 闭合	无	
4	I0.3	联机信号触发,I0.3 闭合	无	
5	I1.2	自动模式,I1.2 闭合	OUT4	
6	I1.3	伺服运行中, I1.3 闭合	OUT5	
7	I1.4	程序运行, I1.4 闭合	OUT6	

（续）

序号	PLC IO	功能描述	对应机器人 I/O	备注
8	I1.5	异常报警，I1.5 闭合	OUT7	
9	I1.6	机器人急停，I1.6 闭合	OUT8	
10	I1.7	机器人回到原点，I1.7 闭合	OUT9	
11	I2.0	物料到位，I2.0 闭合	OUT10	
12	I2.1	换车信号，I2.1 闭合	OUT11	
13	I2.2	换料信号，I2.2 闭合	OUT12	
14	I2.3	汽车全部涂装完成，I2.3 闭合	OUT13	
15	Q0.0	Q0.0 闭合，机器人上电，电动机上电	IN4	
16	Q0.1	Q0.1 闭合，伺服起动	IN5	
17	Q0.2	Q0.2 闭合，主程序开始运行	IN6	
18	Q0.3	Q0.3 闭合，机器人运行中	IN7	
19	Q0.4	Q0.4 闭合，机器人停止	IN8	
20	Q0.5	Q0.5 闭合，伺服停止	IN9	
21	Q0.6	Q0.6 闭合，机器人异常复位	IN10	
22	Q0.7	Q0.7 闭合，PLC 复位信号	IN11	
23	Q1.0	Q1.0 闭合，面板运行指示灯（绿）点亮	无	
24	Q1.1	Q1.1 闭合，面板停止指示灯（红）点亮	无	
25	Q1.2	Q1.2 闭合，面板复位指示灯（黄）点亮	无	
26	Q1.3	Q1.3 闭合，动作开始	IN12	
27	Q1.4	Q1.4 闭合，汽车车窗到位信号	IN13	
28	Q1.5	Q1.5 闭合，汽车模型到位信号	IN14	
29	无	OUT1 为 ON，工作 A YV21 电磁阀动作	OUT1	
30	无	OUT2 为 ON，工作 B YV22 电磁阀动作	OUT2	
31	无	OUT3 为 ON，工作 B YV23 电磁阀动作	OUT3	
32	无	夹具 1 到位，槽型光电传感器 OFF，IN1 为 OFF	IN1	
33	无	夹具 2 到位，槽型光电传感器 OFF，IN2 为 OFF	IN2	

四、机器人控制程序的编写

根据控制要求，编写出机器人控制程序，并下载到本体。机器人的参考程序如下：

1. 机器人初始化子程序编写参考模块二任务四相应子程序

2. 机器人回原点子程序编写参考模块二任务四相应子程序

3. 机器人拾取吸盘夹具子程序编写参考模块二任务四相应子程序

4. 机器人车窗装配子程序编写（仅供参考）

```
PROC assembly()
        MoveJ Offs(P26,ncount1 * 40,0,20),v100,z60,tool0;
        MoveL Offs(P26,ncount1 * 40,0,0),v100,fine,tool0;
        Set DO10_2;
        Set DO10_3;
        WaitTime 1;
```

```
    MoveL Offs(P26,ncount1 * 40,0,40),v100,z60,tool0;
    Set DO10_10;
    MoveJ P27,v100,z60,tool0;
    MoveJ Offs(P34,0,0,20),v100,z60,tool0;
    MoveL Offs(P34,0,0,0),v100,fine,tool0;
    Reset DO10_2;
    Reset DO10_3;
    WaitTime 1;
    MoveL Offs(P34,0,0,60),v100,z60,tool0;
    MoveJ Offs(P41,ncount1 * 40,0,20),v100,z60,tool0;
    MoveL Offs(P41,ncount1 * 40,0,0),v100,fine,tool0;
    Set DO10_2;
    Set DO10_3;
    WaitTime 1;
    MoveL Offs(P41,ncount1 * 40,0,40),v100,z60,tool0;
    Set DO10_10;
    MoveJ P27,v100,z60,tool0;
    MoveJ Offs(P48,0,0,20),v100,z60,tool0;
    MoveL Offs(P48,0,0,0),v100,fine,tool0;
    Reset DO10_2;
    Reset DO10_3;
    WaitTime 1;
    MoveL Offs(P48,0,0,30),v100,z60,tool0;
    MoveJ Home,v200,z100,tool0;
    Set DO10_11;
    ncount1:=ncount1+1;
    IF ncount1 > 2 THEN
        ncount1:=0;
        Set DO10_12;
    ENDIF
ENDPROC
```

5. 机器人放吸盘夹具子程序编写参考模块二任务四相应子程序

五、机器人示教点的示教

起动机器人，打开 ABB RobotStudio 软件，学生可自行编程或者下载参考程序，程序下载完毕后，用示教器进行点的示教，示教的主要内容包括：①原点示教；②前风窗玻璃框路线点示教；③后风窗玻璃框路线点示教。

六、系统的运行调试

系统的运行调试分为单机自动运行调试和联机自动流程运行调试。

1. 单机自动运行调试

1）在确保接线无误后，松开“急停”按钮，按下“开”按钮，设备上电。

2）将机器人控制器置自动档，调节机器人伺服速度（试运行需低速，正常运行可自行设定）。

3）按下“单机”按钮，单机指示灯点亮（设备默认为单机状态），再按下“复位”按钮，设备复位，复位指示灯点亮。

4）复位成功后按“启动”按钮，运行指示灯亮，复位指示灯灭，设备开始运行。

5）在设备运行过程中随时按下“停止”按钮，停止指示灯亮，并且运行指示灯灭，设备停止运行。

6）当设备运行过程中遇到紧急状况时，应迅速按下“急停”按钮，设备断电。

2. 联机自动运行调试

1）确认通信线连接完好，在上电复位状态下，按下“联机”按钮，联机指示灯亮，单机指示灯灭，进入联网状态。

2）确认上料涂胶单元物料和多工位涂装单元物料均按标志摆放。车窗布满托盘时的整体效果，如图 2-8-4 所示。

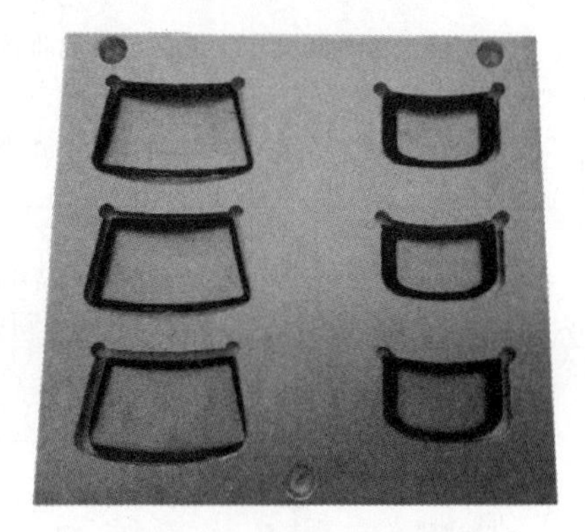

图 2-8-4　车窗布满托盘时的整体效果

3）各站置为联机状态，统一在上料涂胶单元执行“停止”→“复位”→“启动”等操作，设备正常起动后，按下“送料”按钮，整个系统开始联机运行。

4）确认整个流程顺畅无误后，可自行提高机器人速度。

3. 故障查询表

本任务调试时的故障查询见表 2-6-2。

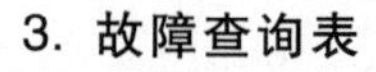

想一想、练一练

1）如何判断一台车的车窗装配完成？这个信号由哪里发出？

2）这个单元如何与机器人单元、上料涂胶单元联机？

检查测评

对任务实施的完成情况进行检查，并将结果填入表 2-8-2 内。

表 2-8-2　任务测评表

序号	主要内容	考核要求	评分标准	配分	扣分	得分
1	机器人装配车窗程序设计与调试控制程序的设计和调试	列出 PLC 控制 I/O 口元件地址分配表，根据加工工艺，设计梯形图及 PLC 控制 I/O 口接线图	1. 输入/输出地址遗漏或搞错，每处扣 5 分 2. 梯形图表达不正确或画法不规范，每处扣 1 分 3. 接线图表达不正确或画法不规范，每处扣 2 分	40		

（续）

序号	主要内容	考核要求	评分标准	配分	扣分	得分
1	机器人装配车窗程序设计与调试控制程序的设计和调试	按PLC控制I/O口接线图在配线板上正确安装，安装要准确紧固，配线导线要紧固、美观，导线要按线槽布放，导线要有端子标号	1. 损坏元件扣5分 2. 导线不按线槽布放、不美观，主电路、控制电路每根扣1分 3. 接点松动、露铜过长、反圈、压绝缘层，标记线号不清楚、遗漏或误标，引出端无别径压端子，每处扣1分 4. 损伤导线绝缘或线芯，每根扣1分 5. 不按PLC控制I/O接线图接线，每处扣5分	10		
		熟练正确地将所编程序输入PLC；按照被控设备的动作要求进行模拟调试，达到设计要求	1. 不会熟练操作PLC键盘输入指令扣2分 2. 不会用删除、插入、修改、存盘等命令，每项扣2分 3. 仿真试车不成功扣30分	40		
2	安全文明生产	劳动保护用品穿戴整齐；遵守操作规程；讲文明礼貌；操作结束要清理现场	1. 操作中，违反安全文明生产考核要求的任何一项扣5分，扣完为止 2. 当发现学生有重大事故隐患时，要立即予以制止，并每次扣安全文明生产总分5分	10		
合　计						
开始时间：			结束时间：			

任务九　工作站整机程序设计与调试

学习目标

知识目标：1. 熟练工作站各单元的通信地址分配，能绘制各单元的PLC控制原理图。

2. 掌握整个工作站的联机调试方法。

能力目标：能根据控制要求，完成整机工作站的程序设计与调试，并能解决运行过程中出现的常见问题。

工作任务

有一台多工位汽车车窗装配机构，能自动完成汽车车窗玻璃的涂胶及安装任务，现需要编写PLC和机器人控制程序并调试。

具体的控制要求如下：

1）按下起动按钮，系统上电。

2）按下联机按钮，机器人单元、上料单元、多工位单元均联机上电。

3）按下开始按钮后，再按下送料单元送料按钮，系统自动运行：

① 送料机构顺利把送料盘送入工作区。

② 机器人收到料盘信号，先拾取胶枪治具对第一工位车模进行前风窗玻璃框、后风窗

玻璃框进行预涂胶，涂完后夹具放回原位。

③ 更换吸盘夹具，吸取前风窗玻璃至涂胶位置，周边均匀涂胶后安装到车模上，继续重复安装后风窗玻璃，安装后放回吸盘夹具，最后回到原点。

④ 多工位旋转工作台送第二车模进入安装位，发出到位信号，机器人重复上面操作，直到三台车模安装完毕，各站自动复位。

4）机器人控制盘动作速度不能过快（≤40%）。

5）按停止键，机器人动作停止。

6）按复位键，自动复位到原点。

相关知识

一、上料涂胶单元的检查

检查上料涂胶单元的运行情况可参照图 2-9-1 所示的上料单元流程图。

二、多工位涂装单元的检查

检查多工位涂装单元的运行情况可参照如图 2-9-2 所示的多工位单元流程图。

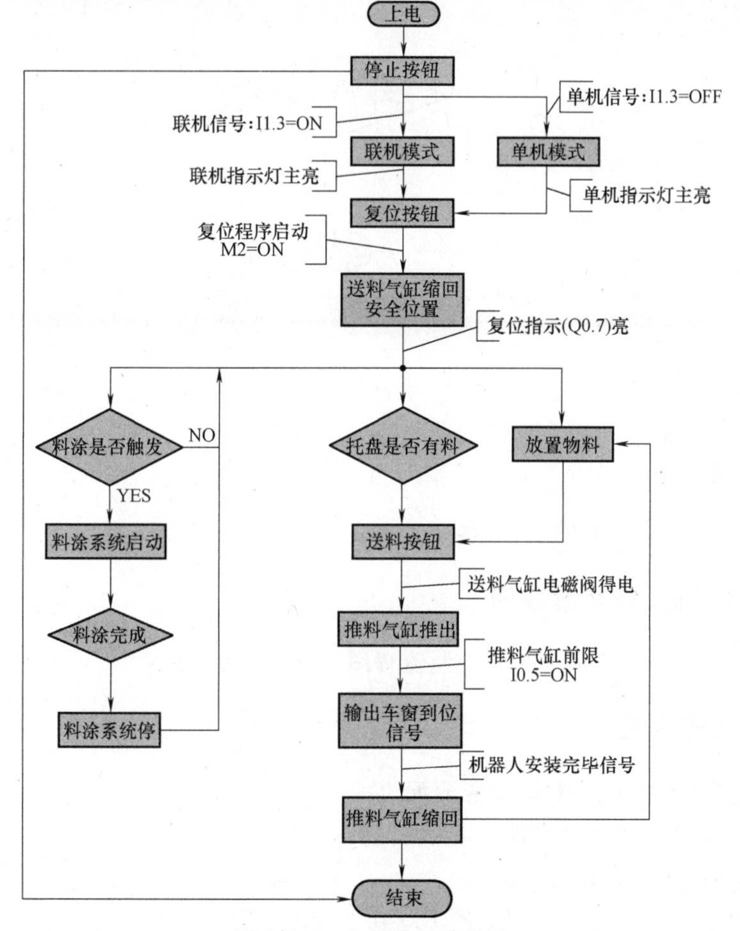

图 2-9-1　上料单元流程图

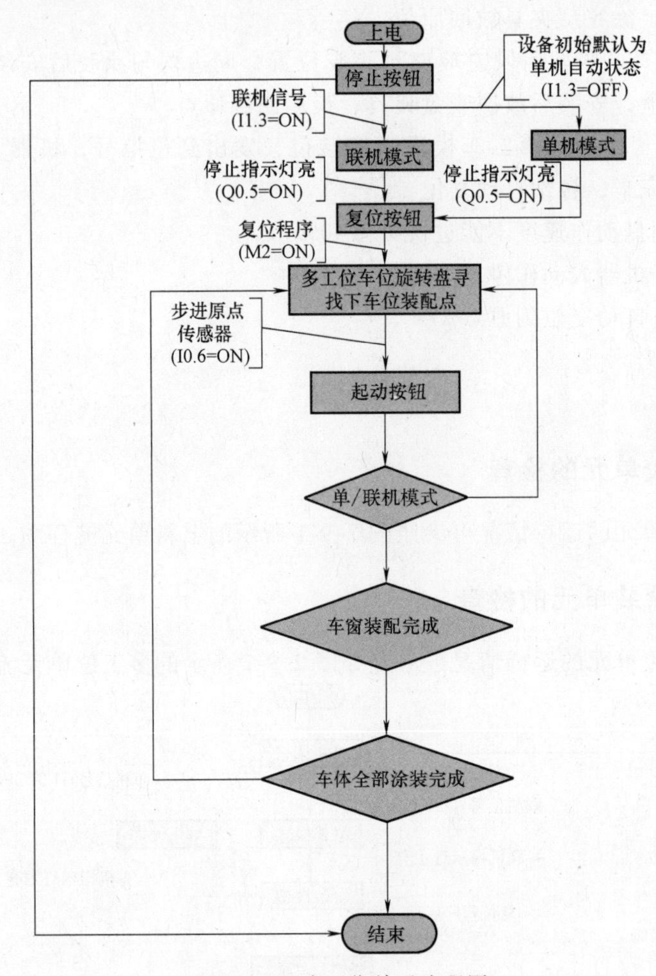

图 2-9-2 多工位单元流程图

任务实施

一、任务准备

实施本任务教学所使用的实训设备及工具材料可参考表 2-1-4。

二、画出机器人控制流程图

根据任务要求，画出机器人单元控制流程图，如图 2-9-3 所示。

三、I/O 功能分配

1. 上料涂胶单元 PLC 的 I/O 功能分配

上料涂胶单元 PLC 的 I/O 功能分配见表 2-2-1。

2. PLC 与机器人 I/O 功能分配

根据控制要求，机器人单元 PLC 的 I/O 功能分配见表 2-4-1。

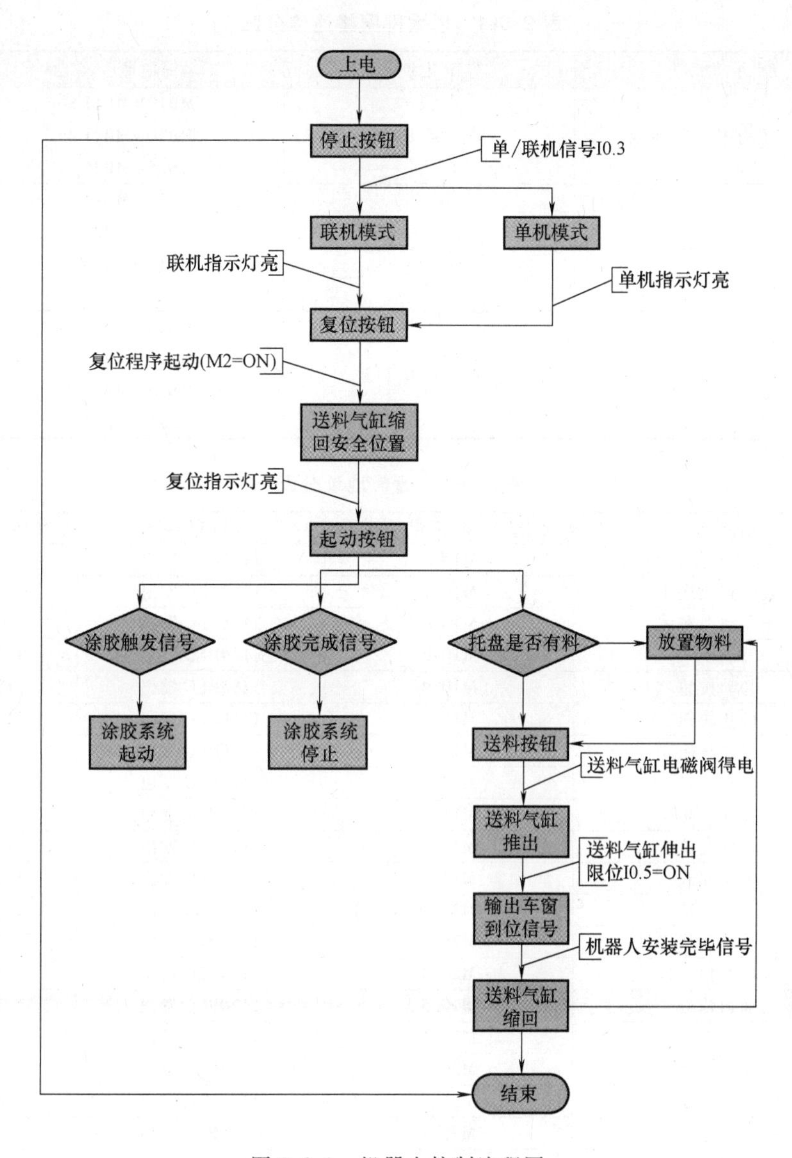

图 2-9-3 机器人控制流程图

3. 多工位涂装单元 PLC 的 I/O 功能分配

根据控制要求，多工位涂装单元 PLC 的 I/O 功能分配见表 2-3-1。

4. 通信地址分配

（1）以太网网络通信分配表

以太网网络通信分配见表 2-9-1。

（2）通信地址分配表

通信地址分配见表 2-9-2。

四、机器人控制程序的编写（仅供参考）

根据控制要求，编写出机器人控制程序，并下载到本体。机器人的参考程序如下：

表 2-9-1 以太网网络通信分配

序号	站名	IP 地址	通信地址区域	备注
1	六轴机器人单元	192.168.0.111	MB10~MB11 MB20~MB21 MB25~MB26	以太网
2	上料涂胶单元	192.168.0.112	MB10~MB11 MB20~MB21 MB15~MB16 MB25~MB26	
3	多工位涂装单元	192.168.0.113	MB10~MB11 MB20~MB21 MB15~MB16 MB25~MB26	

表 2-9-2 通信地址分配

序号	功能定义	通信 M 点	发送 PLC 站号	接收 PLC 站号
1	机器人开始工作	M10.0	111#PLC 发出	112、113 接收
2	装配完成换车	M10.1	111#PLC 发出	112、113 接收
3	换车窗换车体	M10.2	111#PLC 发出	112、113 接收
4	涂胶	M10.3	111#PLC 发出	112、113 接收
5	起动按钮	M10.4	111#PLC 发出	112、113 接收
6	停止按钮	M10.5	111#PLC 发出	112、113 接收
7	复位按钮	M10.6	111#PLC 发出	112、113 接收
8	联机信号	M10.7	111#PLC 发出	112、113 接收
9	单元停止	M11.0	111#PLC 发出	112、113 接收
10	单元复位	M11.1	111#PLC 发出	112、113 接收
11	复位完成	M11.2	111#PLC 发出	112、113 接收
12	单元起动	M11.3	111#PLC 发出	112、113 接收
13	车窗玻璃就绪信号	M20.0	112#PLC 发出	111 接收
14	上料联机信号	M20.4	112#PLC 发出	111 接收
15	通信信号	M20.5	112#PLC 发出	111 接收
16	单元起动	M20.6	112#PLC 发出	111 接收
17	单元停止	M20.7	112#PLC 发出	111 接收
18	车体就绪信号	M25.0	113#PLC 发出	111 接收
19	多工位起动按钮	M25.1	113#PLC 发出	111 接收
20	多工位停止按钮	M25.2	113#PLC 发出	111 接收
21	多工位复位按钮	M25.3	113#PLC 发出	111 接收
22	多工位联机信号	M25.4	113#PLC 发出	111 接收

1. 机器人主程序编写

```
PROC main()
    DateInit;
    rHome;
    WHILE TRUE DO
        TPWrite "Wait Start.....";
        WHILE DI10_12=0 DO
        ENDWHILE
        TPWrite "Running: Start.";
```

```
        RESET DO10_9;
        Gripper1;
        precoating;
        placeGripper1;
        Gripper3;
        assembly;
        placeGripper3;
        ncount:=ncount+1;
        IF ncount > 5 THEN
            ncount:=0;
            ncount1:=0;
            ncount2:=0;
            ncount3:=0;
            ENDIF
        ENDWHILE
ENDPROC
```

2. 机器人初始化子程序编写

```
PROC DateInit()
    ncount:=0;
    ncount1:=0;
    ncount2:=0;
    ncount3:=0;
    RESET DO10_1;
    RESET DO10_2;
    RESET DO10_3;
    RESET DO10_9;
    RESET DO10_10;
    RESET DO10_11;
    RESET DO10_12;
    RESET DO10_13;
    RESET DO10_14;
    RESET DO10_15;
ENDPROC
```

3. 机器人回原点子程序编写

```
PROC rHome()
    VAR Jointtarget joints;
    joints:=CJointT();
    joints.robax.rax_2:=-23;
    joints.robax.rax_3:=32;
    joints.robax.rax_4:=0;
```

```
        joints. robax. rax_5: = 81;
        MoveAbsJ joints\NoEOffs, v40, z100, tool0;
        MoveJ Home, v100, z100, tool0;
        IF DI10_1 = 1 AND DI10_3 = 1 THEN
            TPWrite "Running: Stop!";
            Stop;
        ENDIF
        IF DI10_1 = 1 AND DI10_3 = 0 THEN
            placeGripper1;
        ENDIF
        IF DI10_3 = 1 AND DI10_1 = 0 THEN
            placeGripper3;
        ENDIF
        MoveJ Home, v200, z100, tool0;
        Set DO10_9;
        TPWrite "Running: Reset complete!";
ENDPROC
```

4. 机器人预涂胶子程序编写

```
PROC precoating()
        MoveJ Home, v200, z100, tool0;
        MoveJ Offs(P10, 0, 0, 20), v100, z60, tool0;
        MoveL Offs(P10, 0, 0, 0), v100, fine, tool0;
        Set DO10_2;
        MoveJ P11, v100, z60, tool0;
        MoveJ P12, v100, z60, tool0;
        MoveJ P13, v100, z60, tool0;
        MoveJ P14, v100, z60, tool0;
        MoveJ P15, v100, z60, tool0;
        MoveJ P10, v100, fine, tool0;
        Reset DO10_2;
        WaitTime 1;
        MoveL Offs(P10, 0, 0, 20), v100, z60, tool0;
        MoveJ Offs(P20, 0, 0, 20), v100, z60, tool0;
        MoveL Offs(P20, 0, 0, 0), v100, fine, tool0;
        Set DO10_2;
        MoveJ P21, v100, z60, tool0;
        MoveJ P22, v100, z60, tool0;
        MoveJ P23, v100, z60, tool0;
        MoveJ P24, v100, z60, tool0;
        MoveJ P25, v100, z60, tool0;
```

```
        MoveJ P20,v100,fine,tool0;
        Reset DO10_2;
        WaitTime 1;
        MoveL Offs(P20,0,0,50),v100,fine,tool0;
        MoveJ Home,v200,z100,tool0;
ENDPROC
```

5. 机器人车窗涂胶装配子程序编写

```
PROC assembly()
        MoveJ Offs(P26,ncount1 * 40,0,20),v100,z60,tool0;
        MoveL Offs(P26,ncount1 * 40,0,0),v100,fine,tool0;
        Set DO10_2;
        Set DO10_3;
        WaitTime 1;
        MoveL Offs(P26,ncount1 * 40,0,40),v100,z60,tool0;
        Set DO10_10;
        MoveJ P27,v100,z60,tool0;
        MoveJ Offs(P28,-50,0,0),v100,z60,tool0;
        MoveL Offs(P28,0,0,0),v100,z60,tool0;
        Reset DO10_10;
        MoveJ P29,v100,z60,tool0;
        MoveJ P30,v100,z60,tool0;
        MoveJ P31,v100,z60,tool0;
        MoveJ P32,v100,z60,tool0;
        MoveJ P33,v100,z60,tool0;
        MoveJ P28,v100,z60,tool0;
        MoveL Offs(P28,-80,0,0),v100,z60,tool0;
        MoveJ Home,v200,z100,tool0;
        MoveJ Offs(P34,0,0,20),v100,z60,tool0;
        MoveL Offs(P34,0,0,0),v100,fine,tool0;
        Reset DO10_2;
        Reset DO10_3;
        WaitTime 1;
        MoveL Offs(P34,0,0,60),v100,z60,tool0;
        MoveJ Offs(P41,ncount1 * 40,0,20),v100,z60,tool0;
        MoveL Offs(P41,ncount1 * 40,0,0),v100,fine,tool0;
        Set DO10_2;
        Set DO10_3;
        WaitTime 1;
        MoveL Offs(P41,ncount1 * 40,0,40),v100,z60,tool0;
        Set DO10_10;
```

```
        MoveJ P27,v100,z60,tool0;
        MoveJ Offs(P42,-50,0,0),v100,z60,tool0;
        MoveL Offs(P42,0,0,0),v100,z60,tool0;
        Reset DO10_10;
        MoveJ P43,v100,z60,tool0;
        MoveJ P44,v100,z60,tool0;
        MoveJ P45,v100,z60,tool0;
        MoveJ P46,v100,z60,tool0;
        MoveJ P47,v100,z60,tool0;
        MoveJ P42,v100,z60,tool0;
        MoveL Offs(P42,-80,0,0),v100,z60,tool0;
        MoveJ Home,v200,z100,tool0;
        MoveJ Offs(P48,0,0,20),v100,z60,tool0;
        MoveL Offs(P48,0,0,0),v100,fine,tool0;
        Reset DO10_2;
        Reset DO10_3;
        WaitTime 1;
        MoveL Offs(P48,0,0,30),v100,z60,tool0;
        MoveJ Home,v200,z100,tool0;
        Set DO10_11;
        ncount1:=ncount1+1;
            IF ncount1 > 2 THEN
                ncount1:=0;
                Set DO10_12;
            ENDIF
ENDPROC
```

6. 机器人取胶枪治具子程序编写

```
PROC Gripper1()
        MoveJ Offs(Ppick,0,0,50),v200,z60,tool0;
        Set DO10_1;
        MoveL Offs(Ppick,0,0,0),v40,fine,tool0;
        Reset DO10_1;
        WaitTime 1;
        MoveL Offs(Ppick,-3,-120,20),v50,z100,tool0;
        MoveL Offs(Ppick,-3,-120,150),v100,z60,tool0;
ENDPROC
```

7. 机器人放胶枪治具子程序编写

```
PROC placeGripper1()        MoveJ Offs(Ppick,-2.5,-120,200),v200,z100,tool0;
        MoveL Offs(Ppick,-2.5,-120,20),v100,z100,tool0;
        MoveL Offs(Ppick,0,0,0),v40,fine,tool0;
```

```
        Set DO10_1;
        WaitTime 1;
        MoveL Offs(Ppick,0,0,40),v30,z100,tool0;
        MoveL Offs(Ppick,0,0,50),v60,z100,tool0;
        Reset DO10_1;
ENDPROC
```

8. 机器人拾取吸盘夹具子程序编写

```
PROC Gripper3()
        MoveJ Offs(Ppick1,0,0,50),v200,z60,tool0;
        Set DO10_1;
        MoveL Offs(Ppick1,0,0,0),v20,fine,tool0;
        Reset DO10_1;
        WaitTime 1;
        MoveL Offs(Ppick1,-3,-120,30),v50,z60,tool0;
        MoveL Offs(Ppick1,-3,-120,260),v100,z60,tool0;
ENDPROC
```

9. 机器人放吸盘夹具子程序编写

```
PROC placeGripper3()
        MoveJ Offs(Ppick1,-3,-120,220),v200,z100,tool0;
        MoveL Offs(Ppick1,-3,-120,20),v100,z100,tool0;
        MoveL Offs(Ppick1,0,0,0),v60,fine,tool0;
        Set DO10_1;
        WaitTime 1;
        MoveL Offs(Ppick1,0,0,40),v30,z100,tool0;
        MoveL Offs(Ppick1,0,0,50),v60,z100,tool0;
        Reset DO10_1;
        Reset DO10_10;
        Reset DO10_11;
        Reset DO10_12;
        IF DI10_12=0 THEN
        MoveJ Home,v200,z100,tool0;
        ENDIF
ENDPROC
```

五、机器人点的示教

起动机器人，打开 RobotStudio 软件，学生可自行编程或者下载参考程序，程序下载完毕后，用示教器进行点的示教，示教的主要内容包括：①原点示教；②吸取玻璃片点示教；③预涂胶点示教；④安装点示教。机器人参考程序点的位置如图 2-9-4～图 2-9-8 所示。所需示教点见表 2-9-3。

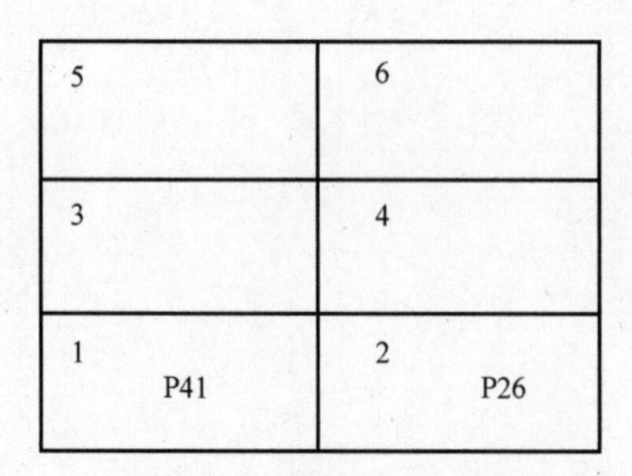

图 2-9-4　车窗仓位示教点

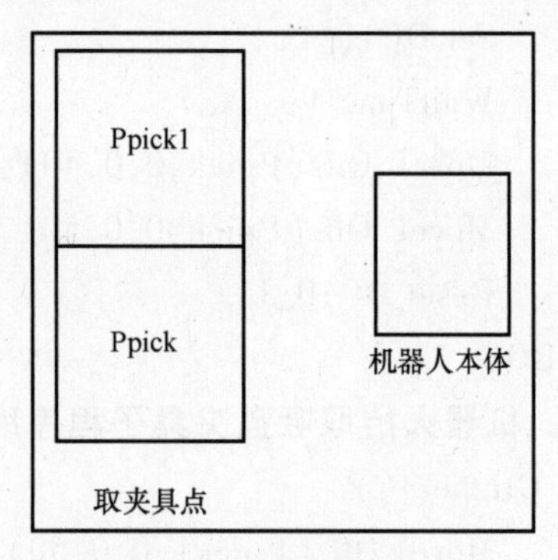

图 2-9-5　夹具示教点

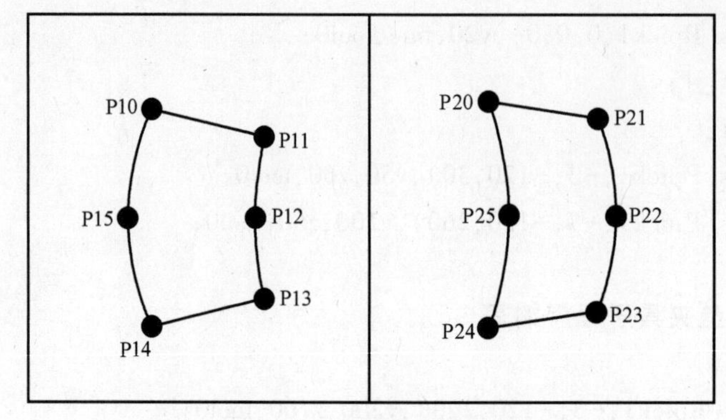

图 2-9-6　车窗预涂胶示教点

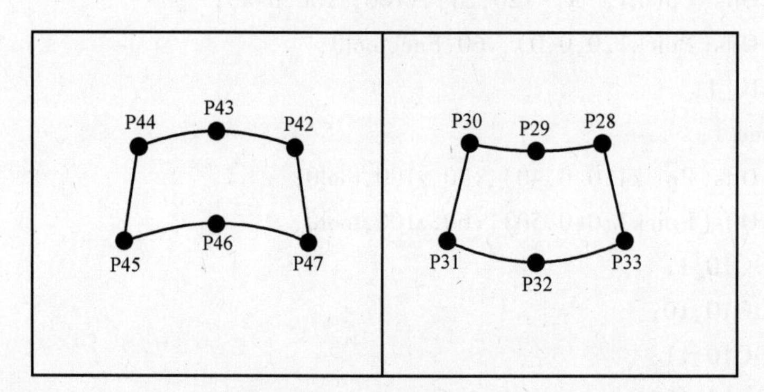

图 2-9-7　车窗涂胶示教点

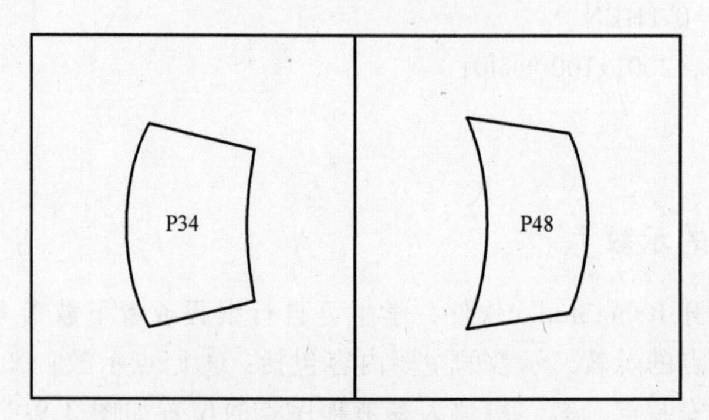

图 2-9-8　车窗装配示教点

表 2-9-3　所需示教点

序号	点序号	注释	备注
1	Home	机器人初始位置	程序中定义
2	Ppick	取涂胶夹具点	需示教
3	Ppick1	取吸盘夹具点	需示教
4	P10～P15	前窗预涂胶点	需示教
5	P20～P25	后窗预涂胶点	需示教
6	P26	取前窗点	需示教
7	P27	过渡点	需示教
8	P28～P33	前窗涂胶点	需示教
9	P34	前窗放置点	需示教
10	P41	取后窗点	需示教
11	P42～P47	后窗涂胶点	需示教
12	P48	后窗放置点	需示教

六、整机运行与调试

1. 上电前检查

1）观察机构上各元件外表是否有明显移位、松动或损坏等现象；输送带上是否放置了物料，如果存在以上现象，及时放置、调整、坚固或更换元件。

2）对照接口板端子分配表或接线图检查桌面和挂板接线是否正确，尤其要检查 24V 电源、电气元件电源线等线路是否有短路、断路现象。

2. 硬件的调试

1）接通气路，打开气源，手动按电磁阀，确认各气缸及传感器的初始状态。

2）吸盘夹具的气管不能出现折痕，否则会导致吸盘不能吸取车窗。

3）槽型光电传感器（EE-SX951）调节。各夹具安放到位后，槽型光电传感器无信号输出；安放有偏差时，槽型光电传感器有信号输出；调节槽型光电传感器位置使偏差小于 1.0mm。

4）节流阀的调节：打开气源，用小一字螺钉旋具对气动电磁阀的测试旋钮进行操作，调节气缸上的节流阀使气缸动作顺畅柔和。

5）上电后按下“联机”按钮，联机指示灯亮，单机指示灯灭，进入联机状态，操作面板如图 2-9-17 所示，确认每站的通信线连接完好，并且都处在联机状态。

6）先按下“停止”按钮，确保机器人在安全位置后再按下“复位”按钮，各单元回到初始状态。

7）可观察到多工位涂装单元的步进旋转机构会旋转回到原点。

8）复位完成后，检测各机构的物料是否按标签标志的要求放好；然后按下“启动”按钮，此时六轴机器人伺服处于 ON 状态，多工位涂装单元多工位旋转工作台回到原点；最后按下“送料”按钮，系统进入联机自动运行状态。

① 在设备运行过程中随时按下“停止”按钮，停止指示灯亮并且运行指示灯灭，设备停止运行。

② 当设备运行过程中遇到紧急状况时，请迅速按下“急停”按钮，设备断电。

3. 故障查询

本任务调试时的故障查询见表 2-6-2。

想一想、练一练

车窗预涂胶的路线及胶枪的姿态还有哪些可变化？

检查测评

对任务实施的完成情况进行检查，并将结果填入表 2-9-4 内。

表 2-9-4　任务测评表

序号	主要内容	考核要求	评分标准	配分	扣分	得分
1	工作站程序的设计和调试	机器人程序的编写	1. 输入/输出地址遗漏或搞错，每处扣5分 2. 梯形图表达不正确或画法不规范，每处扣1分 3. 接线图表达不正确或画法不规范，每处扣2分	40		
		按 PLC 控制.I/O 口接线图在配线板上正确安装，安装要准确紧固，配线导线要紧固、美观，导线要按线槽布放，导线要有端子标号	1. 损坏元件扣5分 2. 导线不按线槽布放、不美观，主电路、控制电路每根扣1分 3. 接点松动、露铜过长、反圈、压绝缘层，标记线号不清楚、遗漏或误标，引出端无别径压端子，每处扣1分 4. 损伤导线绝缘或线芯，每根扣1分 5. 不按 PLC 控制 I/O 接线图接线，每处扣5分	10		
		熟练正确地将所编程序输入PLC；按照被控设备的动作要求进行模拟调试，达到设计要求	1. 不会熟练操作 PLC 键盘输入指令扣2分 2. 不会用删除、插入、修改、存盘等命令，每项扣2分 3. 仿真试车不成功扣30分	40		
2	安全文明生产	劳动保护用品穿戴整齐；遵守操作规程；讲文明礼貌；操作结束要清理现场	1. 操作中，违反安全文明生产考核要求的任何一项扣5分，扣完为止 2. 当发现学生有重大事故隐患时，要立即予以制止，并每次扣安全文明生产总分5分	10		
合　计						
开始时间：			结束时间：			

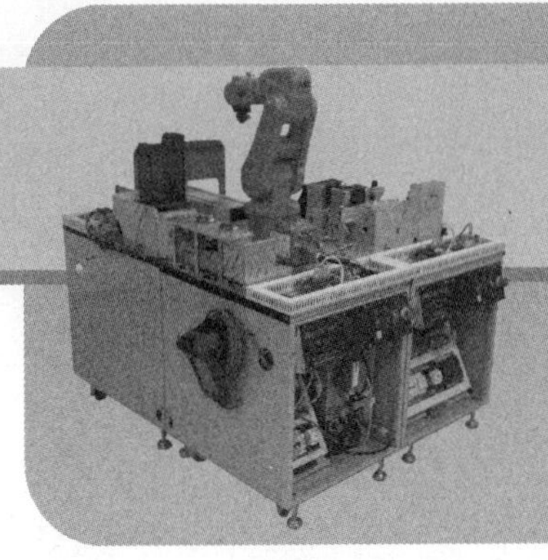

模块三 机器人在手机装配生产线中的应用与维护

任务一 认识装配工业机器人

学习目标

知识目标：1. 了解装配机器人的分类及特点。
　　　　　2. 掌握装配机器人的系统组成及功能。

能力目标：1. 能够识别装配机器人工作站的基本构成。
　　　　　2. 会正确操作工业机器人手机装配模拟工作站。

工作任务

随着社会高新技术的不断发展，影响生产制造的瓶颈日益凸显，为解放生产力、提高生产率、解决“用工荒”问题，各大生产制造企业为更好地谋求发展而绞尽脑汁。装配机器人的出现，可大幅度提高生产效率，保证装配精度，减轻劳作者生产强度，目前装配机器人在工业机器人应用领域中占有量相对较少，其主要原因是装配机器人本体要比搬运、涂装、焊接机器人本体复杂，且机器人装配技术目前仍有一些有待解决的问题，如缺乏感知和自适应控制能力，难以完成变动环境中的复杂装配等。尽管装配机器人存在一定局限，但是对装配具有的重要意义不可磨灭，装配领域成为机器人的难点，也成为未来机器人技术发展的焦点之一。

本任务的内容是，通过学习，掌握装配机器人的分类、特点、基本系统组成和典型周边设备，掌握装配机器人作业示教的基本要领和注意事项，并能通过现场参观，了解工业机器人手机装配模拟工作站的工作过程。图 3-1-1 所示是工业机器人手机装配模拟工作站。

图 3-1-1　工业机器人手机装配模拟工作站

相关知识

一、装配机器人的分类及特点

1. 装配机器人的特点

装配机器人是工业生产中用于装配生产线上对零件或部件进行装配的一类工业机器人。它作为柔性自动化装配的核心设备，装配机器人的主要优点如下：

1）操作速度快，加速性能好，缩短工作循环时间。

2）精度高，具有极高的重复定位精度，保证装配精度。

3）提高生产效率，解放单一繁重体力劳动。

4）改善工人劳作条件，摆脱有毒、有辐射装配环境。

5）可靠性好，适应性强，稳定性高。

2. 装配机器人的分类

装配机器人在不同装配生产线上发挥着强大的装配作用，装配机器人大多由 4~6 轴组成，目前市场上常见的装配机器人，按臂部运动形式可分为直角式装配机器人和关节式装配机器人。其中关节式装配机器人又可分为水平串联关节式、垂直串联关节式和并联关节式机器人，如图 3-1-2 所示。

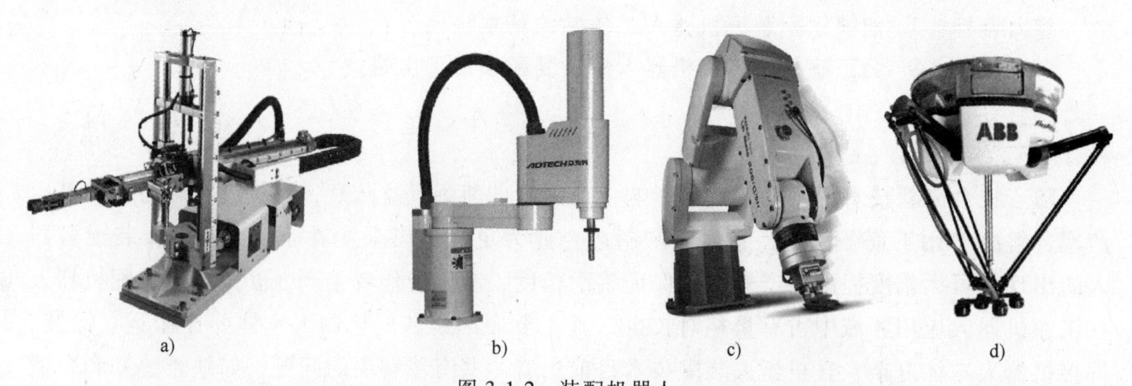

a) b) c) d)

图 3-1-2 装配机器人

a）直角式 b）水平串联关节式 c）垂直串联关节式 d）并联关节式

（1）直角式装配机器人

直角式装配机器人又称单轴机械手，以 XYZ 直角坐标系统为基本模型，整体结构模块化设计。直角式是目前工业机器人中最简单的一类，具有操作、编程简单等优点，可用于零部件移送、简单插入、旋拧等作业，机构上多装备球形螺钉和伺服电动机，具有速度快、精度高等特点，装配机器人多为龙门式和悬臂式（可参考搬运机器人相应部分）。现已广泛应用于节能灯装配、电子类产品装配和液晶屏装配等场合，如图 3-1-3

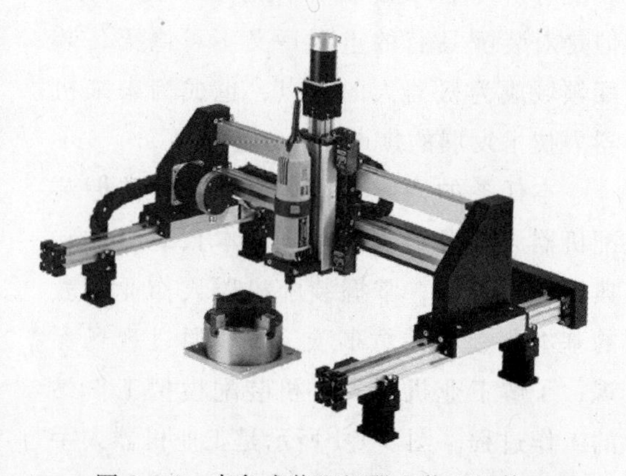

图 3-1-3 直角式装配机器人装配缸体

所示。

（2）关节式装配机器人

关节式装配机器人是目前装配生产线上应有最广泛的一类机器人，具有结构紧凑，占地空间小，相对工作空间大，自由度高，适合几乎任何轨迹或角度工作，编程自由，动作灵活，易实现自动化生产等特点。

1）水平串联+关节式装配机器人。也称为平面关节型装配机器人或SCARA机器人，是目前装配生产线上应用数量最多的一类装配机器人，它属于精密型装配机器人，具有速度快、精度高、柔性好等特点，驱动多为交流伺服电动机，保证其较高的重复定位精度，可广泛应用于电子、机械和轻工业等产品的装配，适合于工厂柔性化生产需求，如图3-1-4所示。

图 3-1-4　水平串联+关节式装配机器人拾放超薄硅片

2）垂直串联+关节式装配机器人。垂直串联+关节式装配机器人多为6个自由度，可在空间任意位置确定任意位姿，面向对象多为三维空间的任意位置和姿势的作业。图3-1-5所示是采用FANUC LR Mate200iC垂直串联式装配机器人进行摩托车零部件的装配作业。

3）并联+关节式装配机器人。也称拳头机器人、蜘蛛机器人或Delta机器人，是一种轻型、结构紧凑的高速装配机器人，可安装在任意倾斜角度上，独特的并联+关节机构可实现快速、敏捷动作且减少了非积累定位误差。目前在装配领域，并联+关节式装配机器人有两种形式可供选择，即三轴手腕（合计六轴）和一轴手腕（合计四轴），具有小巧高效、安装方便、精度灵敏等优点，广泛应用于IT、电子装配等领域。图3-1-6所示是采用两套FANUC M-1iA并联+关节式装配机器人进行键盘装配作业的场景。

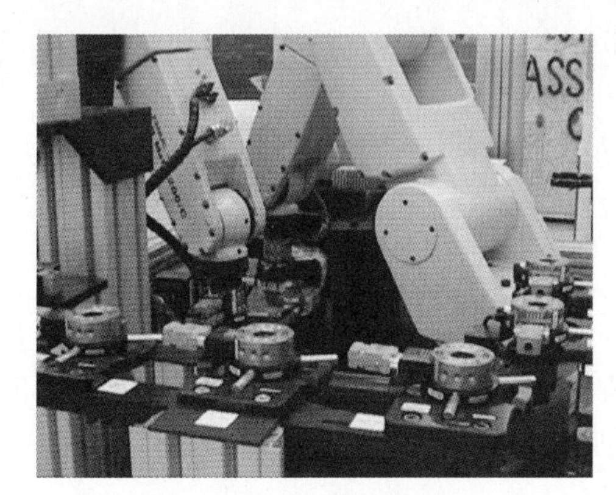

图 3-1-5　垂直串联+关节式装配机器人进行摩托车零部件的装配

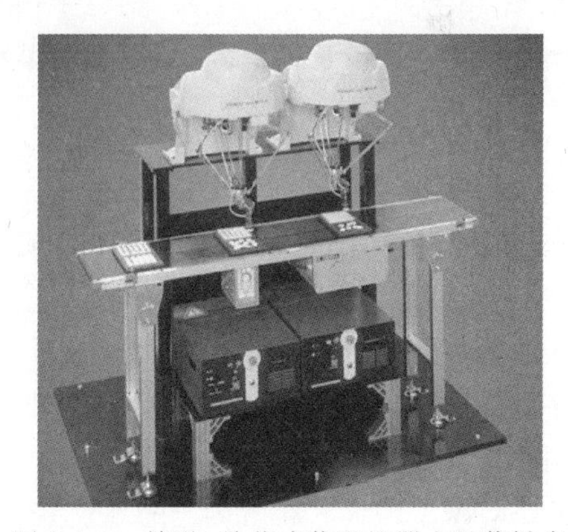

图 3-1-6　并联+关节式装配机器人组装键盘

通常装配机器人本体与搬运、焊接、涂装机器人本体在精度制造上有一定的差别，原因在于机器人在完成焊接、涂装作业时，没有与作业对象接触，只需示教机器人运动轨迹即可，而装配机器人需与作业对象直接接触，并进行相应动作；搬运、码垛机器人在移动物料时运动轨迹多为开放性，而装配作业是一种约束运动类操作，即装配机器人精度要高于搬运、码垛、焊接和涂装机器人。尽管装配机器人在本体上较其他类型机器人有所区别，但在实际应用中无论是直角式装配机器人还是关节式装配机器人都有如下特性：

1）能够实时调节生产节拍和末端执行器动作状态。

2）可更换不同末端执行器以适应装配任务的变化，方便、快捷。

3）能够与零件供给器、输送装置等辅助设备集成，实现柔性化生产。

4）多带传感器，如视觉传感器、触觉传感器、力传感器等，以保证装配任务的精确性。

二、装配机器人的系统组成

装配机器人的装配系统主要由操作机、控制系统、装配系统（手爪、气体发生装置、真空发生装置或电动装置）、传感系统和安全保护装置等组成，如图 3-1-7 所示。操作者可通过示教器和操作面板进行装配机器人运动位置和动作程序的示教，设定运动速度、装配动作及参数等。

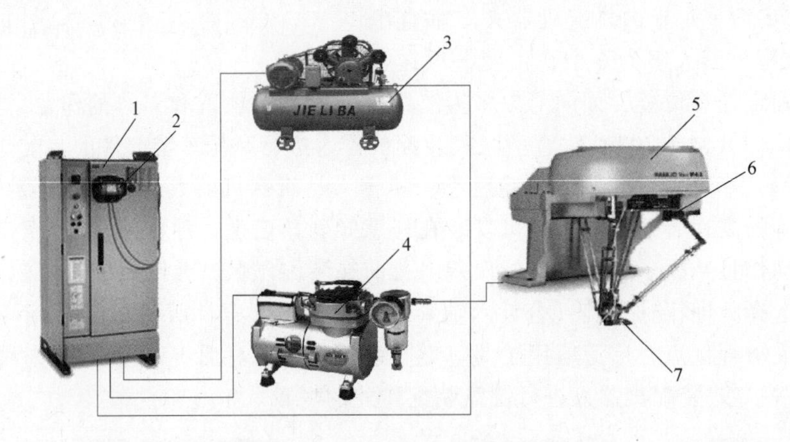

图 3-1-7　装配机器人的系统组成

1—机器人控制柜　2—示教器　3—气体发生装置　4—真空发生装置

5—机器人本体　6—视觉传感器　7—气动手爪

目前市场上的装配生产线多以关节式装配机器人中的 SCARA 机器人和并联机器人为主，在小型、精密、垂直装配上，SCARA 机器人具有很大优势。随着社会需求和技术的进步，装配机器人行业也得到迅速发展，多品种、少批量生产方式和为提高产品质量及生产效率的生产工艺需求，成为推动装配机器人发展的直接动力，各个机器人生产厂家也不断推出新机型以适合装配生产线的自动化和柔性化，如图 3-1-8 所示为 KUKA、FANUC、ABB、YASKAWA 四大家族所生产的主流装配机器人本体。

1. 末端执行器

装配机器人的末端执行器是夹持工件移动的一种夹具，类似于搬运、码垛机器人的末端执行器，常见的装配执行器有吸附式、夹钳式、专用式和组合式。

（1）吸附式

吸附式末端执行器在装配中仅占一小部分，广泛应用于电视、录音机、鼠标等轻小工件的装配场合。此部分原理、特点可参考搬运机器人的有关部分内容，不再赘述。

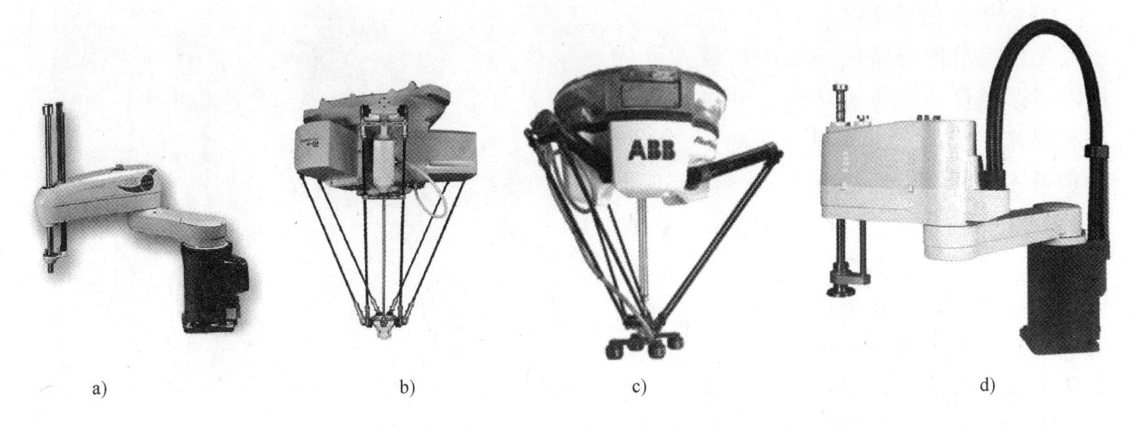

a)　　b)　　c)　　d)

图 3-1-8　四大家族装配机器人本体

a）KUKA KR 10 SCARA R600　b）FANUC M-2iA　c）ABB IRB 360　d）YASKAWA MYS850L

（2）夹钳式

夹钳式手爪是装配过程中最常用的一类手爪，多采用气动或伺服电动机驱动，闭环控制配备传感器可实现准确控制手爪起动、停止及其转速，并对外部信号做出准确反应。夹钳式装配手爪具有重量轻、输出力大、速度高、惯性小、灵敏度高、转动平滑、力矩稳定等特点，其结构类似于搬运作业夹钳式手爪，但又比搬运作业夹钳式手爪精度高、柔顺性高，如图 3-1-9 所示。

（3）专用式

专用式手爪是在装配中针对某一类装配场合单独设计的末端执行器，且部分带有磁力，常见的主要是螺钉、螺栓的装配，同样也多采用气动或伺服电动机驱动，如图 3-1-10 所示。

（4）组合式

组合式末端执行器在装配作业中是通过组合获得各单组手爪优势的一类手爪，灵活性较大，多用于机器人需要相互配合装配的场合，可节约时间、提高效率，如图 3-1-11 所示。

图 3-1-9　夹钳式手爪

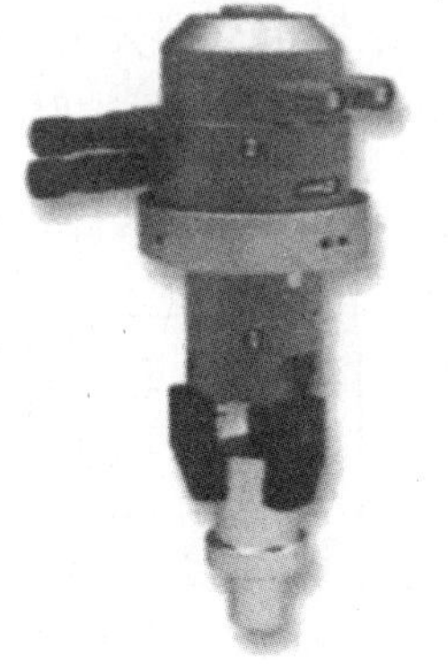

图 3-1-10　专用式手爪

2. 传感系统

带有传感系统的装配机器人可更好地完成销、轴、螺钉、螺栓等柔性化装配作业，在其作业中常用到的传感系统有视觉传感系统和触觉传感系统。

（1）视觉传感系统

配备视觉传感系统的装配机器人可依据需要选择合适的装配零件，并进行粗定位和位置补偿，完成零件平面测量、现状识别等检测，其视觉传感系统原理如图 3-1-12所示。

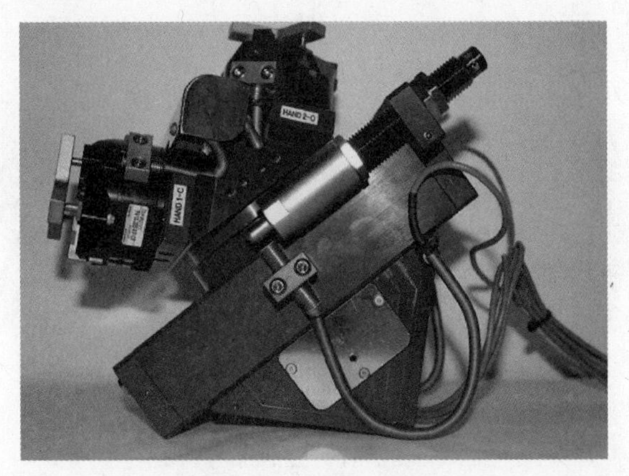

图 3-1-11　组合式手爪

（2）触觉传感系统

装配机器人的触觉传感系统主要是实时检测机器人与被装配物件之间的配合，机器人触觉可分为接触触觉、接近觉、压觉、滑觉和力觉五种传感器。在装配机器人进行简单工作过程中常用到的有接触觉、接近觉和力觉等传感器。

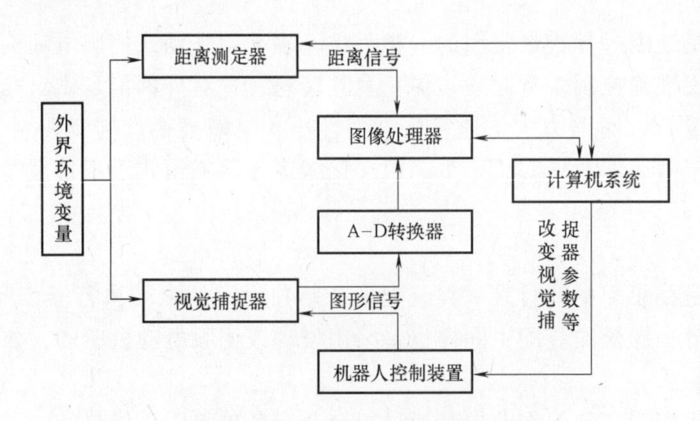

图 3-1-12　视觉传感系统原理

1）接触觉传感器。接触觉传感器一般固定在末端执行器的顶端，只有末端执行器与被装配物件相互接触时才起作用。接触觉传感器由微动开关组成，如图 3-1-13 所示。其用途不同配置也不同。当用于探测物体位置、路径和安全保护时，属于分散装置，即需要将传感器单个安装到末端执行器敏感部位。

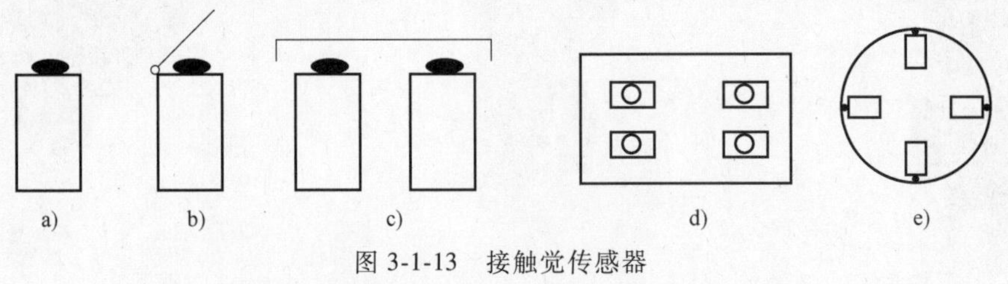

图 3-1-13　接触觉传感器

a）点式　b）棒式　c）缓冲器式　d）平板式　e）环式

2）接近觉传感器。接近觉传感器同样固定在末端执行器的顶端，其在末端执行器与被装配物件接触前起作用，能测出执行器与被装配物件之间的距离、相对角度甚至表面性质等，属于非接触式传感器，常见接近觉传感器如图 3-1-14 所示。

3）力觉传感器。力觉传感器普遍用于各类机器人中，在装配机器人中力觉传感器不仅用于末端执行器与环境作用过程中的力测量，而且用于装配机器人自身运动控制和末端执行器夹持物体的夹持力测量等场合。常见装配机器人力觉传感器分为如下几类：

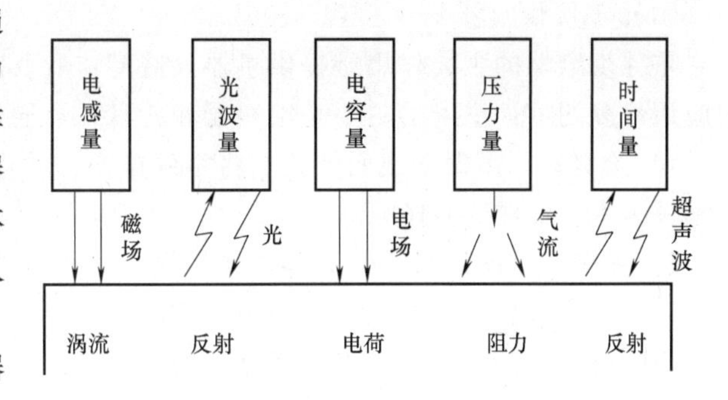

图 3-1-14　接近觉传感器

① 关节力传感器，即安装在机器人关节驱动器的力觉传感器，主要测量驱动器本身的输出力和力矩。

② 腕力传感器，即安装在末端执行器和机器人最后一个关节间的力觉传感器，主要测量作用在末端执行器各个方向上的力和力矩。

③ 指力传感器，即安装在手爪指关节上的传感器，主要测量夹持物件的受力状况。

关节力传感器测量关节受力，信息量单一，结构也相对简单；指力传感器的测量范围相对较窄，也受到手爪尺寸和重量的限制；而腕力传感器是一种相对较复杂的传感器，能获得手爪三个方向的受力，信息量较多，安装部位特别，故容易产业化，如图 3-1-15 所示为几种常见的腕力传感器。

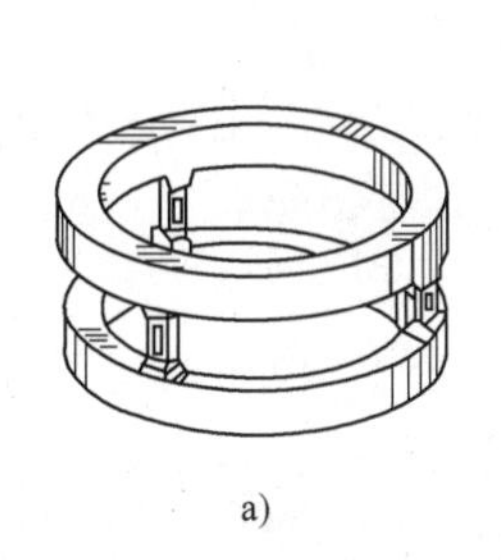
a)

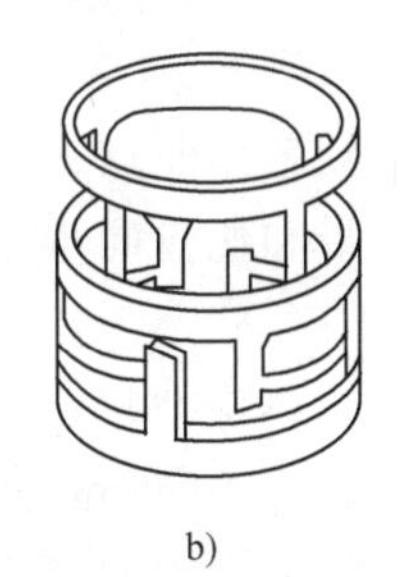
b)

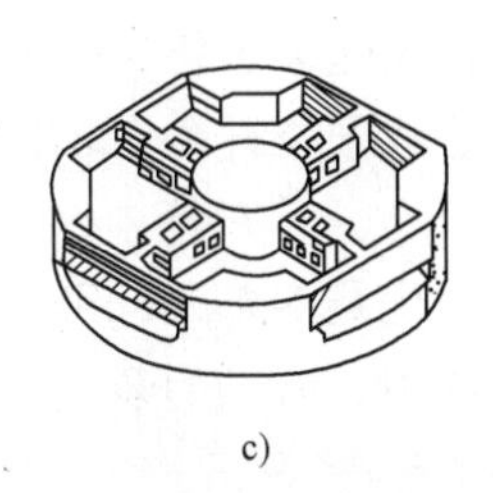
c)

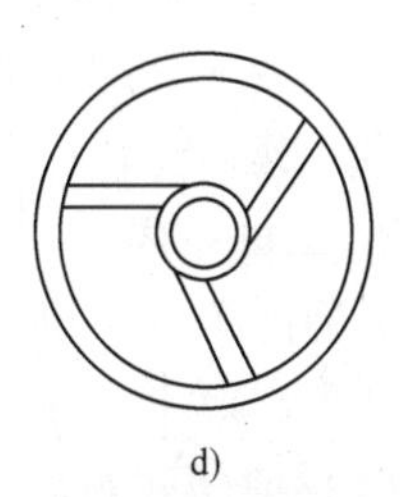
d)

图 3-1-15　腕力传感器

a）Draper Waston 腕力传感器　b）SRI 六维腕力传感器　c）林顿-腕力传感器　d）非径向中心对称三梁腕力传感器

综上所述，装配机器人主要包括机器人、装配系统及传感系统。机器人由装配机器人本体及控制装配过程的控制柜组成。装配系统中末端执行器主要有吸附式、夹钳式、专用式和组合式。传感系统主要有视觉传感系统、触觉传感系统。

三、装配机器人的周边设备与工位布局

装配机器人工作站是一种融合计算机技术、微电子技术、网络技术等多种技术的集成化系统，其可与生产系统相连形成一个完整的集成化装配生产线。装配机器人完成一项装配工作，除需要装配机器人（机器人和装配设备）以外，还需要一些辅助周边设备，而这些辅助设备比机器人本体占地面积大。因此，为了节约生产空间、提高装配效率，合理地设计装配机器人工位布局可实现生产效益最大化。

1. 周边设备

常见的装配机器人辅助装置有零件供给器、输送装置等。

（1）零件供给器

零件供给器的主要作用是提供机器人装配作业所需零部件，确保装配作业正常进行。目前应用最多的零件供给器主要是给料器和托盘，可通过控制器编程控制。

1）给料器。用振动或回转机构将零件排齐，并逐个送到指定位置，通常给料器以输送小零件为主，如图 3-1-16 所示。

2）托盘。装配结束后，大零件或易损坏划伤零件应放入托盘中进行运输。托盘能按一定精度要求将零件送到指定位置，由于托盘容纳量有限，故在实际生产装配中往往带有托盘自动更换机构，满足生产需求，托盘如图 3-1-17 所示。

图 3-1-16 振动式给料器

图 3-1-17 托盘

（2）输送装置

在机器人装配生产线上，输送装置将工件输送到各作业点，通常以传送带为主，零件随传送带一起运动，借助传感器或限位开关实现传送带和托盘同步运行，方便装配。

2. 工位布局

由装配机器人组成的柔性化装配单元，可实现物料自动装配，其合理的工位布局将直接影响到生产效率。在实际生产中，常见的装配工作站可采用回转式和线式布局。

（1）回转式布局

回转式工作站可将装配机器人聚集在一起进行配合装配，也可进行单工位装配，灵活性较好，可针对一条或两条生产线，具有较小的输送线成本和占地面积，广泛应用于大、中型装配作业，如图 3-1-18 所示。

（2）线式布局

线式装配机器人依附于生产线，排布于生产线的一侧或两侧，具有生产效率高、节省装配资源、节约人员维护、一人便可监视全线装配等优点，广泛应用于小物件装配场合，如图 3-1-19 所示。

四、工业机器人手机装配模拟工作站

工业机器人手机装配模拟工作站主要是通过机器人完成对手机模型进行按键装配、加盖装配并搬运入仓的过程；具体工作过程是设备“启动”后，安全送料机构将需要装配的手机按键送入装配区，手机底座被推送到装配平台，由机器人完成按键装配，同时手机盖上料机构把手机盖推送到拾取工位，机器人拾取手机盖对手机进行加盖并搬运入仓。工业机器人手机装配模拟工作站如图 3-1-20 所示，其组成部件见表 3-1-1。

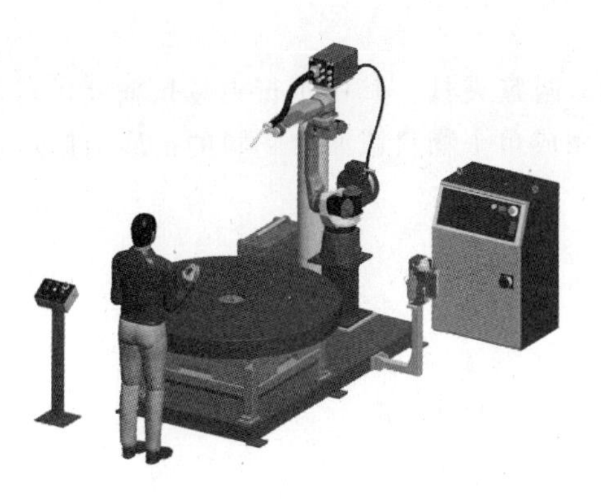

图 3-1-18　回转式布局

图 3-1-19　线式布局

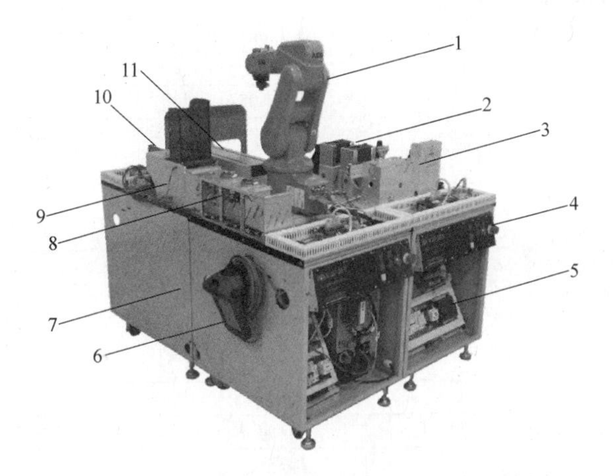

图 3-1-20　工业机器人手机装配模拟工作站结构图

表 3-1-1　机器人轮胎码垛入仓和车窗分拣及码垛模拟生产线组成部件

序号	名称	序号	名称	序号	名称
1	六轴机器人	5	电气控制挂板	9	手机底座上料机构
2	成品存储仓	6	机器人示教器	10	按键储料台
3	手机盖上料机构	7	模型桌体	11	安全送料机构
4	操作控制面板	8	机器人夹具组		

1. 六轴机器人单元

六轴机器人单元采用实际工业应用的 ABB 公司六轴控制机器人，配置规格为本体 IRB-120，有效负载 3kg，臂展 0.58m，配套工业控制器，由钣金制成机器人固定架，结实稳定；配置多个机器人夹具摆放工位，带有自动快换功能，灵活多用，桌体配重，保证机器人高速运动时不出现摇晃。

2. 上料整列单元

上料整列单元主要负责将按键托盘及手机底座送入工作区；保证机器人工作的连续性。

3. 手机加盖单元

手机加盖单元负责手机盖的上料及装配完的手机存储功能，步进电动机驱动升降台供料，定位精准。

4. 机器人末端执行器

六轴机器人的末端执行器主要配有平行夹具和双吸盘夹具。其中平行夹具是辅助机器人完成物料的夹取与搬运；双吸盘夹具是辅助机器人完成单个物料或两个物料的拾取与搬运。

任务实施

一、任务准备

实施本任务教学所使用的实训设备及工具材料可参考表 3-1-2。

表 3-1-2　实训设备及工具材料

序号	分类	名称	型号规格	数量	单位	备注
1	工具	电工常用工具		1	套	
2		内六角扳手	3.0mm	1	个	
3		内六角扳手	4.0mm	1	个	
4	设备器材	ABB 机器人	SX-CSET-JD08-05-34	1	套	
5		上料整列模型	SX-CSET-JD08-05-26	1	套	
6		加盖模型	SX-CSET-JD08-05-28	1	套	
7		三爪夹具组件	SX-CSET-JD08-05-10	1	套	
8		按键吸盘组件	SX-CSET-JD08-05-11	1	套	
9		夹具座组件	SX-CSET-JD08-05-15A	2	套	
10		气源两联件组件	SX-CSET-JD08-05-16	1	套	
11		模型桌体 A	SX-CSET-JD08-05-41	1	套	
12		模型桌体 B	SX-CSET-JD08-05-42	1	套	
13		计算机桌	SX-815Q-21	2	套	
14		计算机	自定	2	套	
15		无油空压机	静音	1	台	
16		资料光盘		1	张	
17		说明书		1	本	

二、观看装配机器人在工厂自动化生产线中的应用录像

记录工业机器人的品牌及型号，并查阅相关资料，了解装配机器人在实际生产中的应用。

三、认识工业机器人手机装配模拟工作站

在教师的指导下，通过操纵工业机器人手机装配模拟工作站，了解其工作过程。

检查测评

对任务实施的完成情况进行检查，并将结果填入表 3-1-3 内。

表 3-1-3　任务测评表

序号	主要内容	考核要求	评分标准	配分	扣分	得分
1	观看录像	正确记录机器人的品牌及型号，正确描述主要技术指标及特点	1. 记录机器人的品牌、型号有错误或遗漏，每处扣 2 分 2. 描述主要技术指标及特点有错误或遗漏，每处扣 2 分	20		

（续）

序号	主要内容	考核要求	评分标准	配分	扣分	得分
2	工业机器人手机装配模拟工作站的操作	能正确操作工业机器人手机装配模拟工作站	1. 不能正确操作工业机器人手机装配模拟工作站，扣 30 分 2. 不能正确说出工业机器人手机装配模拟工作站的工作过程，扣 30 分	70		
3	安全文明生产	劳动保护用品穿戴整齐；遵守操作规程；讲文明礼貌；操作结束要清理现场	1. 操作中，违反安全文明生产考核要求的任何一项扣 5 分，扣完为止 2. 当发现学生有重大事故隐患时，要立即予以制止，并每次扣安全文明生产总分 5 分	10		
合　计						
开始时间：			结束时间：			

任务二　上料整列单元的组装、接线与调试

学习目标

知识目标：1. 掌握上料整列单元机构的组成及功能。

2. 掌握上料整列单元机构的安装方法。

能力目标：1. 能根据装配要求，独立完成上料整列单元机构的组装。

2. 会参照接线图完成单元桌面电气元件的安装与接线。

3. 能够完成气缸与电动机部分的接线。

4. 能够利用给定测试程序进行通电测试。

工作任务

有一台工业机器人手机装配模拟工作站由上料整列单元、六轴机器人单元、手机加盖单元三个单元组合而成。各单元间预留了扩展与升级的接口，根据市场需求进行不断的开发升级或者用户自行创新设计新的功能单元。由于亟需使用该设备，现需要对该工作站的上料整列单元机构进行组装、接线及调试工作，并交有关人员验收，要求安装完成后可按功能要求正常运转。

相关知识

上料整列单元的组成

上料整列单元是工业机器人手机装配模拟工作站的重要组成部分，它的主要作用是将按键托盘及手机底座送入工作区；保证机器人工作的连续性。它主要由安全送料机构、安全储料台、手机底座上料机构、单元桌面电气元件、上料整列单元控制面板、上料整列单元电气挂板和单元桌体组成，其外形如图 3-2-1 所示。

1. 安全储料台

安全储料台主要由手机键储料盒、安全挡板、挡板支脚及螺钉等配件组成，其外形图如

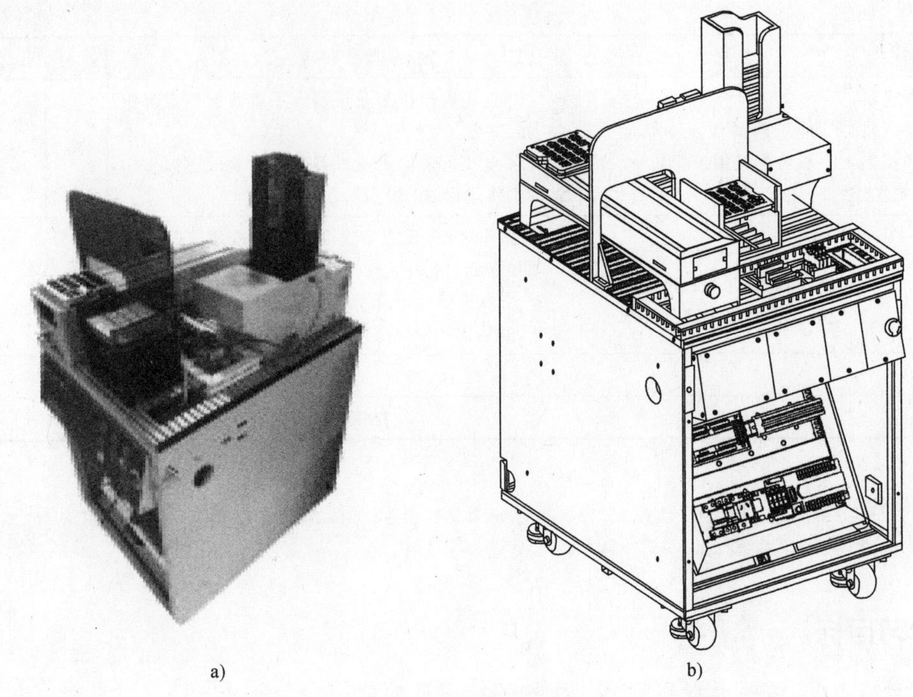

图 3-2-1　上料整列单元

a）实物图　b）外形图

图 3-2-2 所示。

2. 手机底座上料机构

手机底座上料机构主要由手机底座出料台、上料盒、放置台、手机底座等部件组成，如图 3-2-3 所示。

3. 安全送料机构

安全送料机构的外形图如图 3-2-4 所示。

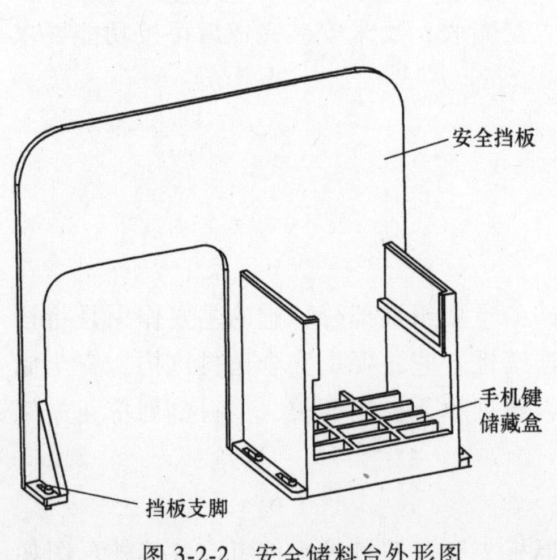

图 3-2-2　安全储料台外形图

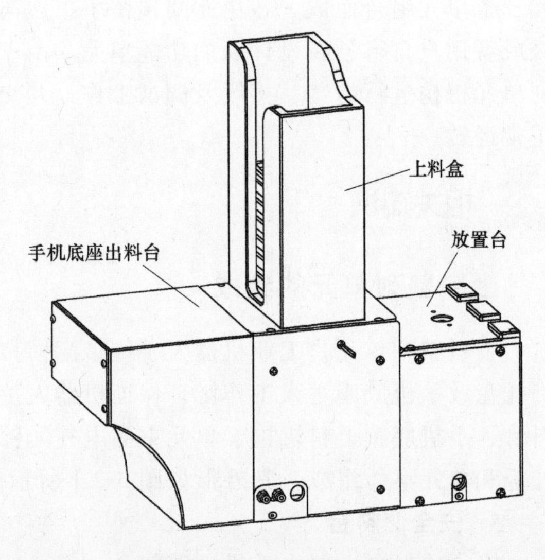

图 3-2-3　手机底座上料机构

任务实施

一、任务准备

实施本任务教学所使用的实训设备及工具材料可参考表 3-1-2。

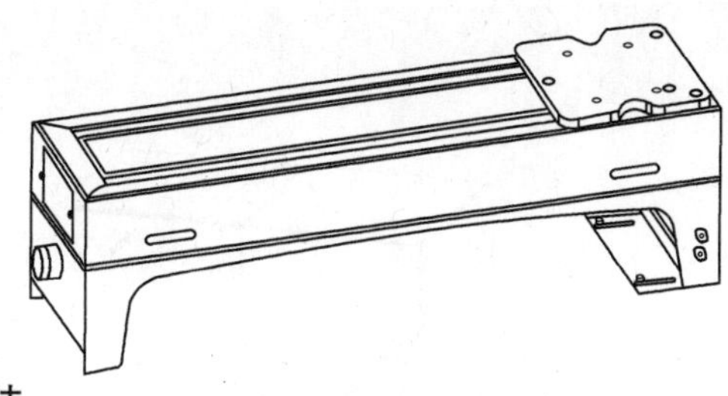

图 3-2-4　安全送料机构

二、在单元桌体上完成上料整列单元的组装

1. 安全储料台的安装

1）手机装配实训任务存储在存储箱内，使用时需要取出组装。

2）存储箱内模型分两层存储，每层有独立托盘，托盘两侧装有提手，方便拿出托盘，如图 3-2-5 所示。

3）从手机装配实训任务存储箱中取出手机键储料盒、安全挡板、挡板支脚及螺钉等配件；按图 3-2-6 所示的组装图进行组装。

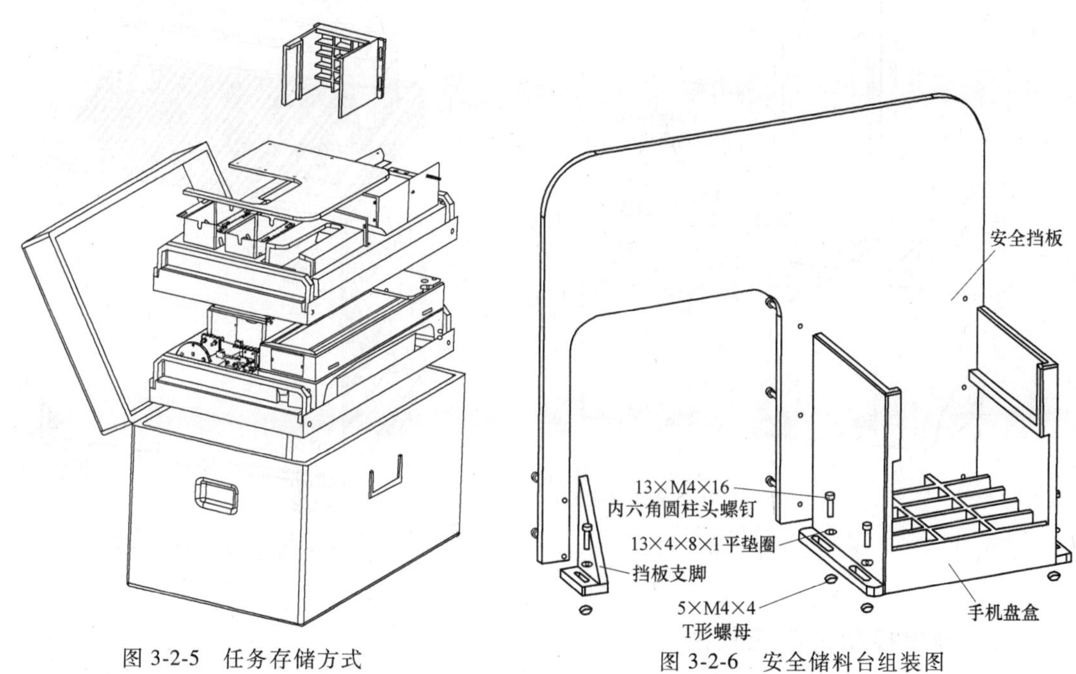

图 3-2-5　任务存储方式　　　图 3-2-6　安全储料台组装图

2. 手机底座上料机构的装配

1）准备好底座出料台、上料盒和放置台，如图 3-2-7 所示。

2）按照图 3-2-8 所示的安装图进行手机底座上料机构的装配。注意：上料盒有开口一侧面向推料边。

3. 上料整列单元的安装

1）首先把安全送料机构安装到桌体，如图 3-2-9 所示。

2）按图 3-2-1b 所示的布局，将前面组装好的手机底座上料机构及安全储料台固定在桌面上。

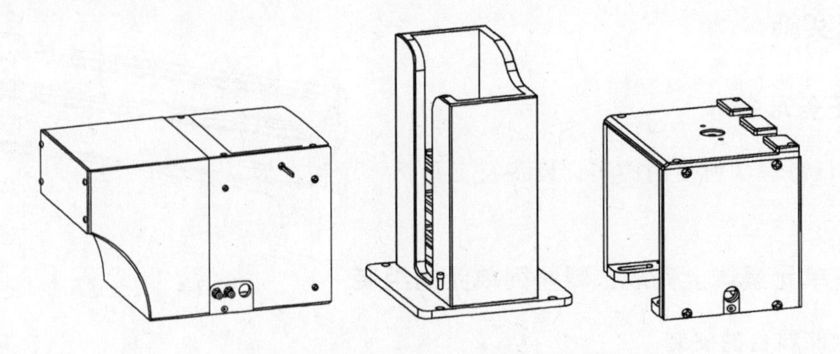

图 3-2-7　手机底座上料机构组装件

3）对照电气原理图及 I/O 分配表把信号线接插头对接好；光纤头直接插入对应的光纤放大器；使用 $\phi4$ 气管把安全送料机构与桌面对应电磁阀出口接头连接插紧。

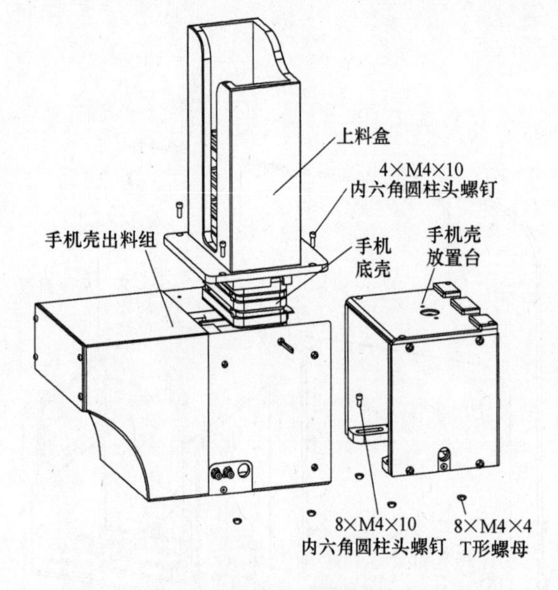

图 3-2-8　安装图

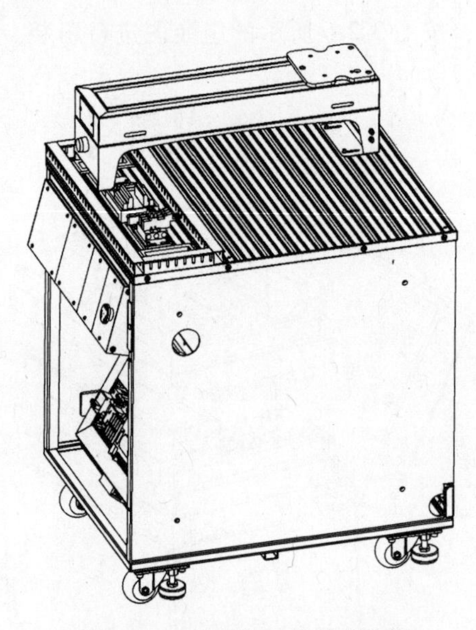

图 3-2-9　安全送料机构的安装

三、画出控制程序流程图

根据控制要求，画出控制程序流程图，如图 3-2-10 所示。

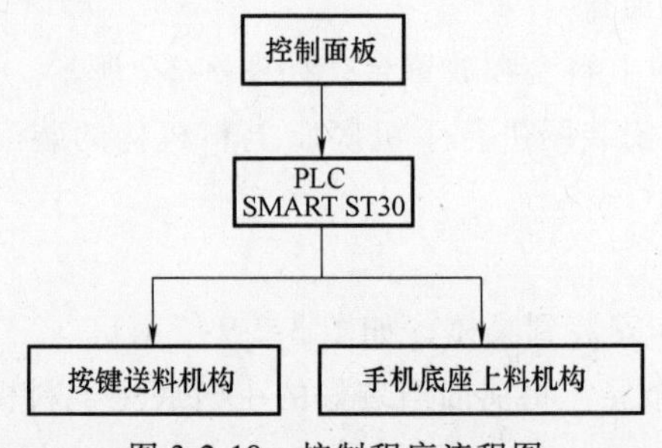

图 3-2-10　控制程序流程图

四、I/O 地址分配

1. 上料整列单元 PLC 的 I/O 功能分配

上料整列单元 PLC 的 I/O 功能分配见表 3-2-1。

表 3-2-1　上料整列单元 PLC 的 I/O 功能分配

序号	I/O 地址	功能描述	备注
1	I0.0	基座到位检测传感器感应，I0.0 闭合	
2	I0.1	托盘底座检测传感器感应，I0.1 闭合	
3	I0.2	基座仓检测传感器感应，I0.2 闭合	
4	I0.3	机座气缸前限位感应，I0.3 闭合	
5	I0.4	机座气缸后限位感应，I0.4 闭合	
6	I0.5	托盘气缸前限位感应，I0.5 闭合	
7	I0.6	托盘气缸后限位感应，I0.6 闭合	
8	I0.7	按下托盘送料按钮，I0.7 闭合	
9	I1.0	按下起动按钮，I1.0 闭合	
10	I1.1	按下停止按钮，I1.1 闭合	
11	I1.2	按下复位按钮，I1.2 闭合	
12	I1.3	联机信号触发，I1.3 闭合	
13	Q0.4	Q0.4 闭合，机座气缸电磁阀得电	
14	Q0.5	Q0.5 闭合，运行指示灯亮	
15	Q0.6	Q0.6 闭合，停止指示灯亮	
16	Q0.7	Q0.7 闭合，复位指示灯亮	
17	Q1.0	Q1.0 闭合，托盘气缸电磁阀得电	

2. 上料整列单元桌面接口板端子分配

上料整列单元桌面接口板端子分配见表 3-2-2。

表 3-2-2　上料整列单元桌面接口板端子分配

桌面接口板地址	线号	功能描述	备注
1	基座到位检测（I0.0）	基座到位检测传感器信号线	
2	托盘底座检测（I0.1）	托盘底座检测传感器信号线	
3	基座仓检测（I0.2）	基座仓检测传感器信号线	
4	机座气缸前限位（I0.3）	机座气缸前限位磁性开关信号线	
5	机座气缸后限位（I0.4）	机座气缸后限位磁性开关信号线	
6	托盘气缸前限位（I0.5）	托盘气缸前限位磁性开关信号线	
7	托盘气缸后限位（I0.6）	托盘气缸后限位磁性开关信号线	
8	托盘送料按钮（I0.7）	托盘送料按钮信号线	
24	机座气缸电磁阀（Q0.4）	机座气缸电磁阀信号线	
25	托盘气缸电磁阀（Q1.0）	托盘气缸电磁阀信号线	
38	基座到位检测+	基座到位检测传感器电源线+	
39	托盘底座检测+	托盘底座检测传感器电源线+	
40	基座仓检测+	基座仓检测传感器电源线+	
46	基座到位检测-	基座到位检测传感器电源线-	
47	托盘底座检测-	托盘底座检测传感器电源线-	
48	基座仓检测-	基座仓检测传感器电源线-	
49	机座气缸前限位-	机座气缸前限位磁性开关电源线-	
50	机座气缸后限位-	机座气缸后限位磁性开关电源线-	

（续）

桌面接口板地址	线号	功能描述	备注
51	托盘气缸前限位-	托盘气缸前限位磁性开关电源线-	
52	托盘气缸后限位-	托盘气缸后限位磁性开关电源线-	
53	托盘送料按钮-	托盘送料按钮电源线-	
66	机座气缸电磁阀-	机座气缸电磁阀电源线-	
67	托盘气缸电磁阀-	托盘气缸电磁阀电源线-	
63	PS39+	提供24V电源+	
64	PS3-	提供24V电源-	

3. 上料整列单元挂板接口板端子分配

上料整列单元挂板接口板端子分配见表3-2-3。

表3-2-3 上料整列单元挂板接口板端子分配

桌面接口板地址	线号	功能描述	备注
1	I0.0	基座到位检测	
2	I0.1	托盘底座检测	
3	I0.2	基座仓检测	
4	I0.3	机座气缸前限位	
5	I0.4	机座气缸后限位	
6	I0.5	托盘气缸前限位	
7	I0.6	托盘气缸后限位	
8	I0.7	托盘送料按钮	
24	Q0.4	机座气缸电磁阀	
25	Q1.0	托盘气缸电磁阀	
A	PS3+	继电器常开触点（KA31:6）	
B	PS3-	直流电源24V-进线	
C	PS32+	继电器常开触点（KA31:5）	
D	PS33+	继电器触点（KA31:9）	
E	I1.0	起动按钮	
F	I1.1	停止按钮	
G	I1.2	复位按钮	
H	I1.3	联机信号	
I	Q0.5	运行指示灯	
J	Q0.6	停止指示灯	
K	Q0.7	复位指示灯	
L	PS39+	直流24V+	

五、PLC控制接线图

PLC控制接线图如图3-2-11所示。

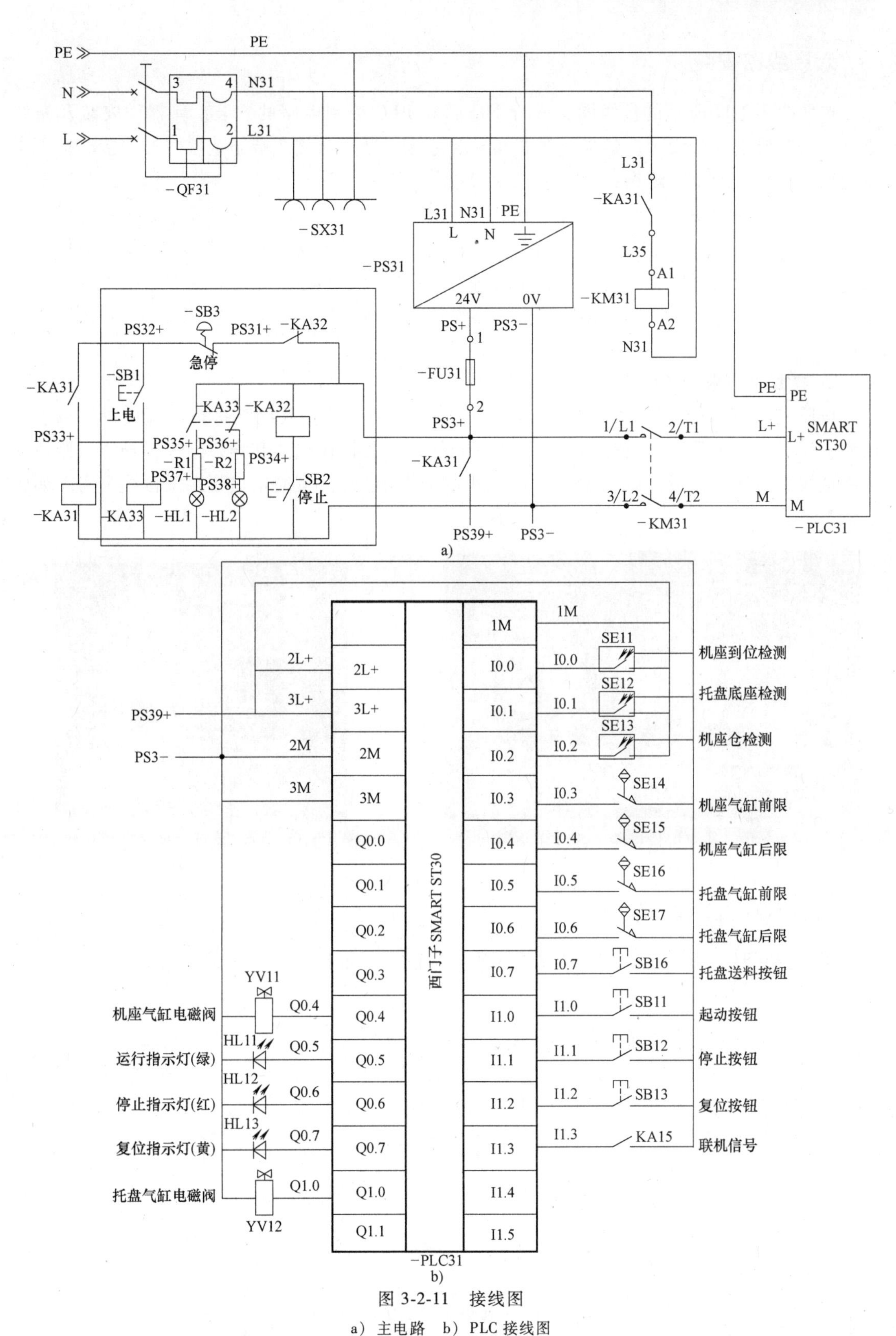

图 3-2-11　接线图

a）主电路　b）PLC 接线图

六、线路安装

按照图 3-2-11 所示的接线图，进行主电路和 PLC 控制电路的安装。元器件安装及布线应符合工艺要求，布线时严禁损伤线芯和导线绝缘，导线与接线端子或接线桩连接时，不得压绝缘层，不反圈及不露铜过长。

1. 接口板端子接线

按照表 3-2-3 挂板接口板端子分配表和图 3-2-11 所示的接线图，进行挂板端子的接线。元器件安装及布线应符合工艺要求，布线时严禁损伤线芯和导线绝缘，导线与接线端子或接线桩连接时，不得压绝缘层，不反圈及不露铜过长。挂板接口板端子接线实物图如图 3-2-12 所示。

2. 桌面接口板端子的接线

按照表 3-2-2 桌面接口板端子分配表和图 3-2-11 所示的接线图，进行桌面接口板端子的接线。元器件安装及布线应符合工艺要求，布线时严禁损伤线芯和导线绝缘，导线与接线端子或接线桩连接时，不得压绝缘层，不反圈及不露铜过长。桌面接口板端子接线实物图如图 3-2-13 所示。

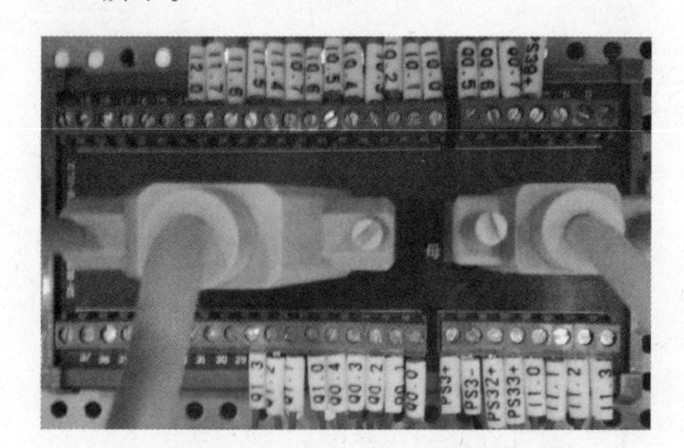

图 3-2-12　挂板接口板端子接线实物图

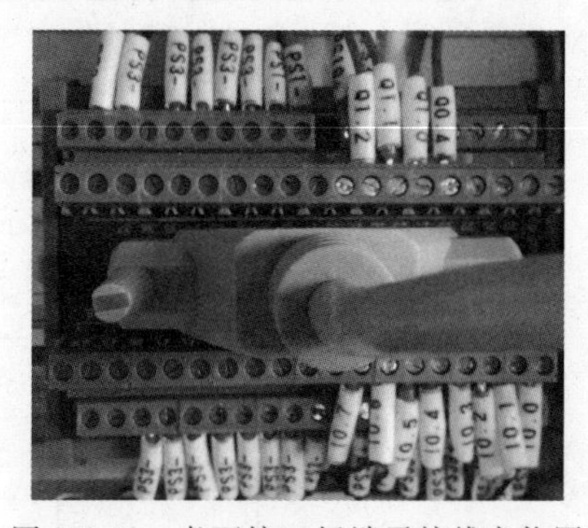

图 3-2-13　桌面接口板端子接线实物图

七、PLC 程序设计

根据控制要求可设计出上料整列单元的控制程序，如图 3-2-14 所示。

```
停止
 SM0.0        I1.1        M0.1
--| |----+----| |----+----( S )
         |           |      1
         |    M1.2   |    M10.0
         +----| |----+----( R )
         |                  1
         |    M0.1        Q0.5
         +----| |----+----( R )
                     |      7
                     |    Q0.6
                     +----( S )
                     |      1
                     |    M0.0
                     +----( R )
                            1
```

图 3-2-14　上料整列单元参考控制程序

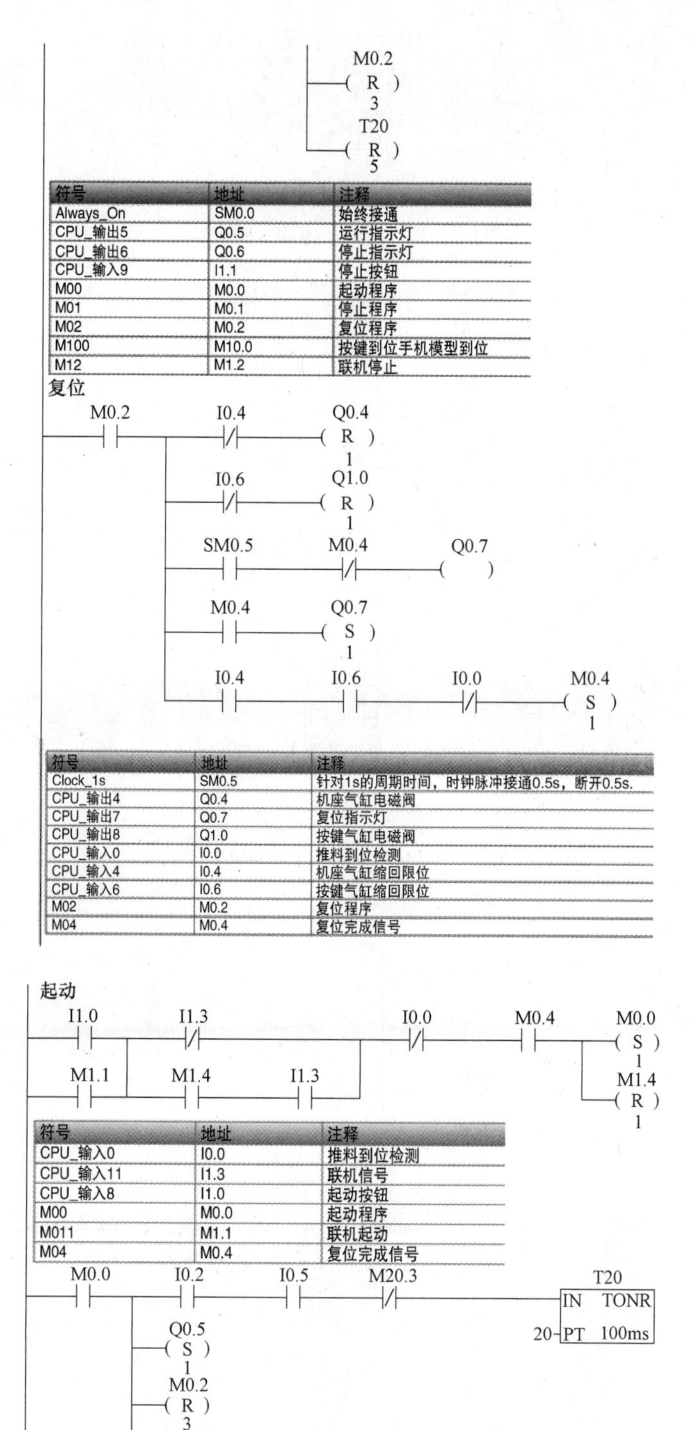

符号	地址	注释
Always_On	SM0.0	始终接通
CPU_输出5	Q0.5	运行指示灯
CPU_输出6	Q0.6	停止指示灯
CPU_输入9	I1.1	停止按钮
M00	M0.0	起动程序
M01	M0.1	停止程序
M02	M0.2	复位程序
M100	M10.0	按键到位手机模型到位
M12	M1.2	联机停止

符号	地址	注释
Clock_1s	SM0.5	针对1s的周期时间，时钟脉冲接通0.5s，断开0.5s.
CPU_输出4	Q0.4	机座气缸电磁阀
CPU_输出7	Q0.7	复位指示灯
CPU_输出8	Q1.0	按键气缸电磁阀
CPU_输入0	I0.0	推料到位检测
CPU_输入4	I0.4	机座气缸缩回限位
CPU_输入6	I0.6	按键气缸缩回限位
M02	M0.2	复位程序
M04	M0.4	复位完成信号

符号	地址	注释
CPU_输入0	I0.0	推料到位检测
CPU_输入11	I1.3	联机信号
CPU_输入8	I1.0	起动按钮
M00	M0.0	起动程序
M011	M1.1	联机起动
M04	M0.4	复位完成信号

图 3-2-14　上料整列单元参考控制程序（续）

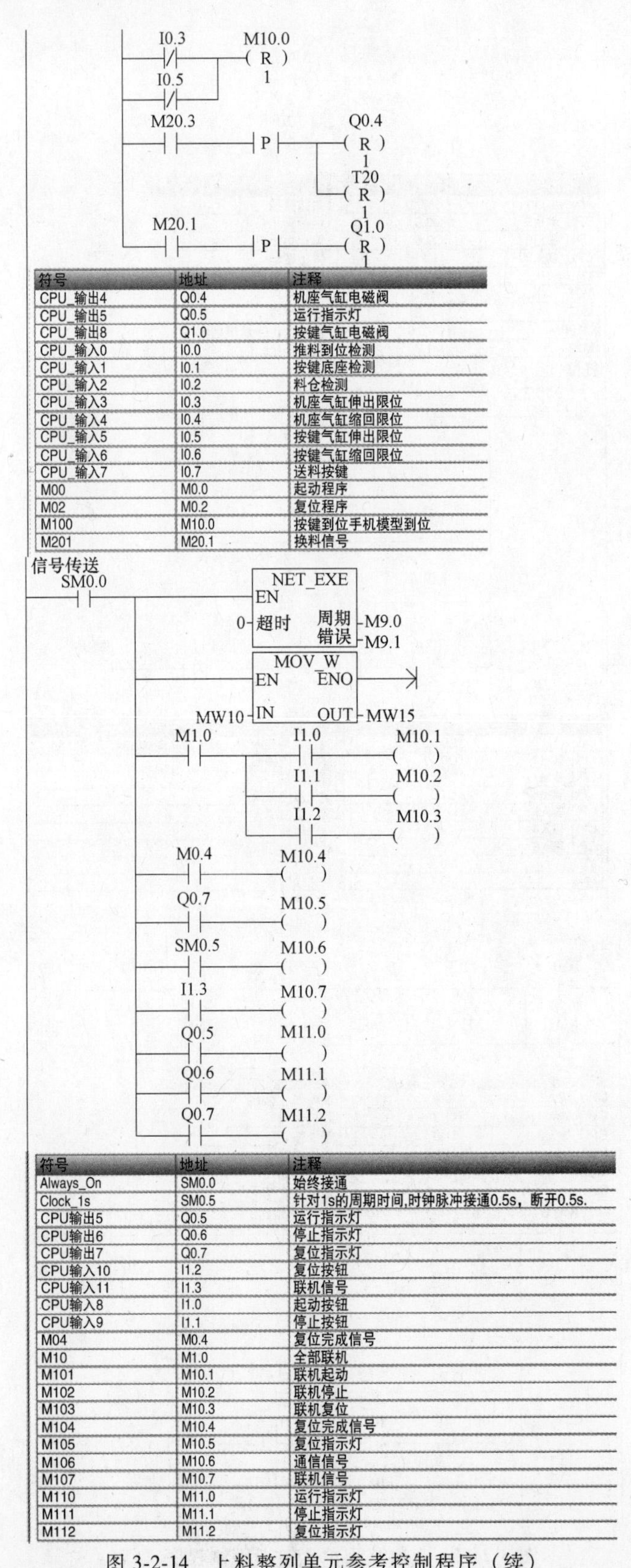

符号	地址	注释
CPU_输出4	Q0.4	机座气缸电磁阀
CPU_输出5	Q0.5	运行指示灯
CPU_输出8	Q1.0	按键气缸电磁阀
CPU_输入0	I0.0	推料到位检测
CPU_输入1	I0.1	按键底座检测
CPU_输入2	I0.2	料仓检测
CPU_输入3	I0.3	机座气缸伸出限位
CPU_输入4	I0.4	机座气缸缩回限位
CPU_输入5	I0.5	按键气缸伸出限位
CPU_输入6	I0.6	按键气缸缩回限位
CPU_输入7	I0.7	送料按键
M00	M0.0	起动程序
M02	M0.2	复位程序
M100	M10.0	按键到位手机模型到位
M201	M20.1	换料信号

符号	地址	注释
Always_On	SM0.0	始终接通
Clock_1s	SM0.5	针对1s的周期时间,时钟脉冲接通0.5s，断开0.5s.
CPU输出5	Q0.5	运行指示灯
CPU输出6	Q0.6	停止指示灯
CPU输出7	Q0.7	复位指示灯
CPU输入10	I1.2	复位按钮
CPU输入11	I1.3	联机信号
CPU输入8	I1.0	起动按钮
CPU输入9	I1.1	停止按钮
M04	M0.4	复位完成信号
M10	M1.0	全部联机
M101	M10.1	联机起动
M102	M10.2	联机停止
M103	M10.3	联机复位
M104	M10.4	复位完成信号
M105	M10.5	复位指示灯
M106	M10.6	通信信号
M107	M10.7	联机信号
M110	M11.0	运行指示灯
M111	M11.1	停止指示灯
M112	M11.2	复位指示灯

图 3-2-14　上料整列单元参考控制程序（续）

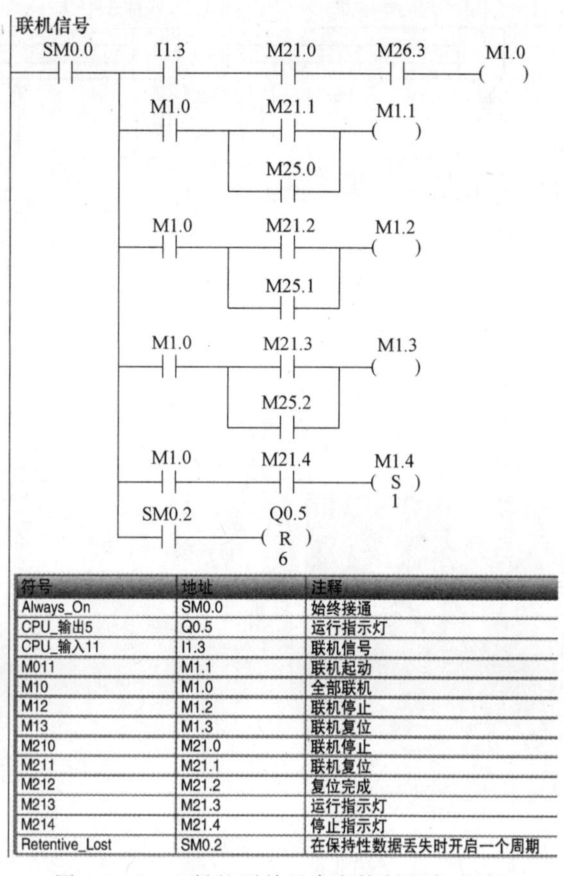

符号	地址	注释
Always_On	SM0.0	始终接通
CPU_输出5	Q0.5	运行指示灯
CPU_输入11	I1.3	联机信号
M011	M1.1	联机起动
M10	M1.0	全部联机
M12	M1.2	联机停止
M13	M1.3	联机复位
M210	M21.0	联机停止
M211	M21.1	联机复位
M212	M21.2	复位完成
M213	M21.3	运行指示灯
M214	M21.4	停止指示灯
Retentive_Lost	SM0.2	在保持性数据丢失时开启一个周期

图 3-2-14　上料整列单元参考控制程序（续）

八、系统调试与运行

1. 上电前检查

1）观察机构上各元件外表是否有明显移位、松动或损坏等现象；如果存在以上现象，及时调整、紧固或更换元件。

2）对照接口板端子分配表或接线图检查桌面和挂板接线是否正确，尤其要检查 24V 电源、电气元件电源线等线路是否有短路、断路现象。

注意：设备初次组装调试时，必须认真检查线路是否正确，接线错误容易造成设备元件损坏。

3）接通气路，打开气源，检查气压为 0.3~0.6MPa，按下电磁阀手动按钮，确认各气缸及传感器的原始状态。气路图如图 3-2-15 所示。

4）设备上不能放置任何不属于本工作站的物品，如有发现请及时清除。

2. 气缸速度的调节（节流阀）

调节节流阀使气缸动作顺畅柔和，控制进出气体的流量，如图 3-2-16 所示。

3. 气缸前后限位调节（磁性开关）

磁性开关安装于气缸的前限位与后限位，确保前后限位分别在气缸缩回和伸出时能够感应到，并输出信号。磁性开关安装在后限位的调节如图 3-2-17 所示。

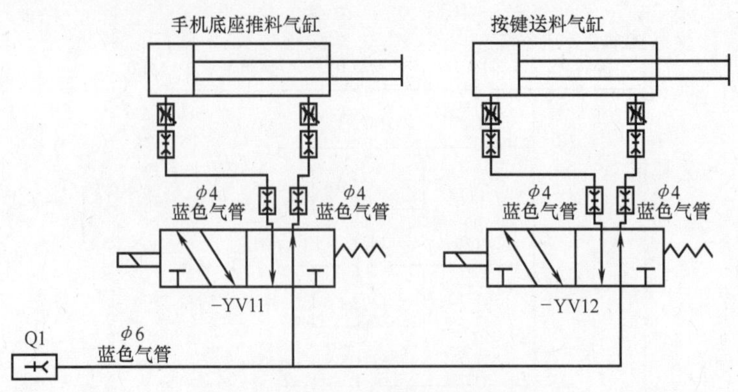

图 3-2-15 上料整列单元气路图

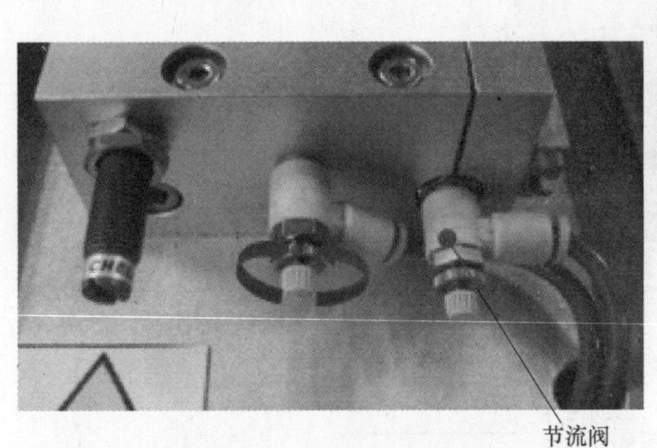

图 3-2-16 气缸速度的调节

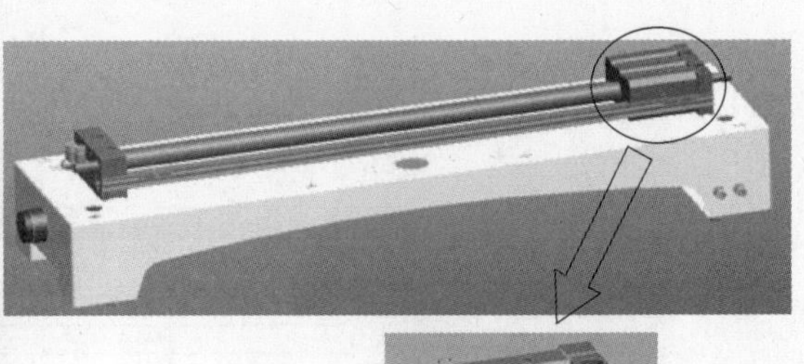

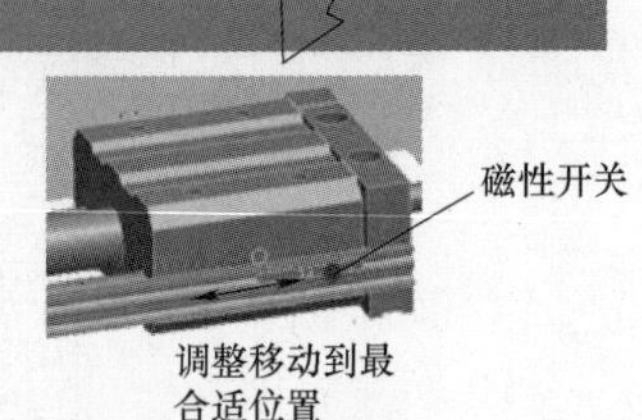

图 3-2-17 气缸前后限位的调节

4. 上料检测传感器信号调试

上料检测传感器信号有光纤传感器与光电传感器信号，调试主要是调节传感器的感应范围为 0~20mm，要求确保能够准确感应到检测物件，并输出信号。

5. 调试故障查询

本任务调试时的故障查询参见表 3-2-4。

表 3-2-4 故障查询

故障现象	故障原因	解决方法
设备无法复位	无气压	打开气源或疏通气路
	无杆气缸磁性开关信号丢失	调整磁性开关位置
	接线不良	紧固
	程序出错	修改程序
	开关电源损坏	更换
	PLC 损坏	更换
无杆气缸不动作	磁性开关信号丢失	调整磁性开关位置
	检测传感器没触发	参照传感器不检测项解决
	电磁阀接线错误	检查并更改
	无气压	打开气源或疏通气路

（续）

故障现象	故障原因	解决方法
无杆气缸不动作	PLC 输出点烧坏	更换
	接线错误	检查线路并更改
	程序出错	修改程序
	开关电源损坏	更换
传感器无检测信号	PLC 输入点烧坏	更换
	接线错误	检查线路并更改
	开关电源损坏	更换
	传感器固定位置不合适	调整位置
	传感器损坏	更换

检查测评

对任务实施的完成情况进行检查，并将结果填入表 3-2-5 内。

表 3-2-5　任务测评表

序号	主要内容	考核要求	评分标准	配分	扣分	得分
1	上料整列单元的组装	正确描述上料整列单元的组成及各部件的名称，并完成安装	1. 说出上料整列单元的组成有错误或遗漏，每处扣 5 分 2. 上料整列单元安装有错误或遗漏，每处扣 5 分	20		
2	上料整列单元 PLC 程序设计与调试	列出 PLC 控制 I/O 口元件地址分配表，根据加工工艺，设计梯形图及 PLC 控制 I/O（输入/输出）口接线图	1. 输入/输出地址遗漏或搞错，每处扣 5 分 2. 梯形图表达不正确或画法不规范，每处扣 1 分 3. 接线图表达不正确或画法不规范，每处扣 2 分	30		
		按 PLC 控制 I/O 口接线图在配线板上正确安装，安装要准确紧固，配线导线要紧固、美观，导线要按线槽布放，导线要有端子标号	1. 损坏元件扣 5 分 2. 导线不按线槽布放、不美观，主电路、控制电路每根扣 1 分 3. 接点松动、露铜过长、反圈、压绝缘层，标记线号不清楚、遗漏或误标，引出端无别径压端子，每处扣 1 分 4. 损伤导线绝缘或线芯，每根扣 1 分 5. 不按 PLC 控制 I/O 接线图接线，每处扣 5 分	10		
		熟练正确地将所编程序输入 PLC；按照被控设备的动作要求进行模拟调试，达到设计要求	1. 不会熟练操作 PLC 键盘输入指令扣 2 分 2. 不会用删除、插入、修改、存盘等命令，每项扣 2 分 3. 仿真试车不成功扣 30 分	30		
3	安全文明生产	劳动保护用品穿戴整齐；遵守操作规程；讲文明礼貌；操作结束要清理现场	1. 操作中，违反安全文明生产考核要求的任何一项扣 5 分，扣完为止 2. 当发现学生有重大事故隐患时，要立即予以制止，并每次扣安全文明生产总分 5 分	10		
合　计						
开始时间：			结束时间：			

任务三　手机加盖单元的组装、程序设计与调试

学习目标

知识目标：1. 掌握手机加盖单元的组成及功能。
2. 掌握手机加盖单元的安装方法。

能力目标：1. 会参照装配图进行手机加盖单元的组装。
2. 会参照接线图完成单元桌面电气元件的安装与接线。
3. 能够利用给定测试程序进行通电测试。

工作任务

有一台工业机器人手机装配模拟工作站由上料整列单元、六轴机器人单元、手机加盖单元三个单元组合而成。各单元间预留了扩展与升级的接口，根据市场需求进行不断的开发升级或者用户自行创新设计新的功能单元。由于亟需使用该设备，现需要对该工作站的手机加盖单元进行组装、接线及调试工作，并交有关人员验收，要求安装完成后可按功能要求正常运转。

相关知识

手机加盖的组成

手机加盖单元是工业机器人手机装配模拟工作站的重要组成部分，它主要负责手机盖的上料及装配完的手机存储功能，通过步进电动机驱动升降台供料。它主要由料盒仓、手机盖上料机构、单元桌面电气元件、手机加盖单元控制面板、手机加盖单元电气挂板和单元桌体组成，其外形如图 3-3-1 所示。

a)

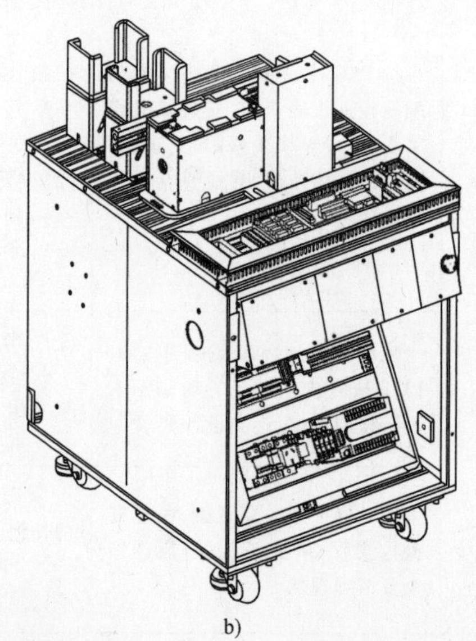

b)

图 3-3-1　加盖单元

a）实物图　b）外形图

1. 料盒仓

料盒仓主要由料盒侧板、料盒底板、料盒传感器支架、光电传感器及螺钉等配件组成。该料盒仓共有2套，其外形如图3-3-2所示。

2. 手机盖上料机构

手机盖上料机构主要由丝杠升降机构、托盘机构、步进电动机、围板、出料平台、推料气缸、检测传感器、手机盖及底板等组成，其外形如图3-3-3所示。

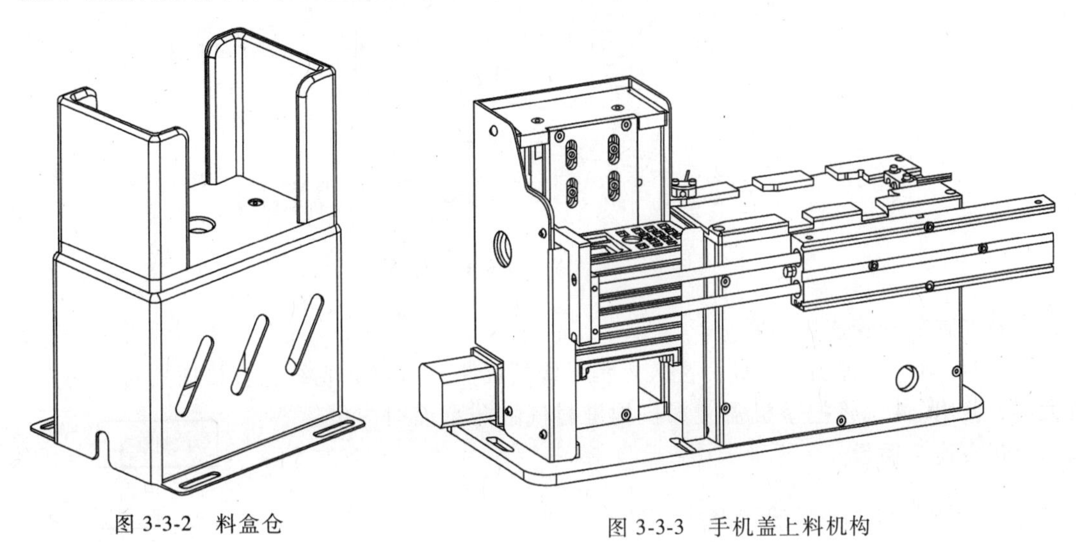

图3-3-2　料盒仓　　　图3-3-3　手机盖上料机构

任务实施

一、任务准备

实施本任务教学所使用的实训设备及工具材料可参考表3-1-2。

二、在单元桌体上完成手机加盖单元的组装

1. 料盒仓的安装

从手机装配实训任务存储箱中取出料盒仓组件及螺钉等配件；按图3-3-4所示的组装图进行组装。

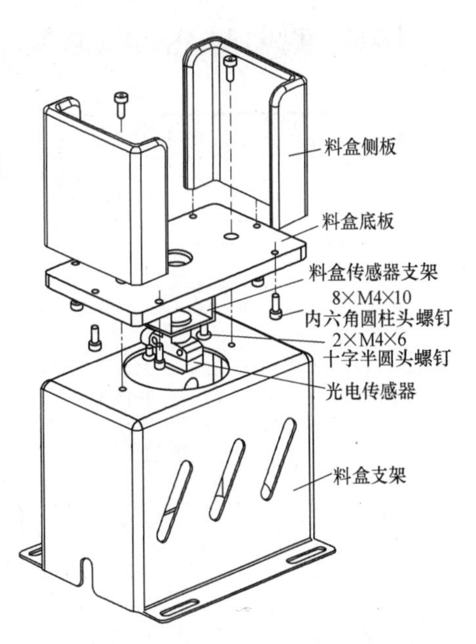

图3-3-4　料盒仓组装图

2. 手机盖上料机构的安装

从手机装配实训任务存储箱中取出手机盖上料机构与附件及螺钉等配件；按图3-3-5所示的组装图进行组装。

3. 手机加盖单元的组装

1）把2套组装好的料盒仓和手机盖上料机构，按图3-3-1所示安装到桌面，并连接好接插头对接线，把步进驱动器输出连接线接头与步进电动机插

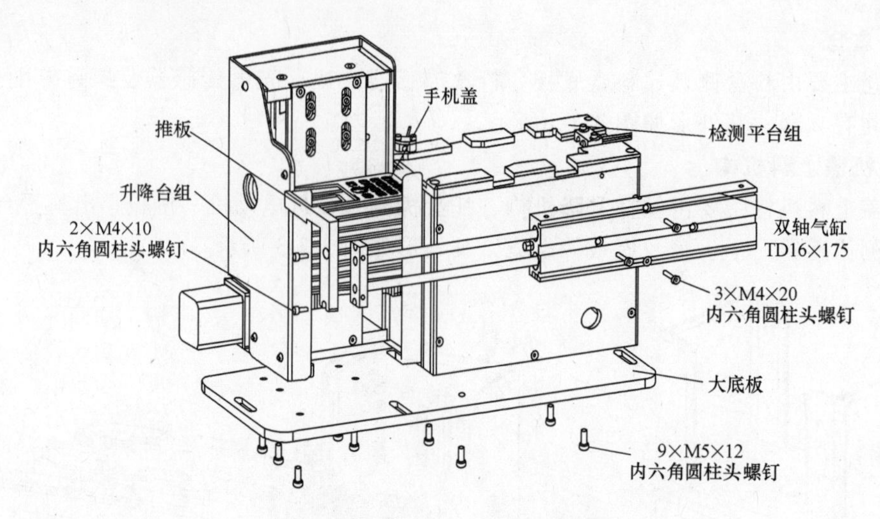

图 3-3-5 手机盖上料机构组装图

紧，推料气缸的气管连接插紧。

2）对照电气原理图及 I/O 分配表把信号线接插头对接好；光纤头直接插入对应的光纤放大器；使用 ϕ4 气管把手机盖上料机构推料气缸与桌面对应电磁阀出口接头连接插紧。

三、画出控制程序流程图

根据控制要求，画出控制程序流程图，如图 3-3-6 所示。

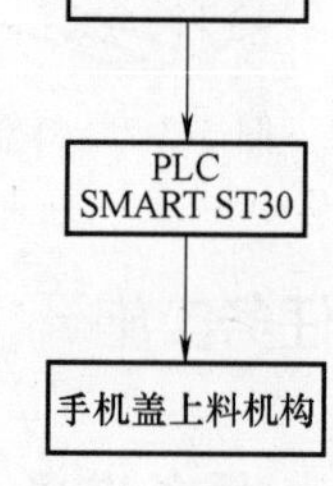

图 3-3-6 控制程序流程图

四、I/O 地址分配

1. 加盖单元 PLC 的 I/O 功能分配

加盖单元 PLC 的 I/O 功能分配见表 3-3-1。

表 3-3-1 加盖单元 PLC 的 I/O 功能分配

序号	I/O 地址	功能描述	备注
1	I0.0	步进下限位(常闭)	
2	I0.1	步进上限位(常闭)	
3	I0.2	步进原点有信号，I0.2 闭合	
4	I0.4	盖到位检测传感器有信号，I0.4 闭合	
5	I0.5	有盖检测传感器有信号，I0.5 闭合	
6	I0.6	推盖气缸缩回限位有信号，I0.6 闭合	
7	I0.7	推盖气缸伸出限位有信号，I0.7 闭合	
8	I1.0	按下面板起动按钮，I1.0 闭合	
9	I1.1	按下面板停止按钮，I1.1 闭合	
10	I1.2	按下面板复位按钮，I1.2 闭合	
11	I1.3	联机信号触发，I1.3 闭合	
12	I1.4	仓库 1 检测传感器有信号，I1.4 闭合	

（续）

序号	I/O 地址	功能描述	备注
13	I1.5	仓库 2 检测传感器有信号，I1.5 闭合	
14	Q0.0	Q0.0 闭合，步进电动机驱动器得到脉冲信号，步进电动机运行	
15	Q0.2	Q0.2 闭合，改变步进电动机运行方向	
16	Q0.4	Q0.4 闭合，推盖气缸电磁阀得电	
17	Q0.5	Q0.5 闭合，面板运行指示灯（绿）点亮	
18	Q0.6	Q0.6 闭合，面板停止指示灯（红）点亮	
19	Q0.7	Q0.7 闭合，面板复位指示灯（黄）点亮	

2. 加盖单元桌面接口板端子分配

加盖单元桌面接口板端子分配见表 3-3-2。

表 3-3-2　加盖单元桌面接口板端子分配

桌面接口板地址	线号	功能描述	备注
1	步进下限（I0.0）	步进下限微动开关信号线	
2	步进上限（I0.1）	步进上限微动开关信号线	
3	步进原点（I0.2）	步进原点传感器信号线	
5	盖到位检测传感器（I0.4）	盖到位检测传感器信号线	
6	有盖检测传感器（I0.5）	有盖检测传感器信号线	
7	推盖气缸缩回限位（I0.6）	推盖气缸缩回限位磁性开关信号线	
8	推盖气缸伸出限位（I0.7）	推盖气缸伸出限位磁性开关信号线	
9	仓库 1 检测传感器（I1.4）	仓库 1 检测传感器信号线	
10	仓库 2 检测传感器（I1.5）	仓库 2 检测传感器信号线	
20	步进脉冲（Q0.0）	步进脉冲信号线	
22	步进方向（Q0.2）	步进方向信号线	
24	推盖气缸电磁阀（Q0.4）	推盖气缸电磁阀信号线	
40	步进原点传感器+	步进原点传感器电源线+	
42	盖到位检测传感器+	盖到位检测传感器电源线+	
43	有盖检测传感器+	有盖检测传感器电源线+	
58	仓库 1 检测传感器+	仓库 1 检测传感器电源线+	
59	仓库 2 检测传感器+	仓库 2 检测传感器电源线+	
46	步进下限-	步进下限微动开关电源线-	
47	步进上限-	步进上限微动开关电源线-	
48	步进原点传感器-	步进原点传感器电源线-	
50	盖到位检测传感器-	盖到位检测传感器电源线-	
51	有盖检测传感器-	有盖检测传感器电源线-	
68	推盖气缸电磁阀-	推盖气缸电磁阀电源线-	
54	仓库 1 检测传感器-	仓库 1 检测传感器电源线-	

（续）

桌面接口板地址	线号	功能描述	备注
55	仓库 2 检测传感器-	仓库 2 检测传感器电源线-	
52	推盖气缸缩回限位-	推盖气缸缩回限位磁性开关电源线-	
53	推盖气缸伸出限位-	推盖气缸伸出限位磁性开关电源线-	
62	步进驱动器电源+	步进驱动器电源线+	
65	步进驱动器电源-	步进驱动器电源线-	
63	PS39+	提供 24V 电源+	
64	PS3-	提供 24V 电源-	

3. 加盖单元挂板接口板端子分配

加盖单元挂板接口板端子分配见表 3-3-3。

表 3-3-3 加盖单元挂板接口板端子分配

桌面接口板地址	线号	功能描述	备注
1	I0. 0	步进下限位	
2	I0. 1	步进上限位	
3	I0. 2	步进原点传感器	
5	I0. 4	盖到位检测	
6	I0. 5	有盖检测	
7	I0. 6	推盖气缸缩回限位	
8	I0. 7	推盖气缸伸出限位	
9	I1. 4	仓库 1 检测	
10	I1. 5	仓库 2 检测	
20	Q0. 0	步进脉冲	
22	Q0. 2	步进方向	
24	Q0. 4	推盖气缸电磁阀	
A	PS3+	继电器常开触点(KA31:6)	
B	PS3-	直流电源 24V-进线	
C	PS32+	继电器常开触点(KA31:5)	
D	PS33+	继电器触点（KA31:9)	
E	I1. 0	起动按钮	
F	I1. 1	停止按钮	
G	I1. 2	复位按钮	
H	I1. 3	联机信号	
I	Q0. 5	运行指示灯	
J	Q0. 6	停止指示灯	
K	Q0. 7	复位指示灯	
L	PS39+	直流 24V+	

五、PLC 控制接线图

PLC 控制接线图如图 3-3-7 所示。

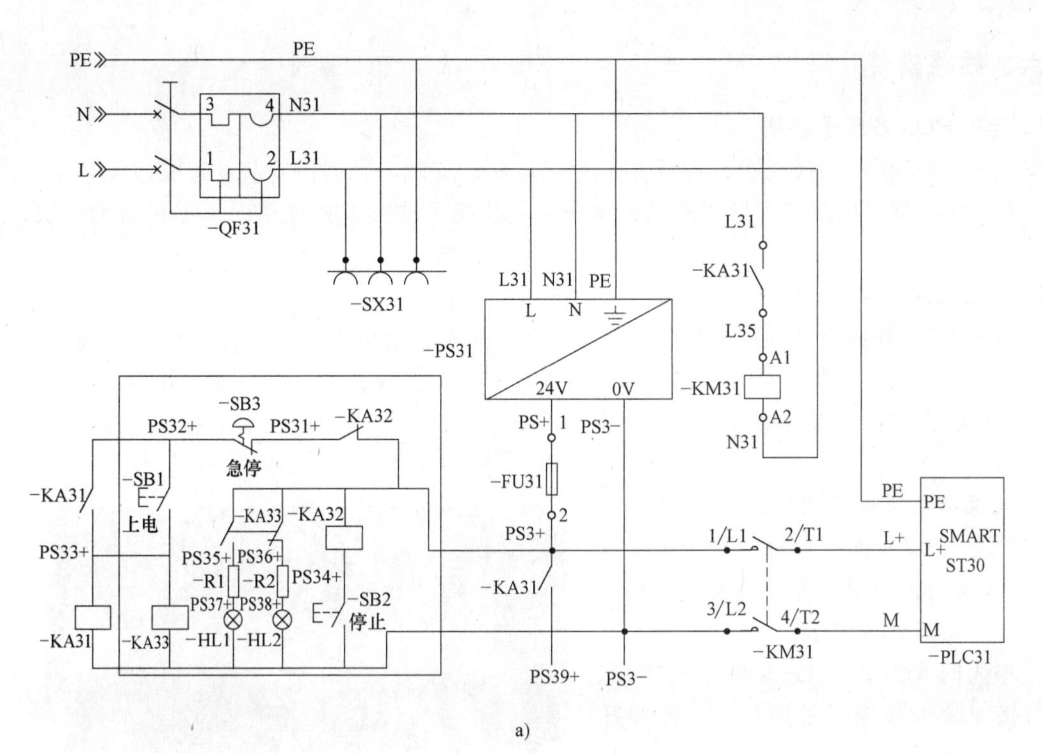

a)

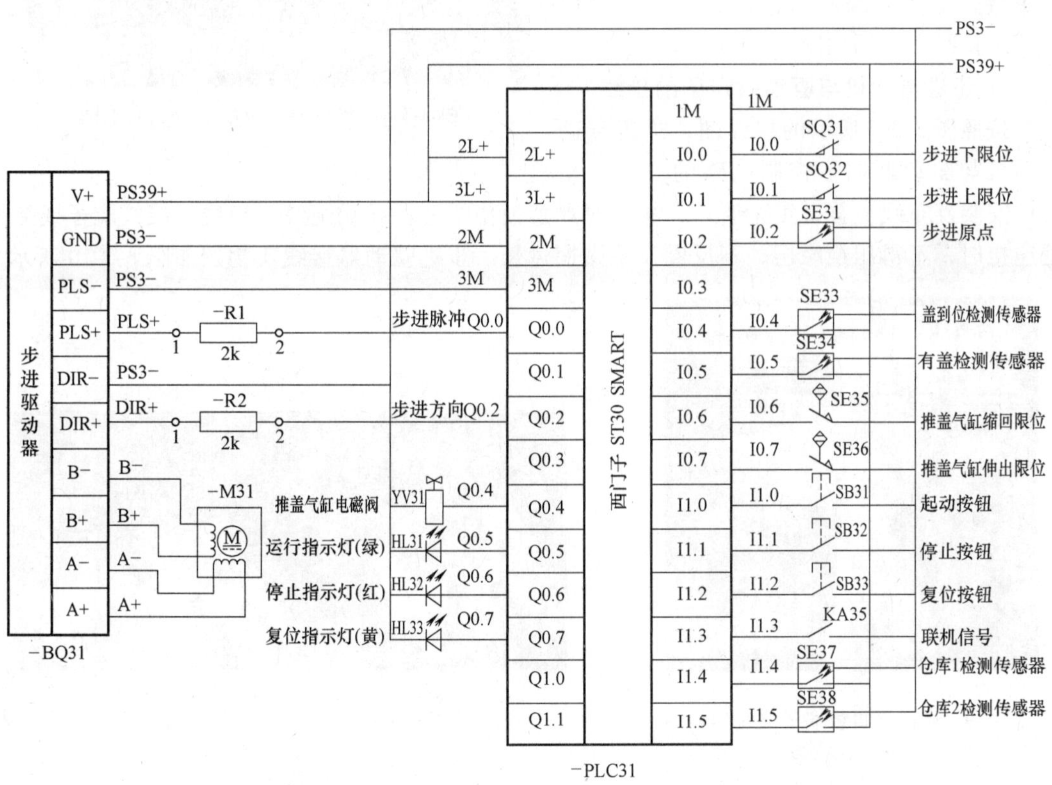

b)

图 3-3-7　接线图

a）主电路　b）PLC 接线图

六、线路安装

1. 连接 PLC 各端子接线

按照图 3-3-7 所示的接线图，进行 PLC 控制电路的安装。元器件安装及布线应符合工艺要求，布线时严禁损伤线芯和导线绝缘，导线与接线端子或接线桩连接时，不得压绝缘层，不反圈及不露铜过长。

2. 接口板端子接线

按照表 3-3-3 挂板接口板端子分配表和图 3-3-7 所示的接线图，进行挂板接口板端子的接线。元器件安装及布线应符合工艺要求，布线时严禁损伤线芯和导线绝缘，导线与接线端子或接线桩连接时，不得压绝缘层，不反圈及不露铜过长。挂板接口板端子接线实物图如图 3-3-8 所示。

3. 桌面接口板端子的接线

按照表 3-3-2 桌面接口板端子分配表和图 3-3-7 所示的接线图，进行桌面接口板端子的接线。元器件安装及布线应符合工艺要求，布线时严禁损伤线芯和导线绝缘，导线与接线端子或接线桩连接时，不得压绝缘层，不反圈及不露铜过长。桌面接口板端子接线实物图如图 3-3-9 所示。

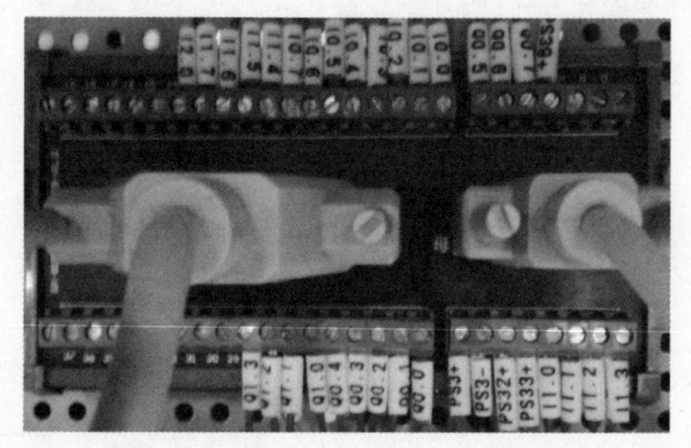

图 3-3-8　挂板接口板端子接线实物图

4. 步进电动机与驱动器端子的接线

按照图 3-3-7 所示的接线图，进行步进电动机与驱动器端子控制电路的安装。元器件安装及布线应符合工艺要求，布线时严禁损伤线芯和导线绝缘，导线与接线端子或接线桩连接时，不得压绝缘层，不反圈及不露铜过长。步进驱动器接线实物图如图 3-3-10 所示。

图 3-3-9　桌面接口板端子接线实物图

图 3-3-10　步进驱动器接线实物图

七、PLC 程序设计

根据控制要求可设计出加盖单元的控制程序，如图 3-3-11 所示。

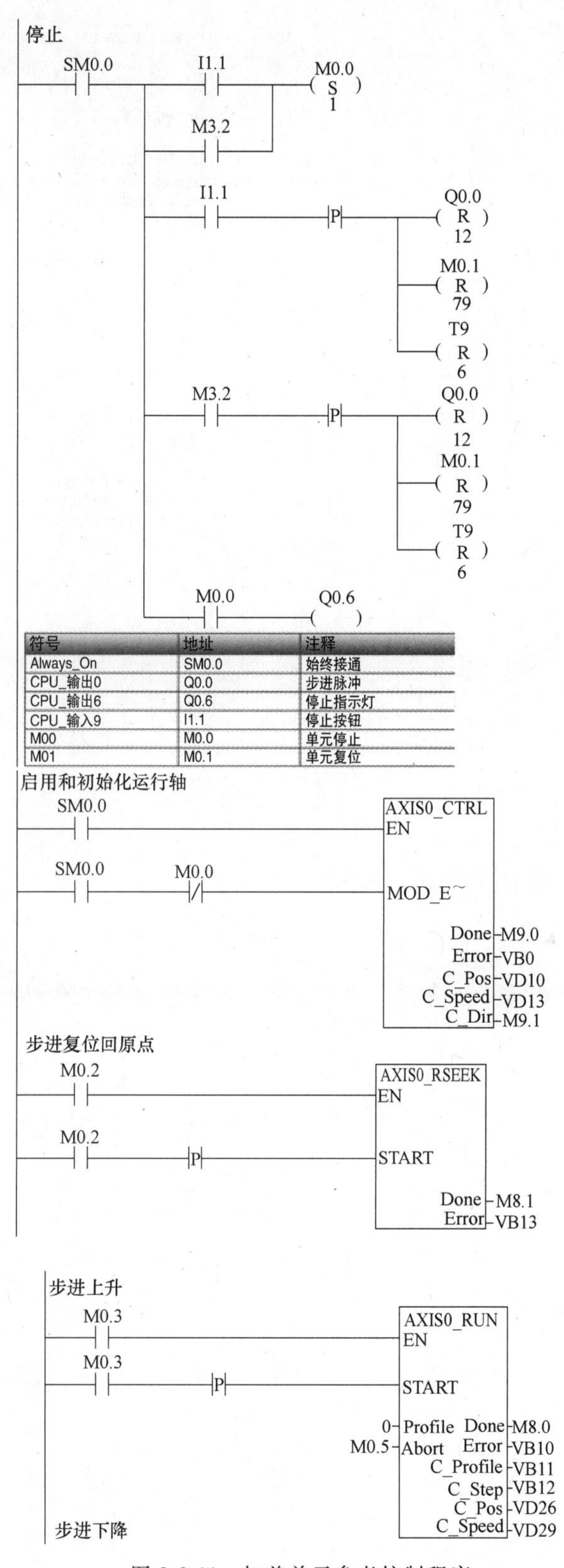

符号	地址	注释
Always_On	SM0.0	始终接通
CPU_输出0	Q0.0	步进脉冲
CPU_输出6	Q0.6	停止指示灯
CPU_输入9	I1.1	停止按钮
M00	M0.0	单元停止
M01	M0.1	单元复位

图 3-3-11　加盖单元参考控制程序

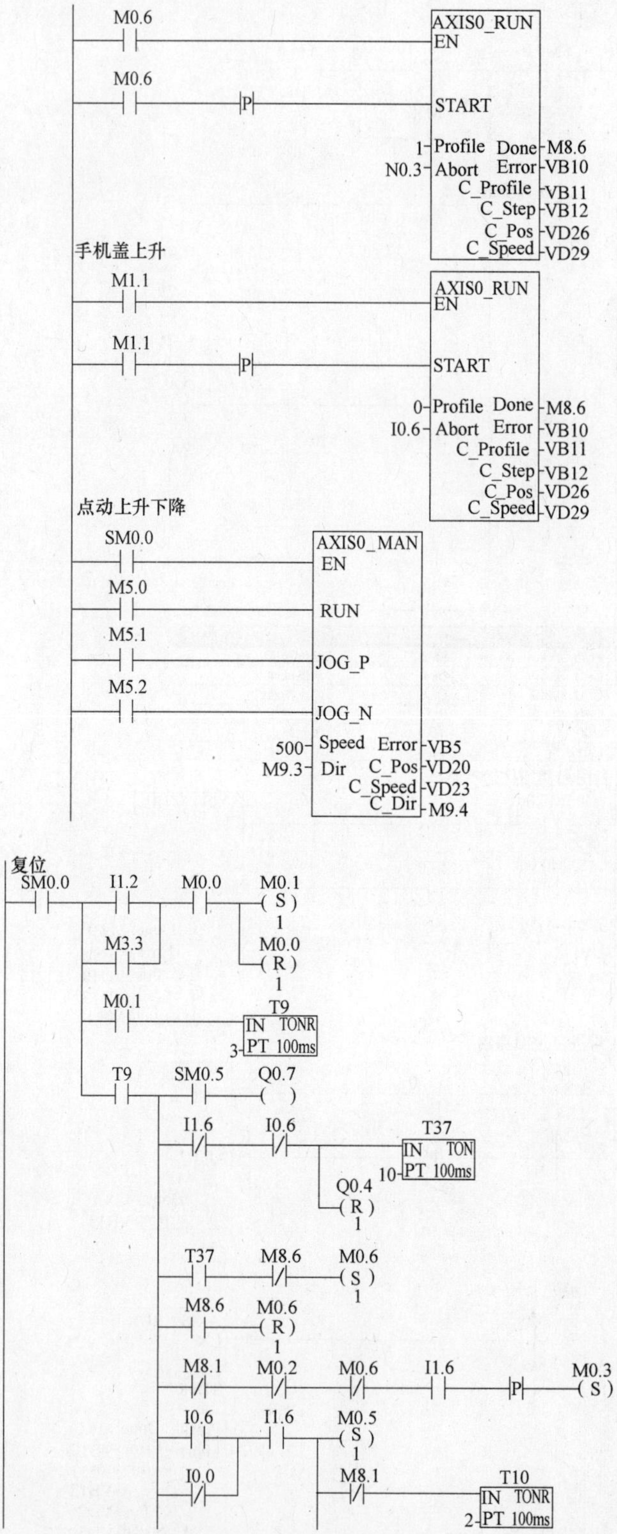

M0.6 — AXIS0_RUN EN
M0.6 —P— START
1-Profile Done-M8.6
N0.3-Abort Error-VB10
C_Profile-VB11
C_Step-VB12
C_Pos-VD26
C_Speed-VD29

手机盖上升
M1.1 — AXIS0_RUN EN
M1.1 —P— START
0-Profile Done-M8.6
I0.6-Abort Error-VB10
C_Profile-VB11
C_Step-VB12
C_Pos-VD26
C_Speed-VD29

点动上升下降
SM0.0 — AXIS0_MAN EN
M5.0 — RUN
M5.1 — JOG_P
M5.2 — JOG_N
500-Speed Error-VB5
M9.3-Dir C_Pos-VD20
C_Speed-VD23
C_Dir-M9.4

复位
SM0.0 I1.2 M0.0 M0.1 (S) 1
M3.3 M0.0 (R) 1
M0.1 T9 IN TONR 3-PT 100ms
T9 SM0.5 Q0.7 ( )
I1.6 I0.6 T37 IN TON 10-PT 100ms
Q0.4 (R) 1
T37 M8.6 M0.6 (S) 1
M8.6 M0.6 (R) 1
M8.1 M0.2 M0.6 I1.6 P M0.3 (S)
I0.6 I1.6 M0.5 (S) 1
I0.0
M8.1 T10 IN TONR 2-PT 100ms

图 3-3-11 加盖单元

T10 M0.3 (R) 1
T10 T11 IN TONR 5-PT 100ms
T11 M0.2 (S) 1
T10 (R) 2
M8.1 I0.5 I1.7 I2.0 Q0.7 (S) 1
M0.4 (S) 1
M0.2 (R) 1

符号	地址	注释
Always_On	SM0.0	始终接通
Clock_1s	SM0.5	针对1s的周期时间，时钟脉冲接通0.5s，断开0.5s.
CPU_输出4	Q0.4	推盖气缸电磁阀
CPU_输出7	Q0.7	复位指示灯
CPU_输入0	I0.0	步进上限位
CPU_输入10	I1.2	复位按钮
CPU_输入14	I1.6	推盖气缸伸出限位
CPU_输入15	I1.7	仓库1检测
CPU_输入16	I2.0	仓库2检测
CPU_输入5	I0.5	盖到位传感器
CPU_输入6	I0.6	有盖检测传感器
M00	M0.0	单元停止
M01	M0.1	单元复位
M02	M0.2	步进复位
M03	M0.3	步进上升
M04	M0.4	复位完成
M05	M0.5	步进上升停止

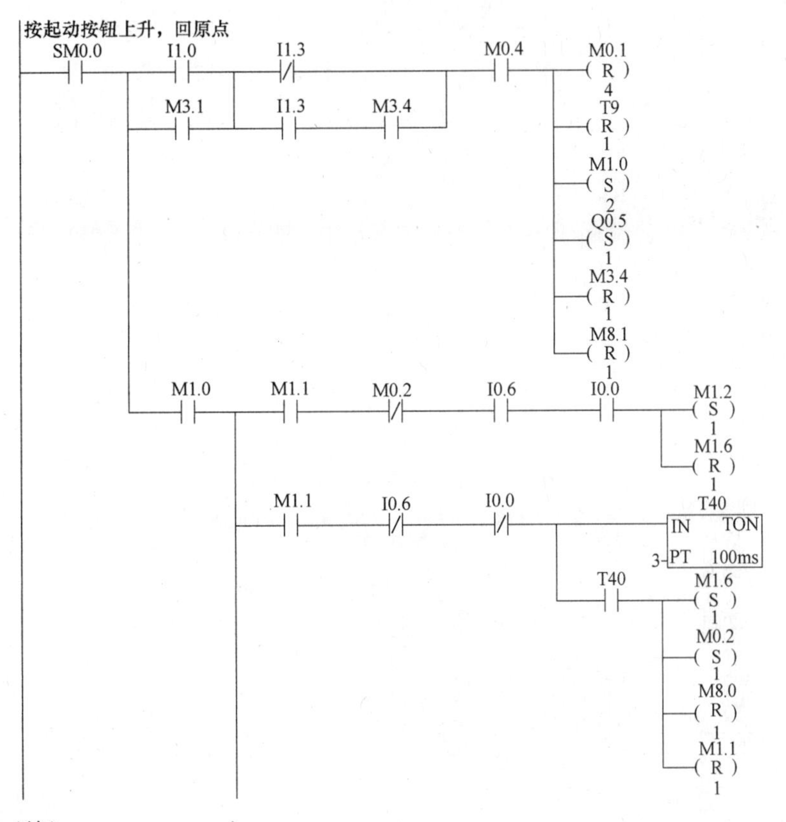

参考控制程序（续）

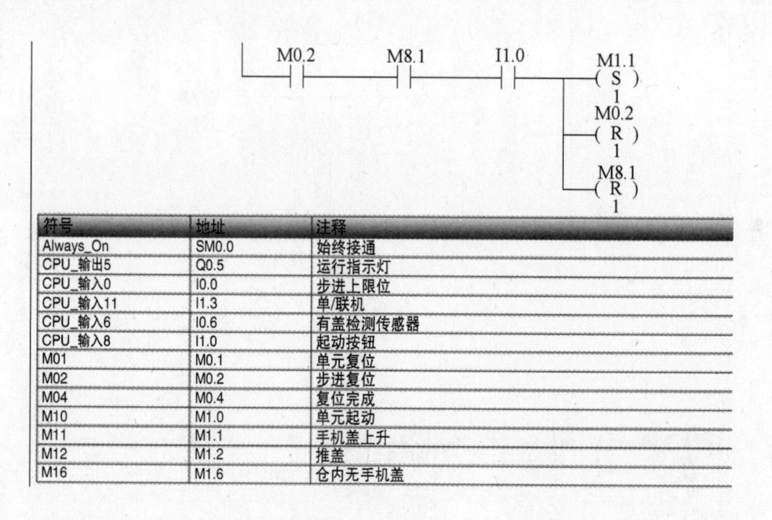

符号	地址	注释
Always_On	SM0.0	始终接通
CPU_输出5	Q0.5	运行指示灯
CPU_输入0	I0.0	步进上限位
CPU_输入11	I1.3	单/联机
CPU_输入6	I0.6	有盖检测传感器
CPU_输入8	I1.0	起动按钮
M01	M0.1	单元复位
M02	M0.2	步进复位
M04	M0.4	复位完成
M10	M1.0	单元起动
M11	M1.1	手机盖上升
M12	M1.2	推盖
M16	M1.6	仓内无手机盖

起动程序

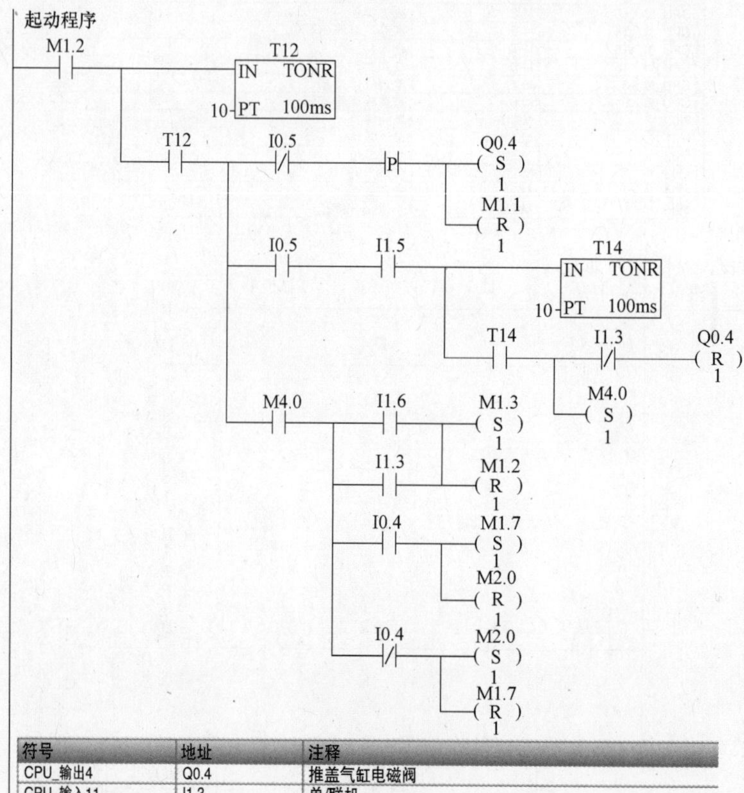

符号	地址	注释
CPU_输出4	Q0.4	推盖气缸电磁阀
CPU_输入11	I1.3	单/联机
CPU_输入13	I1.5	推盖气缸缩回限位
CPU_输入14	I1.6	推盖气缸伸出限位
CPU_输入4	I0.4	颜色检测传感器
CPU_输入5	I0.5	盖到位传感器
M11	M1.1	手机盖上升
M12	M1.2	推盖
M13	M1.3	手机盖推出完成
M17	M1.7	白色手机盖
M20	M2.0	灰色手机盖

图 3-3-11　加盖单元

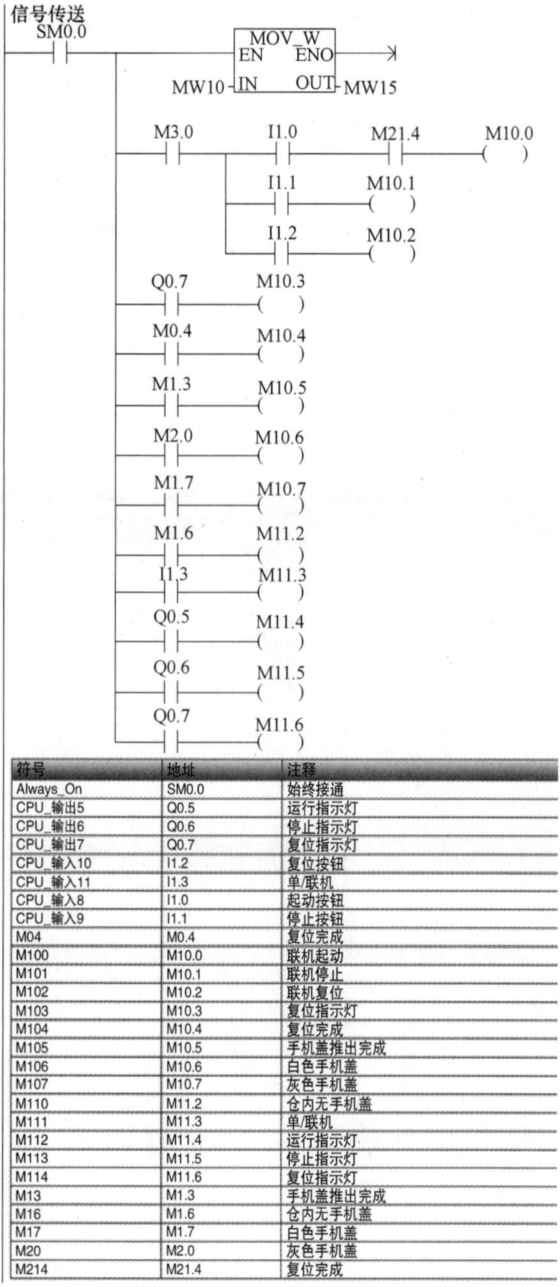

信号传送

SM0.0

MOV_W
EN ENO
MW10 - IN OUT - MW15

M3.0　I1.0　M21.4　M10.0
I1.1　M10.1
I1.2　M10.2

Q0.7　M10.3
M0.4　M10.4
M1.3　M10.5
M2.0　M10.6
M1.7　M10.7
M1.6　M11.2
I1.3　M11.3
Q0.5　M11.4
Q0.6　M11.5
Q0.7　M11.6

符号	地址	注释
Always_On	SM0.0	始终接通
CPU_输出5	Q0.5	运行指示灯
CPU_输出6	Q0.6	停止指示灯
CPU_输出7	Q0.7	复位指示灯
CPU_输入10	I1.2	复位按钮
CPU_输入11	I1.3	单/联机
CPU_输入8	I1.0	起动按钮
CPU_输入9	I1.1	停止按钮
M04	M0.4	复位完成
M100	M10.0	联机起动
M101	M10.1	联机停止
M102	M10.2	联机复位
M103	M10.3	复位指示灯
M104	M10.4	复位完成
M105	M10.5	手机盖推出完成
M106	M10.6	白色手机盖
M107	M10.7	灰色手机盖
M110	M11.2	仓内无手机盖
M111	M11.3	单/联机
M112	M11.4	运行指示灯
M113	M11.5	停止指示灯
M114	M11.6	复位指示灯
M13	M1.3	手机盖推出完成
M16	M1.6	仓内无手机盖
M17	M1.7	白色手机盖
M20	M2.0	灰色手机盖
M214	M21.4	复位完成

参考控制程序（续）

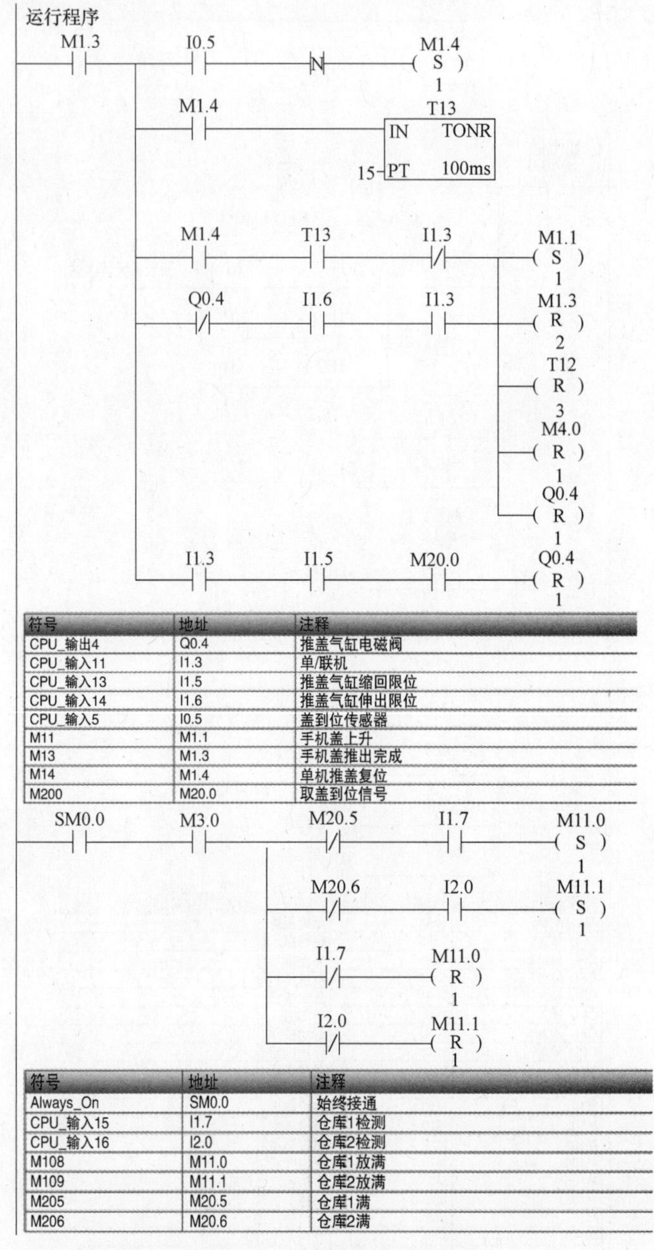

符号	地址	注释
CPU_输出4	Q0.4	推盖气缸电磁阀
CPU_输入11	I1.3	单/联机
CPU_输入13	I1.5	推盖气缸缩回限位
CPU_输入14	I1.6	推盖气缸伸出限位
CPU_输入5	I0.5	盖到位传感器
M11	M1.1	手机盖上升
M13	M1.3	手机盖推出完成
M14	M1.4	单机推盖复位
M200	M20.0	取盖到位信号

符号	地址	注释
Always_On	SM0.0	始终接通
CPU_输入15	I1.7	仓库1检测
CPU_输入16	I2.0	仓库2检测
M108	M11.0	仓库1放满
M109	M11.1	仓库2放满
M205	M20.5	仓库1满
M206	M20.6	仓库2满

图 3-3-11　加盖单元参考控制程序（续）

八、系统调试与运行

1. 上电前的检查

1）观察机构上各元件外表是否有明显移位、松动或损坏等现象；如果存在以上现象，及时调整、紧固或更换元件。

2）对照接口板端子分配表或接线图检查桌面和挂板接线是否正确，尤其要检查 24V 电源、电气元件电源线等线路是否有短路、断路现象。

！注意　设备初次组装调试时，必须认真检查线路是否正确，接线错误容易造成设备元件损坏。

2. 手机盖上料机构的检测

1）检查和调试出料口（光纤传感器）、出料台（光纤传感器）及升降机构原点检测（光电传感器）的位置。

2）在进行 EE-SX951 槽型光电传感器的调试时，注意观察槽型光电传感器与原点感应片是否有干涉现象，或感应片未进入槽型光电传感器的感应区域。

3）在进行光纤传感器的调试时，根据检测对象设定调整传感器极性和门阈值达成目的，该传感器的外观及设定，如图 3-3-12、图 3-3-13 所示。

图 3-3-12　光纤传感器外观

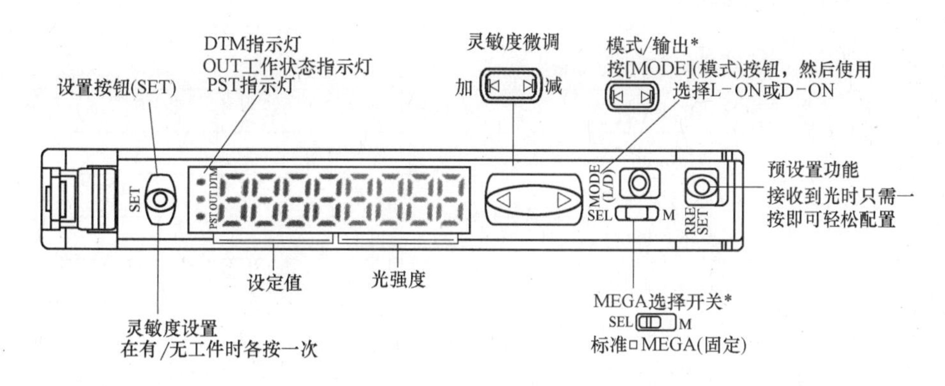

图 3-3-13　光纤传感器设定

4）气缸与磁性开关的调节。打开气源，待气缸在初始位置时，移动磁性开关的位置，调整气缸的缩回限位，待磁性开关点亮即可，如图 3-3-14 所示；再利用小一字螺钉旋具对气动电磁阀的测试旋钮进行操作，按下测试旋钮，顺时针旋转 90°即锁住阀门，如图 3-3-15 所示，此时气缸处于伸出位置，调整气缸的伸出限位即可；调节气缸节流阀，可以对气缸运动速度进行控制，到达最佳运行状态。

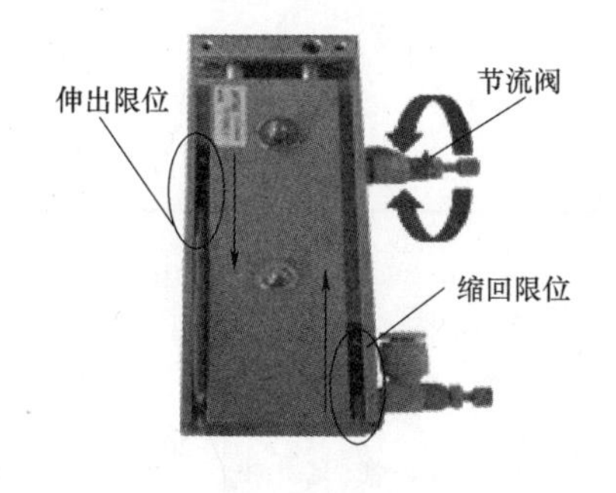

图 3-3-14　调整气缸位置

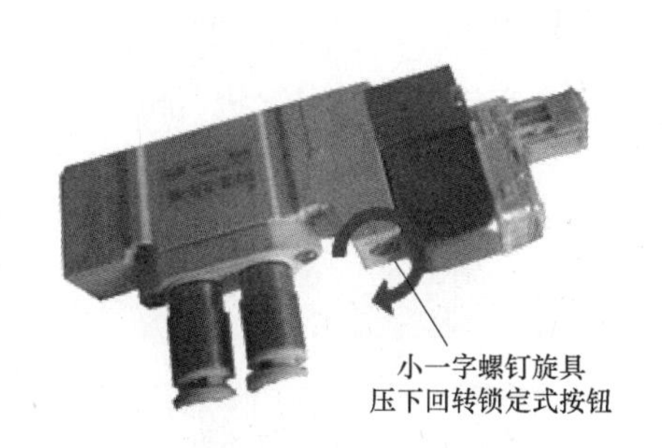

图 3-3-15　锁住阀门

5）光电传感器安装在两个存储仓，传感器灵敏度可以通过旋钮进行调整，顺时针增加，逆时针减小，如图 3-3-16 所示。

图 3-3-16　光电传感器的设定

3. 调试故障查询

本任务调试时的故障查询参见表 3-3-4。

表 3-3-4　故障查询

故障现象	故障原因	解决方法
设备无法复位	无气压	打开气源或疏通气路
	PLC 输出点烧坏	更换
	接线不良	紧固
	程序出错	修改程序
	开关电源损坏	更换
	PLC 损坏	更换
步进电动机不动作	接线不良	紧固
	PLC 输出点烧坏	更换
	步进电动机损坏	更换
传感器无检测信号	PLC 输入点烧坏	更换
	接线错误	检查线路并更改
	开关电源损坏	更换
	传感器固定位置不合适	调整位置
	传感器损坏	更换

检查测评

对任务实施的完成情况进行检查，并将结果填入表 3-3-5 内。

表 3-3-5　任务测评表

序号	主要内容	考核要求	评分标准	配分	扣分	得分
1	手机加盖单元的组装	正确描述手机加盖单元组成及各部件的名称，并完成安装	1. 说出手机加盖单元的组成有错误或遗漏，每处扣 5 分 2. 手机加盖单元安装有错误或遗漏，每处扣 5 分	20		

（续）

序号	主要内容	考核要求	评分标准	配分	扣分	得分
2	手机加盖单元PLC程序设计与调试	列出PLC控制I/O口元件地址分配表，根据加工工艺，设计梯形图及PLC控制I/O口接线图	1. 输入/输出地址遗漏或搞错，每处扣5分 2. 梯形图表达不正确或画法不规范，每处扣1分 3. 接线图表达不正确或画法不规范，每处扣2分	30		
		按PLC控制I/O口接线图在配线板上正确安装，安装要准确紧固，配线导线要紧固、美观，导线要按线槽布放，导线要有端子标号	1. 损坏元件扣5分 2. 导线不按线槽布放、不美观，主电路、控制电路每根扣1分 3. 接点松动、露铜过长、反圈、压绝缘层，标记线号不清楚、遗漏或误标，引出端无别径压端子，每处扣1分 4. 损伤导线绝缘或线芯，每根扣1分 5. 不按PLC控制I/O接线图接线，每处扣5分	10		
		熟练正确地将所编程序输入PLC；按照被控设备的动作要求进行模拟调试，达到设计要求	1. 不会熟练操作PLC键盘输入指令扣2分 2. 不会用删除、插入、修改、存盘等命令，每项扣2分 3. 仿真试车不成功扣30分	30		
3	安全文明生产	劳动保护用品穿戴整齐；遵守操作规程；讲文明礼貌；操作结束要清理现场	1. 操作中，违反安全文明生产考核要求的任何一项扣5分，扣完为止 2. 当发现学生有重大事故隐患时，要立即予以制止，并每次扣安全文明生产总分5分	10		
合　计						
开始时间：			结束时间：			

任务四　机器人装配手机按键的程序设计与调试

学习目标

知识目标：1. 了解手机按键托盘的结构。

2. 了解手机底座的结构。

3. 掌握机器人常用指令的应用。

4. 掌握工业机器人在手机按键装配中的应用。

能力目标：能根据控制要求，完成机器人装配手机按键的程序设计与调试。

工作任务

在工业机器人手机装配模拟工作站上，事先将手机按键托盘按照规定的位置和方向放好，同时也将手机底座放在规定的位置后，然后在六轴机器人单元的操作面板上按下起动按钮，工业机器人依次将手机按键从托盘中取出放到手机底座上。装配好一个手机后暂停，待换好手机底座后，再按下起动按钮，系统继续运行，循环四次后托盘中的按键全部装配完成后停止，要求设计工业机器人程序和 PLC 控制程序。

一、手机按键托盘

手机按键托盘的排列，如图 3-4-1 所示。其结构有如下特点：

1）按键分成 15 个按键区域。

2）每个按键区域有四个按键按矩阵排列。

3）区域之间横向间距和纵向间距均为 30mm。

4）同名按键之间的横向间距和纵向间距均为 12mm。

5）方向键区域单独排列，横向间距和纵向间距均为 18mm。

二、手机底座

手机底座的结构如图 3-4-2 所示。手机底座的 15 个按键对应有 15 个凹坑，每个凹坑的边都有一定的倾斜角，对少量的偏差有自动校正作用。

图 3-4-1　手机按键托盘的排列

图 3-4-2　手机底座的结构

任务实施

一、任务准备

实施本任务教学所使用的实训设备及工具材料可参考表 3-1-2。

二、了解手机按键装配好后的情况

1、2、3、*、4、5、6、0、7、8、9等按键的排列规律与按键托盘中的按键规律一致，手机按键装配好后的情况，如图 3-4-3 所示。

图 3-4-3　装配好后的手机

三、I/O 功能分配

1. 设置机器人与 PLC 的 I/O 功能分配

机器人与 PLC 的 I/O 功能分配（参数写入时需重启控制器），见表 3-4-1。

表 3-4-1　机器人与 PLC 的 I/O 功能分配

序号	PLC　I/O	功　能　描　述	对应机器人 I/O	备注
1	I0. 0	按下面板起动按钮,I0. 0 闭合	无	
2	I0. 1	按下面板停止按钮,I0. 1 闭合	无	
3	I0. 2	按下面板复位按钮,I0. 2 闭合	无	
4	I0. 3	联机信号触发,I0. 3 闭合	无	
5	I1. 2	自动模式,I1. 2 闭合	OUT4	
6	I1. 3	伺服运行中，I1. 3 闭合	OUT5	
7	I1. 4	程序 RUN，I1. 4 闭合	OUT6	
8	I1. 5	异常报警，I1. 5 闭合	OUT7	
9	I1. 6	机器人急停，I1. 6 闭合	OUT8	
10	I1. 7	回到原点，I1. 7 闭合	OUT9	
11	I2. 0	取盖到位信号，I2. 0 闭合	OUT10	
12	I2. 1	换料信号，I2. 1 闭合	OUT11	
13	I2. 2	装配完成信号，I2. 2 闭合	OUT12	
14	I2. 3	加盖完成信号，I2. 3 闭合	OUT13	
15	I2. 4	入库完成信号，I2. 4 闭合	OUT14	
16	I2. 5	仓库 1 满,I2. 5 闭合。	OUT15	
17	I2. 6	仓库 2 满,I2. 6 闭合	OUT16	
18	Q0. 0	Q0. 0 闭合,机器人上电,电动机上电	IN4	
19	Q0. 1	Q0. 1 闭合,伺服起动	IN5	
20	Q0. 2	Q0. 2 闭合，主程序开始运行	IN6	
21	Q0. 3	Q0. 3 闭合，机器人运行中	IN7	
22	Q0. 4	Q0. 4 闭合,机器人停止	IN8	
23	Q0. 5	Q0. 5 闭合，伺服停止	IN9	

（续）

序号	PLC I/O	功能描述	对应机器人 I/O	备注
24	Q0.6	Q0.6 闭合，机器人异常复位	IN10	
25	Q0.7	Q0.7 闭合，PLC 复位信号	IN11	
26	Q1.0	Q1.0 闭合，面板运行指示灯（绿）点亮	无	
27	Q1.1	Q1.1 闭合，面板停止指示灯（红）点亮	无	
28	Q1.2	Q1.2 闭合，面板复位指示灯（黄）点亮	无	
29	Q1.3	Q1.3 闭合，动作开始	IN12	
30	Q1.4	Q1.4 闭合，有盖信号	IN13	
31	Q1.5	Q1.5 闭合，盖颜色信号	IN14	
32	Q1.6	Q1.6 闭合，仓库 1 清空信号	IN15	
33	Q1.7	Q1.7 闭合，仓库 2 清空信号	IN16	
34	无	OUT1 为 ON，快换夹具 YV21 电磁阀动作	OUT1	
35	无	OUT2 为 ON，工作 A YV22 电磁阀动作	OUT2	
36	无	OUT3 为 ON，工作 A YV23 电磁阀动作	OUT3	

2. 机器人与 PLC 的电路图（见图 3-4-4）

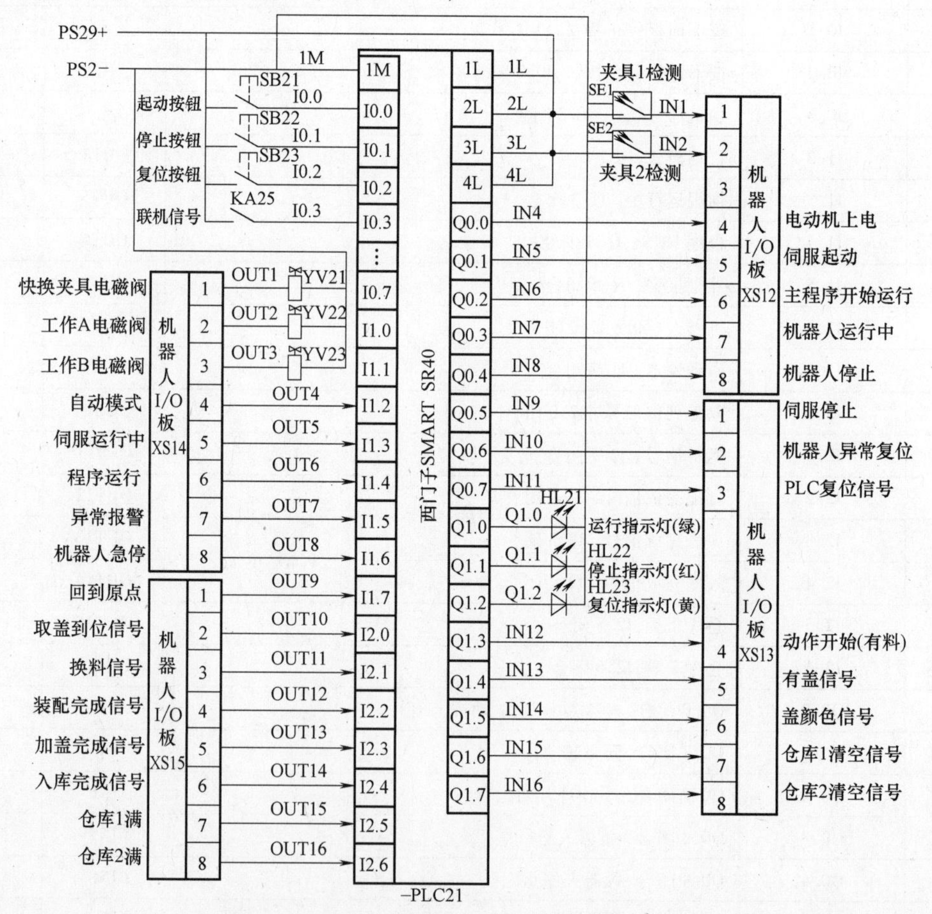

图 3-4-4 机器人与 PLC 电路图

四、机器人动作流程

根据控制要求，可分析出机器人动作流程如下：

1）等待起动按钮。

2）机器人运行到安全点（jsafe）。

3）运动到接近取键点上方 50mm 位置。

4）下降到取键点。

5）吸取按键。

6）上升 50mm 取出按键。

7）运动到放按键的位置上方 50mm 位置。

8）下降到放键位置。

9）松开按键。

10）上升 50mm 确保放好按键。

11）返回第 3）步，直到所有按键装配完成，返回安全点，等待更换手机底座后按起动按钮。

五、机器人控制程序的设计

根据机器人动作流程可设计出机器人控制程序如下：

```
-----------------主程序------------------------
PROC main()
        DateInit;
        rHome;
        WHILE TRUE DO
            TPWrite "Wait Start....." ;
            WHILE DI10_12=0 DO
            ENDWHILE
            TPWrite "Running: Start." ;
            RESET DO10_9;
            Gripper1;
            assemble;
            placeGripper1;
            j:=j+1;
            IF j>=2 THEN
                j:=0;
                i:=i+1;
            ENDIF
            Gripper3;
            SealedByhandling;
            placeGripper3;
```

```
            ncount: =ncount+1;
            IF ncount>=4 THEN
                ncount: =0;
                i: =0;
                j: =0;
            ENDIF
    ENDWHILE
ENDPROC
----------------取放吸盘夹具子程序------------------------
PROC Gripper1()
        MoveJ Offs(Ppick,0,0,50),v200,z60,tool0;
        Set DO10_1;
        MoveL Offs(Ppick,0,0,0),v40,fine,tool0;
        Reset DO10_1;
        WaitTime 1;
        MoveL Offs(Ppick,-3,-120,20),v50,z100,tool0;
        MoveL Offs(Ppick,-3,-120,150),v100,z60,tool0;
    ENDPROC
        PROC placeGripper1()
        MoveJ Offs(Ppick,-2.5,-120,200),v200,z100,tool0;
        MoveL Offs(Ppick,-2.5,-120,20),v100,z100,tool0;
        MoveL Offs(Ppick,0,0,0),v40,fine,tool0;
        Set DO10_1;
        WaitTime 1;
        MoveL Offs(Ppick,0,0,40),v30,z100,tool0;
        MoveL Offs(Ppick,0,0,50),v60,z100,tool0;
        Reset DO10_1;
        IF DI10_12=0 THEN
          MoveJ Home,v200,z100,tool0;
        ENDIF
    ENDPROC
----------------手机按键装配子程序------------------------
PROC assemble()
        p12: =p11;
        p12: =Offs(P12,12 * i,12 * j,0);
        MoveJ Offs(P12,-100,100,100),v150,z100,tool0;
        MoveJ Offs(P12,0,0,20),v200,z100,tool0;
        ! 12
        MoveL Offs(P12,0,0,0),v40,fine,tool0;
```

```
Set DO10_2;
Set DO10_3;
WaitTime 0. 2;
MoveL Offs(P12,0,0,20),v40,z100,tool0;
MoveJ P1,v200,z100,tool0;
! Z
MoveJ Offs(P2,0,0,20),v200,z100,tool0;
! 2
MoveL Offs(P2,0,0,0),v40,fine,tool0;
RESet DO10_3;
WaitTime 0. 1;
MoveL Offs(P2,0,0,20),v100,z100,tool0;
MoveJ Offs(P2,-18,0,20),v100,z100,tool0;
! 1
MoveL Offs(P2,-18,0,0),v40,fine,tool0;
RESet DO10_2;
WaitTime 0. 1;
MoveL Offs(P2,-18,0,20),v100,z100,tool0;
MoveJ P1,v200,z100,tool0;
! Z
MoveJ Offs(P12,0,60,20),v200,z100,tool0;
! 3 *
MoveL Offs(P12,0,60,0),v40,fine,tool0;
Set DO10_2;
Set DO10_3;
WaitTime 0. 2;
MoveL Offs(P12,0,60,20),v40,z100,tool0;
MoveJ P1,v200,z100,tool0;
! Z
MoveJ Offs(P2,-42,0,20),v200,z100,tool0;
! 3
MoveL Offs(P2,-42,0,0),v40,fine,tool0;
RESet DO10_2;
WaitTime 0. 1;
MoveL Offs(P2,-42,0,20),v100,z100,tool0;
MoveJ Offs(P2,-24,0,20),v100,z100,tool0;
! *
MoveL Offs(P2,-24,0,0),v40,fine,tool0;
RESet DO10_3;
```

```
WaitTime 0.1;
MoveL Offs(P2,-24,0,20),v100,z100,tool0;
MoveJ P1,v200,z100,tool0;
! Z
MoveJ Offs(P12,30,0,20),v200,z100,tool0;
! 45
MoveL Offs(P12,30,0,0),v40,fine,tool0;
Set DO10_2;
Set DO10_3;
WaitTime 0.2;
MoveL Offs(P12,30,0,20),v40,z100,tool0;
MoveJ P1,v200,z100,tool0;
! Z
MoveJ Offs(P2,0,12,20),v200,z100,tool0;
! 5
MoveL Offs(P2,0,12,0),v40,fine,tool0;
RESet DO10_3;
WaitTime 0.1;
MoveL Offs(P2,0,12,20),v100,z100,tool0;
MoveJ Offs(P2,-18,12,20),v100,z100,tool0;
! 4
MoveL Offs(P2,-18,12,0),v40,fine,tool0;
RESet DO10_2;
WaitTime 0.1;
MoveL Offs(P2,-18,12,20),v100,z100,tool0;
MoveJ P1,v200,z100,tool0;
! Z
MoveJ Offs(P12,30,60,20),v200,z100,tool0;
! 60
MoveL Offs(P12,30,60,0),v40,fine,tool0;
Set DO10_2;
Set DO10_3;
WaitTime 0.2;
MoveL Offs(P12,30,60,20),v40,z100,tool0;
MoveJ P1,v200,z100,tool0;
! Z
MoveJ Offs(P2,-42,12,20),v200,z100,tool0;
! 6
MoveL Offs(P2,-42,12,0),v40,fine,tool0;
```

```
RESet DO10_2;
WaitTime 0.1;
MoveL Offs(P2,-42,12,20),v100,z100,tool0;
MoveJ Offs(P2,-24,12,20),v100,z100,tool0;
! 0
MoveL Offs(P2,-24,12,0),v40,fine,tool0;
RESet DO10_3;
WaitTime 0.1;
MoveL Offs(P2,-24,12,20),v100,fine,tool0;
MoveJ P1,v200,z100,tool0;
! Z
MoveJ Offs(P12,60,0,20),v200,z100,tool0;
! 78
MoveL Offs(P12,60,0,0),v40,fine,tool0;
Set DO10_2;
Set DO10_3;
WaitTime 0.2;
MoveL Offs(P12,60,0,20),v200,z100,tool0;
MoveJ P1,v200,z100,tool0;
! Z
MoveJ Offs(P2,0,24,20),v200,z100,tool0;
! 8
MoveL Offs(P2,0,24,0),v40,fine,tool0;
RESet DO10_3;
WaitTime 0.1;
MoveL Offs(P2,0,24,20),v100,z100,tool0;
MoveJ Offs(P2,-18,24,20),v100,z100,tool0;
! 7
MoveL Offs(P2,-18,24,0),v40,fine,tool0;
RESet DO10_2;
WaitTime 0.1;
MoveL Offs(P2,-18,24,20),v100,z100,tool0;
MoveJ P1,v200,z100,tool0;
! Z
MoveJ Offs(P12,60,60,20),v200,z100,tool0;
! 9
MoveL Offs(P12,60,60,0),v40,fine,tool0;
Set DO10_2;
WaitTime 0.2;
```

```
MoveL Offs(P12,60,60,20),v40,z100,tool0;
MoveJ P1,v200,z100,tool0;
! Z
MoveJ Offs(P2,-42,24,20),v200,z100,tool0;
! 9
MoveL Offs(P2,-42,24,0),v40,fine,tool0;
RESet DO10_2;
WaitTime 0.1;
MoveL Offs(P2,-42,24,20),v100,z100,tool0;
MoveJ P1,v200,z100,tool0;
! Z
MoveJ Offs(P12,90,0,20),v200,z100,tool0;
! #(
MoveL Offs(P12,90,0,0),v40,fine,tool0;
Set DO10_2;
Set DO10_3;
WaitTime 0.2;
MoveL Offs(P12,90,0,20),v40,z100,tool0;
MoveJ P1,v200,z100,tool0;
! Z
MoveJ Offs(P2,-54,24,20),v200,z100,tool0;
! #
MoveL Offs(P2,-54,24,0),v40,fine,tool0;
RESet DO10_2;
WaitTime 0.1;
MoveL Offs(P2,-54,24,20),v100,z100,tool0;
MoveJ Offs(P2,12,-15,20),v100,z100,tool0;
! (
MoveL Offs(P2,12,-15,0),v40,fine,tool0;
RESet DO10_3;
WaitTime 0.1;
MoveL Offs(P2,12,-15,20),v100,z100,tool0;
MoveJ P1,v200,z100,tool0;
! Z
MoveJ Offs(P12,90,60,20),v200,z100,tool0;
!)
MoveL Offs(P12,90,60,0),v40,fine,tool0;
Set DO10_2;
WaitTime 0.2;
```

```
    MoveL Offs(P12,90,60,20),v200,z100,tool0;
    MoveJ P1,v200,z100,tool0;
    ! Z
    MoveJ Offs(P2,-53,-14,20),v200,z100,tool0;
    !)
    MoveL Offs(P2,-53,-14,0),v40,fine,tool0;
    RESet DO10_2;
    WaitTime 0.1;
    MoveL Offs(P2,-53,-14,20),v100,z100,tool0;
    MoveJ P1,v200,z100,tool0;
    ! Z
    MoveJ Offs(P12,77+6*i,90+6*j,20),v200,z100,tool0;
    ! DA
    MoveL Offs(P12,77+6*i,90+6*j,0),v40,fine,tool0;
    Set DO10_2;
    WaitTime 0.2;
    MoveL Offs(P12,77+6*i,90+6*j,20),v40,z100,tool0;
    MoveJ P1,v200,z60,tool0;
    ! Z
    MoveJ Offs(P2,-34,-11.5,20),v200,z100,tool0;
    ! DA
    MoveL Offs(P2,-34,-11.5,0),v40,fine,tool0;
    RESet DO10_2;
    WaitTime 0.1;
    MoveL Offs(P2,-34,-11.5,20),v100,z100,tool0;
    SET DO10_12;
    IF DI10_12=0 THEN
    MoveJ Home,v200,fine,tool0;
    ENDIF
    IF ncount=3 THEN
    SET DO10_11;
    ENDIF
    MoveJ Offs(Ppick,-3,-100,220),v150,z100,tool0;
    RESET DO10_12;
    RESET DO10_11;
ENDPROC
```

六、PLC 控制程序的设计

根据控制要求，设计出 PLC 控制梯形图程序，如图 3-4-5 所示。

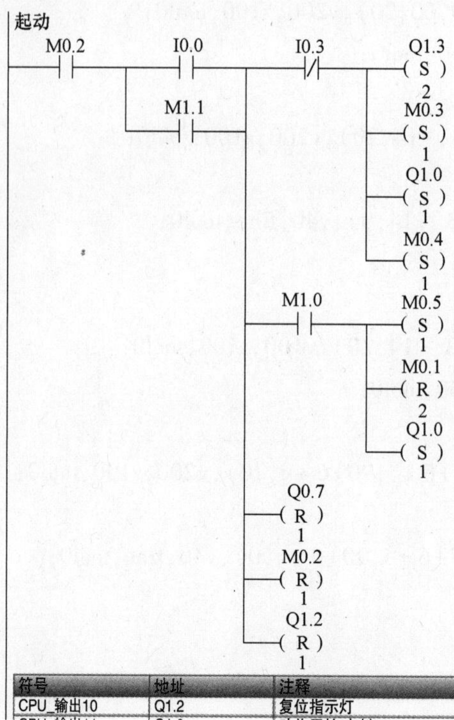

符号	地址	注释
CPU_输出10	Q1.2	复位指示灯
CPU_输出11	Q1.3	动作开始(有料)
CPU_输出7	Q0.7	PLC复位信号
CPU_输出8	Q1.0	运行指示灯
CPU_输入0	I0.0	起动按钮
CPU_输入3	I0.3	单联机信号
M1	M0.1	系统复位
M10	M1.0	全部联机信号
M11	M1.1	联机起动
M2	M0.2	复位完成
M3	M0.3	单机起动
M4	M0.4	单机运行
M5	M0.5	联机起动

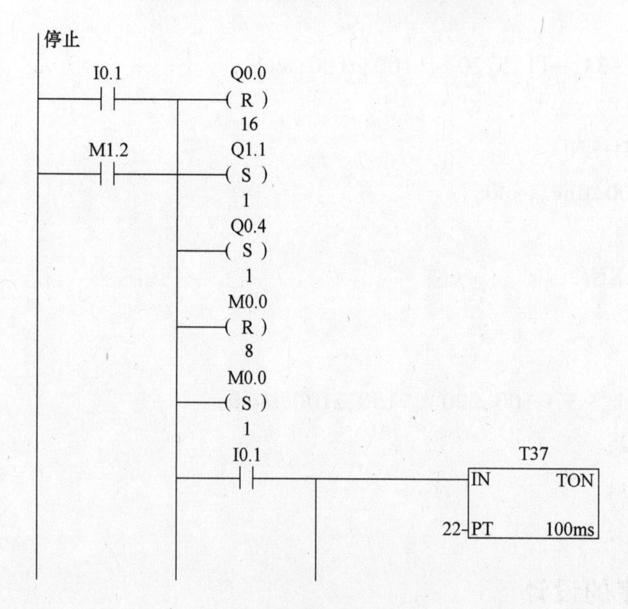

图 3-4-5 参考

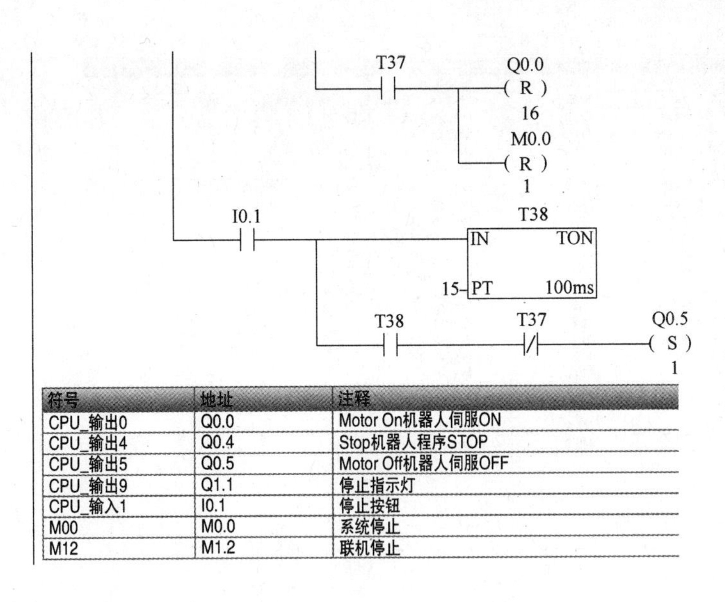

符号	地址	注释
CPU_输出0	Q0.0	Motor On机器人伺服ON
CPU_输出4	Q0.4	Stop机器人程序STOP
CPU_输出5	Q0.5	Motor Off机器人伺服OFF
CPU_输出9	Q1.1	停止指示灯
CPU_输入1	I0.1	停止按钮
M00	M0.0	系统停止
M12	M1.2	联机停止

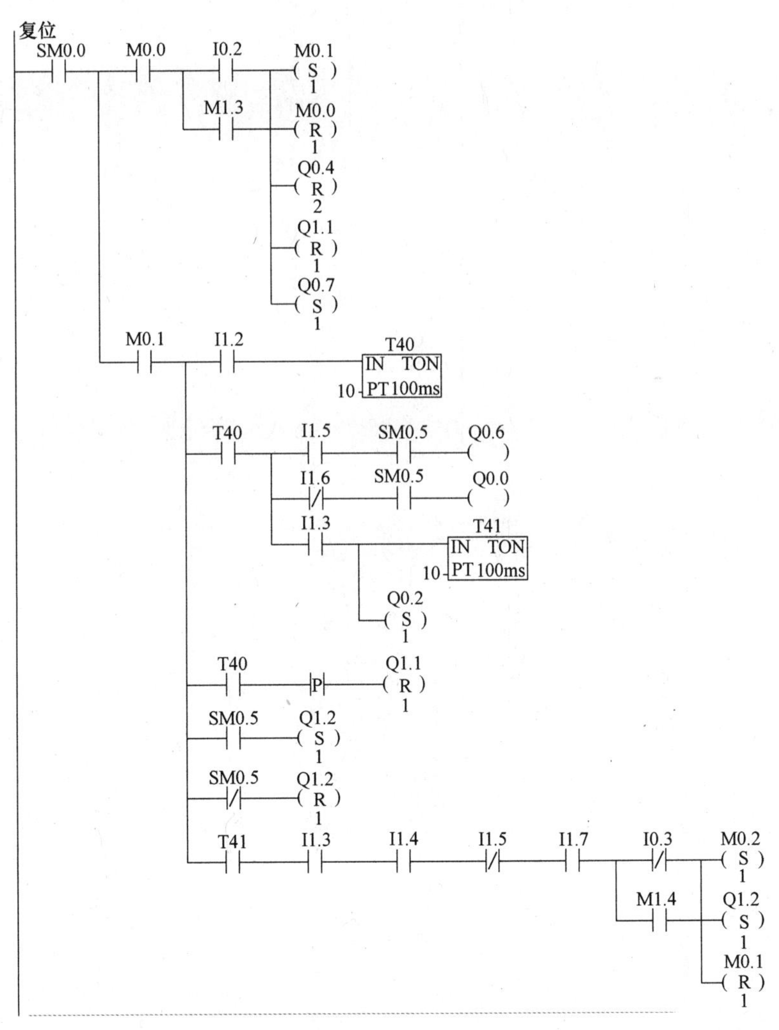

梯形图程序

符号	地址	注释
Always_On	SM0.0	始终接通
Clock_1s	SM0.5	针对1s的周期时间，时钟脉冲接通0.5s，断开0.5s.
CPU_输出0	Q0.0	Motor On机器人伺服ON
CPU_输出10	Q1.2	复位指示灯
CPU_输出2	Q0.2	Start At Mian机器人从主程序RUN
CPU_输出4	Q0.4	Stop机器人程序STOP
CPU_输出6	Q0.6	Reset Execution Error Signal机器人异常复位
CPU_输出7	Q0.7	PLC复位信号
CPU_输出9	Q1.1	停止指示灯
CPU_输入10	I1.2	Auto On机器人自动模式
CPU_输入11	I1.3	Motor On机器人伺服ON中
CPU_输入12	I1.4	Cycle On机器人程序RUN中
CPU_输入13	I1.5	Execution Error机器人异常报错
CPU_输入14	I1.6	Emergency Stop机器人急停中
CPU_输入15	I1.7	回到原点
CPU_输入2	I0.2	复位按钮
CPU_输入3	I0.3	单联机信号
M00	M0.0	系统停止
M1	M0.1	系统复位
M13	M1.3	联机复位
M14	M1.4	全部复位完成
M2	M0.2	复位完成

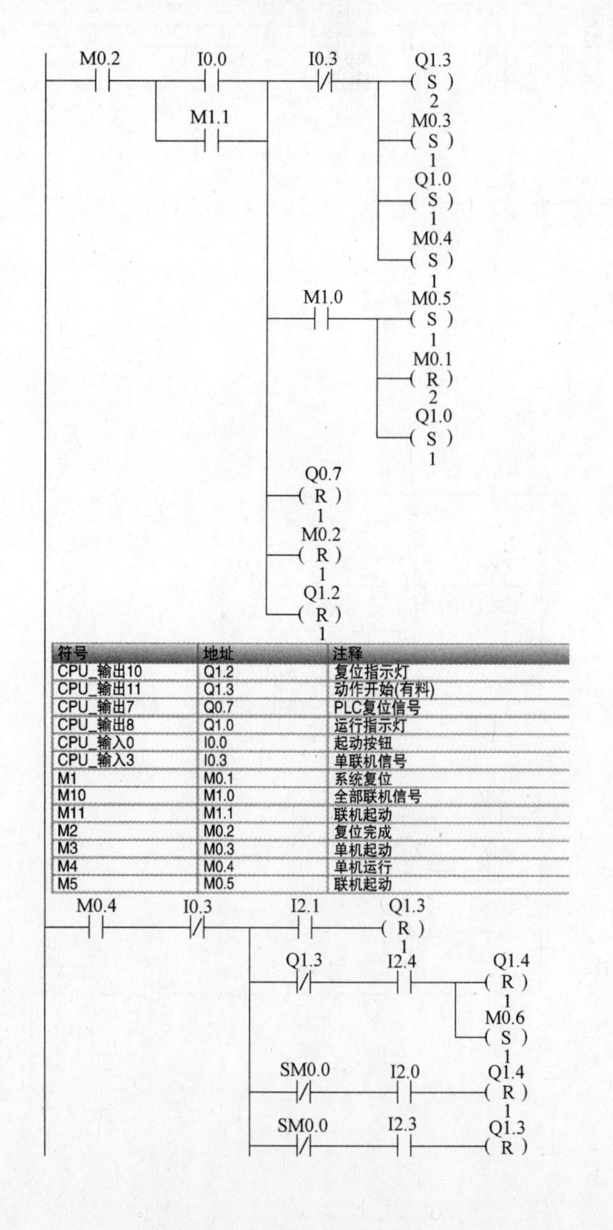

符号	地址	注释
CPU_输出10	Q1.2	复位指示灯
CPU_输出11	Q1.3	动作开始(有料)
CPU_输出7	Q0.7	PLC复位信号
CPU_输出8	Q1.0	运行指示灯
CPU_输入0	I0.0	起动按钮
CPU_输入3	I0.3	单联机信号
M1	M0.1	系统复位
M10	M1.0	全部联机信号
M11	M1.1	联机起动
M2	M0.2	复位完成
M3	M0.3	单机起动
M4	M0.4	单机运行
M5	M0.5	联机起动

图 3-4-5 参考

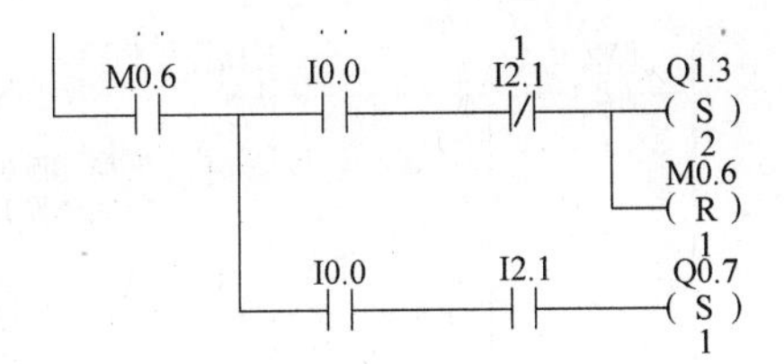

符号	地址	注释
Always_On	SM0.0	始终接通
CPU_输出11	Q1.3	动作开始(有料)
CPU_输出12	Q1.4	有盖信号
CPU_输出7	Q0.7	PLC复位信号
CPU_输入0	I0.0	起动按钮
CPU_输入16	I2.0	取盖到位信号
CPU_输入17	I2.1	换料信号
CPU_输入19	I2.3	加盖完成信号
CPU_输入20	I2.4	入库完成信号
CPU_输入3	I0.3	单联机信号
M4	M0.4	单机运行

M0.5　M1.0　I2.0　M10.0
I2.1　M10.1
I2.2　M1.2
I2.3　M10.3
I2.4　M10.4
I2.5　M10.5
I2.6　M10.6

符号	地址	注释
CPU_输入16	I2.0	取盖到位信号
CPU_输入17	I2.1	换料信号
CPU_输入18	I2.2	装配完成信号
CPU_输入19	I2.3	加盖完成信号
CPU_输入20	I2.4	入库完成信号
CPU_输入21	I2.5	仓库1满
CPU_输入22	I2.6	仓库2满
M10	M1.0	全部联机信号
M100	M10.0	取盖到位信号
M101	M10.1	换料信号
M103	M10.3	加盖完成信号
M104	M10.4	入库完成信号
M105	M10.5	仓库1满
M106	M10.6	仓库2满
M12	M1.2	联机停止
M5	M0.5	联机起动

SM0.0　I1.6　T34　T33 IN TON　20-PT 10ms
T33　T34 IN TON　20-PT 10ms
T33　Q1.1 (S) 1
T33　Q1.1 (R) 1

符号	地址	注释
Always_On	SM0.0	始终接通
CPU_输出9	Q1.1	停止指示灯
CPU_输入14	I1.6	Emergency Stop机器人急停中

梯形图程序（续）

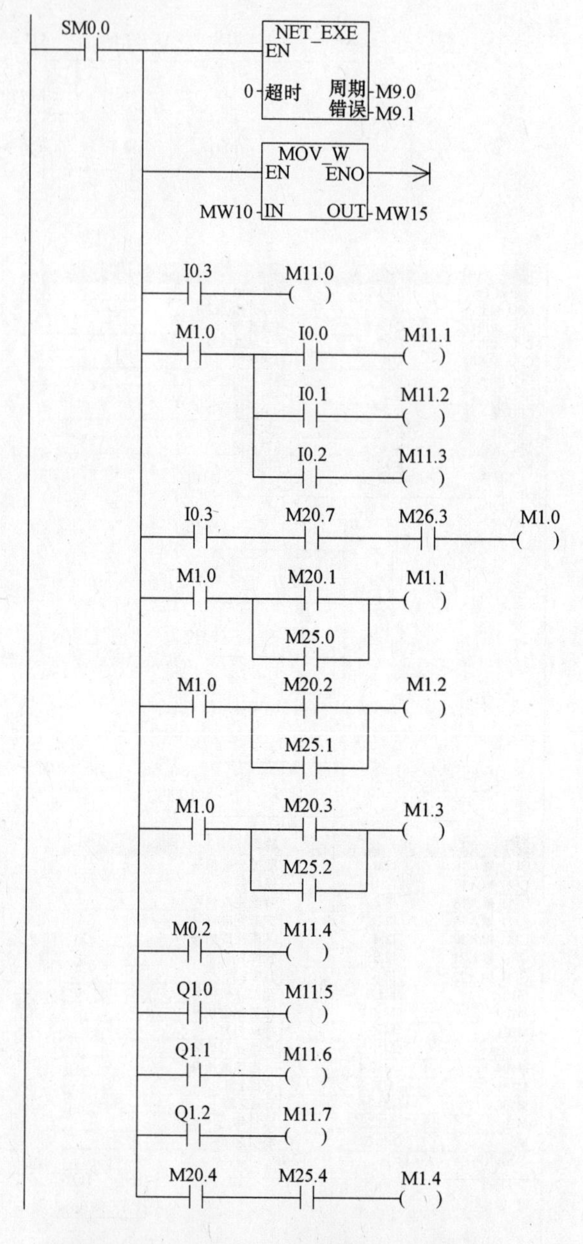

符号	地址	注释
Always_On	SM0.0	始终接通
CPU_输出10	Q1.2	复位指示灯
CPU_输出8	Q1.0	运行指示灯
CPU_输出9	Q1.1	停止指示灯
CPU_输入0	I0.0	起动按钮
CPU_输入1	I0.1	停止按钮
CPU_输入2	I0.2	复位按钮
CPU_输入3	I0.3	单联机信号
M10	M1.0	全部联机信号
M11	M1.1	联机起动
M110	M11.0	单/联机
M111	M11.1	联机起动
M112	M11.2	联机停止
M113	M11.3	联机复位

图 3-4-5　参考梯形图程序（续）

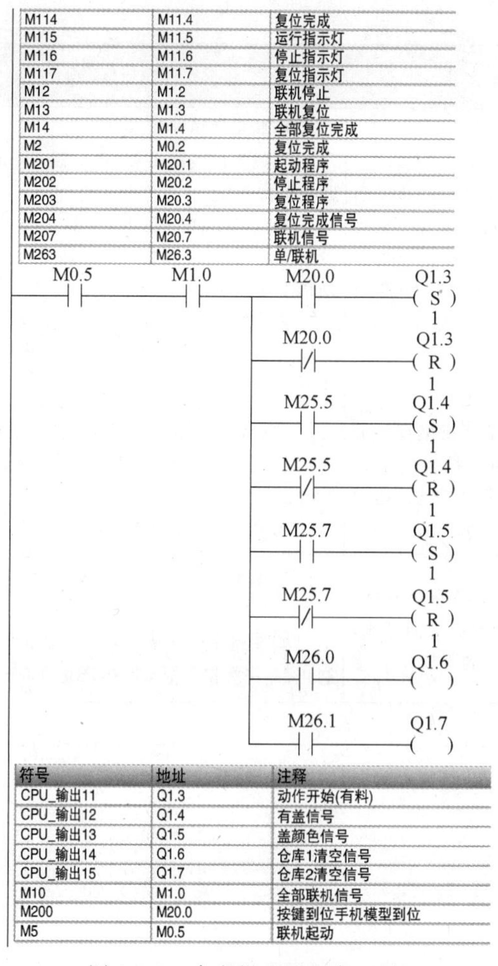

M114	M11.4	复位完成
M115	M11.5	运行指示灯
M116	M11.6	停止指示灯
M117	M11.7	复位指示灯
M12	M1.2	联机停止
M13	M1.3	联机复位
M14	M1.4	全部复位完成
M2	M0.2	复位完成
M201	M20.1	起动程序
M202	M20.2	停止程序
M203	M20.3	复位程序
M204	M20.4	复位完成信号
M207	M20.7	联机信号
M263	M26.3	单/联机

符号	地址	注释
CPU_输出11	Q1.3	动作开始(有料)
CPU_输出12	Q1.4	有盖信号
CPU_输出13	Q1.5	盖颜色信号
CPU_输出14	Q1.6	仓库1清空信号
CPU_输出15	Q1.7	仓库2清空信号
M10	M1.0	全部联机信号
M200	M20.0	按键到位手机模型到位
M5	M0.5	联机起动

图 3-4-5　参考梯形图程序（续）

七、功能调试

1）利用给定测试程序进行通电测试。

2）按下起动按钮后，工业机器人开始运行，逐个将托盘中的手机按键搬运到手机底座上，动作要求连贯，过程中要保证机器人离开其他固定机械结构 100mm 以上。

对任务实施的完成情况进行检查，并将结果填入表 3-4-2 内。

表 3-4-2　任务测评表

序号	主要内容	考核要求	评分标准	配分	扣分	得分
1	机器人装配手机按键程序设计与调试	列出 PLC 控制 I/O 口元件地址分配表，根据加工工艺，设计梯形图及 PLC 控制 I/O 口接线图	1. 输入/输出地址遗漏或搞错，每处扣 5 分 2. 梯形图表达不正确或画法不规范，每处扣 1 分 3. 接线图表达不正确或画法不规范，每处扣 2 分	40		

（续）

序号	主要内容	考核要求	评分标准	配分	扣分	得分
1	机器人装配手机按键程序设计与调试	按PLC控制I/O口接线图在配线板上正确安装，安装要准确紧固，配线导线要紧固、美观，导线要按线槽布放，导线要有端子标号	1. 损坏元件扣5分 2. 导线不按线槽布放、不美观，主电路、控制电路每根扣1分 3. 接点松动、露铜过长、反圈、压绝缘层，标记线号不清楚、遗漏或误标，引出端无别径压端子，每处扣1分 4. 损伤导线绝缘或线芯，每根扣1分 5. 不按PLC控制I/O（输入/输出）接线图接线，每处扣5分	10		
		熟练正确地将所编程序输入PLC；按照被控设备的动作要求进行模拟调试，达到设计要求	1. 不会熟练操作PLC键盘输入指令扣2分 2. 不会用删除、插入、修改、存盘等命令，每项扣2分 3. 仿真试车不成功扣30分	40		
2	安全文明生产	劳动保护用品穿戴整齐；遵守操作规程；讲文明礼貌；操作结束要清理现场	1. 操作中，违反安全文明生产考核要求的任何一项扣5分，扣完为止 2. 当发现学生有重大事故隐患时，要立即予以制止，并每次扣安全文明生产总分5分	10		
合　计						
开始时间：			结束时间：			

任务五　机器人装配手机盖的程序设计与调试

学习目标

知识目标：掌握手机盖装配机器人的程序设计方法。

能力目标：能根据控制要求，完成机器人装配手机盖的程序设计及示教，并能解决运行过程中出现的常见问题。

工作任务

现有一套工业机器人手机装配模拟工作站。有一批手机按键已经装配完成，需要进行手机盖装配任务。手机盖预装在步进系统控制的升降机构内，能够实时提供，现需要编写机器人控制程序并示教。

具体的控制要求如下：

1）按下起动按钮，系统上电。

2）按下开始按钮，系统自动运行，机器人拾取平行夹具，手机盖供料机构推出第一个手机盖到出料台，机器人抓取手机盖装配到手机上并搬运到成品仓，然后回到原点。机器人控制动作速度不能过快（≤40%）。

3）按停止键，机器人动作停止。

4）按复位键，自动复位到原点。

相关知识

一、手机盖装配运行轨迹

根据控制要求，可得出手机盖装配及入库运行轨迹，如图 3-5-1 所示。

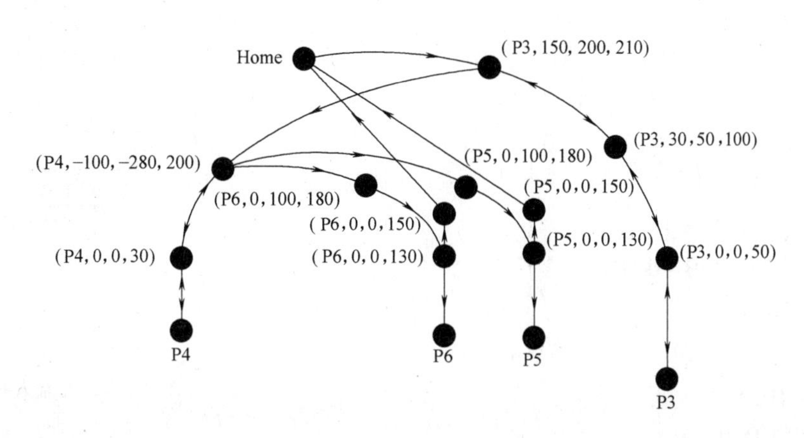

图 3-5-1　手机盖装配及入库运行轨迹

二、手机盖装配及入库示教点

根据图 3-5-1 所示的运行轨迹，可得出手机盖装配及入库所需的示教点见表 3-5-1。

表 3-5-1　手机盖装配所需的示教点

序号	点序号	注　释	备　注
1	jsafe	机器人初始位置	程序中定义
2	Ppick1	取平行夹具点	需示教
3	P3	手机取盖点	需示教
4	P4	手机加盖点	需示教
5	P5	手机仓库放置点一	需示教
6	P6	手机仓库放置点二	需示教

任务实施

一、任务准备

实施本任务教学所使用的实训设备及工具材料可参考表 3-1-2。

二、画出机器人控制流程图

根据任务要求，画出机器人单元控制流程图，如图 3-5-2 所示。

三、设计控制程序

根据控制要求，编写出机器人控制程序，并下载到本体。机器人的参考程序如下：

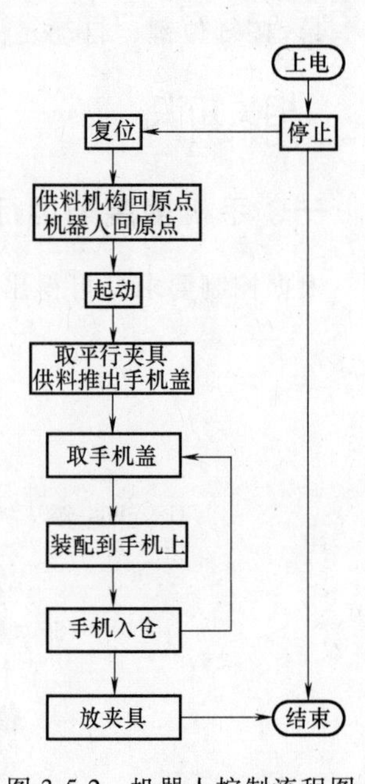

图 3-5-2　机器人控制流程图

```
--------------------------加盖入库子程序----------------------------
PROC SealedByhandling( )
      MoveJ Home,v200,z100,tool0;
      MoveJ Offs( P3,150,200,210),v200,z100,tool0;
      MoveJ Offs(P3,30,50,100),v150,z100,tool0;
      MoveJ Offs(P3,0,0,50),v100,z100,tool0;
      RESET DO10_3;
      Set DO10_2;
      WHILE DI10_13=0 DO
      ENDWHILE
      MoveL Offs(P3,0,0,0),v50,fine,tool0;
      Set DO10_3;
      RESET DO10_2;
      WaitTime 0.7;
      Set DO10_10;
      WaitTime 0.8;
      MoveL Offs(P3,0,0,50),v50,z100,tool0;
      MoveJ Offs(P3,30,50,100),v100,z100,tool0;
      MoveJ Offs(P3,150,200,210),v150,z100,tool0;
      RESET DO10_10;
      MoveJ Offs(P4,-100,-280,200),v200,z100,tool0;
      MoveL Offs(P4,0,0,30),v150,z100,tool0;
      MoveL Offs(P4,0,0,0),v50,fine,tool0;
      WaitTime 0.7;
      Set DO10_13;
      WaitTime 0.8;
      MoveL Offs(P4,0,0,30),v50,z100,tool0;
      MoveL Offs(P4,-100,-280,200),v150,z100,tool0;
      RESET DO10_13;
      IF (mcount<2 or mcount>=4) and mcount<6 THEN
          WHILE DI10_15=1 DO
          ENDWHILE
          MoveJ Offs(P5,0,100,180),v200,z100,tool0;
          MoveJ Offs(P5,0,0,130),v200,z100,tool0;
          MoveL Offs(P5,0,0,acount * 20),v50,fine,tool0;
```

```
        RESET DO10_3;
        Set DO10_2;
        WaitTime 0.3;
        Set DO10_14;
        MoveL Offs(P5,0,0,150),v100,z100,tool0;
        acount:=acount+1;
        IF acount=4 THEN
          Set DO10_15;
        ENDIF
        MoveJ Home,v200,fine,tool0;
    ELSE
        WHILE DI10_16=1 DO
        ENDWHILE
        MoveJ Offs(P6,0,100,180),v200,z100,tool0;
        MoveJ Offs(P6,0,0,130),v200,z100,tool0;
        MoveL Offs(P6,0,0,bcount * 20),v50,fine,tool0;
        RESET DO10_3;
        Set DO10_2;
        WaitTime 0.3;
        Set DO10_14;
        MoveL Offs(P6,0,0,150),v100,z100,tool0;
        bcount:=bcount+1;
        IF bcount=4 THEN
          Set DO10_16;
        ENDIF
          MoveJ Home,v200,z100,tool0;
    ENDIF
        mcount:=mcount+1;
        IF mcount>=8 THEN
            mcount:=0;
            acount:=0;
            bcount:=0;
        ENDIF
        RESET DO10_14;
        RESET DO10_2;
  ENDPROC
  ----------------------取放平行夹具子程序--------------------------------
PROC Gripper3()
        MoveJ Offs(Ppick1,0,0,50),v200,z60,tool0;
```

```
        Set DO10_1;
        MoveL Offs(Ppick1,0,0,0),v40,fine,tool0;
        Reset DO10_1;
        WaitTime 1;
        MoveL Offs(Ppick1,-3,-120,30),v50,z100,tool0;
        MoveL Offs(Ppick1,-3,-120,150),v100,z60,tool0;
ENDPROC
    PROC Gripper3()
        MoveJ Offs(Ppick1,-3,-120,220),v200,z100,tool0;
        MoveL Offs(Ppick1,-3,-120,20),v100,z100,tool0;
        MoveL Offs(Ppick1,0,0,0),v60,fine,tool0;
        Set DO10_1;
        WaitTime 1;
        MoveL Offs(Ppick1,0,0,40),v30,z100,tool0;
        MoveL Offs(Ppick1,0,0,50),v60,z100,tool0;
        Reset DO10_1;
ENDPROC
```

四、点的示教

按照图 3-5-1 手机盖装配及入库运行轨迹和表 3-5-1 机器人参考程序点的位置，进行手机盖装配及入库运行轨迹示教点的示教。示教内容主要有：①原点；②加盖路线点；③入库路线点。

五、程序运行与调试

1. 程序运行

根据以上信息，调试程序，实现手机盖装配及入库控制功能。调试前注意对照接口板端子分配表或接线图检查桌面和挂板接线是否正确，尤其要检查 24V 电源、电气元件电源线等线路是否有短路、断路现象。

2. 调试故障查询

本任务调试时的故障查询参见表 3-5-2。

表 3-5-2 故障查询

故障现象	故障原因	解决方法
设备不能正常上电	电气元件损坏	更换电气元件
	电路接线脱落或错误	检查电路并重新接线
按钮指示灯不亮	接线错误	检查电路并重新接线
	程序错误	修改程序
	指示灯损坏	更换
PLC 灯闪烁报警	程序出错	改进程序重新写入
PLC 提示“参数错误”	端口选择错误	选择正确的端口号和通信参数
	PLC 出错	执行“PLC 存储器清除”命令，直到灯灭为止

（续）

故障现象	故障原因	解决方法
传感器对应的 PLC 输入点没输入	PLC 与传感器接线错误	检查电缆并重新连接
	传感器坏	更换传感器
	PLC 输入点损坏	更换输入点
PLC 输出点没有动作	接线错误	按正确的方法重新接线
	相应器件损坏	更换器件
	PLC 输出点损坏	更换输出点
上电，机器人报警	机器人的安全信号没有连接	按照机器人接线图接线
机器人不能起动	机器人的运行程序未选择	在控制器的操作面板选择程序名（在第一次运行机器人的情况）
	机器人专用 I/O 没有设置	设置机器人专用 I/O（在第一次运行机器人的情况）
	PLC 的输出端没有输出	监控 PLC 程序
	PLC 的输出端子损坏	更换其他端子
	线路错误或接触不良	检查电缆并重新连接
机器人起动就报警	原点数据没有设置	输入原点数据（在第一次运行机器人的情况）
机器人运动过程中报警	机器人从当前点，到下一个点不能直接移动过去	重新示教下一个点
	气缸节流阀锁死	松开节流阀
	机械结构卡死	调整结构件

检查测评

对任务实施的完成情况进行检查，并将结果填入表 3-5-3 内。

表 3-5-3　任务测评表

序号	主要内容	考核要求	评分标准	配分	扣分	得分
1	机器人装配手机盖程序设计与调试	列出 PLC 控制 I/O 口元件地址分配表，根据加工工艺，设计梯形图及 PLC 控制 I/O 口接线图	1. 输入/输出地址遗漏或搞错，每处扣 5 分 2. 梯形图表达不正确或画法不规范，每处扣 1 分 3. 接线图表达不正确或画法不规范，每处扣 2 分	40		
		按 PLC 控制 I/O 口接线图在配线板上正确安装，安装要准确紧固，配线导线要紧固、美观，导线要按线槽布放，导线要有端子标号	1. 损坏元件扣 5 分 2. 布线不按线槽布放、不美观，主电路、控制电路每根扣 1 分 3. 接点松动、露铜过长、反圈、压绝缘层，标记线号不清楚、遗漏或误标，引出端无别径压端子，每处扣 1 分 4. 损伤导线绝缘或线芯，每根扣 1 分 5. 不按 PLC 控制 I/O 接线图接线，每处扣 5 分	10		

（续）

序号	主要内容	考核要求	评分标准	配分	扣分	得分
1	机器人装配手机盖程序设计与调试	熟练正确地将所编程序输入PLC；按照被控设备的动作要求进行模拟调试，达到设计要求	1. 不会熟练操作PLC键盘输入指令扣2分 2. 不会用删除、插入、修改、存盘等命令，每项扣2分 3. 仿真试车不成功扣30分	40		
2	安全文明生产	劳动保护用品穿戴整齐；遵守操作规程；讲文明礼貌；操作结束要清理现场	1. 操作中，违反安全文明生产考核要求的任何一项扣5分，扣完为止 2. 当发现学生有重大事故隐患时，要立即予以制止，并每次扣安全文明生产总分5分	10		
合　计						
开始时间：			结束时间：			

任务六 手机装配生产线工作站整机的程序设计与调试

学习目标

知识目标：1. 熟练工作站各单元的通信地址分配，能绘制各单元的PLC控制原理图。

2. 掌握整个工作站的联机调试方法。

能力目标：能根据控制要求，完成整机工作站的程序设计与调试，并能解决运行过程中出现的常见问题。

工作任务

有一台手机装配设备，现已完成所有任务模型安装与接线任务，现需要编写PLC和机器人控制程序并调试。

具体的控制要求如下：

1）按下起动按钮，系统上电。

2）按下联机按钮，机器人单元、上料整列单元、加盖单元均联机上电。

3）按下开始按钮后，再按下送料单元送料按钮，系统自动运行：

① 送料机构顺利把送料盘送入工作区，手机底座推入工作区。

② 机器人收到料盘信号，先拾取按键吸盘夹具对手机按键进行装配，完成后夹具放回原位。

③ 机器人更换平行夹具，手机盖上料机构把手机盖推到出料台，机器人抓取手机盖装配到手机上并放入仓库，完成后放回平行夹具，最后回到原点。

④ 手机底座上料机构再次推出手机底座到装配位，发出到位信号，机器人重复上面操作，直到4套手机装配完毕。

4）机器人控制盘动作速度不能过快（≤40%）。

5）按停止键，机器人动作停止。

6）按复位键，自动复位到原点。

相关知识

一、上料整列单元的检查

检查上料整列单元的运行情况可参照图 3-6-1 所示的上料整列单元流程图。

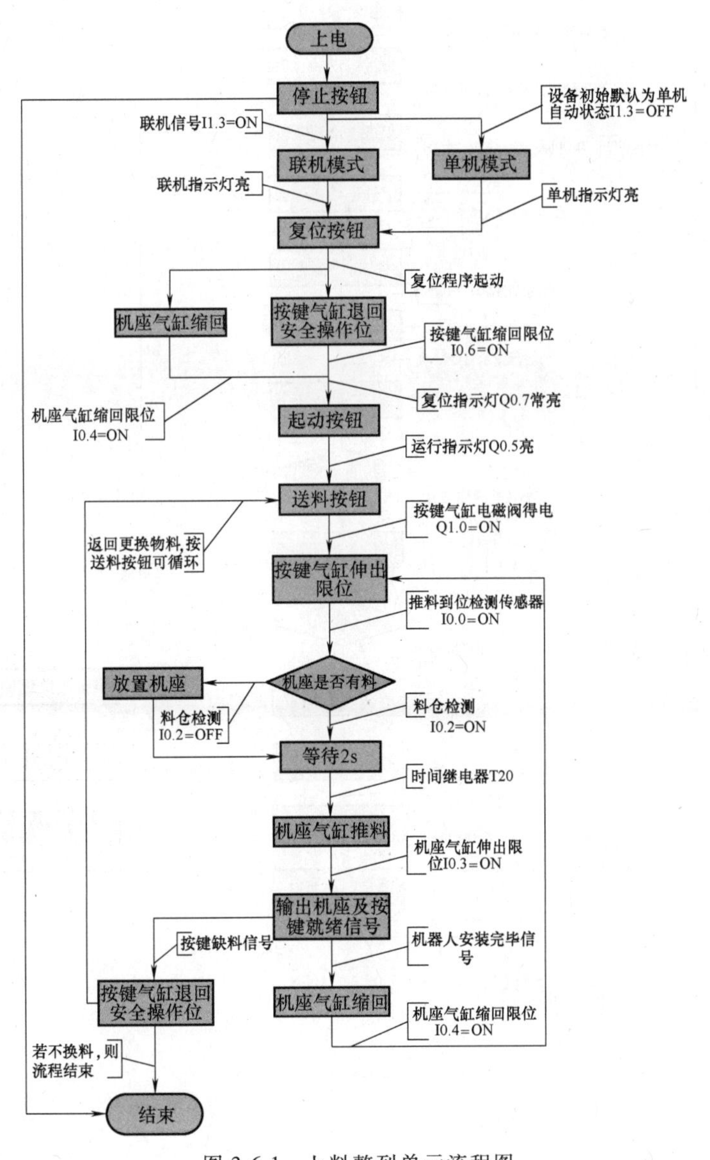

图 3-6-1 上料整列单元流程图

二、加盖单元的检查

检查加盖单元的运行情况可参照图 3-6-2 所示的加盖单元流程图。

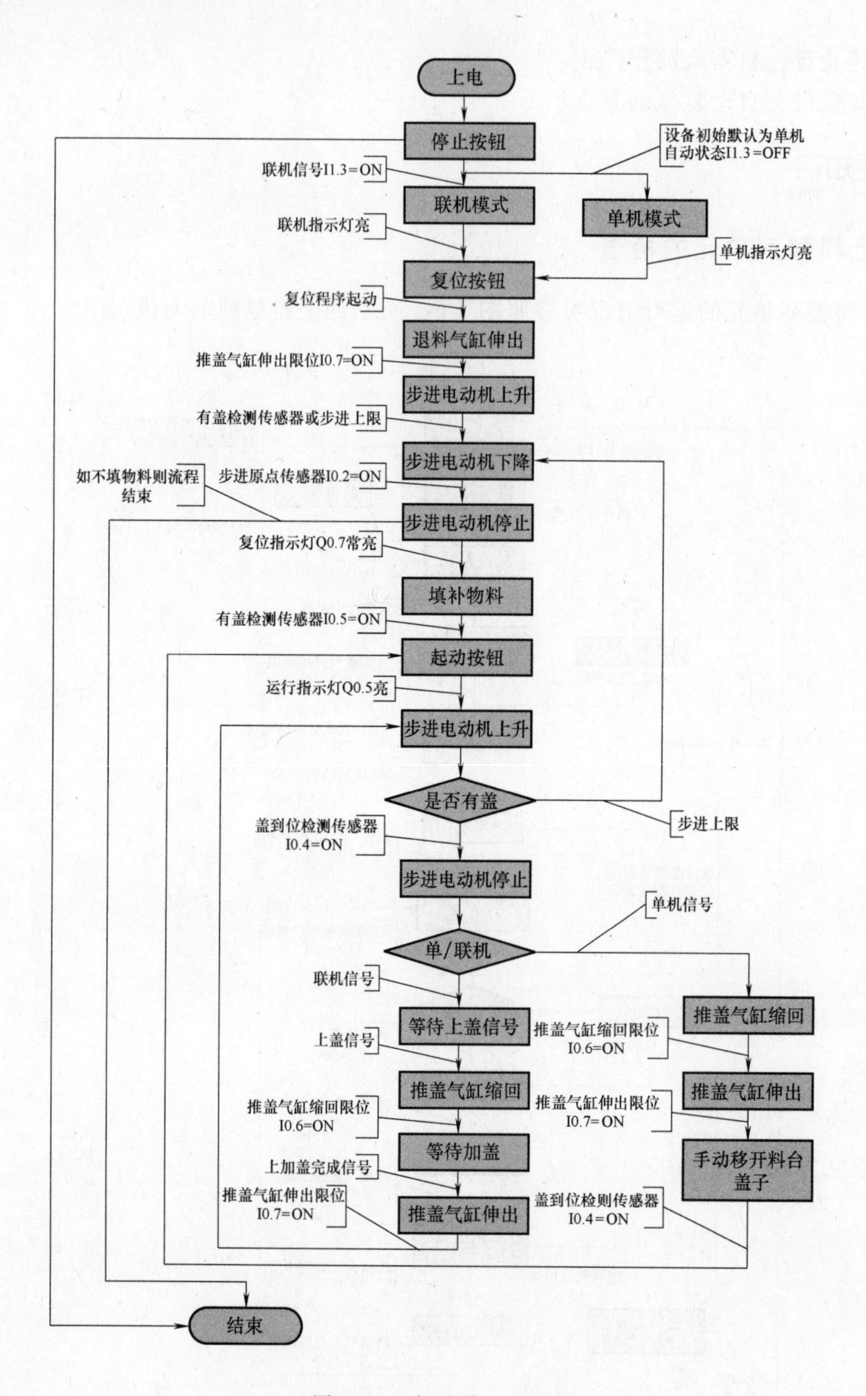

图 3-6-2　加盖单元流程图

任务实施

一、任务准备

实施本任务教学所使用的实训设备及工具材料可参考表 3-1-2。

二、画出机器人控制流程图

根据任务要求，画出机器人单元控制控制流程图，如图 3-6-3 所示。

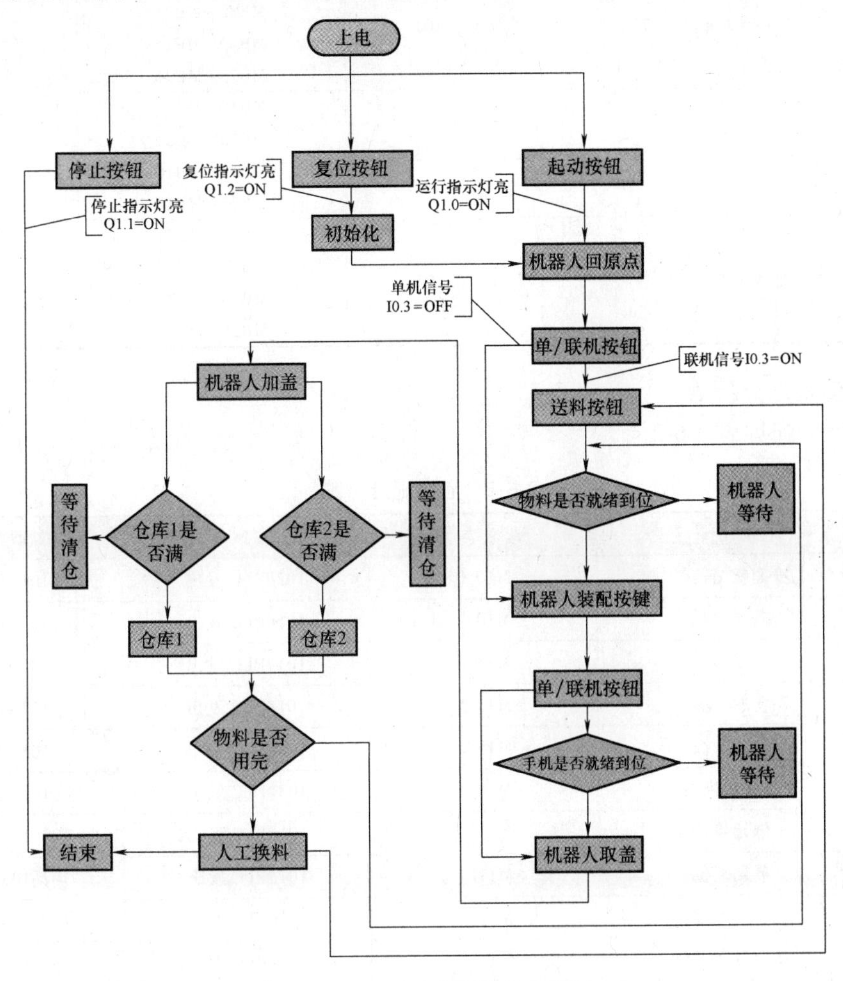

图 3-6-3　机器人控制流程图

三、I/O 功能分配

1. 上料整列单元 PLC 的 I/O 功能分配

上料整列单元 PLC 的 I/O 功能分配见表 3-2-1。

2. 机器人单元 PLC 的 I/O 功能分配

根据控制要求，机器人单元 PLC 的 I/O 功能分配见表 3-4-1。

3. 加盖单元 PLC 的 I/O 功能分配

根据控制要求，加盖单元 PLC 的 I/O 功能分配见表 3-3-1。

4. 通信地址分配

(1) 以太网网络通信分配表

以太网网络通信分配见表 3-6-1。

表 3-6-1　以太网网络通信分配

序号	站　名	IP　地　址	通信地址区域	备　注
1	六轴机器人单元	192.168.0.101	MB10～MB11 MB20～MB21 MB15～MB16 MB25～MB26	太网
2	上料整列单元	192.168.0.102	MB10～MB11 MB20～MB21 MB15～MB16 MB25～MB26	
3	加盖单元	192.168.0.103	MB10～MB11 MB20～MB21 MB15～MB16 MB25～MB26	

（2）通信地址分配表

通信地址分配见表 3-6-2。

表 3-6-2　通信地址分配

序 号	功能定义	通信 M 点	发送 PLC 站号	接收 PLC 站号
1	按键就绪信号	M10.0	102#PLC 发出	101 接收
2	换料信号	M10.1	101#PLC 发出	102 接收
3	取盖	M15.0	101#PLC 发出	103 接收
4	仓库 1 满	M15.5	101#PLC 发出	103 接收
5	仓库 2 满	M15.6	101#PLC 发出	103 接收
6	手机盖推出	M10.5	103#PLC 发出	101 接收
7	单元停止	M11.0	101#PLC 发出	102、103 接收
8	单元复位	M11.1	101#PLC 发出	102、103 接收
9	复位完成	M11.2	101#PLC 发出	102、103 接收
10	停止指示灯	M11.3	101#PLC 发出	102、103 接收
11	复位指示灯	M11.4	101#PLC 发出	102、103 接收

四、机器人控制程序的编写

根据控制要求，编写出机器人控制程序，并下载到本体。机器人的参考程序如下：

```
----------------主程序--------------------------------
PROC main()
        DateInit;
        rHome;
        WHILE TRUE DO
            TPWrite "Wait Start.....";
            WHILE DI10_12=0 DO
            ENDWHILE
```

```
            TPWrite "Running: Start. ";
            RESET DO10_9;
            Gripper1;
            assemble;
            placeGripper1;
            j:=j+1;
            IF j>=2 THEN
                j:=0;
                i:=i+1;
            ENDIF
            Gripper3;
            SealedByhandling;
            placeGripper3;
            ncount:=ncount+1;
            IF ncount>=4 THEN
                ncount:=0;
                i:=0;
                j:=0;
            ENDIF
        ENDWHILE
ENDPROC
-----------------初始化子程序------------------------
PROC DateInit()
        P12:=P11;
        ncount:=0;
        mcount:=0;
        acount:=0;
        bcount:=0;
        i:=0;
        j:=0;
        RESET DO10_1;
        RESET DO10_2;
        RESET DO10_3;
        RESET DO10_9;
        RESET DO10_10;
        RESET DO10_11;
        RESET DO10_12;
        RESET DO10_13;
        RESET DO10_14;
```

```
        RESET DO10_15;
        RESET DO10_16;
ENDPROC
  ----------------回原点子程序----------------------
  PROC rHome()
        VAR Jointtarget joints;
        joints:=CJointT();
        joints.robax.rax_2:=-23;
        joints.robax.rax_3:=32;
        joints.robax.rax_4:=0;
        joints.robax.rax_5:=81;
        MoveAbsJ joints\NoEOffs,v40,z100,tool0;
        MoveJ Home,v100,z100,tool0;
        IF DI10_1=1 AND DI10_3=1 THEN
            TPWrite "Running:Stop!";
            Stop;
        ENDIF
        IF DI10_1=1 AND DI10_3=0 THEN
            placeGripper1;
        ENDIF
        IF DI10_3=1 AND DI10_1=0 THEN
            placeGripper3;
        ENDIF
        MoveJ Home,v200,z100,tool0;
        Set DO10_9;
        TPWrite "Running:Reset complete!";
  ENDPROC
```

加盖入仓子程序参考模块三任务五相应子程序。

手机按键装配子程序参考模块三任务四相应子程序。

取放吸盘夹具子程序参考模块三任务四相应子程序。

取放平行夹具子程序参考模块三任务五相应子程序。

五、机器人点的示教

起动机器人，打开 RT ToolBox2 软件，学生可自行编程或者下载参考程序，程序下载完毕后，用示教器进行点的示教，示教的主要内容包括：①原点示教；②托盘取按键与手机装配点示教；③手机盖装配点示教；所需示教点见表 3-6-3。机器人参考程序点的位置如图 3-6-4、图 3-6-5、图 3-6-6 所示。

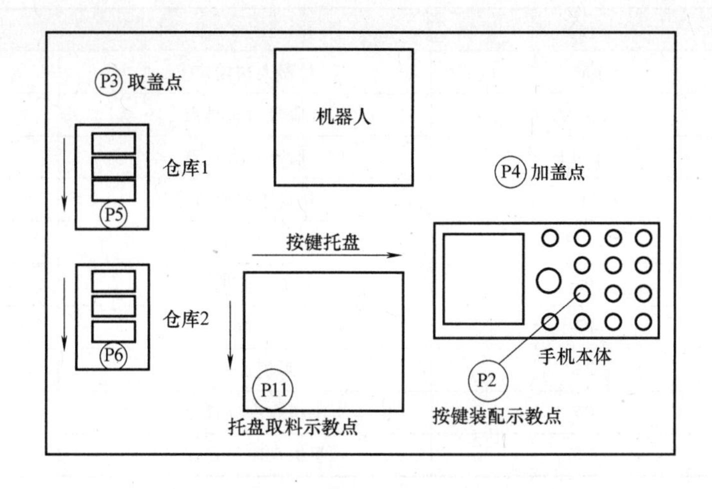

图 3-6-4　机器人示教点参考布局

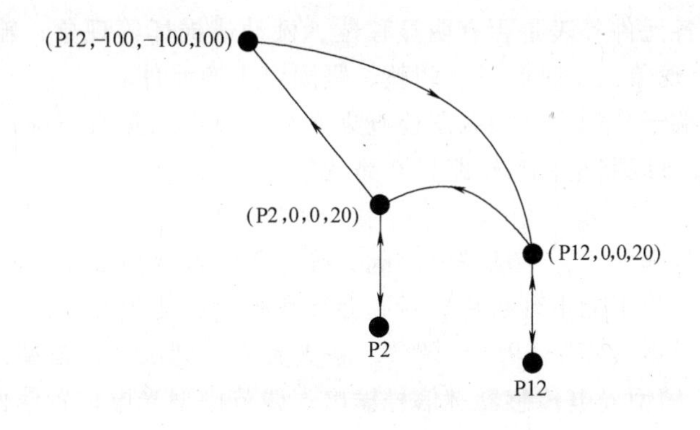

图 3-6-5　托盘取按键与手机装配轨迹示教点

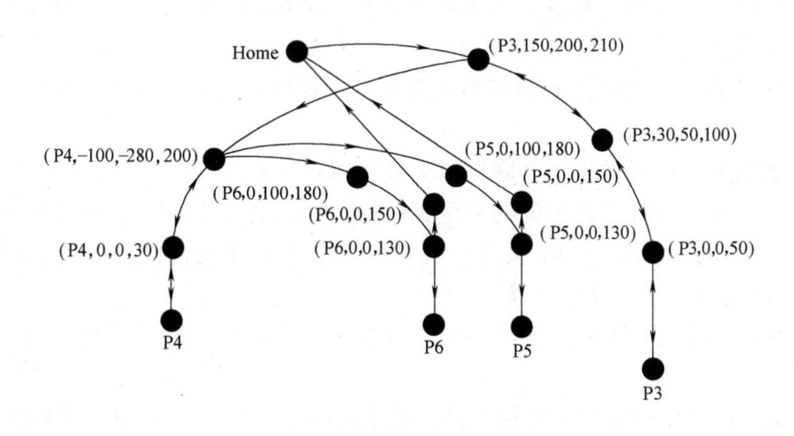

图 3-6-6　手机盖装配与入库轨迹示教点

表 3-6-3 所需示教点

序号	点序号	注释	备注
1	jsafe	机器人初始位置	程序中定义
2	Ppick	取吸盘夹具点	需示教
3	Ppick1	取平行夹具点	需示教
4	P11	托盘按键取料点	需示教
5	P12=P11	托盘按键取料点	需示教
6	P2	手机按键放置点	需示教
7	P3	手机取盖点	需示教
8	P4	手机加盖点	需示教
9	P5	手机仓库放置点一	需示教
10	P6	手机仓库放置点二	需示教

六、整机运行与调试

1. 上电前检查

1）观察机构上各元件外表是否有明显移位、松动或损坏等现象；输送带上是否放置了物料，如果存在以上现象，及时放置、调整、坚固或更换元件。

2）对照接口板端子分配表或接线图检查桌面和挂板接线是否正确，尤其要检查24V电源、电气元件电源线等线路是否有短路、断路现象。

2. 硬件的调试

1）接通气路，打开气源，手动按电磁阀，确认各气缸及传感器的初始状态。

2）吸盘夹具的气管不能出现折痕，否则会导致吸盘不能吸取车窗。

3）槽型光电传感器（EE-SX951）调节。各夹具安放到位后，槽型光电传感器无信号输出；安放有偏差时，槽型光电传感器有信号输出；调节槽型光电位置使偏差小于1.0mm。

4）节流阀的调节：打开气源，用小一字螺钉旋具对气动电磁阀的测试旋钮进行操作，调节气缸上的节流阀使气缸动作顺畅柔和。

5）上电后按下“联机”按钮，联机指示灯亮，单机指示灯灭，进入联机状态，确认每站的通信线连接完好，并且都处在联机状态。

6）先按下“停止”按钮，确保机器人在安全位置后再按下“复位”按钮，各单元回到初始状态。

7）可观察到加盖单元的步进升降机构会旋转回到原点。

8）复位完成后，检测各机构的物料是否按标签标志的要求放好；然后按下“启动”按钮，此时六轴机器人伺服处于ON状态，加盖单元步进升降机构回到原点；最后按下“送料”按钮，系统进入联机自动运行状态。

① 在设备运行过程中随时按下“停止”按钮，停止指示灯亮并且运行指示灯灭，设备停止运行。

② 当设备运行过程中遇到紧急状况时，请迅速按下“急停”按钮，设备断电。

3. 故障查询

本任务调试时的故障查询见表3-6-4。

表 3-6-4　故障查询

故障现象	故障原因	解决方法
设备不能正常上电	电气元件损坏	更换电气元件
	电路接线脱落或错误	检查电路并重新接线
按钮指示灯不亮	接线错误	检查电路并重新接线
	程序错误	修改程序
	指示灯损坏	更换
PLC 灯闪烁报警	程序出错	改进程序重新写入
PLC 提示“参数错误”	端口选择错误	选择正确的端口号和通信参数
	PLC 出错	执行“PLC 存储器清除”命令，直到灯灭为止
传感器对应的 PLC 输入点没输入	PLC 与传感器接线错误	检查电缆并重新连接
	传感器坏	更换传感器
	PLC 输入点损坏	更换输入点
PLC 输出点没有动作	接线错误	按正确的方法重新接线
	相应器件损坏	更换器件
	PLC 输出点损坏	更换输出点
上电，机器人报警	机器人的安全信号没有连接	按照机器人接线图接线
机器人不能起动	机器人的运行程序未选择	在控制器的操作面板选择程序名（在第一次运行机器人的情况）
	机器人专用 I/O 没有设置	设置机器人专用 I/O（在第一次运行机器人的情况）
	PLC 的输出端有没有输出	监控 PLC 程序
	PLC 的输出端子损坏	更换其他端子
	线路错误或接触不良	检查电缆并重新连接
机器人起动就报警	原点数据没有设置	输入原点数据（在第一次运行机器人的情况）
机器人运动过程中报警	机器人从当前点，到下一个点不能直接移动过去	重新示教下一个点
	气缸节流阀锁死	松开节流阀
	机械结构卡死	调整结构件

想一想、练一练

手机按键的拾取与装配是否可以优化？

检查测评

对任务实施的完成情况进行检查，并将结果填入表 3-6-5 内。

表 3-6-5 任务测评表

序号	主要内容	考核要求	评分标准	配分	扣分	得分
1	工作站程序的设计和调试	机器人程序的编写	1. 输入/输出地址遗漏或搞错,每处扣5分 2. 梯形图表达不正确或画法不规范,每处扣1分 3. 接线图表达不正确或画法不规范,每处扣2分	40		
		按PLC控制I/O口接线图在配线板上正确安装,安装要准确紧固,配线导线要紧固、美观,导线要按线槽布放,导线要有端子标号	1. 损坏元件扣5分 2. 导线不按线槽布放、不美观,主电路、控制电路每根扣1分 3. 接点松动、露铜过长、反圈、压绝缘层,标记线号不清楚、遗漏或误标,引出端无别径压端子,每处扣1分 4. 损伤导线绝缘或线芯,每根扣1分 5. 不按PLC控制I/O接线图接线,每处扣5分.	10		
		熟练正确地将所编程序输入PLC;按照被控设备的动作要求进行模拟调试,达到设计要求	1. 不会熟练操作PLC键盘输入指令扣2分 2. 不会用删除、插入、修改、存盘等命令,每项扣2分 3. 仿真试车不成功扣30分	40		
2	安全文明生产	劳动保护用品穿戴整齐;遵守操作规程;讲文明礼貌;操作结束要清理现场	1. 操作中,违反安全文明生产考核要求的任何一项扣5分,扣完为止 2. 当发现学生有重大事故隐患时,要立即予以制止,并每次扣安全文明生产总分5分	10		
合计						
开始时间:			结束时间:			

参考文献

[1] 邢美峰. 工业机器人操作与编程 [M]. 北京：电子工业出版社，2016.
[2] 郝巧梅，刘怀兰. 工业机器人技术 [M]. 北京：电子工业出版社，2016.
[3] 兰虎. 工业机器人技术及应用 [M]. 北京：机械工业出版社，2014.
[4] 张培艳. 工业机器人操作与应用实践教程 [M]. 上海：上海交通大学出版社，2009.
[5] 兰虎. 焊接机器人编程及应用 [M]. 北京：机械工业出版社，2013.
[6] 叶晖，管小清. 工业机器人实操与应用技巧 [M]. 北京：机械工业出版社，2010.